供應鏈管理：從願景到實現
－策略與流程觀點

Supply Chain Management: From Vision to Implementation

Stanley E. Fawcett, Lisa M. Ellram, Jeffrey A. Ogden　原著

中華民國物流協會　審訂

梅明德　編譯

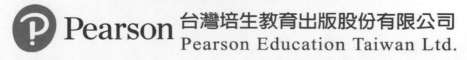

全華圖書股份有限公司

Pearson 台灣培生教育出版股份有限公司
Pearson Education Taiwan Ltd.

簡明目錄

Part I 供應鏈策略的基礎觀念 1

Chapter 1 供應鏈管理與競爭策略...3
Chapter 2 顧客需求履行策略..31
Chapter 3 流程思維：供應鏈管理的基礎...61
Chapter 4 新產品開發流程：創意管理的基礎..95
Chapter 5 訂單履行流程...131

Part II 設計全球供應鏈 175

Chapter 6 組織審視及全球供應鏈設計 179
Chapter 7 繪製供應鏈..213
Chapter 8 策略性供應鏈成本管理..239
Chapter 9 核心能力與外包 277
Chapter 10 績效衡量 313

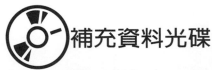補充資料光碟

Part III 橫跨供應鏈的協同合作

附錄 A 供應鏈合理化與角色轉換
附錄 B 關係管理
附錄 C 資訊分享
附錄 D 人員管理：供應鏈管理的橋樑或障礙
附錄 E 協同創新
附錄 F 其他：各章附錄、附表 A
案例
名詞釋義
章後習題詳解

目錄

序 ix

致謝 xii

關於作者 xiii

譯者序 xiv

關於譯者 xv

Part I　供應鏈策略的基礎觀念　　　　　　　　　　　　　　1

Chapter 1　供應鏈管理與競爭策略 3

章首案例：奧林巴斯公司的供應鏈管理起源 3

一、供應鏈管理的理論 6

　1. 供應鏈管理定義 8

　2. 內部價值鏈 9

　3. 長鞭效應 10

二、供應鏈管理實務現況 11

三、供應鏈思維與公司策略整合 14

　1. 策略管理的本質與演進 15

　2. 策略的四個決策領域 17

　3. 供應鏈思維對策略的影響 18

　4. 展望：策略性供應鏈管理的程序地圖 22

四、結論 26

重點摘要 26

國內案例：食品摻假事件：從供應鏈管理看食品安全 27

Chapter 2　顧客需求履行策略 31

章首案例：需求無限的顧客 32

一、由資訊所賦能的顧客 34

二、創造符合顧客需求的價值 35

　1. 品質 35

　2. 成本 36

　3. 彈性 37

　4. 交付 38

　5. 創新 39

　6. 「取捨」或「綜效」（trade-offs v.s. synergies） 40

三、了解滿意度，滿足顧客需求 41

　　1. 顧客服務策略（customer service strategies） 44

　　2. 顧客滿意策略（customer satisfaction strategies） 44

　　3. 顧客成功策略（customer success strategies） 46

　　4. 最終顧客 47

四、實施以顧客為中心的需求履行策略 47

　　1. 提出符合顧客需求的履行策略 48

　　2. 定義關係強度 50

　　3. 評估顧客關係強度的獲利性 53

　　4. 使用顧客關係管理系統 54

　　5. 有效履行顧客需求之阻礙 56

五、結論 57

重點摘要 58

國內案例：以顧客為中心的需求履行策略 59

Chapter 3　流程思維：供應鏈管理的基礎 61

章首案例：奧林巴斯（Olympus）公司的供應鏈管理變革 62

一、流程管理的必要性 64

二、功能性組織及其結果 65

三、流程剖析 67

四、系統思維與流程管理 70

　　1. 整體的觀點 70

　　2. 資訊的可利用性與正確性 71

　　3. 跨功能以及跨組織的團隊合作 71

　　4. 績效衡量 72

　　5. 系統性的分析 73

　　6. 系統性思維應用 75

五、企業的流程觀點 78

　　1. 策略連結 79

　　2. 資源管理 80

　　3. 跨界機制（boundary-spanning mechanisms） 85

六、流程再造 86

　　1. 辨識期望成果 87

　　2. 具體可見的流程 87

　　3. 重組流程 87

　　4. 指定工作的權責單位 88

　　5. 善用技術 88

　　6. 系統性角度重新設想 90

七、結論 91

國內案例：連結系統思維與策略要素的企業加值流程 92

Chapter 4　新產品開發流程：創意管理的基礎..........................**95**

章首案例：絕望冰品（Frozen Despair）........................ 96

一、簡介 97

二、降低新產品開發的風險...................................... 99

　　1. 正規的風險管理 100

　　2. 關鍵供應鏈成員的早期參與 101

　　3. 核心能力 102

　　4. 「...導向式設計（Design for）」的考量 103

　　5. 模組化vs.整合性產品設計 103

三、行銷以及顧客的重要性...................................... 104

　　1. 顧客導向行銷與產品的重要性................... 105

　　2. 哈雷機車（Harley-Davidson）供應鏈......... 106

　　3. 產品定位 107

　　4. 配合顧客需求的定價策略 107

四、新產品開發.. 108

　　1. 目標價格、利潤與成本................................ 109

　　2. 目標成本分析與新產品開發團隊的組成 111

　　3. 新產品開發期間的成本管理活動 113

　　4. 新產品推出.. 115

五、財務在新產品開發上所扮演的角色.................115

　　1. Intel財務部門的跨界角色.......................... 116

　　2. 利潤評估指標...117

　　3. 現金流... 120

　　4. 經濟附加價值（Economic Value-Added，EVA）..... 122

六、結論 123

重點摘要 124

國內案例：目標成本制與同步式新產品開發應用 125

Chapter 5　訂單履行流程 **131**

章首案例：可可洛可（Coco Loco）的甜蜜困境 132

一、訂單履行的三個組成功能 134

二、買進貨品：採購管理的基本特性 137

　　1. 採購流程 139

　　2. 世界級供應鏈的採購技巧 144

三、生產貨品：生產管理的基本特性 145

　　1. 生產流程 146

　　2. 豐田式精實生產（lean production）......... 149

　　3. 服務業的作業管理..................................... 153

　　4. 世界級供應鏈的生產作業技巧................. 157

四、運送貨品：物流管理的基本特性 158
　　1. 物流流程 159
　　2. 世界級供應鏈的物流技巧 168
五、結論 169
重點摘要 170
國內案例：製造業廠商的物流運作模式（operation model）.... 171

Part II　設計全球供應鏈　　175

Chapter 6　組織審視及全球供應鏈設計 179
章首案例：進退兩難的供應鏈專案小組........................... 180
一、為什麼今日的企業要採用供應鏈管理？ 182
二、從所有權整合到關係整合的歷程 183
　　1. 所有權整合的衰退 184
　　2. 關係整合的興起 184
三、變化的供應鏈世界 185
　　1. 組織審視 186
　　2. 影響供應鏈決策的外在力量 189
四、全球化的市場 193
　　1. 推動全球化的力量 194
　　2. 全球化的影響 195
　　3. 全球化競爭規則（globalization's rule）.................. 200
　　4. 設計全球化網路架構（designing a global network）.. 203
五、結論 205
重點摘要 205
國內案例：國際物流與供應鏈管理學程之就業導向SWOT分析. 206

Chapter 7　繪製供應鏈 213
章首案例：供應鏈可見度：奧林巴斯公司的探索旅程 214
一、簡介 216
二、供應鏈設計的重要性 216
　　1. Nokia 217
三、流程繪製 218
四、流程分析 220
　　1. 價值流繪製.. 222
五、供應鏈設計 223
　　1. 供應鏈導向式設計.. 225
　　2. 供應鏈設計的方法.. 226
六、供應鏈繪製方法 232

七、結論 236

重點摘要 237

Chapter 8　策略性供應鏈成本管理...**239**

章首案例：成本管理：打破各自為政的部門隔閡 240

一、供應鏈成本降低的利潤槓桿效應 242

二、策略成本管理原理 243

　　1. 供應鏈分析 243

　　2. 價值主張分析 244

　　3. 成本動因分析 246

　　4. 策略性成本管理的範例：西南航空 247

三、策略成本管理的責任 248

　　1. 業界範例 249

四、選定策略成本管理的分析工具 249

　　1. 供應鏈決策的分類 250

　　2. 成本分析決策的分類：象限分析 252

　　3. 商品別的採購分類 254

五、作業基礎成本管理 256

　　1. 傳統管理會計系統的問題 256

　　2. ABCM解決方案 259

　　3. 做出更好的決策 259

　　4. 實施ABCM的困難 260

六、總體擁有成本 260

　　1. 實施TCO方法所需的五個步驟 261

　　2. 其它TCO分析的案例.. 271

七、結論 272

重點摘要 273

國內案例：採購類型與策略成本管理分析工具......................... 274

Chapter 9　核心能力與外包 **277**

章首案例：奧林巴斯公司的外包恐懼症................................... 278

一、什麼是核心能力？ 280

二、外包的挑戰 284

　　1. 外包的優點 285

　　2. 外包的限制和風險 287

　　3. 建立外包專案團隊與目標 289

　　4. 買方必須具備的技能 305

　　5. 將活動或流程帶回企業內部 306

三、結論 306

重點摘要 307

國內案例：物流業者的核心能力與外包關係 308

Chapter 10 績效衡量 313

　　章首案例：奧林巴斯公司的績效衡量 314

　　一、績效衡量的功能 316

　　二、傳統的績效衡量 318

　　　　1. 資產管理 318

　　　　2. 成本 321

　　　　3. 顧客服務 321

　　　　4. 生產力 323

　　　　5. 品質 324

　　　　6. 傳統績效衡量方法的限制 324

　　二、供應鏈績效衡量 325

　　　　1. 一致性（alignment）.. 326

　　　　2. 顧客滿意 327

　　　　3. 流程導向成本計算（process costing）........................ 329

　　　　4. 供應鏈績效衡量 332

　　　　5. 計分卡 336

　　　　6. 客製化的績效衡量指標.. 337

　　三、標竿衡量 339

　　四、結論 341

　　重點摘要 343

　　國內案例：人治轉機制提升顧客滿意度....................................344

補充資料光碟

Part III　橫跨供應鏈的協同合作

附錄 A　供應鏈合理化與角色轉換

附錄 B　關係管理

附錄 C　資訊分享

附錄 D　人員管理：供應鏈管理的橋樑或障礙

附錄 E　協同創新

附錄 F　其他：各章附錄、附表 A

案例

名詞釋義

章後習題詳解

序

供應鏈管理：從願景到實現

背景與概述

今日的市場競爭比過去任何時候都更為激烈。全球化的影響、技術的改變、以及要求高的顧客，讓平凡者成為瀕臨絕滅的動物。當管理者努力地想要幫助他們的公司在這個不友善、不溫和，而且難以預測的世界裡生存下去時，新的管理實務和獨特的企業經營模式不斷地出現而後被淘汰。逐漸地，管理者發現他們必須遵行湯瑪斯愛迪生的建議：「假如存在更好的方法，將它找出來。」

這幾年來，專家學者已經告訴我們，競爭的本質是不斷改變的。他們宣稱，在不久之後，企業將不再是與其他企業競爭。他們預見在未來的世界中供應鏈會與供應鏈互相競爭以奪取市場霸權。例如，Wal-Mart和它的供應商會與家樂福和它的供應商在全球的消費者市場互相競爭。同樣地，Toyota和它的供應商則是與Ford和它的供應商爭奪全球的競爭優勢。從電子業到製藥業、服飾業到速食業，在各種不同的產業中，上演著同樣的競賽。換句話說，企業會選邊結合成團隊，跨國競爭以增加生產力、獲取全球市場的佔有率。

供應鏈世界帶來的可能性是驚人的，但是想要成為優秀的供應鏈團隊，必須先經過艱困的路程。事實上，許久以來，企業都努力地想要在它們自己內部的高牆之間建立真正的跨功能流程整合。或是這也是真正有凝聚力的供應鏈團隊尚未出現的原因之一。雖然整合的供應鏈概念仍是相當新穎的觀念，各種產業的管理者已經下定決心要實行它。他們試驗各種校準機制和組織形式，並投資系統、調整績效評量的制度、檢視公司的技術和人力以找出能促進組織間合作的方式。為了協助未來的管理者在這個領域中獲得成功，本書將利用一個架構，詳細地介紹如何設計和實施具有高度影響力的供應鏈。

概念與目標

本書的設計是對供應鏈提供策略性的認識，讓管理者能夠了解世界級供應鏈網絡的觀念與實施方法。為了幫助學生了解供應鏈現象，我們在書中：

- 以理論和實務的角度定義供應鏈管理。
- 了解如何利用供應鏈管理加強顧客滿足。
- 強調系統思考和流程管理，它們是供應鏈管理（供應鏈管理）的基礎。
- 了解如何利用環境掃描，找出促進良好協同合作的力量。

- 討論供應鏈設計的重要議題。
- 討論供應鏈整合和協同合作的重要橋樑。

供應鏈流程圖是一個流程模型，可以提供一個引導性的框架，幫助學生了解設計供應鏈策略時的相關決策。這個流程由每章一開始的「章首案例」支援，這些小故事可以協助學生了解，管理者在實施成功的供應鏈策略時會碰到哪些挑戰。章尾案例則再次強調獲得供應鏈成功所需的關鍵決策、實務和工具。本書不包括最佳實務診斷。最後，我們在附錄中提供了一系列的定量分析方法，讓學生們學習和/或複習這些用來制定每日例行決策的基礎工具。這些討論和工具結合起來，替未來的管理者們提供了全盤的認識，幫助他們和他們的公司在取得供應鏈領導能力的旅程上有所進展。

本書藉著介紹供應鏈管理與傳統實務的相抵觸的部分，幫助學生認識供應鏈的領域。緊密結合的供應鏈關係並不會自然發生。我們可以利用體育運動來做一個比喻。所有成功的體育隊伍都是由優秀的選手組成的，然而，冠軍隊伍還具備其他的條件—「默契」。要建立對供應鏈成功來說非常重要的組織默契，需要以全新的視野來觀察世界、分析問題、共同合作。我們認同Eckhard Pfeiffer的評論：「沒有什麼比拋棄那些讓公司達到目前成就的思想、策略，和成見更困難的事了。企業必須學習如何捨棄過去所學到的知識，丟棄昨日的智慧。」關鍵是要了解企業需要保留哪些技能，而哪些技能必須捨棄或外包。本書可幫助學生利用知識和分析工具實施以上的分析，成為組織中的改革推動者。

本書定位與設計

「供應鏈管理：從願景到實現」是以策略性、整體性的觀點來介紹供應鏈管理，適合大學或 MBA 課程的教學。本書可以用來當做獨立的供應鏈管理課程，或是在一系列完整的供應鏈相關課程中做為入門課程。

本書由三大部分所組成，每一部分包含五個章節。

- 第一部分定義了供應鏈管理，並介紹供應鏈管理與公司策略和顧客滿足之間的關係。在這裡，我們介紹了系統思考和流程整合，幫助學生了解兩個重要的流程——產品開發和訂單履行。
- 第二部分討論了供應鏈設計的關鍵要素—環境掃描、供應鏈繪製、策略成本制度、核心競爭力、外包，與網絡合理化。
- 第三部分的重點是建立及管理更合作的關係，強調可以達成「公司團隊默契」的重要整合機制。

教師可以依照教學目標、課程設計以及學生背景的不同，選擇性地運用這些章節。另外，教師可以運用附錄中的定量分析方法，選擇要使用策略性或分析性的供應鏈管理教學課程。

跟隨每章最前方的供應鏈流程圖， 可以有效地將這些章節內容連結在一起。

給教師

為了幫助教師以生動的方式呈現今日供應鏈世界中遭遇到的挑戰和機會，本書在每章中都利用一些簡短的案例和短文，介紹並強調如何實際應用這些重要的觀念。我們也運用了全球各種產業的真實案例。我們提供了一些延伸教材以幫助對供應鏈管理較不熟悉的教師，並替想要深入了解供應鏈管理概念的教師提供一個方向。這些教材包括了：

- **教師資源手冊** (英文電子版) 包含了樣本摘要、 教學技巧、 方案推薦， 以及章末習題與案例問題的解答。
- **PowerPoint 投影片** (中英文電子版)， 支援每個章節、 附錄， 以及教師資源手冊。
- **測驗題庫** (TestBank ； 英文電子版)。
- **教師資源光碟片**中包含了資源手冊、 PowerPoint 投影片， 以及測驗題庫。 你也可以在網址 ： www.prenhall.com/fawcett （在下載之前需要先註冊） 的教師資源頁面中找到光碟片內的資料。

學生可以利用附屬網站 (www.prenhall.com/fawcett) 取得本書的補充資料 ：

- Online Study Quizzes 可做為自我測驗
- Virtual Tours ： 提供企業網站
- Links ： 提供供應鏈管理的相關網站連結

作者專長

本書的作者是活躍在供應鏈管理、 成本分析、 物流、 全球企業， 以及供應鏈整合等領域中的教師、 顧問、 案例作家以及研究者。 在過去十五年之間， 他們曾經與許多全球不同產業中的供應鏈領導者共事， 在本書討論到的許多議題上都曾有大量的研究成果發表 （超過 200 篇論文） 。 本書同時具備了學術研究的基礎， 以及管理相關的實務。 也就是說， 它不但反映了最先進的思想， 也包含了企業實踐供應鏈協同合作的真實範例。

致 謝

我們由衷地感謝Dee Fawcett在編輯手稿時對細節的悉心注意，以及她所付出的耐心和努力。我們也感謝審閱者給我們的建議，塑造了這本書：

Janet Hartley—Bowling Green State University
Theodore P. Stank—University of Tennessee
Rhonda R. Lummus—Iowa State University
Sime Curkovic—Western Michigan University
Samar K. Mukhopadhyay—University of Wisconsin-Milwaukee
Metin Cakanyildirim—University of Texas at Dallas
Michael E. Smith—Western Carolina University
Charles Petersen—Northern Illinois University
Lee Buddress—Portland State University
Dr. James S. Keebler—University of South Florida
Frank Davis—University of Tennessee
Craig Carter—University of Nevada, Reno
Sridhar Seshadri—New York University
Dale Franklin Kehr—University of Memphis
Dr. Chris I. Enyinda—Alabama A&M University
Melvin R. Mattson—Radford University
Pedro M. Reyes—Baylor University
Drew Stapleton—University of Wisconsin La Crosse
John N. Pearson—Arizona State University
Kaushik Sengupta—Hofstra University
Ike C. Ehie—Kansas State University
Kimball Bullington—Middle Tennessee State University
Richard E. Himmer—Auburn University
R. Glenn Richey—The University of Alabama
Soonhong Min—The University of Oklahoma
Matthew O'Brien—Bradley University
Britt Shirley—The University of Tampa
Ted Farris—University of North Texas
Ghaith Rabadi—Old Dominion University

我們也想要感謝Prentice Hall的編輯、行銷和製作團隊，讓這本書得以出現。

Mark Pfaltzgraff—執行編輯，Barbara Witmer—助理編輯，Melissa Feimer—製作編輯，以及Debbie Clare—執行行銷經理。最後，我們要感謝讀者和學生，希望他們能在供應鏈管理的旅程上取得佳績。

Stanley E. Fawcett
Brigham Young University

Lisa M. Ellram
Arizona State University

Jeffrey A. Ogden
Air Force Institute of Technology

關於作者

Stanley E. Fawcett目前為楊百翰大學麥里特學院全球供應鏈管理的Donald L. Staheli教授。他在楊百翰大學取得國際研究的學士、M.B.A以及M.A學位，並在亞利桑那州立大學取得博士學位。他在密西根州立大學展開學術生涯，接著進入麥里特學院任教。他在歐洲、北美及南美教授供應鏈管理的進修課程。

Lisa M. Ellram在俄亥俄州立大學取得企業管理（運籌）的C.P.A. (M.N.)，C.P.M.，C.M.A.，Ph.D.學位，副修工業工程與運籌碩士，並在明尼蘇達大學雙子城分校取得會計（資優課程）的M.B.A.和B.S.B.學位。她目前任職於科羅拉多州立大學的管理學系主任以及Richard and Lorie Allen教授。她之前曾任職於亞利桑那大學凱瑞商學院的The John and Barbara Bebbling教授。她在2004年的Supply and Demand Chain Executive以「purchasing practitioner to know」著稱。同時也名列亞利桑那州立大學院長委員會2001年的100傑出學者。

Jeffrey A. Ogden在亞利桑那州立大學取得供應鏈管理的Ph.D.和M.B.A.學位，並在韋伯州立大學取得會計的B.S.學位。他目前在Air Force institute of Technology擔任供應鏈管理助理教授。

譯者序

本次改版，將原版各章節附錄的定量分析方法，移到補充資料光碟中，讓本書聚焦於策略與流程的觀點，更能符合一般大學商管科系與MBA課程的使用。當然若是有需要，仍然可以由隨書提供的光碟中補充量化方法的教學與練習題。

此外，本版編譯的重點主要有三個方向：

1. 大幅修訂舊版的編排格式、翻譯錯誤與提升文字可讀性；

2. 依據各章重點，增加國內案例，並設計適當的應用問題，以問題引導方式，逐章將重點單元實際應用於個案報告撰寫，利用「做中學，學中做」的方式，增加教學互動與學習樂趣；

3. 配合認證考試規劃，加入認證參考題庫，並縮減原著章節，保留策略性導向與具體化流程的兩大特色，讓同學更容易學習與理解，教師也能於一個學期的時數內充分講授，以提升學習成效，若進而取得認證，更有助於就業發展。

供應鏈管理教學如原著序文所言，包含策略性與分析性的教學方式，國內外已有很多相關的教材，本書屬性較偏向於管理與策略導向，對於商管科系學生較易理解，並且書中結合大量的管理理論流程與圖表，有利於大三、大四的學生，彙整及深化之前所學的各種管理知識。故本次編譯版特別強化這部分的內容，若能於授課開始即分組選定個案企業，配合各章末所設計的應用問題，逐步將各章重點應用於分析個案企業，則可於期末彙整成完整報告。譯者已試用這個模式在教學之中，同學的反應多數肯定對於抽象的管理理論更能有所領悟，同時，認證考試的表現，在考試成績與通過率亦較未採取實作報告之前為高。

承蒙中華民國物流協會與全華圖書公司的肯定與協助，本次編譯版本歷經兩年餘的時間完成，期間龍華科大商管所畢業系友侯琦琪小姐與輔仁大學國際經營管理碩士學程的羅偉培同學協助初步修訂與章節編排，使得後續各章詳細比對原著進行修改的工作可以更加順利。最後校稿與審訂期間，獲得中華民國物流協會監事及台中科大流通管理系陳志騰老師的細心指正，讓本次的編譯改版得以更加完善，特此致謝。雖然，各種譯文與專有名詞已經善加利用各電子資料庫及網站資料核對與查證，但是錯誤與疏失恐仍難免，若有不足之處，敬請各位產學先進，不吝惠予指正。

梅明德
龍華科技大學工業管理系

關於譯者

梅明德目前為龍華科技大學工業管理系助理教授，在逢甲大學取得交通管理學士（現已改名為運輸科技與管理學系），並在國立中央大學土木工程所，取得運輸工程碩士與博士學位。他之前曾任職於國立澎湖科技大學航運管理系，並曾於國立台北科技大學土木系與工業設計系、及輔仁大學企業管理系兼任授課。主要專長及研究領域包含運輸與物流管理、物流與供應鏈電子化應用、企業資源規劃系統規劃與導入、及商業地理資訊系統應用。取得英國皇家物流協會（CILT）*Level 3, Diploma for Operational Managers in Logistics*國際認證，並於中華民國物流協會擔任物流與供應鏈認證推廣種子教師。著有「地理資訊系統：入門與應用」（2011年出版），相關研究論文發表於*Transportation Research Record, Computers & Industrial Engineering, Robotics and Computer-Integrated Manufacturing, Journal of the Chinese Institute of Industrial Engineers*（*JIPE*），運輸學刊、及地理資訊系統季刊等，目前並擔任龍華科技大學企業資源規劃暨雲端產學實務應用中心（ERPCC）執行長。

Part

供應鏈策略的基礎觀念

前言

了解、開發、並利用你的長處

-彼得杜拉克（*Peter F. Drucker*）

今日的市場與以往的任何時刻比較起來，具有更激烈的競爭性。全球化、技術演進、以及要求高的顧客，已使得表現中等的公司難以生存。為了要在這個刺激而具挑戰性的世界裡生存下去，經理人開始強化自己的商業模式（business model），以期符合彼得杜拉克的建議。為了要「了解、開發、以及利用他們本身的長處」，經理管理者重新檢視了公司的各種能耐，找出他們表現最好的那些部分。並且致力於建立供應鏈夥伴之間的穩固關係，因為這些夥伴擁有與企業互補的必要能力。

他們會這樣做，是因為競爭的本質正在改變。雖然公司仍然與其他公司競爭，但是也逐漸利用供應商與顧客的長處，以獲取競爭的優勢。許多企業開始相互結盟，及採取團隊競爭方式，以增加生產力並增加全球市場的佔有率。其成功的關鍵，在於這些公司如何協同管理跨公司之間的重要流程，以更加符合顧客的需求。

本書主要分為三篇。第一篇首先介紹供應鏈管理（Supply Chain Management，SCM），並解釋何以管理供應鏈關係的策略方法是如此地重要。接著討論供應鏈管理的基本目標「顧客成功」，以及流程整合的基本原理。最後並說明了供應鏈管理的各項基本功能。第一篇的五個章節內容如下：

1. 第一章定義供應鏈管理（SCM）。我們說明了供應鏈（SC）的觀念如何影響以及支援企業的策略。本章節最後並提出本書對於供應鏈整合架構的地圖，以引導讀者連貫本書後續各章節。

2. 第二章說明顧客在供應鏈管理中的角色，並回答這個問題：「供應鏈管理如何影響顧客關係管理？」本章會介紹供應鏈滿足顧客需求的方法。

3. 第三章定義了流程管理，強調系統思考的重要性。我們討論了流程的可見性、以及權衡分析與總成本分析。

4. 第四章以供應鏈的觀點介紹了行銷、研發、以及財務的功能。我們將會說明有效的流程管理如何協助這些功能，並將顧客需求經由產品開發流程轉換為成功的產品。

5. 第五章以供應鏈的觀點介紹了採購、生產、以及物流的功能。再次地，我們說明了有效的流程管理如何幫助這些功能管控從供應到需求的產品實體流，使這些功能轉換成為致勝的訂單履行能力。

Chapter 1

供應鏈管理與競爭策略

供應鏈管理（SCM）是否能夠幫助我的公司更具有競爭力？

在閱讀本章之後，你應該能夠：

1. 定義供應鏈管理，了解供應鏈協同合作如何增進績效。
2. 討論供應鏈策略能夠實施的範圍。
3. 定義策略管理，討論供應鏈管理如何幫助建立以及執行成功的競爭策略。
4. 了解關於設計與實行供應鏈策略的四個流程步驟。

章首案例

奧林巴斯公司的供應鏈管理起源

奧林巴斯公司（Olympus Inc.）是民生消費性商品（Consumer-Packaged Goods, CPG）的領導廠商，道格（Doug）目前擔任這家公司物流部門的主管，在星期三與奧林巴斯的執行長，喬‧安德魯斯（Joe Andrus）以及董事會舉行會議時，道格首要任務就是把握機會讓大家了解他在供應鏈管理（SCM）上的構想。道格也了解，這可能是唯一的機會能改變公司的營運績效、企業文化以及未來發展。

在一年前，道格首次對供應鏈的概念產生興趣，當時他和夏琳（Charlene）在供應鏈管理專業協會（CSCMP）的全國會議上，共同發表策略聯盟管理（alliance management）的主題。夏琳在 TDG 顧問公司服務，她認為在管理良好

的供應鏈中的各家公司，可以如同精心編舞（well-choreographed）的百老匯歌舞劇一樣完美無暇的互相合作。

　　當然，奧林巴斯公司的物流運作，也可以像是歌舞劇一般，經由更好的「編舞（choreography）」加以改善，因此，道格開始研究供應鏈管理，以找出供應鏈管理可以改善公司現況的佐證。夏琳指點他去參考一項創新的供應鏈管理方法：協同**規劃**、**預測**、與**補貨**（*Collaborative Planning, Forecasting, and Replenishment*，*CPFR*）。經由實行 CPFR 的結果，美國東海岸的連鎖食品超市，衛格曼（Wegmans Food Markets）以及世界著名的餅乾和休閒食品品牌，納貝斯克（Nabisco），兩者的協同合作已使 Nabisco 相關產品銷售增加了 50%，但是存貨卻減少了 1/3。同樣屬於消費性商品產業，競爭對手經由供應鏈的協調而得到如此顯著成果，這個案例深深吸引了道格的注意力。

　　於是道格開始宣傳供應鏈管理對於公司競爭力的好處。同事卻都建議他該繼續專注在每天必須面對的問題上，像是重新設計奧林巴斯公司的配送網絡。但是道格不為所動，想要由策略層面尋找各種供應鏈管理的案例。他自己也不知道該從何處開始，但是他可以確定的是，奧林巴斯公司若要導入供應鏈管理，必須要有顯著的、甚至痛苦的組織變革才行。因此，他提出最適合參考的三個不同產業中世界級企業的成功案例—威名百貨（Wal-Mart）、戴爾電腦（Dell）以及本田汽車（Honda）。

- 威名百貨（Wal-Mart）是奧林巴斯最大而且要求最嚴格的客戶。Wal-Mart 和 Kmart 在同一年創辦。但在 2001 年 Kmart 宣告破產時，Wal-Mart 變成了全國最大的零售商，其銷售額達到 560 億美元。在 2003 年，Wal-Mart 以 2480 億美元的銷售額進入《財富》雜誌全球 500 強企業首位。Wal-Mart 之所以可以達成大量各式商品的「每日最低價」，其秘訣在於其庫存補貨系統，這個系統結合了資訊技術以及獨一無二的物流流程。

- 戴爾電腦（Dell）曾是全球最大也是獲利最高的個人電腦製造商。令人驚訝地，Dell 在 2000 到 2001 年的經濟衰退時期，發動了一場殘酷的價格戰。利用顧客直銷的通路優勢以及合約製造廠來降低成本。當競爭者在 PC 營運上賠錢時，Dell 卻能夠賺取利潤。Dell 的優勢地位迫使惠普（HP）和康柏（Compaq）電腦合併以求在 PC 事業上獲勝。

- 雖然不是最大的汽車製造商，但本田汽車（Honda）已將自己建立成為一個領導品牌。多年來 Honda 一直都是獲利最高的汽車製造商之一，同時也被認為是品質最好的汽車公司之一。Honda 的成功要件包括了引擎設計，以及非常成功的供應商管理方法—供應商佔了 Honda 成本的將近 85%。

　　道格有些羨慕這些企業。他欣賞 Wal-Mart 的整合流程以及物流能力。同時，他也希望奧林巴斯能夠擁有 Dell 的行銷以及供應效率，讓奧林巴斯在經濟衰退時期能夠獲利並贏得價格戰。道格也希望能達成 Honda 的主動式供應關係。假如道格想要協助奧林巴斯成為領導的供應鏈企業，他必須在禮拜三成功地發表他的看法。他至少必須做到下面幾點：

1. 提出供應鏈管理的定義，在包含廣度的同時，還必須具備實用性。他必須結合供應鏈管理的各種觀點，讓執行長喬·安德魯斯（Joe Andrus）能夠全盤了解供應鏈管理的理論。

2. 描繪出供應鏈管理能夠為奧林巴斯達成的願景。Wal-Mart、Dell 以及 Honda 已經利用供應鏈管理的威力，建立了成功的商業模式。道格希望他也能夠幫助奧林巴斯達成這個目標。

3. 取得由高階主管所組成的工作小組之協助，蒐集資料以建立可供執行的供應鏈計畫。道格必須讓奧林巴斯的管理團隊和員工動員起來。

在你閱讀時，請思考以下幾點：

1. 什麼是供應鏈管理？Wal-Mart、Dell 和 Honda 都各自採取了不同的供應鏈管理方法。假如你是道格，你會如何定義供應鏈管理？

2. 你會如何建議道格安排他的簡報，讓高階管理人員留下深刻的印象？

3. 展望未來，你覺得道格最大的挑戰是什麼？

> 是什麼力量讓 Dell 和 Wal-Mart 得以成功？答案是商業模式，而供應鏈則是促成的工具。因此你可以見到供應鏈的重要性正逐漸增加。而人們了解到，供應鏈管理是未來的競爭利器。
>
> *-Robert W. Moffat Jr., IBM*

一、供應鏈管理的理論

在經理人的記憶中，企業早已開始試圖設計成功的商業模式，其目標是要比其他的競爭者更能滿足顧客的需求。**成功的關鍵在於建立一套流程，用來設計、製造、及交付顧客所要求的高品質、低價格且創新的產品及服務。**當管理者試著要達成以上的目標時，卻常會發現公司缺乏所需的資源和技術[1]。因此他們開始主動地擴大視野，越過公司之間的藩籬，思考如何能夠利用供應商以及顧客端的資源來創造出更多的價值[2]。因此而產生的**目標一致化、資源共享**以及**跨公司的協同合作**皆是**供應鏈管理（Supply Chain Management，SCM）**[3]的精髓。

供應鏈管理基本上是將**相對優勢（comparative advantage）**的經濟理論應用在企業層級上。被稱為經濟學之父的亞當‧史密斯（Adam Smith）主張：(1) 國家的財富來自勞動生產力以及 (2) 想要大幅提升勞動生產力的方法之一，在於勞動力的分工合作。透過專業分工和自由貿易，就能夠增加財富。其結果就是：全世界的消費者皆享受到更高的生活水準。同樣的道理，供應鏈管理是要協同整合不同的專業分工。**供應鏈管理讓企業專注在自己擅長的少數獨特技術上，其他的工作則外包給具有所需技術的供應商或顧客**[4]。供應鏈中每家公司之間必須建立起良好的關係，以確保共同致力於整體供應鏈的成功。日本策略顧問家大前研一曾指出：「企業才剛開始學習國家早已知道的事：在這個複雜、充滿危險敵人的不確定世界裡，最好不要獨來獨往。[5]」

我們可以用體育競賽來比喻供應鏈管理。優秀的隊伍是由許多偉大的運動員所組成，然而，一個隊伍之所以能夠得到冠軍，還要具有「默契」（chemistry）的要素。許多擁有優秀運動員並支付高薪的隊伍從來不曾成為冠軍。這些很有天分的隊伍令球迷失望，他們沒辦法讓所有的成員互相結合在一起，因此未能達到應有的成就。**供應鏈管理的目標是建立一個企業「團隊」，包含供應商、成品製造商、服務提供者，與 / 或零售業者。成功的供應鏈也是由優秀的企業所組成，並在內部建立「默契」─供應鏈目標與個體角色的共識、共同工作的能力、以及互相配合以創造和交付最好的產品及服務的意願。**在今日的全球市場中，這些企業團隊形成了整合的供應鏈，比其他凝聚力較差的供應鏈，更有競爭力並能得以勝出。[6]

　　圖 1.1 所示為兩個簡化的供應鏈，其中一個是服務業的範例，另一個則是製造業。這些供應鏈是以「**核心企業**」（**focal firm**）的觀點來看待的，描述這些核心企業與上下游供應商和顧客之間的關係。排列於同一直列的企業，稱為階或層（tiers），從核心企業開始，依序往上下游編號。購買的貨品和服務從上游供應商開始，流經核心企業，抵達下游的客戶。然而，資訊的流動卻是雙向的，因為供應鏈成員之間需要不斷進行規畫和協調工作。

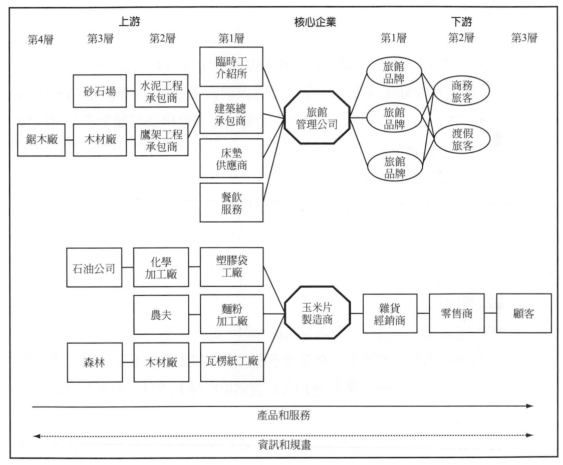

⬤　**圖1.1　簡單的服務業和製造業供應鏈**

　　例如萬豪國際集團（Marriott International），在 1927 年成立之初是位於美國華盛頓特區的一家小飲料攤。多年來，萬豪集團專注於提供旅行者住宿的服務。在萬豪的規模達到遍及全球 70 個國家、經營超過 2600 家飯店及渡假中心時，管理者了解到旅客的需求有許多不同的種類。因此萬豪的角色定位是要了解每個顧客層的需求，並依照顧客願意支付的價格，設計符合這些需求的旅館。

在傳統商務會議型飯店和渡假中心以外，萬豪還建立了各種類型的品牌。這些品牌包括了 Fairfield Inn，提供給預算有限的旅客；Courtyard 提供給商務旅客；而 Residence Inn 則提供給長住的旅客。然而，萬豪並沒有試圖向上整合將營造業和傢俱業整合進來。相反地，萬豪依賴專業的供應商來建造與裝潢它的旅館。這些公司同樣也依賴它們自己的供應商，提供建造旅館和製作床墊所需的原料。萬豪藉由專注於自己最拿手的部分，並且將其餘的外包出去，已發展成為全球領先的旅館業者。

　　當然囉，只是談論著要如何建立一個具有凝聚力的供應鏈團隊，比真正實現它要輕鬆的多。例如，圖 1.1 下半部的玉米片製造商是食品配送供應鏈的成員之一。在 1990 年代早期，參與了有效消費者回應（Efficient Consumer Response，ECR）的初期產業研究調查，希望找出增進供應鏈競爭力的可能機會。其中一項重要發現是：整個企業通路中，存在有高達 104 天的成品存貨；而且，產品從農場產地運送到消費者的過程，竟需要近 300 天的前置時間[7]。像這樣大量庫存且沒有效率的流程，導因於供應鏈的成員將他們自己視為獨立的個體，而不能在供應鏈中一同致力於分享資訊及加速商品的流動。這些無效率的情形，對於依靠微薄獲利生存的產業而言，施加了巨大的成本負擔。

1. 供應鏈管理定義

供應鏈管理通常被描述為管理資訊以及原物料，從「供應商的供應商，到顧客的顧客」的流動過程。實際上，企業並不會費心於如此延伸上下游的供應鏈整合[8]。從實務的觀點，管理者將供應鏈管理視為供應鏈上成員之間，有更好的資訊交換、資源分享、以及雙贏關係。供應鏈管理者的工作是與顧客和供應商一起找出減少成本，卻能提高服務的機會。**目標是應用專業技術和團隊合作，建置有效率及有效益的流程，替最終消費者創造出價值**。以下是供應鏈協會的定義，也是本書所使用的供應鏈管理定義：

　　供應鏈管理是能夠跨越組織邊界，設計並管理無縫（seamless）的加值流程，以滿足最終顧客的真正需求。

2.　內部價值鏈

在能夠有效地管理供應鏈上下游的程序之前，我們必須先在核心企業的內部做好流程管理。任何企業內部，都具有負責制定決策的功能（function），這會影響到企業所能創造出來的價值。麥可波特（Michael Porter）提出了**價值鏈**（**value chain**）這個名詞，用來描述這些內部功能之間相互連結的特性（請見圖 1.2）[9]。例如：

- 經營管理：定義公司策略並分配資源加以執行。
- 研究開發（Research and Development，R&D）：負責設計新產品。
- 供應管理：協調整合上游的基本供應商夥伴，持續尋找優良的供應商並建立良好的關係。
- 生產製造：將來自供應商的進貨，轉變成具有更高價值的產品。
- 物流：運送及儲存原物料，以配合不同時間及地點的需要。

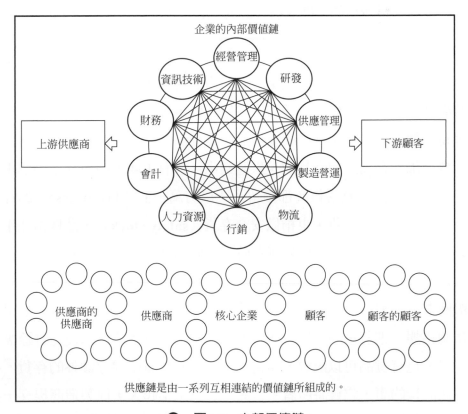

▲　圖1.2　內部價值鏈

- 行銷：管理與下游各種顧客間的關係，找出顧客需求並與其溝通，說明企業滿足這些需求的方式。
- 人力資源：設計一套系統，以雇用、訓練及養成企業的眾多員工。
- 會計：維護營業記錄資料，以提供控管營運進行所需的資訊。
- 財務：取得及管控企業經營所需的資金。
- 資訊技術：建立並維護在決策者之間擷取及傳遞資訊的系統。

　　當每個內部功能的管理者都能了解顧客需求與公司策略，並彼此合作時，就能夠把流程改善，及製造出更具競爭力的產品。然而，許多公司的企業文化和組織架構並未鼓勵企業內部的緊密工作關係。例如在食品批發供應鏈中，供應部門的採購人員常會利用特價期間，預先購買大量的產品，卻沒有與物流經理預先進行協調，後者等到貨物送達時，才倉卒尋找方法來存放這些貨品。在這種情況下，供應管理的成本會降低，然而企業的存貨，甚至整體成本，卻反而有可能提高。這類型的交換取捨（trade-offs）狀況則是很常發生的。

3. 長鞭效應

供應鏈是由一系列互相連結的企業層級的價值鏈所組成的。沿著供應鏈向上及向下游溝通資訊有助於流程的建立，以使整條供應鏈得以製造及運送致勝的產品和服務。然而，當供應鏈中的成員無法繼續溝通與合作時，成本和無效率的現象都會增加。在前述的食品配送供應鏈中，會有 104 天的庫存是因為玉米片的製造商、批發商以及零售商都預留了「以防萬一」（Just-in-case）的存貨。**這個「以防萬一」的存貨，也稱做安全存貨（safety stock），是保留在手邊，以備在資訊分享不良或發生運輸延遲時，可做為補充之用。**沒有人想在顧客要購買玉米片時，發生存貨短缺的狀況。

　　舉例來說，零售商會預測玉米片的需求，然後向批發商下訂單。如果零售商的預測錯誤，則訂單的數量可能會不足或過剩。為了確保即使在實際需求大於預測時，也有貨品可以販賣，零售商會在它的倉庫中儲存額外的存貨。批發商也會做同樣的事，它會將所有零售商的訂單聚集起來，向製造商提交一個大的訂單。批發商也會儲存安全存貨，以做為預測不準確或是供應中斷時的補充。

同樣的故事也在製造商身上重演。在大多數的供應鏈中，離最終顧客越遠，就存在越大的不確定性。

圖 1.3 說明了這個現象，稱為**長鞭效應（bullwhip effect）。長鞭效應說明了需求的變動在沿著供應鏈向上決策的過程中會被放大。**需求的增加從零售商階段開始。為了要滿足預期中的未來訂單，零售商會向他的批發商訂購較大的量。因為不想讓商品缺貨，批發商會向上游製造商訂購更多的數量。而製造商也會做類似的反應，向他的供應商提交更多的量。稍後，當零售商的需求減少時，他的上游供應商已持有過多的庫存，因此他們必須減少訂購量。最終的結果是：**零售商層級的微小需求變化，在供應鏈中會如漣漪般地被放大，就像揮動長鞭一樣。**曾有人估計過，對供應鏈中的每個成員來說，長鞭效應所導致的成本，可能高達 12% 到 15%。**假如供應鏈中的每個成員都能夠立即且同步地取得銷售時點（Point-Of-Sale，POS）系統的資訊，就可以減低長鞭效應。**還有其他阻止長鞭效應的方法，包括：**零售商可以與批發商和製造商一同建立協同合作預測（collaborative forecast），並計畫未來的產品促銷方案。**在章首案例中，衛格曼（Wegmans）和納貝斯克（Nabisco）的例子說明了，當整個供應鏈成員協同合作時，供應鏈的成本可以減少，而最終顧客的滿意度也會提升。

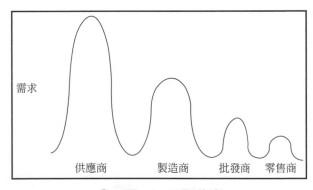

🔺 **圖1.3 長鞭效應**

二、供應鏈管理實務現況

所有的企業都是屬於眾多組織所形的一個「鏈」（或更精確的說法是網路架構，network）中的一份子，然而，大多數的公司仍將他們自己視為是分開的不同個體。他們並不會有效率地合作，以求減低供應鏈上下游的存貨水準及成

本；也不會共同決策以增進顧客的服務。為什麼他們會這樣呢？首先，只有很少數的企業了解他們的股價上升是來自於供應商或顧客的表現。其次，獎酬系統（reward system）制度使得管理者只將精力集中在自己的營運作業和直接面對的顧客上。管理者忙著在嚴酷的商業世界中面對各種挑戰，以至於無力思考那些需要密切關係的協同合作。雖然合作（cooperation）的觀念，直覺上大家都覺得很棒，但是多數的管理者也發現到，要做到真正的協同合作（collaborate）卻是有難度的[10]，這無論在公司內部或是供應鏈之中都是如此。充分有效果的協同合作相對是罕見的，最常發生的是在公司最重要的第一階顧客以及供應商。事實上，研究結果顯示，95% 以上的協同合作是以第一階的供應商及客戶為目標。[11]

圖 1.4 中顯示了下列**各種供應鏈整合的不同程度：**

- 內部流程整合：其目標是增加企業內部的功能性部門之間的合作。
- 向後流程整合：與第一階主要供應商的整合，產業中的一些領先企業更將這種類型的整合擴充到第二層的供應商（其供應商的供應商）。
- 向前流程整合：與第一層主要顧客的整合，目前，只有很少數的企業會將顧客的顧客做為整合的目標。
- **完整流程整合：同時向前和向後整合，從「供應商的供應商到顧客的顧客」。理論上，這是最完美的。**

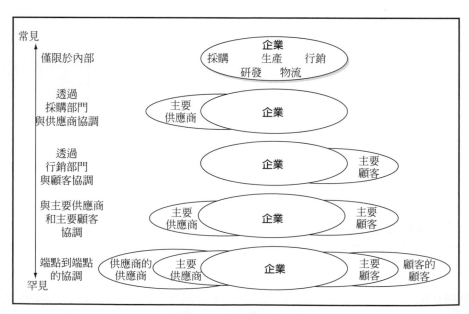

● **圖1.4　供應鏈整合的程度**

想要把企業的進貨和出貨（inbound and outbound）部門之間，因為企業文化與營運作業因素所產生的鴻溝，重新連接起來是有困難的。因為市場行銷部門看待世界的方式與供應鏈管理者是有所不同的，而資訊交流的不足也會阻礙彼此的合作。因此，多數公司的首要任務，就是讓決策的產生更加透明，並提供必要的訓練，讓管理人員了解他們的決策會對公司的其他部門造成什麼樣的影響。例如，供應與物流部門的管理者必須拿捏贊成和反對提前採購（forward buying）的理由，以判斷只因為有特價的關係，就大量的採購此商品是否合理。

在內部流程整合之外，戴姆勒克萊斯勒（Daimler Chrysler）汽車的營運與策略總監 - 傑夫（Jeff Trimmer）指出：「只是將企業內部最佳化是不夠的，我們必須最佳化整個供應鏈。但是**供應鏈中沒有人是國王。**」[12] 沒有足夠權威的領導者決定整個供應鏈的決策以及監督執行，所以管理人員只能最佳化他們自己部門或公司的獲利。結果就是：協同合作的成效有限。上游的協同合作通常只出現在少部分的重要供應商中，這只佔了直接物料供應的 2% 到 20%。更上游的協同合作通常僅限於用來確保採購量的第二階採購合約。核心企業通常會將第一層以外的管理責任交給他的直接供應商。類似的情況也發生在顧客這一端，大部分的協同合作只出現在少數的重要第一層顧客中。當企業逐漸學習如何協同合作，而供應鏈實務也更加成熟之後，才會有更創新的協同合作方式在供應鏈中出現。在一家領先的供應鏈企業中，其供應鏈管理主管預言這一天已經不遠了：「我們還是算新手，只要我們獲得更多經驗之後，就會將協同合作延伸到第一階的供應鏈夥伴之外。」

讓我們再以運動競賽為例子，田徑賽中的接力賽可以用來了解供應鏈實務的現況。

4 乘 100 米（400 公尺）和 4 乘 400 米（1600 公尺）的接力賽都是以四個運動員為一組。每個運動員都分別在他們自己的那一部分全力衝刺，然後將接力棒遞交給同組的下一棒次。跑者（手中持有接力棒）第一個越過終點線的隊伍將獲得勝利。成功的關鍵在於選手的速度，以及迅速俐落的交棒動作。在大多數的比賽中，選手們都只專注在他們所擅長的一快速奔跑。當握有接力棒的隊友接近約 10 米的接棒區時，下一棒的選手就要開始起跑，這樣才能在兩個隊

員都以近全速在跑的時候進行接棒。世界級的接力隊會不厭其煩地練習接棒的動作，因為他們知道這個技巧就是勝負的關鍵。

　　供應鏈管理也是如此，每個公司都盡力將自己擅長的工作做到最好，然後將接力棒傳遞給供應鏈中的下一個公司。然而，運動競賽的世界與商業世界之間有兩個顯著的差異。首先，接力隊是在教練的指導下共同合作，教練會教導他們適當的技巧、強迫他們練習，在幫助個別選手精益求精的同時，也幫助隊伍了解接力比賽整體的概念。然而，在商業世界中並不存在供應鏈的教練。每一個買賣關係都要小心呵護，而且沒有人知道整個「供應鏈比賽」是什麼樣子。管理者只能集中心力在兩個接棒的對象——一個是顧客，另一個是供應商。第二，在接力賽中，每一個比賽都只跟三個接棒動作有關係。而在商業世界裡，成功依賴於眾多無縫隙的接棒過程。公司的功能性部門之間，就已經代表了公司內部的一連串接棒（就像是4乘100的接力賽）。同時，即使最簡單的企業間供應鏈也包含了至少數百到數千個公司（就像是4乘400的接力賽）。在這個4乘100又乘400的複雜供應鏈中，在任何地方掉落了接力棒都將影響整個供應鏈的競爭力。因此，建立供應鏈中的教練角色，或許對於供應鏈的長遠競爭力來說，會是一個重要的關鍵。

　　就像我們在接力賽比喻中所看到的，供應鏈管理的領域並不侷限於任何單一的功能。它是策略性的，橫越整個組織。因為供應鏈管理是策略性的，所以你必須了解策略管理的基礎。下列的章節將討論供應鏈管理如何影響和支援策略的建立與執行。

三、供應鏈思維與公司策略整合

　　在希臘文中，動詞 stratego 的意思是「透過有效地利用資源，來計畫如何摧毀敵人」[13]。管理者一般都具有在競爭舞台上與對手爭奪市場佔有率的經驗。他們知道要如何作戰—觀察、分析、及對抗競爭者。然而，以這種方式來看待策略，常會產生不完善的結果，因為策略僅以競爭來定義及評估。這樣的競爭策略變得被動，總是在回應主要競爭者的動作。

　　成功的策略應該要能幫助企業做更多，不只是擊敗對手而已。成功的策略應該幫助企業滿足顧客的真正需求。中國古代兵書作者孫子發現，最聰明的策略就是在不發生戰爭的情況下達成主要目標[14]（譯註：《孫子兵法》有"不戰而屈人之兵，善之善者也"）。大前研一對這個觀念，有詳細的說明：

　　在商業界，發生於企業之間的可見衝突—管理者通常視為策略—其實只是整體策略的一部分。就跟冰山一樣，大部分的策略是被淹蓋在表面之下的、隱藏的、看不見的…，大部分的策略是被故意隱藏起來的—企業會在隱藏的表面之下創造價值及避免競爭[15]。

　　麥克‧戴爾（Michael Dell）在個人電腦產業上，以顧客直銷的創新商業模式，讓戴爾電腦（Dell）可以避免直接與 PC 製造大廠競爭。麥克‧戴爾察覺到低價、標準化電腦的利基市場存在，因此他必須找到方法將電腦交付到顧客手上。當時 Dell 缺乏在傳統通路上配銷的影響力。此外，如果與 IBM、Compaq 或 HP 正面交鋒，Dell 幾乎沒有勝算。顧客直銷的模式是一個很理想的方式，可以讓 Dell 在競爭對手察覺之前，建立成功的企業經營模式。當其他 PC 製造商終於發現顧客直接模式的潛力時，Dell 已經完成了這個模式，同時建立了日後長達數年的市場主導優勢基礎。

1. 策略管理的本質與演進

策略管理並不是一門新的學問。在古希臘哲人蘇格拉底與軍事家尼各馬希代斯（Nicomachides）的談話記載中，曾經比較軍事將領與企業管理者的責任，蘇格拉底認為除了環境不同以外，策略所扮演的角色同樣都是計畫如何利用資源來達成目標[16]。今日的管理者仍試圖利用資源來達到公司的目標。競爭的威脅、要求高的顧客、以及充滿不確定性的商業世界，都需要更好的策略性思考及決策。

(1)權變理論

現代的策略思考源自於**權變理論（contingency theory）**，這個理論將**變動的環境、管理的決策與績效之間的關係**予以概念化。管理者必須判斷環境的改變所代表的意涵，並使用企業的資源有效地予以回應[17]。這個應變的動作決定了一個企業是否能良好地適應變動的世界[18]。

Kmart 早期在低價零售產業的獨佔優勢隨著競爭環境的改變而消逝。兩個主要競爭者，全球最大的零售商威名百貨（Wal-Mart）和全美第 2 大折扣零售商塔吉特（Target），當時首先引進供應鏈實務技術，如條碼和越庫作業（cross-docking）模式，因而改變了市場遊戲規則。Kmart 則由於判斷力與自我調整能力不足，最終走向破產。

建構在權變理論基礎之上，這兩個理論：產業組織理論以及資源基礎理論，目前是企業制定商業模式時，策略規劃與發展的主要依據。

(2)產業組織理論

產業組織理論（Industrial Organization theory，IO theory）認爲：市場力量是驅動決策制定的主要因素。哈佛大學的麥可波特（Michael Porter）指出，企業相較於市場的影響力取決於五個群組所擁有的力量—供應商、顧客、已知的競爭者、潛在的競爭者、以及替代產品的提供者 [19]。IO 理論的核心問題是 (1)「哪裡具有市場力量？」以及 (2)「這個力量的來源有哪些？」藉著分析這五個力量，管理者可以了解公司的經營環境並據以制定決策，以在市場上善用公司的影響力及競爭力。

當金百利克拉克（Kimberly Clark）的執行長達爾文•史密斯（Darwin Smith）決定將公司的造紙廠低價出售時，大多數的人都覺得他瘋了。然而，他了解紙廠的經營缺乏市場競爭力。就一家中等規模的造紙公司而言，金百利克拉克很難在市場上獲勝。史密斯也了解，金百利克拉克的主要競爭力來自唯一的知名產品—舒潔（Kleenex）。將造紙廠賣掉以後，史密斯得到了所需的資金，以提升舒潔的品牌形象，因而將金百利克拉克轉變成爲一個成功的消費性商品企業 [20]。

(3) 資源基礎理論

資源基礎理論（resource-based theory）強調的是內部資源的管理，以建立難以模仿的優勢 [21]。以資源爲基礎的策略管理著重於建立組織的技術與流程，讓企業能夠提供獨特的產品和服務。當一個企業發展出獨特的技術和流程而取得競爭優勢時，我們稱此企業擁有**核心能力或核心能耐（core competence）**[22]。

本田汽車（Honda）是資源基礎理論的範例。Honda 結合了工程與生產上的各類不同技術，在引擎的設計與製造上，建立了核心能力。全世界的顧客都認

同 Honda 引擎的動力、效率以及可靠性。Honda 利用它在引擎方面的專門技術，在汽車、摩托車、沙灘車、庭院維護工具、和其他需要傑出引擎效能的市場上取得很大的佔有率。

2. 策略的四個決策領域

權變理論、產業組織理論、以及資源基礎理論結合在一起產生了策略的整體觀，強調四個決策領域：**環境、資源、目標以及回饋**。管理者必須考慮這四種決策領域來發展出適當的策略，以有效利用資源，並比競爭對手更能滿足顧客。各個決策領域於下列各小節中分別說明。

(1)環境

管理者並不是在真空的環境中做決策的。優秀的管理者對於所處環境中的競爭、經濟、法律、以及政治等因素的發展情勢，都要有深刻的了解（請參考圖 1.5）。他們也很清楚文化差異在全球化營運上所扮演的重要角色。他們知道企業的內部環境，包括企業文化、功能性部門間的關係、以及獎酬制度等，都會影響決策的訂定。**這些內、外部的環境特性決定了應該要評估哪些競爭因素，以有助於擬定成功的競爭策略。**

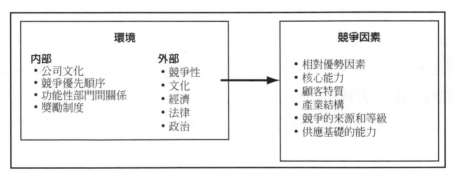

● 圖1.5　環境考量

(2)資源

商業資源（resource）含括了所有的資產，包含人員、技術、設施、物料與資金。管理者較易密切注意有形的資產，像是設施和技術，然而，僅由「實體」資產而獲得成功的時代已經過去了，眾多競爭者可以複製設施及購買現成的技術。如今，**想要獲得成功，必須將心力投入在很難複製的知識及流程，這些難以複製的能力就是建立在人力及技術資源的整合流程上。**

(3)目標

商業目標是使整個企業上下的決策一致化的共同標的。典型的商業目標是營收、獲利和股價。然而，目前全球最大的日用品公司，**美國寶僑（Procter & Gamble）的執行長雷富禮（A.G. Lafley）認為，一個組織最重要的目標是創造顧客價值**。他強調長期來看，只有在有效地滿足顧客時，企業才能達成財務目標。致力在正確的目標上，是事半功倍並建立致勝能力的關鍵所在。

(4)回饋

訊息回饋幫助管理者調整組織的策略，以滿足這個變動世界的各種需求。在市場中，顧客的期待會改變、公司的能力有起有落，而競爭對手的行動也有來有往。企業也需要一些普遍卻常變動的因素，像是匯率、政府政策、技術、天氣以及其他自然事件等的資訊。

3. 供應鏈思維對策略的影響

從工業時代一開始，企業就是一或多個供應鏈的成員—從購入原料、製造產品，到販售這些產品給顧客。直到不久之前，這些個別公司之間相互依賴的關係還是被嚴重忽略的—除非有斷鏈的情況發生了。時至今日，許多公司仍舊獨自制定策略。他們並不會考慮 (1) 供應鏈中的其他成員如何利用他們的產能和技術能力來建立難以複製的能耐，或是 (2) 他們的策略如何影響供應鏈中的其他成員。**供應鏈管理就是要改變這種傳統的、對外界不關心的（inward-looking）策略規劃和執行的方式。**

供應鏈的思維必須使管理者用全新的視野，以不同的方式來看這個世界。如此，即有機會建立獨特的供應鏈強化之商業模式。試想：Dell 利用合約製造商來增加速度和彈性，**Honda 每台車有 85% 的成本（以及品質與創新）依賴供應商**，Wal-Mart 的越庫作業需要許多產品供應商和運輸服務業者的同步作業。這些企業的商業模式有哪些共同點呢？就是**他們同樣都善加利用供應鏈中各企業的資源和技能，以提供卓越的價值給位於供應鏈最末端的顧客們。**

接下來兩個小節，將詳細說明供應鏈思維是如何影響策略的整體觀念，進而影響商業模式的建立，以及策略的四個決策領域。

(1)供應鏈思維與策略性商業模式設計

策略研擬的首要任務就是界定出公司的商業模式。**有效的商業模式必須回答兩個問題：「我們的主要業務為何？」以及「我們要如何將這個業務做得比任何人更好？」**[23]。要回答第一個問題「我們的主要業務為何？」則須先評估下列兩個相關的問題：「誰是我們的顧客？」以及「我們提供他們哪些真正的價值？」。彼得杜拉克（Peter Drucker）曾說過：「**商業目的只有一個正確答案：創造顧客**。顧客購買和在乎的價值絕對不只是商品而已，永遠不變的是效用（utility），這是產品或服務為顧客所提供的[24]」。因此，企業的形象是由滿足顧客真實需求的能力所定義的。例如，在 Wal-Mart 進入的每一個市場中，「每日都低價（Everyday low price）」的承諾，獲得了大部分顧客的肯定與共鳴。第二個問題：**「我們要如何將這個業務做得比任何人更好？」**定義了企業如何利用它的資源來滿足顧客的需求。管理者必須學習如何使用基本的資源，包括人、技術和設備，發展獨一無二的組織功能，這種功能幾乎都是以流程為基礎的。因為他們是「集體與跨功能」的，包括「組織中的集體學習」，因此競爭對手很難模仿[25]。Wal-Mart 的供應商來源、物流設備、以及人力資源讓它能夠維持每日低價的承諾，並讓它成為全世界最大且獲利最高的零售商。

　　重點在於，當管理者透過供應鏈的角度來思考時，他們看待這些問題的方式變得不同。**供應鏈策略專家改以下列問題來取代「我們的主要業務為何？」**：

- 整個供應鏈的價值主張是什麼？
- 我們的公司有何獨一無二的方法，可以協助供應鏈實現這些價值主張？

　　供應鏈策略專家會探討以下的問題來代替**「我們要如何將這個業務做得比任何人更好？」**：

- 供應鏈中的其他成員具有哪些有價值的能力？
- 如何以顧客認為有價值的方式，結合這些互補的能力？
- 我們應該與供應鏈中的其他成員維持何種型態的關係？
- 是否有哪些顧客認為有價值的能力，是我們所缺少的？假如答案為是，供應鏈中誰最適合發展這些能力？
- 有多少加值流程是我們公司必須自己控制的？

當管理者回答這些問題時，將體會到採取供應鏈的觀點來思考時，對於整個策略制定過程的影響。他們也會發現必須使用新的技術來實行這種供應鏈強化（SC-enabled）的商業模式。

(2) 供應鏈思維與策略的四個決策領域

供應鏈管理者也必須重新以供應鏈觀點來審視策略的四個決策領域。表 1.1 描述了供應鏈思維如何改變管理者在每個決策領域中的想法。

▼ **表1.1　供應鏈管理對策略的四個決策領域的影響**

策略 決策領域	一般通用策略型態	供應鏈強化的觀點
環境	·回應環境的變化—將他們視為威脅。 ·獨立的環境審視。	·將環境變化視為挑戰和機會。 ·運用關係和技術，預測、定義、回應競爭環境的變化。
資源	·管理企業內部的資源。 ·盡可能購買最好的原物料。 ·保持良好的供應商關係。	·開發獨一無二的、跨界的能力。 ·開發並管理供應商的能力。 ·在可能的情況下，利用顧客的資源。 ·建立世界級的供應鏈團隊。
目標	·達到顧客滿意度。 ·取得持續的競爭優勢。 ·取得獲利能力。 ·評估內部活動的績效。	·協助供應鏈滿足最終顧客的需求。 ·協助第一層顧客提升競爭力。 ·建立能夠持續進步的優勢。 ·取得持續的獲利能力。
回饋	·評估內部活動的績效。 ·監控供應商的表現。 ·資訊是單向地從供應商流向顧客。	·評估流程和供應鏈的績效。 ·共享績效資料，帶動學習。 ·雙向地與顧客和供應商分享資訊和創意。

i. **環境**。從環境因素開始，供應鏈管理者應已察覺到，**今日的全球競爭環境是供應鏈團隊互相之間的競爭**。例如，Wal-Mart 與其供應商在全球消費市場上的競爭對手是法國的零售商家樂福（Carrefour）和它的供應商。做為全球兩大零售商，Wal-Mart 和家樂福都忙於建構最好的供應鏈網絡，確保能取得足量的適合商品，以滿足全球顧客的各式需要。要協調他們的全球網絡，必須依賴複雜的科技化系統。然而，更有效率的方法，就是他們必須學習如何評估不同國家市場中不同顧客的獨特需求。因為在巴西做生意跟在中國做

生意是很不相同的，在每個國家都必須學習如何選擇適合當地的供應商，以及在新的作業環境中從事管理，其中的文化、基礎設施、及規章制度都截然不同。能夠盡力了解環境並建立適當供應鏈團隊的零售商，將可在全球市場佔有率的戰爭之中，獲得重要的優勢。

ii. **資源。供應鏈管理者最重要的工作之一，就是思考各個供應鏈成員的資源要如何共享，以增進整個供應鏈的績效。** 管理者必須能夠正確地評估供應商與顧客的產能和技術能力。同等重要的是，供應鏈管理者必須發展一些技巧—溝通、訓練、信任的建立—讓供應鏈其他成員樂意分享他們的關鍵技術（know-how）以及資源。此時，供應鏈團隊就能做到個別企業無法做到的事。Honda 也許比其他任何公司都更致力於開發他的供應商們，並讓這些供應商以團隊的方式共同合作，製造出合乎 Honda 品牌標準的優秀車輛。**由於 Honda 重視其供應商對最終顧客的承諾，因此投入大量時間和金錢來幫助供應商改善生產流程**[26]。其他公司的例子，則著重於跨企業的資源分享。寶僑（P&G）投入很多心力來管理其主要零售商的店內存貨，包括克羅格公司（Kroger）和 Wal-Mart。美國航電供應商羅克威爾柯林斯國際公司（Rockwell Collins）將工程師團隊送去協助供應商，以增進他們的流程能力。美國農用機電設備公司強鹿（John Deere），在新產品設計的最初階段，就邀請供應商一同參與。Deere 的一位高階主管曾說：「假如你拜訪我們的設計中心，你所碰到的前十位工程師中，至少有八個是供應商的工程師」。資源的分享會改變企業的流程和商業模式。

iii. **目標**。策略界定出競爭的目標。透過供應鏈的觀點來看，管理者了解到**只有最終顧客才是真正將金錢投入供應鏈的人。** 因此，**供應鏈策略的重點在於滿足最終顧客的需要。** 滿足第一階客戶仍然重要，但是供應鏈中的每個公司都應該了解誰才是最終顧客，以及要怎麼做才能達到這個最終顧客的期望。Honda 成功背後的一部分秘訣是，管理者會確實讓供應商知道，他們不只在製造汽車零組件而已，他們是在製造一台 Honda——一台具有優良品質和可靠度而讓駕駛人喜愛的車子。經由不斷的宣傳，每個供應商都清楚知道，他們所製造的零件會影響到最終顧客的感覺。也許更重要的是，當他們知道自己

在幫助製造一台讓人喜歡駕駛的車子時，會產生滿足感，這種感覺有助於他們達成對於 Honda 的承諾。

iv. **回饋**。最後，供應鏈管理者發現，只有在每個人都依照相同劇本來操作時，供應鏈才能運作。協同合作（Collaboration）需要供應鏈成員的密集回饋。**一致的績效評估指標、良好的資訊系統、及頻繁且誠實的資訊分享都是供應鏈回饋系統的關鍵組成因素。**羅克威爾柯林斯公司建立了一個網站，以**滾動預測法（rolling-horizon）**為基礎，在供應商之間分享生產排程的資訊。Wal-Mart 的零售鏈（Retail Link）系統，也是使用網站與供應商夥伴分享歷史資料與預測需求資訊。供應商可以監控他們的產品在每一家 Wal-Mart 的每日即時銷售情形，也可以清楚看到自己在交貨、存貨、銷售以及利潤等方面履行承諾的情況。強鹿企業使用回饋系統來尋找可改善流程效率的供應商意見。由此所獲得的任何改進，都會與其他供應商分享。取得用來協調供應鏈活動的資訊，以及帶動整條供應鏈學習，遠比監控單一組織的活動要困難許多。但是做好這些事，會產生強而有力的競爭優勢—這也正是企業策略的最終目標！

4. 展望：策略性供應鏈管理的流程圖

供應鏈管理不僅只是實施個別一種流行的新創觀念就好。像是協同規劃、預測、補貨（Collaborative Planning, Forecasting, and Replenishment，CPFR）、供應商管理存貨（Vendor-Managed Inventory，VMI）、整合產品開發（Integrated Product Development，IPD）、顧客關係管理（Customer Relationship Management，CRM），供應商開發（Supplier Development）等只是一些基礎的實務性概念。**更重要的是，他們必須妥善組合運用，才能促進有效的協同整合。**之後的章節將會分別詳細討論這些實務觀念。

　　系統性的供應鏈分析，可以幫助企業建立供應鏈強化的商業模式，並實行成功的供應鏈策略[27]。**領先的供應鏈企業利用 4 步驟流程，著重於評估、規劃、執行、以及學習的循環。這些企業的管理者一直在詢問和回答下列四個問題，因為這些問題能夠描繪出邁向成功供應鏈的流程圖（請見圖 1.6）。**此一程序性模式，也串起了本書各章節的主題。

(1)我們是誰？

每家公司都有自己獨特的文化和核心價值，影響著企業的相關決策。這樣的企業文化形塑了許多原則和理念，而決定了企業的營運方針以及組織運作方式。這個特性驅動著組織的願景、任務、及特殊能耐等的發展。「我們是誰？」這個問題的答案界定了企業為何能夠存在的意義以及有何優於他人之處。供應鏈的執行者利用這個問題凝聚整個組織來滿足下游顧客的需求。這種聚焦於企業為何而存在的共識，能夠促進系統性思考，以連結企業的各種功能，建立成功的產品研發及訂單履行流程。

(2)我們目前如何適應？ (3) 我們未來該如何適應？

要設計一個世界級的供應鏈，管理者必須了解公司所在的供應鏈的實際運作方式。為了完全了解這個供應鏈的各種變化，他們必須評估許多議題。其中有些問題務必找出答案，包括：

- 競爭規則是什麼？
- 誰才是我們的顧客？包括直接顧客與更下游的顧客。
- 他們的真正需求是什麼？
- 如何有效地滿足這些需求，並做的比敵對的供應鏈團隊更好？
- 需要用哪些能力、程序以及技術來滿足這些需求？誰已經具備這些條件？
- 成本出在供應鏈的何處？
- 供應鏈中，誰擁有影響力？這個影響力的來源是什麼？
- 哪裡可以找到機會，將供應鏈的運作和相互關係加以最佳化？

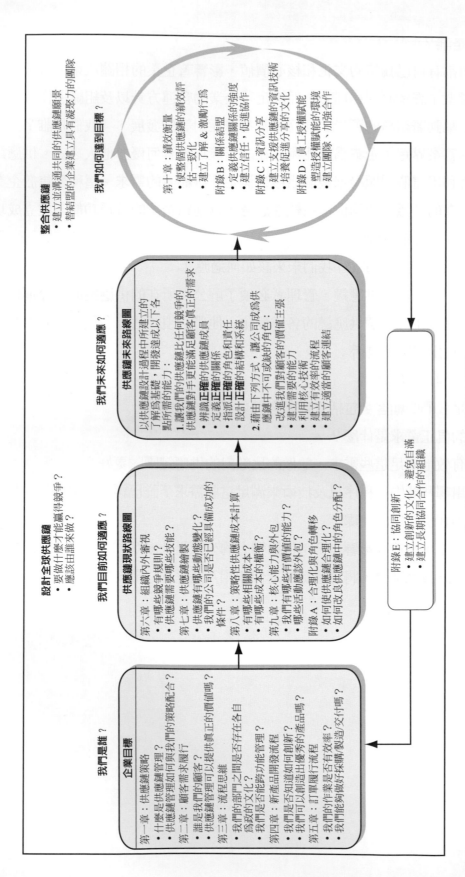

◭ 圖1.6 供應鏈管理流程圖

　　建構一個供應鏈「現況（as-is）」路線圖，可以幫助管理者評估公司的強勢、弱勢、機會、與威脅等既有狀況，並能協助管理者了解供應鏈運作的細節，從而了解企業以及整個供應鏈應該怎麼做才能面對競爭，並贏得成功。他們也會更清楚應該把誰保留在這個供應鏈團隊中。

　　一旦管理者學會供應鏈運作的現況，就表示他們準備好如何重新設計這個供應鏈了。目標在於使用這些新得到的認知來建立以下的能力：(i) 確保供應鏈能夠比其他敵對供應鏈更能滿足顧客的真正需求 (ii) 確保公司位於供應鏈中不可或缺的成員地位。供應鏈的「未來（to-be）」路線圖會引領此程序，並凸顯正確的成員、正確的關係、正確的角色分工、及責任配置。「未來」路線圖也引導關鍵的決策，諸如流程設計、技術開發、外包、聯盟發展、及供應商組成配置等事項。

(4)我們如何達到目標？

管理者必須明確有力地提出令人信服的轉移計畫，才能轉換企業成為符合理想的定位。第一步是溝通並建立一個對供應鏈的共同願景。第二步是找出各種對於深化供應鏈協同合作有所阻礙的內部與外部因素。接著可以優先選擇導入一些具體的方案或是新創觀念。有四個議題有利於促進協同合作，(i) 關係管理 (ii) 資訊分享 (iii) 績效評估 (iv) 員工授權。最後，對環境、技術、及產業的定期審視，加上以同業翹楚作為標竿比較對象，都能夠促使企業持續的學習及進步。

　　供應鏈的路線圖強調供應鏈層級的**規劃與審視作業（planning and scanning）**。**規劃作業**以降低威脅、利用機會的策略，來創造認知與理解並引導資源的運用，**審視作業**則幫助管理者了解外在環境的競爭性、產業界以及市場的變化。規劃與審視作業兩者合一，則有助於發現協同合作的機會。企業必須利用規劃與審視作業，選擇並建構正確的能力，及建立具有創造力和生產力的供應鏈關係。本書各章最前面的章首案例，皆以奧林巴斯公司為例，記述了該公司沿著供應鏈道路前進的種種歷程。各章最後新增國內案例，配合問題解決導向之應用問題設計，鼓勵學習者配合各章節之策略規劃及實施流程，嘗試實作於個案分析之中，若能夠依序完成，不僅可以組合成為一份完整的個案公司供應鏈管理與規劃報告，更有助於理解本書各種策略思考與流程分析的真正意義。

四、結論

湯瑪斯·愛迪生（Thomas Edison）對供應鏈管理者提供了有名的忠告：「如果有更好的方法，請將它找出來。」就像 IBM 的羅伯·莫法特（Robert Moffat）在本章一開始所指出的，供應鏈協同合作能產生更好、更具競爭力的商業模式。因為看到其他企業如 Dell、Honda 和 Wal-Mart 的經驗，許多管理者開始思考供應鏈管理的潛力。當他們開始整合從原物料到最終顧客之間的關鍵商業流程時，競爭的本質將會改變。消費者行為學者，羅傑·布萊克威爾（Roger Blackwell）[28] 描述了未來的競爭環境：

> 優秀的企業在爭取市場優勢時，面對的將不再是同一個領域中的個別的競爭者，而是由供應鏈中的批發商、製造商以及供應商共同組成的聯盟。在本質上，經由供應鏈對供應鏈的戰爭，競爭優勢最後是由供應鏈整體所贏得的。豐田汽車與其供應商和通用汽車與其供應商彼此競爭以獲得全球市場的佔有率。

從電子業到製藥業、服裝業到速食業，都存在類似的競爭行為。Wal-Mart 的一位資深主管表示，有一天，公司們會選邊並且結合成團隊跨國競爭，藉此增加生產力、獲取全球市場的佔有率。這種可能性是很驚人，但是也很難以預料。這個挑戰是無法阻擋且是可預見的。這可以解釋為什麼有凝聚力的供應鏈團隊—具有一致的目標、開放式的溝通、資源和風險 / 報酬共享—還未真正存在。即使如此，在各種行業中的管理者，仍然持續致力於提升供應鏈中的協同合作。

重點摘要

1. 供應鏈管理是應用在企業層級上的相對優勢理論，它讓企業集中心力在其專業領域中，其他的活動則外包給具有互補能力的公司。
2. 供應鏈管理是設計與管理跨越組織的無縫且加值的流程，以滿足最終顧客的真正需求。

3. 「核心企業」的供應鏈同時含括了上游的供應商和下游的顧客。供應鏈中的每個公司都應該有效地管理它自己的價值鏈，以提高整個供應鏈的競爭力。所有的供應鏈都是由一連串企業層級的價值鏈所組成的。

4. 供應鏈協同合作牽涉到一種以上的流程整合：內部流程整合、向後流程整合、向前流程整合，或是完整流程整合。事實上，大部分的企業還在進行內部流程整合，並持續改善與供應商及顧客的關係。

5. 策略的作用是指導管理決策，建立成功的商業模式。策略計畫可以協助管理者在變動的市場中有效地利用資源替顧客創造價值。

6. 策略思考曾隨著時間而演變。有三個基本理論是現代策略制定和執行的方針：權變理論、產業組織理論、以及資源基礎理論。

7. 在策略制定和執行時，必須思考四個決策領域：環境、資源、目標和回饋。

8. 供應鏈思考可用來建立獨一無二的商業模式。它也影響了四個策略決策領域。供應鏈管理要求管理者評估如何利用整個供應鏈的資源，更進一步滿足最終顧客的需求。

9. 供應鏈領導者會進行一個循環的流程，著重於評估、規劃、執行、以及學習。他們會持續地詢問下列四個問題，這些問題定義了邁向供應鏈成功的流程圖：「我們是誰？」「我們目前如何適應？」「我們未來如何適應？」「我們如何達到目標？」

國　內　案　例

食品摻假事件：從供應鏈管理看食品安全

　　2013 年 5 月 13 日，中華民國行政院食品藥物管理局（後為食藥署）發表新聞稿聲明根據〔二月份以來〕舉報及法務部調查局嘉義縣調查站訊息，少數業者可能使用未經核准在案之**順丁烯二酸酐化製澱粉**，即刻蒐集資料、建立檢驗技術，並抽查市售澱粉類產品 25 件及相關製品 49 件（總計 74 件），其中僅相關製品 5 件檢出順丁烯二酸（Maleic acid）。進一步追查不合格產品皆因上游廠商化製澱粉添加順丁烯二酸導致。繼續往上游追，又揪出六家毒澱粉或最終產品的大盤供應商，包括劉記粉圓（小粉圓、珍珠粉圓）、建美食品（粗板條、細板條）、賞味佳食品（九份芋圓、九份地瓜圓）、長勝食品（關東煮黑輪 / 長勝黑輪），以及生產地瓜粉的怡和澱粉、生產化製澱粉的協奇澱粉。

許多民眾幾乎每天都會吃的粉圓、板條、黑輪等食品，累積查扣的原料及相關製品高達廿五公噸，吃進消費者肚裡的數量則難以估計。

此事件源於以不可直接加入食品的工業半原料順丁烯二酸酐或順丁烯二酸調製成化製澱粉。台灣並未強制規範標示商品內容物種類，而核准合法之化製澱粉多達 21 種，市面上的商品多僅標示為「食用化製澱粉」、「修飾澱粉」，或是根本未標示。稽查人員形容，影響所及「像肉粽一樣有一大串」，只有極少數業者未使用，很多食品工廠可能已淪陷。例如，2013 年 5 月，統一超商販售之關東煮黑輪產品即遭檢出有毒的順丁烯二酸酐毒澱粉。

綜觀整起事件，整體毒澱粉及相關製品流向，如下圖所示。由於食品供應鏈的牽連廣泛，最終影響到廣大的消費者，如果，當中任何供應鏈成員可以透過自主管理，發現問題來源，將可對於最終顧客有所保障，可惜因為資訊不夠透明，以及少數業者的刻意隱瞞，使得台灣的食品安全商譽都受到影響，食品供應鏈的所有成員營運情形，更是遭受嚴重衝擊。

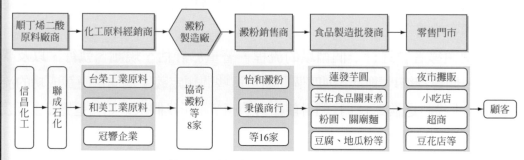

圖1.7　毒澱粉及相關製品流向圖

2014 年國內再度爆發食用油摻假事件，食研所研究員陳麗婷分析指出，產業供應鏈關係多元複雜及產品法規重視安全甚於標示，是食品摻假發生的可能原因；消費經濟環境不佳，成本及價格競爭激烈，更大幅提高食品摻假發生的可能性。

為防範食品摻假事件發生，可參考歐盟的做法，如要求明確標示食品產地，標示需具易讀性、多種語言，最小字體限 1.2 公厘，並成立食品詐欺專案小組，負責整合各會員國的溝通與行動，加強相關調查行動。另外，歐盟還規劃建立食品詐欺網路平台，期加速各會員國意見溝通、交換資訊，同時進行預警。

至於業者如何自保，陳麗婷說，全產業鏈的管理及全球資訊系統的連結，是防堵摻假的必要作為；廠商應強化自身供應鏈資訊及連結能力。通路及消費者的價格壓力也是造成食品摻假的重要因素，業者應與消費者溝通，正視產業鏈成本

及價格的合理性，才能避免劣幣驅逐良幣的情況，促進整體產業提升，重振消費者信心。

　　（參考 2013/05/14 中國時報、2014/12/08 中央社報導，及衛福部食藥署網站資料）

課程應用問題：

1. 請以近年多起食品安全事件為例，繪製出某一個有毒食品的供應流向。

2. 應用課本圖 1.1 的供應鏈例子，繪製國內某家企業的供應鏈簡圖。請先選擇一家核心企業，並以其本身主要商品的觀點，描述這些核心企業與上下游供應商和顧客之間的關係。

3. 課本表 1.1 說明供應鏈思維如何改變策略的四個決策領域，請以第 2 題所選擇的核心企業供應鏈的觀點，說明環境、資源、目標、及回饋四個領域中，這家核心企業已經做到哪些？又應該加強哪些方面？

Chapter 2

顧客需求履行策略

企業應該如何看待顧客？員工應如何協助公司更加符合重要顧客的期待？

本章指引重點：

1. 誰是我們的顧客？
2. 供應鏈管理能夠帶來眞正的價值嗎？有哪些價值，又是給誰呢？

在閱讀本章之後，你應該能夠：

1. 討論資訊如何增強顧客的權力，進而提升今日企業的競爭能力。
2. 解釋顧客如何定義價值，企業如何傳遞價值。描述成本、品質、彈性、交付及創新能力對競爭力的貢獻。
3. 解釋顧客服務（customer service）和顧客滿意（customer satisfaction）的特質，以及兩者與顧客成功（customer success）的差別。
4. 解釋爲什麼最終顧客才是整個供應鏈的焦點。
5. 依據策略重要性進行顧客區隔。說明對應於不同顧客群體的服務水準，所需要建立的關係、系統與流程（relationships, systems, and processes）。
6. 討論運作優異性（operational excellence）爲確保顧客關係的有利發展，所扮演的角色。

需求無限的顧客

當道格（Doug）坐下來正想爲他明天早上的供應鏈簡報做最後的潤飾時，北美行銷部門的經理，黛安‧梅莉黛詩（Diane Merideth），神情不悅的衝進了他的辦公室，開口說道：「道格，我們有麻煩了。我剛跟莎菈‧哈特莉（Sarah Hartley）通過電話，她是葛利亞（Goliath）公司的全球採購副總經理，因爲我們錯過了他們在達拉斯（Dallas）轉運中心越庫作業（cross-docking）的配送時間窗（delivery windows）。我還沒有追查出這批貨物現在哪裡，但是我確定它們有準時從我們的物流中心送出。葛利亞是我們公司最大也最重要的客戶，莎菈不客氣地提醒我這點，也毫不保留地表達她對我們服務水準的不悅。」

道格請黛安坐下來討論應該如何解決這個問題。他接著打電話給資深運輸經理大衛‧阿瑪多（David Amado），以查明事情的緣由。大衛說他會找到運送的貨品並儘速送達，然而，他對於莎菈對奧林巴斯交貨記錄的嚴厲批評感到十分意外，並說：「我們從未有過比現在更好的表現。我們的準點率及完成的訂單數量，都是有史以來最好的。我們在業界可不是沒有能力的懶蟲。」

道格很滿意大衛會著手處理眼前這個危機。接著，他打電話給一位資訊系統小組的成員，塔梅卡‧威廉絲（Tameka Williams），想要確認奧林巴斯的整體交貨績效。塔梅卡找出了交貨統計資料，確認奧林巴斯的準時交貨率已經進步到98%，並且已經達到最近建立的目標：99% 的訂單完成率。她補充說：「我們最近在車輛路線規劃和排程軟體上的投資已經開始得到回報了。效率以及服務水準都在往上提升。」

黛安對於大衛和塔梅卡的評估並不滿意，她批評說：「你們可能提升了效率的平均值，但是我們還是沒有達到葛利亞公司的期待。而且，錯過配送時間窗的懲罰條款代價很昂貴。這些服務失誤對我們的營運聯盟（operating alliance）來說是很不利的。莎菈特別提醒我，如果達不到葛利亞的要求，後果將會是我們公司無法承擔的。而我們公司其他顧客的要求也幾乎同樣嚴格。他們當然會跟著葛利亞要求更高的服務水準。你們應該都知道葛利亞會從一月開始，進一步縮短配送時窗。他們也期望我們能夠增加處理特定店舖的促銷包裝、店面展示型貨物（store-ready displays）、以及商品貼標等流通加工業務。但是持續改善合約中，他們公司要求我們在明年做到以上全部事項，卻還要減少 5% 的成本！」

這時奧林巴斯全球供應部門的主管，舒珊‧瑪絲（Susan Mass），踱進了道格的辦公室，想要看看道格週三這個重大簡報的準備進度，也順勢加入了這場對

話。她指出奧林巴斯本身也同樣被我們自己的供應商認為是很嚴格要求的。她說，「就像葛利亞從我們這裡取走了所有的服務資源，我們也轉而利用我們的供應商關係，來壓榨他們降低成本。」即使如此，這仍然無法改變奧林巴斯所面臨兩面為難的困境。

　　道格承認奧林巴斯必須再提升到更高的服務水準。在黛安和舒珊離開他的辦公室之後，他打電話給大衛分享一些結論。「過去幾年，我們在履行顧客需求的能力上，一直有穩定的進步。然而，今天的服務失誤說明了我們必須重新評估我們的顧客關係本質。我們知道並不是所有的顧客都具有同樣的重要性，但是我們卻以同樣的方式管理。雖然我們努力要達到最好的成績，但或許這種一體適用（one-size-fits-all）的心態已經落伍了。今天的危機證明了這個論點！問題是，『我們應該要如何來解決這個問題？』我們最重要的顧客要求的更多，卻想要付出的更少。他們希望量身訂做的服務，但卻不想以更有效的方式協同合作（collaborate）。很多時候，我們甚至無法取得他們的預期銷售量或是商品促銷計畫的資訊。我們必須重新定義與顧客之間的關係，並設計可支援這種新關係的基礎架構！我們必須知道會有哪些問題，以及如何找出答案。大衛，這是你的下一個任務。我希望你能負責這個工作。」

　　因為莎菈・哈特莉的電話而引發有關顧客需求履行的種種挑戰，讓道格的思緒遠離了禮拜三的重要簡報。當他試著將注意力放回明天與喬・安多思（Joe Andrus）的會議時，道格開始思考要如何將今天的經驗實現在供應鏈管理的業務當中。顧客服務失誤（customer fiascos）的問題處理是夏琳的專長，他真希望她此時不在歐洲，這樣他或許可以得到一些有用的建議。

在你閱讀時，請思考以下幾點：

1. 夏琳會與道格分享哪些關於「顧客區隔」和「差異化（differentiated）顧客需求履行策略」的建議？
2. 想要讓相關範圍的顧客關係和需求都能得到高度的滿意，需要哪些流程和系統？
3. 你會在顧客滿意度檢核表中放入哪些問題，讓你能夠規劃出全面而且考慮周詳的顧客需求履行策略？

一、由資訊所賦能的顧客

　　資訊就是力量，尤其是在顧客的手上。今日的顧客因為獲得廣泛的商品和價格資訊而變得強勢。網際網路降低了取得資訊所需的成本，讓顧客可以蒐集更多商品的規格及價格資訊加以比較。例如，購車者可以在拜訪經銷商之前，先查閱國際調查機構 J.D.Power 所提供的可靠度統計資訊報告、考慮「消費者報導（Consumer Reports）」雜誌中的「推薦精選」車款的評價、或「人車誌（Car and Driver）」的汽車評論，或是 Edmunds.com 網站上的廠商報價資訊。在進入汽車展示門市時，她已是一個由資訊賦能的顧客，能夠很有自信地告訴銷售人員，她喜歡什麼樣的配備，以及她願意付的價格。某些想要購車者會跳過經銷商而直接在網路上購買。甚至有技術能讓購車者追蹤她的新車在生產線上的進度。

　　顧客賦能（empowerment）在整個供應鏈中的各個階段都在發生。採購專家能夠辨識出潛在供應商，比較他們的供應能力，並評估他們的價格策略。這些採購專家以掌握資訊的談判者角色進入買方／供應商之間的關係。而更好的資料庫技術加上資料挖掘（data mining）工具，可以幫助顧客追蹤與評量供應商的績效。此外，反向拍賣（reverse auctions），讓更多相互競爭的供應商參與即時的競標活動，使買方獲得更大的優勢。知道如何利用這些工具的管理者，可以在供應鏈中創造出優勢。結果就是，通路權力正不斷轉移到供應鏈下游的最終顧客手上。

　　顧客賦能使得供應鏈上下游的企業都必須加強它們創造價值的能力。**資訊的容易取得和權力的移轉讓顧客利用他們的市場影響力，持續要求以更低的成本得到更高的服務水準**。這些顧客被稱為「高吸力海綿（High-service sponges）」。像英特爾（Intel）、豐田（Toyota）和威名百貨（Wal-Mart）這樣的「高吸力海綿」會「吸乾（soak up）」供應商的資源，以挹注他們自己來強化市場的優勢。雖然不是每個顧客都擁有像英特爾的市場力量，但多半也抱持同樣的高要求心態與期待。

　　回到我們對供應鏈管理的定義，供應鏈管理者的目標是設計並管理符合顧客需求的流程。要達到這個目標，他們必須了解顧客如何看待「價值」並定義「滿意度」。

二、創造符合顧客需求的價值

哈佛教授麥可‧波特（Michael Porter）曾指出，企業想要成功，就必須建立與眾不同的優勢（distinctive advantage）[1]。與眾不同優勢的意思是企業必須讓自己在顧客心中有所不同。像是蘋果電腦（Apple）和美國諾德斯特龍（Nordstrom）高級百貨公司就是藉著抓住顧客的心，在競爭的戰場上獲得勝利。如果企業的管理者一起腦力激盪思考創造價值的可能方式，一定會有許多的想法。然而，這些想法應該都會被下列五個顧客價值的基本領域所涵蓋，**那就是：品質（quality）、成本（cost）、彈性（flexibility）、交付（delivery），以及創新（innovation）。**

1. 品質

管理者通常會將品質定義為「符合規格」。然而，**真正的品質衡量標準在於商品或服務是否能達到顧客的期待。**由於品質能夠帶動顧客行為，因此某些分析師認為這是企業贏得長期成功的最重要因素。除了對顧客的影響之外，不良的品質也會影響企業在其它方面的表現。例如，當企業沒有注意品質管理，售出的產品可能要用銷貨成本的 25% 來找出問題並加以修復。這就是為什麼品管大師戴明（W. Edwards Deming）會說：「你沒有被強迫要管理品質，但你可以選擇退出市場。（You are not obliged to manage quality. You can also choose to go out of business）」[2]

經由管理可以控制超過 80% 的品質問題。[3] 同業中最好的公司，可以達到百萬分率（parts per million，PPM）的不良率品質水準。摩托羅拉（Motorola）在十多年前就開始了它的 6σ（六標準差，six sigma）計畫，幫助它從百分率的不良率大幅進步到百萬分率的不良率。奇異公司（General Electric，GE）的總裁，傑夫‧伊梅爾特（Jeffrey Immelts）說 6σ 是 GE 的共同語言。他說，從倉庫卸貨碼頭到執行長辦公室的每個人都必須說 6σ 語言。這種對品質所做的努力已經讓部分企業達到 6σ 的目標（百萬分之 3.4 的不良率）。

雖然從評估和控制的角度來看，這種操作式的觀點是很有價值的，但是它仍然無法充分滿足顧客的期待。供應鏈管理者不能夠輕忽了顧客，他們必須懂得體會顧客心裡的想法，了解他們如何定義品質。哈佛教授大衛迦文（David Garvin）認為**在最終使用者的心中，品質是由八個維度所組成的**。[4]

- **性能**（performance）—產品的主要操作特性。
- **特色**（features）—與其他競爭者的產品相比之下獨具的特點。
- **可靠度**（reliability）—表示產品可被信賴，不會發生錯誤。
- **一致性**（conformance）—衡量產品符合既定規範的程度。
- **耐久性**（durability）—介於故障損壞到正常使用年限之間，此產品之平均時間。
- **服務性**（service ability）—當品質問題發生時，修復的速度。
- **美感**（aesthetics）—製作工藝或藝術價值。
- **認知品質**（perceived quality）—對產品或品牌而言，品質聲望的整體感受。

品質意味著每次都要在第一時間，就把正確的事情做好（do the right things right）。因為最終產品的品質不可能比組成的零件品質、或製作與運送流程的品質，來得更好，因此供應鏈經理人員，對於公司的品質績效應負有責任。因為顧客要求高品質，所以優異的品質必須被設計且內建在企業的產品和流程之中。也就是說，品質必須真正成為企業與其供應鏈的共通語言。

2. 成本

顧客喜歡較低的價格，因此管理者要面對持續降低成本的壓力。全球化發展增加了生產要素的移動性以及市場進入機會，使本地企業必須與全球競爭者的成本條件競爭，例如後者經常是具有低勞工成本的優勢。

已被廣泛採用的成本降低策略，有下列四種：
(1)提高生產力
(2)採用先進的製程技術
(3)在具有低投入要素成本的國家設廠，以及
(4)向全世界最有效率的供應商採購。[5]

　　例如，來自歐洲、日本、美國的汽車製造業者都已經將他們的生產流程自動化、設廠在低成本地區、並向有效率的全球供應商採購。同時，領先的汽車製造業者也展開了一場提高組裝生產力的競賽。本田（Honda）和豐田（Toyota）組裝一部汽車只需要 18 個工時，相較之下，通用汽車則需要超過 20 個工時（已是美國生產力最佳的汽車製造商）。儘管具有生產力的優勢，豐田汽車仍宣示：「我們會以前所未有的方式降低成本。」

　　成本的挑戰已經不只是提升生產力計畫，或是跟著競爭者尋求全球最低的工資率而已了。某位消費性商品產業的管理者指出，**評估現今成本績效的真正標準應該是「送達顧客手上的總到岸成本（landed cost）」**。從原物料到最終顧客的整個供應鏈必須以效率為考量來設計。成本的議題（成本較低的勞工、原物料和製程）推動了策略性決策，像是全球製造合理化（rationalization）、外包（outsourcing）、縮減人力（downsizing）等。當成本競爭力改善了，企業可以擴展市佔率、增加規模經濟、提升獲利能力，及投資未來的產能，以驅動威力強大的競爭力循環。

3. 彈性

　　彈性是準備好要接受新的、不同的、或是變動需求的能力。中國思想家孫子強調彈性的重要，他指出：「搶在敵人之前的每分鐘都是一個優勢。」[6] 一個**具有彈性的組織其作業前置時間（lead time）短，有效回應顧客的特殊要求，並能夠針對非預期的事件快速調整**。[7] 彈性是一種跨功能的能力，取決於企業人員的適應能力。[8] 彈性也需要投資改善資訊、自動生產和物流等相關技術。**想要建立具有彈性的企業文化，關鍵的步驟如下：**

- 讓週期時間（cycle time）在組織中具有優先權。
- 繪製流程圖，使流程清晰可見。
- 標示出影響時程的關鍵活動 / 決策。
- 比較顧客需求以及競爭對手的產能。
- 對員工做跨部門訓練，並在多功能團隊中分配工作。
- 建立績效衡量指標，以評量短週期交貨（fast-cycle）的能力。
- 建立資訊系統，可用來追蹤活動、分享資訊。
- 在組織的每一個流程中建立學習循環。

Amazon.com、The Limited、Toyota 和 Wal-Mart 為彈性做了漂亮的示範。

(1)Amazon. com 成功的原因有 (i)「彈性的」網站，依顧客的購買習慣予以個人化 (ii) 快速且完善的顧客訂單履行（order fulfillment）。

(2)而名牌女裝集團 The Limited 的目標則是在 1,000 小時內將顧客的心目中想要的產品製造出來放到零售貨架上，這比他們的競爭者要快上 60%。[9] 這種速度讓 The Limited 有能力在旺季提供流行的款式和顏色，讓顧客在最想買的時候，心甘情願地用不打折的原價購買。

(3)Toyota 能夠在同一個平台和同一條生產線上組裝 Camry 轎車、Sienna 迷你廂型車、Highlander 休旅車以及 Lexus RX 330，讓它在各種不同的市場競爭，並能獲利。**Toyota 的五天客製化交車承諾，就是來自於這種混和車型的組裝模式，這種模式更依賴傑出的資訊系統和供應商的支援。**

(4)Wal-Mart 結合了越庫作業（cross-docking）、衛星通訊系統、以及自有運輸車隊，以確保低成本的產品永遠會被放置在顧客尋找的貨架上。

這些企業成功案例的重點，在於結合資訊、人員和流程，進行預測及回應顧客的需求，以建立彈性的優勢。

4. 交付

交付的意思是要始終如一的「快速地執行」，**快速、可靠的交付**需要減低訂單週期時間（order cycle time），並排除變動性。在本質上，**交付能力是跨部門的，過程中任何使訂單週期時間或變化性增加的事情，都會威脅到企業準時交付的能力。**不正確的訂單輸入品項、供應商交貨延遲、機器故障、運輸延誤、或是錯誤的路線規劃，只要任何一個發生狀況，都會減低交付效率，以致成本增加。例如，在多明尼加共和國運作的某一個電子工廠常常無法跟上生產排程表。為了要準時交付貨品給顧客，這個公司必須使用空運來運送 70% 的訂單，使得成本比海運要高出 600%。

採購、生產製造、以及物流部門在交付能力的建立上扮演了重要的角色。採購部門管理原料和服務供應商，以準時提供正確的原料；生產和物流通常佔了總週期時間的 90%，要達到良好的交付效率，需要在這三個功能部門都付出努力。**下面的案例顯示出，縮短交付前置時間可以協助企業取得領先的競爭優勢。**

- 摩托羅拉公司（Motorola）將呼叫器的生產時間從 30 天降低到 30 分鐘以內，因此成為呼叫器的世界領導製造商。
- 美國國家半導體（National Semiconductor）重新設計他的全球配送網路架構，降低訂單履行的前置時間，將交付貨品給顧客的時間降低了 47%，因此增加了 34% 的銷售量。
- 美國第一大品牌的辦公家具 Steelcase 的承諾是，在北美的任何地方，在收到訂單的 12 天內就可以將顧客辦公室傢俱的 80% 送達並組裝，因此成為領導的傢俱製造商。

5. 創新

創新的意義是產生新的市場與改變業界標準。有創新能力的公司可以取得市場佔有率，並享有高額獲利[10]，因此，許多企業為了縮短從概念到市場的週期時間，讓供應商提早參與商品概念化和開發流程。在業界的領導者像是 Canon、Honda 和 3M，就採用了**早期供應商參與（Early Supplier Iinvolvement，ESI）**做為創新策略的關鍵方式。一個研究顯示，在汽車製造業中，領導創新的廠商讓他們的供應商在早期參與開發流程，因此可減低 1/3 的工時以及 4 到 5 個月的前置時間。在另一個研究報告中，產品推出晚了六個月，雖然仍在預算之中，卻導致前五年的預期獲利減少了 33%；而**產品準時推出，但預算超過 50% 時，卻只減少 4% 的獲利**。[11]下列的案例顯示產品創新有助於獲得市場成功。

- Canon 能夠在影印機產業建立地位，是藉著在六年內推出超過 90 個新型產品。全錄（Xerox）最後藉著降低產品的開發時間，並改善品質，才停止市佔率的流失。然而，Canon 因為持續創新，得以維持在業界的優勢。
- 山葉機車（Yamaha）曾公開挑戰 Honda 領導全球摩托車製造業的地位。Honda 的反應是在接下來的 18 個月中，推出或替換 113 個模組，在此同時，Yamaha 更新了 37 個模組。Honda 在設計上的複雜變化，最後讓 Yamaha 的生產線遭到淘汰[12]。
- 當 Toyota 在日本的市佔率降到 40% 以下時，公司執行長承諾要在市場上推出令人興奮的新型汽車，就在 18 個月內，出現了好幾款汽車（Ipsum 從提案到進入市場只花了 15 個月）。

- 3M 希望總銷售額的 30% 是來自過去四年推出的產品，因此，即使是在經濟衰退時期，3M 仍然在研究開發上做了許多投資，例如，讓工作人員開發有關寵物的創新提案。[13]

6. 「取捨」或「綜效」（trade-offs v.s. synergies）

管理者必須決定，在每個顧客價值領域需要投入多少力氣。長久以來，管理者相信高品質在本質上是昂貴的（見圖 2.1），他們相信標準化和客製化位在成本連續量尺的兩個極端，同樣地，快速交付是要以彈性做為代價。**雖然這樣的取捨的確存在，現代的供應鏈管理者卻想要在顧客價值的各個維度之間建立「綜效」。**

經驗告訴我們，**簡化作業環境、建立流暢的組織文化有利於提升綜效。**例如，40% 的品質問題可能來自不好的產品設計，60%~80% 的產品成本則取決於設計階段，此外，**「隱形工廠」（hidden plant）這個名詞是形容 15%~40% 的企業產能被耗用在找出和修正品質不良問題的工作上面。**優良的企業則已經發現，**分享資訊、減少不必要的限制規範、和積極的績效衡量標準**，這三項做法能整合成本、品質、彈性、交付、創新等顧客價值領域，變成像是車輪的輪輻（the spokes of a wheel）一般，可以幫助企業迅速邁向更強而有力的競爭地位。

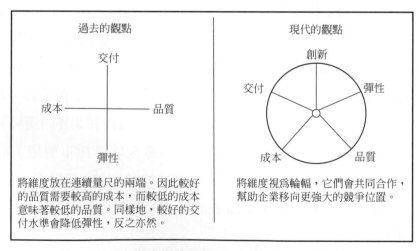

過去的觀點

交付

成本 ─── 品質

彈性

將維度放在連續量尺的兩端。因此較好的品質需要較高的成本，而較低的成本意味著較低的品質。同樣地，較好的交付水準會降低彈性，反之亦然。

現代的觀點

創新

交付　彈性

成本　品質

將維度視為輪輻，它們會共同合作，幫助企業移向更強大的競爭位置。

⬥ **圖2.1　顧客價值的組成：「取捨」或「綜效」**

三、了解滿意度，滿足顧客需求

當顧客從事購買行為時，她是在購買一種「滿意度（satisfaction）」的組合。這種滿意度來自顧客使用產品的結果，也來自產品銷售和後續支援的服務。圖 2.2 顯示，顧客的期待以及她使用產品的實際經驗決定了滿意度的等級。[14] 當使用經驗符合預期時，顧客就覺得滿足了。若是優於預期時，她會記得這次美好的經驗，並可能因此變成了常客。但若是負面的落差，則會導致顧客的不滿意。**讓顧客滿意的關鍵是了解他們的需求，並為了符合這些需求開發出獨一無二的產品和服務**。[15] 公司的文化和組織應該要以創造顧客的滿意作為目標。[16]

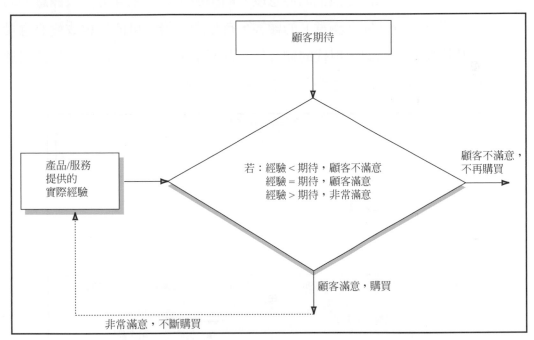

◆　**圖2.2　顧客期待、顧客滿意度以及顧客決策過程**

　　在西雅圖起家的服飾百貨 - 諾德斯特龍（Nordstrom），成功地建立了以顧客為中心的企業文化，並提供給顧客無以倫比的服務體驗。諾德斯特龍的企業宗旨是：「盡可能提供顧客最佳的服務、商品選擇、品質和價值。」焦點是在顧客的整體經驗上。行銷主管芬恩（Linda Finn）解釋諾德斯特龍的焦點：「我們的策略是將顧客吸引到店內，然後，『取悅他們，使他們驚喜』。」這表示公司授權員工以顧客的立場設想，提供顧客未說出口的內在需求。同時還要「每次都在正確的時間、正確的門市、提供正確的商品。」[17] 店面設計、產品選擇、

員工訓練以及員工認知，集合起來形成了諾德斯特龍的風格。部門經理，甘迺迪（Patrick Kennedy）總結了諾德斯特龍的顧客目標：「當你停止擔心是否賺錢，並專注在顧客的身上時，財富就會源源而來。」

　　很少數的公司建立了**真正以顧客為中心的企業文化，這種文化必須有適當的組織結構和系統來配合**。美國顧客滿意度指數（American Customer Satisfaction Index，ACSI）顯示，多數企業在達到顧客期待上，並沒有多少進步（見圖 2.3）。從 1990 年代中期開始，滿意度水準就呈現停滯不前的狀態。要贏得顧客滿意度，並將它轉換為忠誠度是極具挑戰性的。[18] 全錄公司（Xerox）曾經讓顧客以五分法來評定他們的滿意度。結果發現評定為 4 分（很滿意）的顧客比起評定為 5 分（完全滿意）的顧客，有超過 6 倍的可能性會改變心意投向競爭的其他業者。所以，現代的顧客是一群要求嚴格且善變的人，他們對於企業所承諾要「滿足或超越他們的期待」，更是感到懷疑。

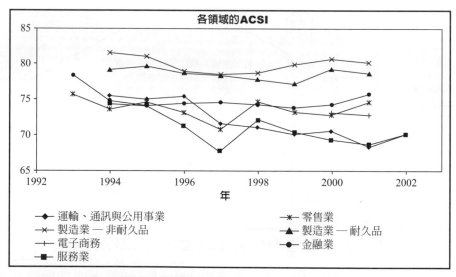

⬤　圖2.3　美國顧客滿意度指數（1993-2002）

　　為了要讓承諾的價值符合顧客的需求，供應鏈管理者必須重新思考以下的問題：

　　「顧客真正希望得到的是什麼？」以及「我們的產品要如何滿足這些獨特的需求？」**只有在企業超越顧客重視的某些價值時，才能取得顧客的忠誠度。忠誠度是很重要的，因為這會帶來可獲利的重複性商機**。圖 2.4 顯示了滿意度

與忠誠度的關係，當顧客感覺到一個公司所提供的服務比較差時，他們不會再次光顧；當服務體驗達到可與競爭者互相較量的區域時，才會發生重複性消費的商機，然而，出於方便性的緣故，顧客也會轉而光顧對手的，但是管理者不應該混淆方便性與忠誠度兩者。唯有提供真正出眾的高水準服務，顧客才會具有真正的忠誠度。

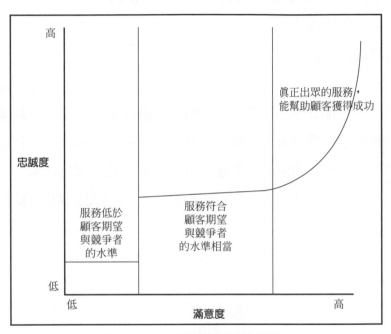

● 　**圖2.4　顧客滿意度與忠誠度**

　　蘋果電腦的產品就建立了這種獨一無二的使用者感覺和體驗，麥金塔電腦（Mac）的使用者很少投向敵人的懷抱。當蘋果電腦推出 iPod 時，因為儲存容量、新穎的外觀以及容易使用的介面馬上讓顧客留下深刻的印象，iPod 很快地變成銷售最熱門的數位隨身聽。雖然大多數的分析者認為 iPod mini 的價格太高，它仍然在推出的一週內便銷售一空，iPod nano 也同樣在音樂愛好者之間激起了「必須擁有」的慾望，幫助蘋果保持 70% 的市佔率。**蘋果電腦（以及其他公司）所面臨的挑戰是，大多數的產品都可以被競爭者複製—通常在一年以內。**蘋果電腦了解這一點，因此它繼續推出令人興奮的新產品，更新顧客的體驗、保持他們的忠誠度。蘋果電腦的管理者了解，假如沒有持續地進步，優勢只是短暫的。

當企業能夠做到幫助顧客改善競爭力時，就有機會獲取顧客的忠誠度。管理者必須學習如何使用有限的資源，幫助他們的首選顧客獲得超越期待的滿意度，以強化競爭表現。[19] 接下來我們將討論顧客需求履行策略（customer fulfillment strategies）的演進。

1. 顧客服務策略（customer service strategies）

這類型較傳統的顧客服務作法，會將**焦點集中在內部的服務等級和目標上，管理者希望這樣就能夠滿足顧客的需求**，例如，物流中心的服務績效評量方式就會用：不良品的百分比、準時交付的百分比、以及訂單達成率等（**fill rate**，訂貨與確實交付的產品比率）。表 2.1 中列出了傳統顧客服務策略的基本限制，例如，多數的衡量指標只與內部成本、時間、與績效有關聯，讓管理者感覺他們提供了很棒的服務，即使顧客的感受可能並非如此。因為如果沒有顧客的回饋，企業很容易會將心力集中在錯誤的服務活動上，或是強調錯誤的服務績效。當這種情況發生時，資源就會被大量浪費在顧客不重視的事物上。[20]

例如，企業集團的一個分公司將品質績效的標準設定得比客戶（另一個分公司）的期待要來的低。結果通過內部標準的每一批貨品，卻都因為不接受而被退回。如果使用客戶所設定的最高水準，將品質標準調整為一致的，雖然可能需要額外的投資和訓練，但是可以降低長期成本，也能夠消除適得其反的公司內部對立。當管理者對有效率作業的重視度超過對顧客的理解時，就會發生像這樣的矛盾，導致**服務落差**（**service gaps**）。

2.顧客滿意策略（customer satisfaction strategies）

顧客滿意的工作，需要直接取得重要顧客對服務的期望。典型的方法是蒐集顧客的回饋，包括市場調查、焦點群體訪談、個人深入訪談、以及民族誌質性研究（ethnographic studies）。有些企業的資深主管要花費至少 20% 的工作時間在顧客身上，以充分了解他們的需求。組織中關鍵客戶的服務小組和跨組織協同合作也能夠讓企業對顧客的需求與期待有更深入的了解。**有效的顧客回饋系統能夠回答下列問題：**

- 重要的顧客如何定義品質、準時交付、回應性和其他重要的價值領域？
- 我們的內部評估標準和顧客的標準一致嗎？

- 我們目前的表現有達到顧客的要求嗎？
- 我們在績效上的改善真的是顧客所重視的嗎？

▼　表2.1　各種顧客需求履行策略的限制

策略	焦點	限制
顧客服務	滿足內部設定的期望	• 不了解顧客重視的價值。 • 將資源浪費在錯誤的領域。 • 績效評估標準不恰當。 • 只能提供平淡無奇的服務。 • 強調作業效率，導致服務落差。
顧客滿意	滿足顧客所驅動的期望	• 忽視作業現實；忽略作業創新。 • 持續的跟隨競爭者的標竿，導致產品/服務的激增和無效率。 • 維持無獲利的關係。 • 易受新產品和流程影響。 • 注重顧客過去的需求，無法幫助顧客達到新的市場期待。
顧客成功	幫助顧客滿足他們的顧客的需求	• 由於資源的限制，因此只能選擇「最好」的顧客；也就是說，顧客成功本質上是一種資源密集的策略。

　　顧客的意見可協助管理者 **(1)** 將績效標準與顧客期待調整為一致的，**(2)** 配置資源、重新調整優先次序，**(3)** 採取新的政策和實行方法。目標是經由符合顧客所定義的期望，達到消除服務落差之目的。然而，要取得正確的顧客資訊很耗費時間和金錢，因此有許多公司無法直接從顧客身上取得可靠且有效的資料。此外，充分接觸並配合顧客需求的公司卻也常面臨其他風險，因為，不適當地過度強調顧客滿意度，反而可能會減低效率和獲利率。例如，當想要滿足顧客的期望讓管理者做了無法履行的承諾時，顧客將會離去；而且，當服務和產品的提供暴增時，也會變得無效率。最後，顧客滿意計畫太過強調過去的成功模式與顧客意見，這會讓供應鏈變得脆弱，難以應付全球市場變動和競爭的影響。因此，管理者必須學習設立一個比較標竿（**benchmark**）據以對照出合理的顧客需求。

3. 顧客成功策略（customer success strategies）

顧客成功策略使用供應鏈知識來幫助顧客更具競爭力。為了要達到這個目標，管理者必須了解其顧客的顧客的真正需求，藉著了解下游供應鏈，管理者可以蒐集到能夠轉換為顧客優勢的有用情報。美國著名的創業家 Manco 的執行長傑克·卡爾（Jack Kahl）發表他對下游知識的看法：「比起了解我自己，我必須更了解我的顧客。」[21] 另一位執行長則對這個顧客成功策略背後的觀念做了一個結語：「我們讓顧客成為獲勝者，他們的成功就如同我們在銀行的存款。我們的顧客就是我們最重要的協力夥伴─而他的顧客也同樣因而受益。[22]」當管理者獲得有關產業下游需求的知識時，他們就變成他們顧客的顧問。接著他們就可以在顧客缺少的技術領域提供幫助。例如，供應商對於下游的藥妝店可分享自己的產業最佳實務（best practices）知識，幫助這些小型的下游獨立零售商顧客，改善他們在存貨和商品規劃方面的技巧。這些訓練能讓獨立零售商降低他們的成本，同時也幫助他們增加銷售量，當利潤增加後，他們在面對大型連鎖商店的嚴厲競爭時，便可以維持競爭力，最終，提供協助的供應商便成為整個供應鏈團隊中不可或缺的成員。

再舉另一個例子，是一個電子零件製造商，透過一個標語將他的顧客成功哲學帶入日常實務之中：「我們以協助顧客提升競爭力而自豪！」這句標語很快地出現在接待區、公司辦公室以及製造工廠中。更重要的是，這家公司提供了資源和訓練來實現這句標語。這個公司因此成為了美國最大家電製造業者以及全球兩大汽車製造業者所屬意的供應商。該公司的一位主管對公司的顧客成功哲學做了如下的結論：

> 我們感覺到，僅僅將良好的服務提供給顧客已經不夠了，雖然，這曾經是業界的標準。更進一步來看，滿足顧客的期望也是不夠的，過去的經驗只是讓顧客預期他們的供應商會發生某些問題。因此，我們覺得最好的替代方案就是盡全力讓我們的顧客在業界更具競爭力。假如因為我們有能力提供更好的產品、更準時的交貨、與更低的總成本，而使顧客更為成功，那麼他們會贏得市場佔有率並且更為強大。當然囉，當他們強大，我們便跟著強大！

　　因此，顧客成功策略包含了 **(1)** 一個經過充分溝通並且能幫助顧客成功的目標，**(2)** 清楚地了解下游的需求，**(3)** 投資在顧客所重視的能力，**(4)** 提供訓練給顧客，**(5)** 與顧客分享資源。

4. 最終顧客

最終顧客站在供應鏈管理舞台的中心位置－她是唯一真正將金錢投入供應鏈的人。因此，供應鏈中的每個組織都應該知道如何滿足最終顧客的需求。下游公司通常最了解顧客的需求，但是他們要依賴上游供應商來生產所需的零件和產品。因此成功的企業會分享資訊，幫助供應鏈將焦點集中在最終顧客的身上。

　　舉例來說，假如零售商無法在貨架上提供顧客所需的熱門產品，他們便無法生存。Wal-Mart 建立了一個 Web 工具，稱為零售鏈（Retail Link），替重要的供應商提供最新的顧客需求和存貨狀態的資訊。登入 Retail Link 之後，供應商可以看到他們的產品在每個店面或是不同地區的銷售狀況。他們也可以下載訓練模組教材，以幫助他們更符合 Wal-Mart 的期待。類似的方式，Honda 與供應商分享資訊和專門技術，幫助他們有效率地生產更好的零組件。Honda 的效能專家會拜訪上游供應商的工廠，幫助他們解決問題，改善生產線上的生產力和品質。供應商也被期許以同樣的方式幫助他們的供應商。最後的結果是：供應鏈更有能力為最終顧客提供前所未有的價值和滿意度。

　　讓我們做一個總結，下列問題可以引導企業實行成功的顧客需求履行策略：
- 什麼是我們的直接顧客的真正需求？
- 什麼是我們的顧客的顧客的真正需求？
- 什麼是供應鏈最終顧客的真正需求？
- 哪些資訊必須在供應鏈的上下游分享以滿足顧客的需求？
- 哪些能力必須在供應鏈的上下游建立以滿足顧客的需求？
- 我們要如何幫助整個供應鏈的成員增進顧客需求履行能力？

四、實施以顧客為中心的需求履行策略

企業必須實作流程和系統，以便使它們的顧客需求履行策略有能力提供顧客價值以及滿足顧客的期望。**當管理者努力地試圖規劃出符合特定顧客的服務種類和服務水準時，應該考慮兩個事實：**

- 並非所有的顧客都是同等的，也不是全部的顧客都應該得到同樣高水準的服務。

- 並不是所有的顧客都要求同樣的服務。

　　一個在鳳凰城起家的銀行在嘗試改善顧客服務印象時，就發現了這些事實。管理者未能辨識出大都會區中顧客需求的細微差別，坦佩市（Tempe，亞歷桑那州立大學所在地）銀行分部的服務對象是為數眾多的大學生，他們的需求是針對頻繁但金額不大的交易提供快速的服務。大學生希望他們有限的金融服務能夠以有效率而且輕鬆的方式提供，設立方便的 ATM 通常就能夠提供完美的服務解決方案。在山谷的另一側，銀行的顧客則由年紀較長的人組成，他們居住在許多不同的退休社區之中。退休者所需的金融服務比較複雜，通常也比另外那群大學生客戶們要有利潤，但是他們的生活型態較為悠閒，需要較為精確但友善而個人化的服務。使用單一且以效率為基礎的方式來管理山谷兩邊的分行將導致挫敗以及顧客的不滿意。**因此，當管理者分別制定每個分行的顧客服務定義、員工訓練以及績效評估，以符合特定顧客的需求時，服務和滿意度就跟著改善了。**

1. 提出符合顧客需求的履行策略

辨識特定顧客的需求，讓公司的承諾和能力符合這些需求，這是成功實施顧客需求履行策略的關鍵。圖 2.5 所示的流程圖可引導決策者建立適當的能力和良好的顧客關係來履行顧客需求。這裡有三種必要的分析，以確實找出符合顧客需求的供應鏈服務水準。

(1)顧客分析（customer analysis）

顧客分析的作用是確認顧客需求，幫助管理者區分顧客。顧客區隔（customer segmentation）─辨識具有相同需求的特定顧客族群─可以幫助管理者開發產品，及建立可履行不同顧客族群需求的系統。

　　旅館業者萬豪國際集團（Marriott）在眾多市場區隔中，了解各種特定顧客的特殊需求，因而建立了一個分類模式，他們建立並設計了特定的品牌，以符合商務旅行者、豪華度假者、以及預算有限的旅行者的需求。Toyota 在北美建立的第三個新的品牌：賽揚汽車（Scion）是針對年輕的駕駛者，他們較不富裕

但仍想擁有設計良好而可靠的汽車。Toyota 相信 Scion 的擁有者將會進一步購買 Toyota 或 Lexus 品牌的汽車。無論是 Marriott 或是 Toyota，在開發新品牌和產品之前，都進行了詳細的顧客分析。

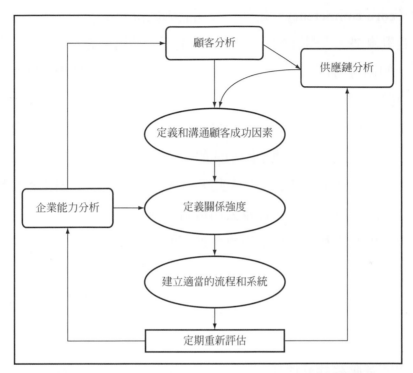

◎　圖2.5　制定以顧客為中心的需求履行策略流程圖

(2)供應鏈分析（**supply chain analysis**）

供應鏈分析的作用是辨識最終顧客的需求，以及履行這些需求的供應鏈成員所需具備的能力。有了這些了解之後，就能替每個顧客區隔定義「顧客成功因素」。**顧客成功因素（customer success factors）是第一階顧客用來滿足他們的下游顧客的能力。**

　　例如在汽車製造業中，縮短從概念到商品化（concept-to-market）的時間已經成為成功的關鍵。Toyota 在短短 15 個月內就推出一種新款汽車的能力，讓他成為全球第二大的汽車製造業者，Toyota 的既定目標是在 2010 年之前成為全球最大的汽車製造商。假如供應商擁有重要的技術，並且能夠派駐工程師到 Toyota 現場工作，成為對新產品設計小組有貢獻的成員，則此供應商就能成為舉足輕重的團隊成員。在 IBM 公司，推銷業務人員會集中注意力了解特定產業中的成功因素，在銀行業界工作的業務員必須在賓州大學華頓商學院修習財務

和金融課程，讓他們能夠了解顧客的需求和環境變化，目標是讓業務員比顧客本身更了解顧客的成功因素。[23]

(3)企業能力分析（competency analysis）

核心能力（**core competency**）是你的公司能夠做得非常好的某件事物，它能為公司提供競爭優勢。[24] 例如本田汽車（Honda），被用來做為核心能力的典範，是引擎設計的領導廠商。Honda 利用它在引擎設計的專門技術，在各種不同領域的市場中競爭，從割草機、摩托車到汽車。要辨識核心能力，必須問兩個問題：**「是什麼獨特的優點讓我們知名？」**以及**「什麼是我們可以做得比任何人更好的？」**真正的核心能力幾乎總是跨功能的—是把許多人工作的一小部份整合起來，而不是少數人既有的工作。[25] 因此，這些分析問題應該對工程部門、生產部門、物流部門、行銷部門、以及公司策略的管理者提出調查。同時，利用問卷調查重要的供應商和顧客以取得更多外部的分析看法，藉以驗證企業內部分析的結果。

2. 定義關係強度

每個公司的目標都是找出能獲利的顧客組合，正確的分析則能幫助管理者定義出與不同顧客應該建立何種類型的關係，如圖 2.5 所示。關係強度應該取決於每個顧客的價值，因此用銷售量將顧客分類，可以有所幫助。圖 2.6 顯示了「ABC」分類，這個工具的基礎是帕雷托法則（**Pareto principle**），也稱做80/20 法則，建議大約 80% 的銷售量來自 20% 的顧客。「A」級顧客屬於最重要的 5% 到 10%，他們不相稱地佔了大量的公司銷售比例，他們獲得高度的重視，通常是客製化的服務。「B」級顧客佔了公司客戶的另外 10%~15%。他們也佔了大量的銷售額，並獲得很棒的服務。剩下的 75% 到 85% 被認為是「C」級顧客，他們會被公平而有效率地對待，但是他們很少獲得管理者的關注。以銷售量區分顧客重要性之後，管理者應該明確地評估策略性議題，像是關係的獲利性、未來潛力、與重要下游顧客的連結等，以調整個別顧客的分類。

圖 2.7 顯示了企業能力與成功因素的一致性矩陣（Alignment Matrix），用來決定要花費在特定顧客關係上的資源多寡程度。矩陣的縱軸代表顧客的成功因素，橫軸則對應到企業的能力，將顧客對應到四個象限之一，可以辨識出市

場成功的機會。右上方的象限代表理想顧客—公司能力與顧客成功因素是一致的，因此，若是此區與「A」級顧客保持密切的一致性，可以產生絕佳的機會，建立強大而具有獲利性的關係。將資源投入其他象限所對應的顧客，則可能會降低集中力，產生無獲利性的顧客關係。

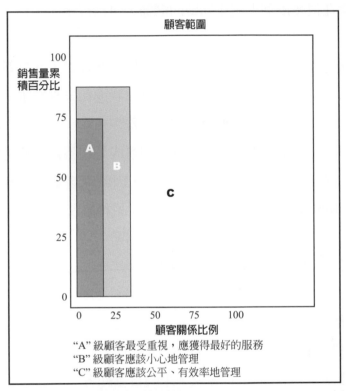

● **圖2.6　使用ABC分類法區隔顧客**

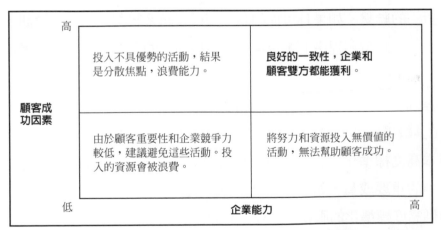

● **圖2.7　企業能力-顧客成功因素一致性矩陣**

(1)首選顧客的關係強度（**customer-of-choice**）

首選顧客就是「A」級的顧客，公司必須有能力滿足這些顧客的需求。他們是對公司獲利有貢獻的顧客（稍後將更詳細地討論），因此，投入所需的資源與他們建立強而有力的關係是很合理的。首選顧客的關係特色如下：

- 兩個公司會在很多層面上發生頻繁的溝通，包括行銷、工程、物流以及高層管理。
- 組成跨組織的團隊，用來解決問題或執行供應鏈計畫，像是新產品開發。
- 連結彼此的資訊系統，交換有關庫存、訂單狀態和未來需求的即時資訊。
- 彈性地設計履行流程，以便配合顧客的特殊要求。
- 在政策和程序上，都大力支持突發性的需求或是較不常見的特殊要求。

　　這種關係下的顧客需要用到大量的資源，因此應該是經過審慎挑選的，畢竟企業沒有足夠的資源提供這樣量身定製的產品和服務給少數首選顧客之外的其他顧客。

(2)高價值顧客的關係強度（**highly valued**）

許多的「A」級顧客和絕大多數的「B」級顧客都高度有價值關係的可能對象。企業會積極了解這些顧客的意見，並利用來滿足他們的期待。這種等級的關係強度尚不足以投入資源建立緊密的聯繫，但是他們對企業長期的成功來說是很重要的。這個群組的成員通常會變成未來的首選顧客，因此利用長期合約來維繫正式的關係通常是合理的作法。也可以利用專門的顧客服務小組來建立持續性及一對一的聯繫。如果有可能的話，使用資訊系統與網路分享資訊，以降低交易成本。在政策和程序上，企業承認這些顧客的重要性，但也會考慮在滿足其需求時所須花費的成本。

(3)交易對象的關係強度（**transaction**）

雖然「C」級顧客所獲得的個人關注很少，但是成長領先的供應鏈企業正努力地將原本高度標準化的服務，變得更精緻。今日的「C」級顧客可能在未來成為產業中的重要成員，如 Intel 和 Microsoft 也是以小額資本開始奮鬥的公司。想要提供高度標準化的服務，需要很有效率的流程和系統，並準備安撫顧客不滿的服務補救（service recovery）措施，在服務失誤的例外狀況真的發生時，

就可以用來恢復顧客的信心。因爲資料蒐集技術的進步，即使是「C」級顧客，企業也可能使用客製化程度更高的滿意策略予以服務。

3. 評估顧客關係強度的獲利性

在滿足顧客期望的同時仍能維持公司獲利是一項挑戰。供應鏈管理者必須確定購買者／供應者的關係對雙方來說，都能創造競爭優勢和利潤。某些採取「不計成本滿足顧客（customer-delight-at-any-cost）」策略的企業發現，當他們試著持續滿足高要求的顧客時，公司只會一直賠錢。[26]

　　某家美國《財星》雜誌 500 強（Fortune500）的企業並未發現他們的「關鍵」顧客關係是沒有獲利性的，直到他們採用了作業基礎成本制度。**作業基礎成本制度（activity-based costing）將特定成本直接與產生這些成本的顧客相連結。**在採取較爲準確的作業基礎成本資訊分析之前，這家公司已經開始除去較小的、「較不重要的」客戶。然而成本分析結果卻指出，許多此類「C」級顧客才是這家公司最具獲利性的來源。

　　表 2.2 中舉例說明了將成本與特定關係相連結的重要性。從這個例子中我們可以學到兩件事。首先，管理者必須知道，服務特定的顧客需要花費多少成本，賠錢取悅顧客並非可行的長期策略。其次，要提供今日像是「高吸力海綿」般的顧客所要求的價值並維持獲利性，必需要有卓越的營運績效。[27] 能符合成本效率而且能提供優於預期價值的企業，幾乎永遠可以爲他們的服務談得一個合理的價格。大多數的顧客願意爲他們獲得的價值付出合理的價格，然而企業就需要有正確的成本計算資料來說服顧客，他所付出的價格是合理的。

▼ 表2.2 評估顧客關係的獲利性

在下面的簡單範例中，AquaFit每週的成本是$230,000。傳統的會計制度把每項成本都分配到特定的領域，像是薪資或物料。流程導向的作業基礎成本制，則會將同樣的成本分配給產生這些成本的加值作業活動。

傳統成本制			流程式作業基礎成本制	
薪資	$120,000		收料作業	$86,600
物料	30,000		物料搬運	84,600
折舊	20,000		加速催料	58,800
加班費	15,000		總計	$230,000
場地	30,000			
其他	15,000			
總計	$230,000			

某個顧客H.S. Sponge獨佔了AquaFit訂單和銷售量的25%，它的採購金額共達$63,000。進一步分析指出H.S. Sponge的業務佔了收料作業的25%，搬運作業的30%，以及催料作業成本的40%。在傳統成本制度和流程導向的作業基礎成本制度下，要達到H.S. Sponge的服務要求，需要花費多少成本？這個關係是否有獲利性？

傳統成本制會依顧客訂單或銷售量比例來分配成本。

$$.25 \times \$230,000 = \$57,500$$

作業基礎成本制會依滿足顧客所需的作業來分配成本。因此，AquaFit的選擇是什麼？你的建議呢？

$$.25 \times \$86,600$$
$$+ .30 \times 84,600$$
$$+ .40 \times 58,800 = \$70,550$$

4. 使用顧客關係管理系統

顧客關係管理（Customer Relationship Management，CRM）軟體提高了顧客區隔的精細度，結合了資料蒐集、儲存、分析的功能，幫助企業建立顧客檔案。 從顧客檔案可了解顧客的購買習慣，與決定此顧客的獲利性。這些資訊能**幫助管理者替每位顧客設計出適當的需求履行策略**。例如，FirstUnion 公司將它的信用卡顧客編碼為綠色、黃色和紅色方塊，讓第一線的服務人員知道要提供多少服務給這些顧客，例如，屬於綠色方塊的顧客可以免費，而紅色方塊的顧客沒有協商的權利。[28]

　　貴賓卡的使用讓資訊蒐集變得很容易。每次使用卡片時，就會自動蒐集購物明細，儲存在顧客資料庫中，這樣可以很簡單地追蹤「貴賓」的購物頻率以及購買習慣，可以掌握購買的商品是否為折扣品，並用以計算此顧客的獲利性。有一些雜貨商已經停止使用傳統的傳單，轉而在折扣開始之前，寄邀請卡給他們最有獲利性的顧客；其他廠商則是將客製化的優惠方案郵寄給最優質的顧客。**因為將目標對準了首選的顧客，零售商減少了那些專挑利潤很低、甚至賠本的促銷商品的顧客。結果是企業獲利和顧客滿意度兩者都同時增加。**

　　美國服飾品牌 The Limited 使用了一個可以強化顧客檔案的系統，允許銷售人員輸入評論或註解，記錄顧客過去的購買與好惡，在銷售行為完成後，這些回饋會輸入電腦。下一次顧客光顧的時候，銷售人員就可以參考這個資訊，並補充更多個人化訊息，可以詢問顧客：「你喜歡上個月買的那件紅色毛衣嗎？」或是「你喜歡你現在的藝術課程嗎？」[29]。已於 2012 年正式與聯合航空合併的美國大陸（Continental）航空公司，曾經使用了類似的系統，讓登機、訂位、代理銷售等服務人員都能看到每位顧客的歷史紀錄及重要性評等，並在資料庫輸入重要顧客的喜好細節。藉由將注意力集中在最優質的顧客身上，使得購買無限制使用期限，但費用較高機票的乘客增加了 25%。[30]

　　網路電子零售業者有天生的優勢，可以追蹤顧客在瀏覽網頁時所做的每個「點擊（Click）」動作。Amazon.com 建立顧客瀏覽記錄檔案，提供顧客可能有興趣的其他同類型書籍。維多利亞的秘密（Victoria's Secret）公司利用網站銷售的資料，重新設計網站頁面配置來提升銷售，例如，有一件蕾絲睡衣原本在「10 大銷售排行榜」區賣得很好，但卻在睡衣專區銷售不佳，藉著將這件睡衣調整到睡衣區中更醒目的網頁位置，不但蕾絲睡衣本身的銷售增加了，睡衣區的整體銷售額也增加了。[31] **網路電子零售業者的挑戰在於要如何整理大量的資訊，辨識出能解釋購買行為的「點擊」動作。**

　　雖然顧客關係管理系統讓企業有能力對最好的顧客提供絕佳的服務，但是並非沒有潛在的危險。美國商業週刊（Business Week）在 2000 年 10 月刊出的一個封面故事「為什麼服務糟透了？」讓人注意到這種系統的負面影響，文章中指出「企業清楚知道你是不是好顧客，所以除非你是大客戶，否則他們寧可

失去你，也不會花時間來解決你的問題。」不過，更重要的問題在於，過去的購買習慣並不總是能夠預測未來的行為，情境和生活型態是會改變的，今日難纏的顧客可能成為明日的貴賓。同時，顧客過去的服務體驗可能會影響之後一輩子的購買決定，因此，低落的交易活動（不常購買）可能反映出顧客對目前及過去服務的不滿。所以，結論就是：**管理者必須把每個顧客接觸都視作一個機會，這可能會讓無獲利性的顧客變得有獲利性，或是讓有獲利性的顧客變得更有獲利性。**[32]

5. 有效履行顧客需求之阻礙

當代管理大師湯姆‧彼得斯（Tom Peters）也曾說過，美國的顧客服務糟透了，問題是「為什麼？」有三種解釋可以幫助我們了解顧客期望和服務水準之間的長期落差。

　　首先，許多公司想要改善服務水準，但是卻將他們的努力放在錯誤的活動上，也就是顧客不重視的事物。無法了解顧客心理的真正想法導致了服務落差，以至於事倍功半。

　　其次，許多公司宣稱他們是服務導向的，但卻是口惠而實不至，他們信誓旦旦談論顧客滿意度，卻並未真正改善服務水準。舉例來說，有許多公司模仿**美國著名的戶外用品品牌 L.L. Bean 的顧客服務政策：**

- 並非顧客依賴我們，而是我們依賴顧客。
- 顧客並不是打斷我們工作的麻煩人物，而是我們工作的目的。
- 當我們服務顧客時，並非我們給予顧客恩惠；而是顧客給予我們恩惠，讓我們有機會服務他們。
- 顧客並非爭論或鬥智的對象。沒有人曾贏得與顧客的爭辯！

　　雖然他們嘴裡這樣說，但卻沒有做任何事來支持這些政策。一位從事醫療保健業的副總經理評論這種現象時，提供下列顧客服務的定義更露骨地突顯了這種言行之間的落差：

　　「顧客服務只是對所有的顧客要要嘴皮，通常它的組成是有關顧客永遠都是對的之類膚淺的承諾、空洞的許諾，以及一些浮誇的陳腔濫調。」

　　第三，**因為能夠取得更精準的資訊，使得有些公司刻意提供低水準的服務，給他們視為「價值較低」的顧客**。他們的確使用 CRM 系統，來合理化他們對不重要顧客的差勁服務。

　　這三個解釋聽起來都很有道理，企業現在的確更能夠提供差別性的服務給不同的對象，也常做了能力無法負擔的承諾，或是錯置了資源，以至於員工和顧客很自然地都用懷疑的眼光來看待企業的顧客滿意承諾。好消息是：研究指出，只有少數幾個問題會妨礙企業得到更高的顧客滿意度。**顧客提出了下面四個議題，這些佔了顧客在被服務時所遭遇到的「可怕故事」中，不滿意來源的大約 80%。**

- 訓練：員工不知道他們的行為和表現會影響到顧客的觀感。
- 績效衡量：績效指標的系統並未強化對顧客應有的態度和行為。
- 授權：員工沒有被賦予足夠的權力解決和回應顧客的需求。
- 政策：政策和程序沒有彈性，通常與真正所需的服務和滿意度背道而馳。

　　一旦管理者承諾要提高服務水準時，從專注於排除上述四項阻礙開始，就是可行的切入點！

五、結論

當企業比競爭者更能滿足顧客需求時，可以建立忠誠度及有價值的長期關係。一位供應鏈分析師在日本企業參訪的經驗，產生了對長期供應鏈關係觀念的不同體認。他想要了解某個特定合作關係的密切程度，因此詢問這個日本製造業的老闆，他的公司和這個顧客有多少年的生意往來？這位老闆停頓了很久之後回答，他的祖先早從西元 1062 年起就和這家顧客做生意了。當然，並不是所有的供應鏈關係都能或是應該維持 1000 年才行。不過，重點在於：「什麼樣的獲利性關係，可以維繫在重頭到尾的合作生命週期內而不中斷？」

　　在俄亥俄州起家的連鎖休閒餐廳 Max and Erma's，嚴肅地看待這個問題。經過統計，他們發現最佳的顧客在一生中可以貢獻 $25,000 的利潤，所以，不良的服務所造成的損失不只是一餐 $20 美元，或是 $5 塊小費，而是 $25,000 的利潤。[33] 想要獲得顧客「終身的利潤」，企業必須建立適當的供應鏈關係，用

以幫助他們有效率地執行正確的工作。從供應鏈觀點來看，就是要建立協同合作關係，幫助企業設計優秀的新產品，並以高水準的服務和品質，有效率且快速地將產品製造出來並且交貨。這樣的表現能夠使顧客滿意，創造讓顧客不斷再回來光顧的忠誠度。

　　如同一位行政主管所說的：「唯一確定有效的成長方法，就是和我們的顧客一同成長。假如我們是顧客喜愛的供應商，而顧客是他們的顧客之首選，我們就可以共同找到突破難關的機會，共同地合作，直到超越所有競爭者。」

重點摘要

1. 由於資訊的容易取得，供應鏈上下游的顧客變得更精明而且要求高。
2. 競爭力取決於企業提供顧客重視之價值的能力。有五個領域可能提供顧客價值：品質、成本、彈性、交付，以及創新。
3. 顧客不只是購買產品；而是從購買產品、使用產品，到產品服務的一組滿意度。
4. 當顧客使用產品的實際經驗或得到的服務符合他們的期待時，他們會感到滿意。在期望和使用經驗之間如果有負向的差距則會導致顧客的不滿意。
5. 顧客服務重視的是作業標準化的績效。顧客滿意重視的是讓績效與顧客需求能夠一致。顧客成功係使用整個供應鏈的知識，幫助顧客更有效率的競爭。
6. 顧客成功是由知識和能力驅動。它依賴上游供應商的力量共同合作而加強下游顧客的競爭力。
7. 實施以顧客為中心的需求履行策略，需要與顧客建立適當的關係，使用企業的能力增強顧客的成功因素。
8. 顧客關係管理系統幫助企業提供優秀的服務和滿意度給他們最好的顧客。然而，過去的購買習慣並不總是能夠預測未來的行為。它們也沒辦法讓企業完整地深入了解行為發生的原因。
9. 顧客持續抱怨不良的服務，不滿意的原因包括缺乏管理承諾、不良的員工服務訓練、不良的績效指標，以及沒有彈性的政策。

以顧客為中心的需求履行策略

　　長春石化為長春集團之一，所生產的產品多達三十餘種，而且六成以上均為自行研發，目前為台灣前三大石化公司（關係企業有 20 餘家公司，每年營業額超過新台幣 2000 億元，規模僅次於台塑的台灣第二大石化集團）。其中聚乙烯醇及銅箔產量為全球最大單一生產廠；此外近年來跨足 IC、LCD 等產業所需之電子級化學品，如高純度電子級雙氧水以及在微影製程所需的顯影劑及剝離劑等產品，佔有國內七成市場。研發及生產不僅落實本土化，並在國內外均有很高的市佔率，是掌握創新與製程以致於獲得成功的產業典範。

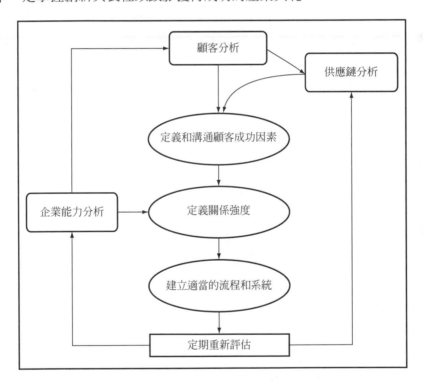

　　在傳統化工領域之外，為配合本土化 IC、LCD 製程的電子化學品需求，長春石化除了過去發展適用於半導體業晶圓、晶片切割清洗的高純度（10-12）雙氧水，近年來也成功引進及開發顯影劑和高純度 PMA（丙二醇甲醚醋酸酯），PMA 可應用在微影製程的稀釋劑，可滿足國內 IC 及 LCD 產業的龐大需求，而且長春石化還開發出回收處理技術與設備，協助客戶將廢液回收，再製成工業級或電子級的 PMA，兼具對客戶的責任照顧和環境保護特色。

　　藉由不斷在石化垂直整合研發，以及橫向結合、跨領域投入，而且因為品質優良，從未受到客訴且交貨準時，獲得台積電優良供應商證書。

　　長春石化能夠以顧客為中心，並考慮顧客的需求，協助客戶回收廢液再製，以降低顧客的成本、強化其競爭力，並以優良品質與準時交貨，維繫雙方的合作關係，進而強化自身的競爭力，同時也形成穩固的供應鏈關係。

（修改自技術尖兵第 119 期 93 年 11 月號及長春集團網站，更新日期 2013/12/26）

課程應用問題：

　　試利用本章圖 2.5 以顧客為中心的供應鏈管理流程，分析長春石化公司可能是如何應用顧客分析、供應鏈分析與企業能力分析三者，建立以顧客為中心的需求履行策略。

Chapter 3

流程思維：供應鏈管理的基礎

我們公司的組織架構如何？我能協助建立可以贏得顧客喜愛且具有附加價值的流程嗎？

本章指引重點：

1. 企業部門間是否存在著各自為政的文化？
2. 企業是否能跨功能管理？
3. 流程思維優於功能性組織思維之處有哪些？

閱讀本章後，你應該能夠：

1. 辨識並描述功能性思維的可能問題。
2. 討論並分析典型的流程，並能夠描述程序中所包含的各種「流（flow）」。
3. 解釋系統性思維在流程設計及管理上所扮演的角色。討論系統化分析的必要性和阻礙因素。
4. 將企業描述成一系列跨功能組織界限和資源型態的互動決策。
5. 解釋流程再造方法，描述如何使用流程再造來設計出世界級的流程。

奧林巴斯（Olympus）公司的供應鏈管理變革

自道格對奧林巴斯的執行長喬安德魯斯（Joe Andrus）的簡報提案被接受後，已過了兩天。在當天會議前幾分鐘，財務長提姆羅克（Tim Rock）開心的告訴道格：「我很期待聽到你提出有關成本降低的提案。如果要讓股東高興，我們必須降低成本。」道格對提姆狹義的供應鏈管理（SCM）定義感到失望，另一方面，他很有信心自己對供應鏈管理的定義，可以展現出更廣義的供應鏈管理觀念及供應鏈管理的競爭潛力。道格將供應鏈管理定義為「設計與管理跨越組織的無縫加值流程（seamless, value-added processes），以滿足最終顧客的需求。」

在會議開始之前，道格擔心供應鏈定義中跨功能的本質會嚇到執行董事會的成員。為了要實現他的協同合作觀點，傳統的組織界線將會完全改變。道格知道大家都小心的守護著自己地盤，甚至執行董事會的成員間也是如此。因此，道格很高興沒有任何人明確反對他建議組成一個專案小組來評估供應鏈管理對奧林巴斯的效益。

即使如此，道格知道沒有人會冒險替供應鏈管理背書。他瞭解雖然那些成功的故事吸引了喬·安德魯斯的注意，但是喬並未完全相信。執行董事會中的其它人則擔心，即使供應鏈管理在其他企業中成功，卻不一定適合奧林巴斯。這暗示了道格必須證明供應鏈管理是適合奧林巴斯來執行的，喬·安德魯斯也將這個證明的責任交給了他來執行，使他倍感壓力。

「道格，這件事就交給你了。你的供應鏈管理觀點很吸引人。一直以來顧客的要求是多麼地嚴格，而我們的競爭者完全不讓我們有鬆懈的機會。假如供應鏈管理可以帶給我們一些喘息的空間，那會非常棒，但就我看來，這就像是努力爬山的過程。你有 6 個月的時間來蒐集資料，並提出一個可行的計畫。記住，我正在等你證明給我看。你可以自行選擇專案小組的成員，我相信你會順利找到人選。但也不要浪費他們的時間，我們還有太多事情要做，不能一直停頓在無法貢獻利潤的事情上。」

喬所說的：「這件事就交給你了」還停留在道格的腦海中。這十二年來，他所建立的聲譽是一個具有執行力的管理者，這在接下來的六個月中即將受到考驗。

道格可以看到喬所說的那座山，他可以在沒有高層組織支持的情況下，讓奧林巴斯登到這座山的頂峰嗎？道格了解，他肩負的重擔是改善奧林巴斯的功能

性－更正確地說，是功能不良的一個組織。執行董事會中的管理者會讓他推動供應鏈管理，但前提是不要妨礙到他們原有的工作。他們經歷過太多其它的「變革」，他們知道如何以不變應萬變。道格覺得他們也是期望這次供應鏈管理計畫會再度歷史重演。

　　道格希望夏琳（Charlene）已經從歐洲回來了。她似乎總能分析並提出可行的方法來改變管理階層。道格幾乎可以聽到她說：「列出那些對你有利的項目，接著列出你面對的挑戰。」你將會知道要如何利用你的優勢將障礙清除。在把執行董事會那些更難纏的成員想像成路上的障礙時，道格忍不住笑了。道格很快地寫下兩個簡短的列表：

對我有利的項目：

1. 喬‧安德魯斯目前是公開支持供應鏈管理的。喬核准專案小組研究供應鏈管理的可行性，並答應讓我選擇小組成員。
2. 顧客的要求以及強烈的競爭讓執行董事會感到戒慎恐懼。奧林巴斯的股價正在下跌且市場佔有率停滯不前。這些外部的力量或許是移除這些阻礙的施力點。
3. 其它…（我很慶幸家裡有一個顧問。）

必須克服的挑戰：

1. 高階部門主管未全力支持供應鏈管理。
2. 奧林巴斯採取功能性組織架構，而非以關鍵作業程序運作。部門勢力範圍之爭會是一個重要的課題。
3. 流程、政策以及程序都會造成資料蒐集的困難。提姆羅克會想要看到供應鏈新措施對公司損益的直接影響。
4. 其它…（這個清單可能永遠無法結束。我必須將他們以優先次序排列，瞄準重要的挑戰。）

在你閱讀時，請思考以下幾點：

1. 喬‧安德魯斯說「這件事就交給你了。」真正的意涵是什麼？
2. 道格要如何利用這個充滿競爭與挑戰的時機來推動變革？
3. 功能性的組織會如何阻礙供應鏈管理的落實？
4. 道格應該在專案小組中放入哪些成員？你會希望小組中的人擁有哪些特質？
5. 道格應該如何評估並於書面說明供應鏈管理對於企業能力的幫助？

一、流程管理的必要性

多年來，管理者早認知到需要尋找更好的方法來組織工作。美國麻省理工學院教授、系統動力學的創始人，傑‧弗瑞斯特（Jay Forrester）在 1958 年預測，整合性的流程決策將會取代部門分割的思維。[1]

「管理方法正面臨一個重大的突破，即是了解到產業中公司的成功係取決於資訊流、物流、金流、人流，以及資產設備流的相互作用。上述這五種流 的系統互相連結造成的變化與波動，可做為決策、政策、組織形式，與投資選擇之效果的預測基礎。」

儘管弗瑞斯特如此預期，系統或流程思維的突破性進展並未眞的廣泛出現。CSC Index 顧問公司的總裁大衛‧羅賓遜（David Robinson），一再重申流程思維的重要性，他說：「應該將競爭的重心從『我們做了什麼』轉移到『我們如何做』。」[2] 羅賓遜所說的「如何」就是功能性管理和流程性管理間的差異。他試著指出，因爲**功能性的組織結構會限制合作、阻礙創造性思考，依賴功能性決策的公司將會喪失未來的競爭力。相較之下，流程性管理會促進協同合作，讓企業得以較低成本達到顧客滿意。**

儘管具有這樣的潛在優勢，流程整合仍然非常少見。企業再造的思想領袖麥可漢默（Michael Hammer）曾估計：「只有不到 10% 的大型企業在這方面認眞並順利的執行。」[3] 只有少數的企業改變他們工作方式的本質，原因之一是這樣的改革需要改變原本熟悉的規範。**流程思考所需的改變，主要在於人與人的關係以及跨功能的工作方式。**它影響企業的各個層面，從績效衡量、職務設計、到管理角色以及組織結構，經營主管必須具備流程思維，才有機會眞正落實，並改變員工做事的方式，只有這樣，供應鏈管理才能讓企業的商業模式更有競爭力。

先進保險公司（Progressive Insurance）驗證了流程整合在強化競爭的潛力，因爲在汽車保險業發明了新的運作方式，十年內就達到了七倍的成長。先進保險公司提出了獨特的理賠流程，推出所謂的「即時回應理賠」（immediate response claims handling）。在發生意外之後，保險客戶可以用電話聯絡到 24 小時服務的員工，爲客戶安排時間讓理賠人員（adjuster）檢查車輛。理賠人員

在行動理賠車（mobile claims van）中工作，可以檢驗車輛、評估現場損害，然後開立支票—這一切在客戶聯絡的 9 個小時內就能完成。

　　先進保險公司讓流程改善成為其競爭策略的基礎。它推出了一個系統，讓顧客能夠比較先進保險公司與其他三個競爭者的費率。先進保險公司甚至發明了一個更好的方法來判斷駕駛者的風險，讓公司能以正確的費率報價，其關鍵是認知到申請者的信用評價能夠代表可靠的駕駛行為。申請流程方面，先進保險公司的電腦系統會自動聯繫信用調查機構，將申請者的信用評分納入報價的考量中。因為建立的流程能夠以更低的價格提供更好的服務，讓先進保險公司能夠從更大、更知名的競爭者那裡贏得市場佔有率。[4]

　　先進保險公司和其他企業成功的秘密在於**認清功能性組織的限制，接著在整個企業中灌輸流程思維**。這兩個步驟，產生了能夠贏得顧客喜愛並且增加價值的流程。

二、功能性組織及其結果

功能性組織會妨礙流程思維。**所謂功能性組織（functional organization）是將資源分類，組成特定部門，例如研發、採購、生產、物流、以及行銷。**每個部門都執行特定的工作，幫助企業達成預期的目標。具體來說：

- 研發部門（research and development）將顧客需求轉換成明確的產品。其目標是建立吸引人的、容易製造的產品，並且縮短從概念到商品化所需的前置時間。
- 採購（purchasing）以合適的價錢取得合適的原料，運用在生產作業上。採購的目標是選擇合適的供應商，並建立合適的關係。
- 生產（production）將輸入原料轉換成高價值的商品或服務。其目標為：利用資本、能源、知識以及勞力，建立能夠製造低成本、高品質的產品之流程。
- 物流（logistics）移動以及儲存貨物，以便在生產作業上有需要或是要販售給顧客時，能取得這些貨物。物流部門努力在幾個主要活動之間取得平衡，像是運輸、倉儲、訂單處理，以確定原料和產品能夠以最低的成本，在需要的時候出現在需要的地點。

- 行銷（marketing）辨識出顧客需求，並與顧客溝通，以得知企業應如何滿足這些需求。行銷的目標是在企業和顧客之間扮演聯絡者的角色。

傳統的組織架構易趨向於功能性的思考─管理者會以狹隘的功能性觀點來看世界，好像部門功能就是企業的全部。功能性思維被內建到現代管理中，為回應企業招募專業人員的需求，商學院安排的全部都是功能導向的課程。[5] 接著，為了擁有成功的工作履歷，管理者在他們職業生涯的早期便已成為功能性的專家。功能性思維也經常因為實體距離而強化，因為不同的功能部門常位在不同樓層或建築中，漸漸地，管理者開始只看到他們自己的功能和績效，不再意識到公司其他的部分。

這代表管理者從他們自己功能性的角度來思考每個決策，而忽略了其他的觀點。所做的決策是局部性、功能性的最佳化，而忽略了它們對企業中其他領域的影響。當這種情況發生時，來自公司不同部門的管理者就無法認知到其他部門提供的價值。**最極端的情況下，管理者甚至可能開始將公司中其他同事視為企業內部有限資源的競爭者而非合作者。結果是：企業的競爭力變差、成本增加而服務變糟。**

圖 3.1 列出了功能性組織的企業，在採購、生產、物流、及行銷四個部門中可發現的典型目標、決策，及績效指標。藉著檢驗這些目標以及績效指標，我們可以發現在各部門的決策之間存在與生俱來的衝突。例如，對行銷管理者的能力評估，是取決於他們增加銷售量的能力，他們會向顧客承諾特別的服務。很棒的顧客服務意味著，即便是臨時通知，也能在顧客要求的時間和地點遞送正確的貨品。因此行銷人員喜歡有高額的庫存放置在多個地點，距離重要顧客越近越好；也希望物流的履行前置時間能夠縮短，如此他們才能即時回應個別顧客的要求。

相反的，物流管理者通常是基於成本的考量，他們的目標是將成本最小化。物流人員會盡其所能地降低庫存量，並儘量將庫存存放在少數幾個主要地點。他們希望行銷部門能夠提供充足的顧客需求資訊，同時希望製造部門能夠提供快速的貨物補給。像這樣互相衝突的目標在功能性組織是很常見的。

雖然每個部門所扮演的角色，都是企業滿足顧客時所不可獲缺的，但是功能性組織卻會導致利益衝突和反效果。由於缺乏交集的「理想」世界，會導致

企業內部的拉鋸戰，每個功能部門都將組織拉往它認為最好的方向。**流程思維：使企業決策與策略一致，並協調跨功能的活動，可以降低功能性組織的無效率，並釋放巨大的競爭潛能。**大多數的公司缺乏高標準的流程思維，主要是因為管理者不夠了解流程的基本特性。

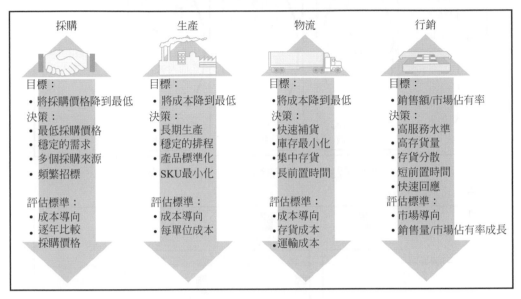

● **圖3.1　部門目標互相衝突的挑戰**

三、流程剖析

　　因為大多數管理者的成長背景是功能性的，他們並不懂得如何管理整合的流程，增進了解的最好方法是對流程詳加剖析，並仔細觀察。每個流程都由一組可識別的「流（flows）」以及加值活動所構成。**三種不同、但是具有相關性的「流」，可用來定義每個流程：資訊流、實體流、及金流。**大部分的流程都從資訊流開始，接著**觸發生產製造與物流配送的實體流加值活動**。然而，「流」的順序和活動的型態取決於流程本身的特質，圖 3.2 和圖 3.3 描述了兩個加值流程—**新品開發和原料取得**，讓我們詳細剖析這兩個流程，**首先我們來看新品開發流程：**

- 產品開發（product development）一開始是因為了解顧客的需求或是工程上的突破而產生構想。一旦有了想法，概念化和設計活動就開始了。
- 最重要的金流（financial flow）出現在專案評估、核准，以及預算編列。假如專案被認可，便會投入金錢，開始具體的活動。

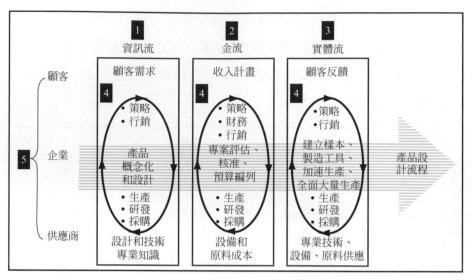

◐ **圖3.2 加值流程剖析：新產品開發**

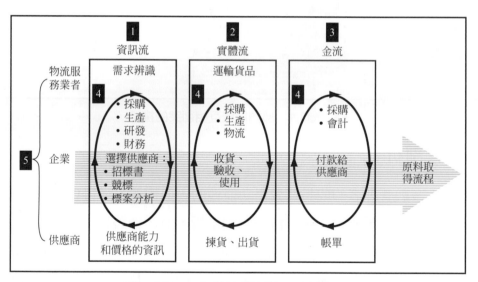

◐ **圖3.3 加值流程剖析：原料取得**

- 當實體流（physical flow）的生產製造活動開始時，會試做樣品、準備製造工具、導入生產、最後全面量產。

- 每個活動（概念化、評估、導入生產）都會橫跨數個功能領域做具體的決策，包括策略、行銷、生產、研發、採購以及財務。例如，在新品評估時，跨功能小組會決定此產品是否能夠以有利潤的方式生產並在競爭市場上銷售，為了達成這個目標，小組會評估預期收益、原料和設備成本的資訊，以及企業本身的能力。

- 企業、客戶，及其供應商共同合作以設計出優秀的產品。顧客提供了產品可行性與潛在銷售力的資訊，供應商分享他們在原料、設計以及技術上的專業知識。他們兩方面也都會提供資產設備及產品零組件。

　　接著檢視**原料取得的流程**，我們可以發現：

- 原料取得流程的開端在於辨識以及傳達需求。假如這是新的採購品項，就會發送一份招標書（Request for Proposal，RFP）給可能的供應商。供應商則回覆一份相應的資料來說明他們的能力以及價格。在分析完供應商的回覆資料後，進行選擇。

- 實體流的物流配送過程由數個活動所組成，包含了供應商的訂單揀貨、出貨，物流服務業者的運輸，以及買方的收貨、驗收。此時取得的原料就可以用來產生商品和服務，交付給顧客。

- 金流是原料取得流程的結尾。一旦收到送出的貨品、經過驗收且接受貨物無誤，就會完成付款。某些組織簡化付款流程，不需要驗收動作。每當有已訂購的貨品送達時，就會直接經由電子轉帳系統付款。

- 每個活動（選擇供應商、產品運送、付款）的決策都需要由生產、研發、採購、物流、財務、及會計等部門來參與。許多公司會組成一個貨品小組，其中包含了採購、生產、研發，和財務，並負責供應商的選擇決策。

- 買方、供應商以及物流服務業者都扮演關鍵性的角色。在相關設備的專業技術和投資使他們成為這個流程團隊中的重要成員。

　　企業為了成功，還必須管理許多流程，像是訂單履行流程或是顧客服務流程。然而，流程管理的主要元素並沒有太大的改變。**每一個流程都依賴**

(1)即時的資訊流

(2)有效率的實體流（生產製造與物流配送）

(3)有效益的現金流管理

這三種流所包含的企業活動及決策，皆受到跨功能管理及整體上下游供應鏈的影響。關鍵在於：每個加值流程都是由許多在不同地點以及時間發生的活動所構成。沒有單獨的個人或公司能控制所有活動，因此，流程管理由原本定義開始，就是取決於協同合作的。

　　了解基本的流程解析，可以幫助管理者更具體地協同合作。例如，The Limited 公司在競爭激烈的流行零售市場中，改變了遊戲規則。它能夠在 1000 個小時內，將產品由顧客的想法，轉換爲讓顧客能夠穿到身上。[6]要達到這個目標，新品開發流程以及訂單履行流程必須先重新分解及整合。接著需要良好的資訊和物流系統支援來強化跨功能協同合作。如此便能縮短設計和補貨的週期，設計時髦的衣服，並快速地讓他們上架，The Limited 能夠在顧客有需求的時候，提供顧客想要的商品，得以避免因爲市價下跌或是缺貨所造成的損失。

四、系統思維與流程管理

從功能性組織轉移到流程性管理，必須要有新的思考方式。這時便需要採用系統思維。**系統性思維（systems thinking）是同時思考立即的局部性結果和長期全面性交互決策的整體性流程**。當傳統的功能性思維尋求區域性的最佳化時（通常會耗費整體的系統績效做爲代價），系統思維則努力讓每個人都朝向同樣的目標努力。這種一致性的力量，會產生更強大而具有競爭力的團隊。

　　想要培養系統性思維，並推廣組織轉型，管理者必須認知並了解下列五項必要條件，才得以系統性的方式管理公司或供應鏈。

1. 整體的觀點

管理者看不到所有的相互關係，他們也不會完全了解組織內所有的利害權衡。雖然高階管理者設定企業的策略方向，但是他們並不了解每一個加值流程的細節。能深入了解細節的管理者，通常也缺少對整個公司內其他加值活動的認識。簡言之，**沒有人從整體的觀點來看待公司**。在某一個企業中，一位顧問被聘請來幫助企業改善訂單處理的能力，他來了就說道：「把我當作是一個訂單，請你們處理我。」顧問讓管理小組實地走過流程中的每一個步驟，行程最後之時，厚達一英吋的文件和磁碟片被放在桌上。此時，公司人員才了解到內部流程的實際運作現況—這是缺乏能見度（invisible）且耗費成本的。流程的能見度是系統性思維的先決條件。當流程管理涉及不只一個公司時，「整體能見度」就更加重要。

2. 資訊的可利用性與正確性

想要做出資訊正確並具有整體觀點的決策之前，必須先蒐集、分析大量的資料，將它們轉換成知識。現代的資訊技術讓我們能夠蒐集和分析非常大量的資料。具體的收集及分析方式有：

- 條碼和掃描裝置能夠蒐集到堆積如山的資料。無線射頻辨識（Radio Frequency Identification，RFID）標籤，讓企業可以更簡單地搜集到正確且即時的產品和流程資訊。

- 資料倉儲（data warehouse）和資料挖掘（data-mining）軟體使儲存和分析資料變得容易。

- 企業資源規劃（Enterprise Resource Planning，ERP）系統讓資訊更容易傳播。

　　雖然這些技術降低了系統性思考時資訊不足的限制，大多數的管理者仍然認為資訊的短缺和不正確阻礙了重要決策的制定。他們注意到需要花費更大的努力，才能精確判斷需要哪些資訊，並將它傳達給正確的決策者，以制定更好的作業性與策略性決策。

　　例如，一個零售商碰到了資訊正確性導致的顧客服務問題。這個問題直到一位憤怒的顧客寫信給公司的副總經理時才被發現。這個顧客生氣的原因，是由於她三次光顧這家商店，想要購買某特定商品，但是每一次她都發現貨架是空的。她說自己是這家店的常客，假如她轉向其他店家購買的話，這家店會損失很多生意，她希望這位副總經理，要多為顧客著想，要確認促銷的商品具有足夠庫存量。副總經理調查後，發現電腦資料顯示這項商品還有 14 個單位的庫存，然而實際貨架和倉庫都是空的。現場盤點店內所有品項後，發現這家零售商所販售的 10,000 個商品中，有 65% 的電腦庫存記錄是不正確的。儘管使用了現代科技，不正確的庫存資料卻會讓管理者做出使成本增加、服務變差的決策。[7] 唯有更好的資料追蹤、分析以及共享，才能幫助管理者做出良好並具整體性的決策。

3. 跨功能以及跨組織的團隊合作

員工效忠自己的單位或部門，反而讓整體性決策變得困難。目標、角色、責任、以及訓練通常都是功能性部門導向的，如圖 3.1 所示，行銷部門將焦點集

中在銷售目標的達成；製造部門重視的是生產力；而物流部門全神貫注在降低配送成本。努力達成這些目標當然是很好的，但是不應該犧牲組織中的其他部分做為代價。過度的部門導向使管理者將自己視為工程、行銷、產品開發小組中的成員，而不是 Barilla（百味來義大利麵）、General Motors （通用汽車）或 Sony 團隊的一份子。雖然部門內的同儕情誼是值得讚許的，但管理者和員工不可因此而忽視公司和供應鏈的整體目標，他們也必須學習如何一同努力完成這些目標。

　　最常用來建立無界線的企業文化的方法，就是組成跨功能和跨組織的團隊。美國第三大零售商 Kohl's 百貨公司中的企劃團隊包含了行銷、採購、物流、以及財務管理者，這個團隊負責從生產端到顧客端的所有關鍵決策。為了要達到持續的互動和協同合作，商品小組的成員在同一個辦公室工作。共用辦公室可以促進自發式的討論和決策的協同合作。

　　在供應鏈層面，美國航空設備製造商，羅克威爾柯林斯國際公司（Rockwell Collins）將數個研發工程師的團隊派到供應商的工廠工作，每次長達數個月。羅克威爾柯林斯國際公司甚至建立了永久的顧客諮詢委員會和供應管理委員會，讓公司的管理人員與重要的供應鏈夥伴共同討論新的提案及解決新出現的爭議。[8]

4. 績效衡量

工作的獎勵，包括獎金和晉升，通常被跼限在局部而短期性的成果中。當個人事業的成功取決於「琳達達成了銷售目標」或是「安德魯斯達到了成本降低的目標」等指標時，員工們會努力達成符合這些衡量指標的期待。當人們被以這類局部性、功能性的表現來評價時，他們不會做出整體性的決策。**因此績效衡量系統必須與組織最重要的目標一致，此亦為企業面臨的最大挑戰之一。**

　　當福特汽車公司的管理者聽到有關於供應商關係正在惡化的傳聞時，他們想了解原因。他們與供應商溝通之後發現，許多供應商認為福特公司無法令人信賴。但是福特深信失去供應商的支持，公司將無法取得成功，因此聘請了顧問設計了一套機制來評估福特文化的可信賴性。資深管理者希望內部員工和供應商都能知道，福特是認真地想要建立以信任為基礎的關係。不幸地，這個評

量指標並未與企業期望目標一致。

　　同樣地，威名百貨（Wal-Mart）也希望維持良好的供應商關係，但是卻發現隨著公司的茁壯，少數採購人員可能藉由 Wal-Mart 強大的採購力量，不當地壓榨供應商。於是 Wal-Mart 調查每個採購員最重要的六個供應商，評量採購員的行為和專業精神。這些評量報告原本被當作每個採購員整體績效評量的重要來源。但是考慮到將外部評分引入採購員評量系統的公平性，而未正式實施這個計畫。福特汽車和 Wal-Mart 都想要建立以信任為基礎的供應商關係，但因為欠缺系統化的評量指標支持及持續性的進行，都無法改變採購人員的行為模式。只有溝通，卻沒有輔助的評量標準，幾乎不可能改變人的行為。

5. 系統性的分析

前面 1 ～ 4 項必要條件，能夠推廣重視系統思維的文化。第五項必要條件，是企業應該要使用系統性的方法來做系統分析。想要做出具有整體性的決策，必須要設定清楚的目標、定義系統界線、蒐集資訊、思考特定的權衡取捨和限制。圖 3.4 列出了這些流程步驟。

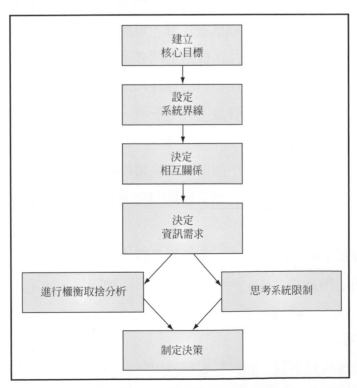

　　🔺　**圖3.4　系統性的分析步驟**

(1) 建立核心目標

必須以明確且周延的目標來指引系統行為。要將系統中所有成員都引導到同一個方向，他們必須知道整個「團隊」到底要完成甚麼工作。如果沒有一個經過周詳考慮和良好溝通的目標，個別的小團體只好各行其是。

(2) 設定系統界線

目標定義是辨識系統界線（system boundaries）的先決條件；亦即辨識誰是團隊中的成員。系統可以在任何層級被定義，在理想狀況下，應該將整個供應鏈都當作一個系統來管理。在實務上，**系統應該定義在最能有效完成既定目標的層級上**。假如目標是要在能有獲利的條件下滿足顧客，系統通常被定義為公司。此公司「系統」包括了會計、工程、財務、人資、物流、行銷、生產作業、及採購的功能性領域。系統中的每個成員都必須執行某一特定的任務，以求在有獲利的條件下滿足顧客。

(3) 決定相互關係

描述系統的下一個步驟，是定義團隊成員的角色和相互關連性。在團隊中，每個成員會分別扮演特定的角色以取得成功。例如，為了要有效率地滿足顧客，行銷部門必須判斷顧客真正的需求是什麼，研發部門必須設計產品來滿足這些需求，生產部門必須製造出產品，採購部門必須取得最好的輸入原料以便用在生產流程中，物流部門必須管理物料的儲存和運送，會計部門必須記載成本並追蹤成本，財務部門必須提供資金。其中任何一個角色失敗都會使顧客不想買產品或不願付費。

　　管理上的挑戰，在於判斷一個領域的決策會如何影響系統中的其他領域。每個決策所產生的跨功能關聯性都必須被明確地考慮進去，這也是所謂決定相互關係的用意。

　　要決定複雜系統（像是企業）中的相互關係時，需要繪製關鍵流程圖，讓特定的流程和活動具體可見。所需考慮的大量互動關係，使系統思維成為一種資訊密集的工作。

(4) 決定資訊需求

資訊讓系統分析成為可行，關鍵是要辨識出所需的資訊，找出取得與分析資訊

較好的方式，及如何有效分享這些資訊給決策者。競爭環境、顧客需求、及內部能力的資訊，可用來定義系統目標與界線。功能性的優缺點及部門間的互動資訊，可用來決定前述的相互關係，並點出了權衡取捨的重要性。**所有要用來做系統性決策的資訊，必須具有正確性、相關性、及時效性。**

(5) 進行權衡取捨分析

在某一個領域中所做的決策會影響其他領域的表現。假如行銷部門在沒有確認庫存和生產狀況之前，就答應要交付貨物，生產和物流部門可能必須趕工而增加支出。假如採購部門在沒有分析供應商品質和交付能力之前，就選擇了價格最低的元件，採購成本或許會下降，但生產成本卻可能增加。**權衡取捨存在於各種決策之中。**雖然管理者可以看出許多明顯的矛盾之處，但仍有許多是看不見的。這是因為許多決策是在公司中較基層的部門，或是延遲了一段時間才發生。管理者必須辨識出這些因果關係，並讓所有相關的權衡取捨浮上檯面。唯有如此，管理者才能夠進一步決定如何獲得系統最佳化的取捨結果。**「流程繪製」及「總成本分析」可有助於管理者辨識與評估系統性的權衡取捨。**

(6) 考慮系統限制因素

每個系統中都有一些限制，會減少決策的選項。某些限制是組織內部的，如營運方針和流程、實際產能、行為模式、績效指標以及資訊的缺漏等。其他的限制諸如政府法規、顧客要求、供應商能力等則是來自外部環境的。「限制分析」可以識別出限制因素、診斷它們對系統的影響，並提出消除步驟。如果管理者只注意到結果的現象而非造成問題的限制原因，就只是浪費資源了。這些分析完成之後，管理者才能掌握充分的資訊，準備好做出決策。

6. 系統性思維應用

系統思維讓管理者在理解權衡之後，能做出更好、更具有競爭力的決策。「總擁有成本」（total-cost-of-ownership）的概念，是一個系統思維應用的簡單範例，它顯示了購買最低價格的元件不一定能夠提供最大的競爭優勢。**要估算物品真正的成本，必須估算物品在採購、運輸、使用、維護保固、報廢各方面的費用。**假如這個產品的交貨延遲、使用效期縮短、或是產生環境責任（environmental liabilities），用最低的價錢採購物品，不一定是筆好交易。例如，在全球採購

業務上，有許多的取捨決策付出了昂貴的代價。由於被低廉的工資率所吸引，企業常會將產品的採購全球化，結果卻發現一些額外的花費超過節省下來的勞工成本。某些企業沒有考慮到管理遠距離供應商時所帶來的品質問題和準時交付問題，其他企業則低估了國際運送和保險的成本，表3.1列出了全球化生產製造中的成本類別。當然，也有些企業藉由確認合格的供應商、建立良好的關係以及優秀的物流支援，成功達成全球化的外包。不同的結果，取決於觀察與分析的相互配合程度。

採取系統性的觀點，面對相同問題時可以得到獨特的解決方式。系統分析的流程—從目標設定到權衡與限制分析—擴增了決策者的視野，對加值流程提供更深入的了解。系統思維幫助 Dell、Honda 和 Wal-Mart 選擇不同的路徑，比競爭者更能滿足顧客的需求。他們以難以模仿的經營模式，產生了快速而具獲利性的成長。

▼　**表3.1　全球生產製造需負擔的成本項目**

•單位價格	•貨幣成本（cost of money）
•關係維護成本	•報廢風險
•語言和文化訓練成本	•退貨成本
•國際運輸成本	•運送途中受損
•內陸運費成本(本國和外國)	•存貨持有成本
•保險費和關稅	•技術支援
•報關費用	•差旅費用
•信用狀	•出口稅

(1)Dell

Dell 的顧客直銷經營模式是依賴合約製造模式（contract manufacturing）。Dell 並無生產所販售電腦，相反地，顧客訂單會經由網路直接傳送給合約製造商，然後合約製造商組裝電腦並直接出貨給顧客。從 Dell 的外包決策和配銷設計，我們可以看到流程透明度以及權衡分析，這些都是系統思考的特色。Dell 經由獨特的經營模式創造了先進者優勢，Dell 並未和其他競爭者一樣，自我設限於使用傳統銷售通路將產品運送到顧客手中的想法。

(2) Honda

在每一部 Honda 汽車中，將近 85% 的價值來自供應商。Honda 在品質和可靠性上的聲譽，大多依靠於它對供應商產能的管理。因此 Honda 在開發供應商、幫助供應商建立技術上，做了許多投資。將製程工程師送到供應商廠房現場工作的成本太過昂貴，因此大多數的競爭者都不願意做類似的付出。[9]為了正當化這項投資，Honda 必須重新繪製它的系統界線，將派送工程師到供應商廠房這件事視為是整體加值作業的一部分。這項投資回報在生產力、卓越的品質、和共同的創新上，讓 Honda 的供應商關係成為汽車業欣羨的對象。很少有企業能夠效法 Honda 對供應商的開發，大多是因為他們並沒有在系統思維上予以同樣的投入。

(3) Wal-Mart

Wal-Mart 擁有全世界最大的貨運車隊之一。許多企業都將運輸作業外包，這樣可以降低成本，並將注意力集中在他們的本業上。Wal-Mart 經營貨運事業，是因為它將運輸視為更大的配銷流程的一部分，這已經變成 Wal-Mart 核心能力的一部分。結合了私人車隊與越庫作業的倉儲作業，Wal-Mart 可以從供應商採購整車的產品，然後在它的接越作業倉庫中，將不同供應商的產品混合裝運，再用它自己的貨車將整車貨品運送到它的零售中心。這種配銷模式能夠以較低的成本從事頻繁的運送，Wal-Mart 對零售點的配送率是競爭者的兩倍，讓 Wal-Mart 在實踐「每日最低價（everday low price）」承諾的同時，也能維持貨架上的庫存。

假如系統思維能夠導向更好的決策，以及獨特有競爭力的商業模式，為何並非所有的企業都實行它？答案很簡單：**雖然他們知道「各自為政」心態所帶來的反效果，但是大多數的公司缺乏執行上述五項必要條件所需要的自我紀律要求。**另外，由於並非所有的決策都是理性的，讓追尋系統思維的路途更加複雜。因為，每個人都是單獨的個體，我們都以獨特的個人眼光來看待世界；即使面對相同的情境，我們都還是可能會做不同的決定。由於這些真實發生的問題使得建立共識、一同努力，並建立跨功能流程與供應鏈流程時更加困難。

五、企業的流程觀點

近年來，這個充滿競爭的世界已有很顯著的變化，工作的型態和做事情的方法也都改變了。不幸的是，企業的組織架構並沒有跟著改變。在他們需要圍繞著流程來設計時，卻仍舊以功能性的方式作為公司的組織架構。因此，我們提出了這樣的疑問：「流程導向的企業看起來是什麼樣子？」圖 3.5 所示為企業的流程觀點，它將系統思維與第一章所介紹的策略因素連結。這個流程觀點強調以協同合作的決策來滿足顧客的需求。還記得**彼得杜拉克（Peter Drucker）的忠告：「企業目的只有一個正確定義：創造顧客。」**整個組織的決策都應該盡全力利用可取得的資源，來創造顧客價值。**系統思維和流程觀點強調以下四個重要的關聯性：**

- 企業應以顧客為中心來定義公司的價值主張，並驅使發展核心能力。
- 企業能力的發展會引導功能性部門的決策。當功能性部門的活動相互配合，以建立獨特的核心能力時，就會創造出公司的價值。
- 企業能力的發展將可指引資源配置的決策。
- 資訊和績效評量系統會幫助校正努力的方向，及建立企業內部的凝聚力。

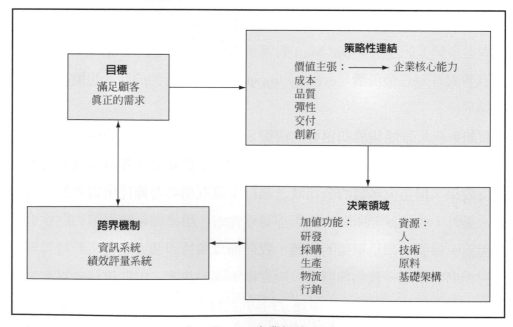

🔺 **圖3.5 企業加值流程**

1. 策略連結

選擇正確的價值主張以及建立正確的核心能力是策略的精髓。[10] 讓我們快速地複習這些基礎。**價值主張**（**value proposition**）是企業承諾要提供給顧客的價值。**企業能力**（**competencies**）是企業創造這些價值的技術和流程。**「核心能力」**（**core competency**）則是企業最拿手的事情，並為企業提供了競爭優勢。核心能力具有稀少性，且令競爭者難以模仿的。**策略**（strategy）是用來引導資源的使用，讓企業能夠建立獨特的滿足顧客需求的能力。哈佛的**麥可波特**（Michael Porter）提出兩個最常被運用的策略：成本領導策略（cost leadership）和差異化策略（differentiation）。[11]

(1)**成本領導**（cost leadership）在任何市場中，只能有一個成本領導者，其他人必須提出其他的價值主張以獲取成功。為了要達到成本領導，企業必須建立內在自有的（intrinsic）優勢。舉例來說，企業可能會試圖建立下列優勢：

成本領導的來源	企業案例
• 規模經濟	Wal-Mart是全世界最大的零售商，它的規模創造了前所未有的購買力，讓它能夠承諾「每日最低價」。
• 獨特的生產流程	西南航空的回轉時間只要15分鐘，因此能讓它的飛機保持飛行狀態，創造收入。西南航空的流程讓它可以比任何大型航空公司達到更低的每延人英里（passenger mile）單位成本。
• 低成本因素的輸入	麥當勞的全球採購網絡讓它在全世界的每個營運地區，都可以用最低成本取得當地及世界各地的資源。

(2) 差異化

差異化（**differentiation**）要求企業開發一個能夠降低價格敏感性的產品或流程。**差異化緩和了價格競爭的持續壓力，當企業採用差異化策略時，競爭就會轉移到其他價值主張：**交付、彈性、創新、或品質。[12] 當企業試著建立獨特的市場地位時，差異化策略能夠增進品牌意識。例如，Toyota 以優異的品質聞名全球，Intel 以處理器速度著稱，Coke（可口可樂）在 1971 年的「It's the Real Thing」的廣告語被廣泛接受。重點是要比其他任何人都更特別，獨特性可來自下列項目：

差異化的來源	企業案例
• 先進的產品技術	空中巴士率先開發了「線控飛行」的技術，使得與波音公司競爭，並成為全世界最大的飛機製造廠商。
• 先進的流程技術	美國施奈德物流公司（Schneider National Logistics）是第一個使用全球衛星定位技術來追蹤貨品的汽車貨運業者。先進的流程已經幫助施奈德成為全世界成長最快速的第三方物流公司。
• 廣大的配銷網絡	可口可樂大概是全球最普及的產品。目前幾乎在全世界每個國家皆有販賣，且飲料種類超過130種以上。
• 更好、對使用者更友善的產品	蘋果電腦的iPod是第一台成功使用微型硬碟來儲存使用者喜愛樂曲的可攜式數位音樂播放器。雖然iPod的價格昂貴，但是卻擁有精巧的設計和使用者介面，因此成為市場領先者。

　　低成本定位與差異化策略並非不相容的，低成本和高品質的結合通常就是企業生存的基本要求。表 3.2 列出一些在企業制定成本領導策略或差異化策略時，可能做出的具體選擇。

2. 資源管理

每一個企業都要管理五種資源，做為他們自己的加值系統或是更大供應鏈的一部分。**這些資源分別是人、技術、原料和基礎設施。資金是第五個資源，必須被管理以供企業營運財務需要**。成功的企業使用有效率而且有效益的資源管理，來提供價值給顧客。例如，資源管理使得

- 聯邦快遞每天在超過 200 個國家中，遞送 300 萬個包裹。
- 麥當勞在 119 個國家中的 31,200 個餐廳中，銷售出 190 億美金的麥香堡、可樂、和薯條。
- Toyota 在全世界銷售將近 8000 萬台的汽車和卡車，收入淨利達 100 億美金。

▼　**表3.2　運用策略，讓企業加值系統符合顧客需求**

差異化	創新	交付/彈性/品質	成本領導
加值系統的目標	• 縮短從概念化到市場的週期時間 • 技術先進的產品 • 獨特的服務方案 • 儘管顧客需求不穩定，仍能提供貨品	• 快速一致的交付 • 可用度 • 高品質的產品與服務 • 顧客回應力—對於小型和緊急的訂單處理能力	• 最低成本—但需確保「可接受」的服務水準
採購	辨識並開發能確保以下各點的供應商： • 設計的專業技術 • 技術性支援 • 改變規格的彈性 • 流程能力	辨識並開發能確保以下各點的供應商： • 快速、一致的交付 • 經過認證的品質 • 可取得全線產品 • 良好的回應性	辨識並開發能確保以下各點的供應商： • 高生產力/低價格 • 有效率的學習曲線 • 規模/範疇經濟 • 數量折扣
生產	• 與研發部門密切合作（同步工程） • 支援流程改善工程	• 現場控制—準時出貨率 • 縮短週期時間 • 對員工交叉訓練 • 擴大流程控制 • 減少存貨	• 降低存貨 • 增加重複性 • 增加零件共通性 • 利用低成本勞工 • 增加勞工生產力
物流	• 利用技術提供客製服務，例如條碼、衛星追蹤、電子資料交換、自動揀貨/包裝	• 利用私人車隊或是專屬的契約運輸業者以確保準時送達 • 使用資訊技術，增加回應性以及處理意外事件的能力 • 實施流程控制和其他品質改善方法	• 使用低成本運輸方式（鐵路或是鐵公路複合運輸） • 使用高利用率的費率（整車運送） • 使用數量優惠契約 • 存貨最小化 • 決策中央集權化

管理哲學和競爭環境決定了企業管理資源的方式。事實上，管理公司的資源沒有唯一的正確方式。例如，在 2005 年，世界最大的重型工業設備製造商卡特彼勒（Caterpillar）公司的收入超過 300 億，獲利 20 億，在 180 個國家中經營，有超過 76,000 個員工，產品和服務的採購超過 80 億，每日投資 400 萬在產品和流程技術上。Caterpillar 公司生產出設計精良的營建機具設備，但是由於他能夠利用資源使顧客的設備持續運轉，因此成為有價值的供應鏈合作者。Caterpillar 保證在 48 小時內就能夠將備用零件送到全世界的任何地點。

相反地，Nike 在 2005 年的全球銷售量超過 130 億美元，獲利為 12 億，這是由 24,600 位員工所生產出來的（Nike 每員工收入：$528,000，Caterpillar 則為 $394,000；Nike 每員工獲利：$48,000，Caterpillar 則為 $26,000。）差別是 Nike 將生產外包，不自己製造所要販售的鞋子，轉而管理智慧資產，運用在運動服飾的設計和行銷上。這樣會增加每個員工所創造的收入和利潤，但是並非沒有風險。在 1990 年代末期，由於 Nike 沒有妥善監督承包商，導致了人權侵害和勞工剝削的譴責。這些譴責嚴重傷害了 Nike 的聲譽。現在 Nike 會主動管理合約製造商，以保護他的品牌信譽。

Caterpillar 和 Nike 是在不同的產業中的兩個差異很大的企業，他們的資源利用模式也非常不同，但是都非常成功。這是因為他們都藉著將擅長的工作，做得比任何人更好，以突顯自己在顧客心目中的地位。**想要贏得競爭，企業必須將資源轉換成企業能力，接著轉換成顧客重視的產品和服務。因為資源決策非常重要，下列小節簡要介紹每一種資源型態。**

(1) 人力

人決定了工作執行的生產力和品質。在領先的企業中，教育訓練是成功人力資源政策的基礎。他們使用績效評估系統，將公平的觀念植入組織文化中。通用汽車在 1984 年與 Toyota 合資設置的新聯合汽車製造公司（New United Motor Manufacturing, Inc.，簡稱 NUMMI）中，所學到最重要的課題也許是：在生產系統加值過程中，讓人和技術成為互補的合作關係，會是有效率生產高品質汽車的重要關鍵。Toyota 的管理者知道單靠技術本身很難創造出獨特的優勢，而「人」提供了可以取得成功的創造力和熱情。

(2) 技術

技術包括了用來提供產品和服務的設備以及軟體。有效的使用下，技術可以增進生產力。例如，在過去 100 年中，機械化農場設備的引入使得農業生產力戲劇性地增加。在 1900 年，需要 40% 的美國人口來餵飽整個國家。到了今日，只需要 2%，這要歸功於生產力的增加。[13] 資訊技術也同樣改革了現代商業的實務，促進了供應鏈間更好的溝通及協調。例如，電腦輔助設計軟體結合協同合作軟體，讓強鹿（John Deere）公司與供應商合作，能在更短的時間、更少的成

本，就設計出更優良、更容易製造的曳引機。條碼、衛星追蹤、倉儲管理系統、無線射頻技術、路徑選擇程式、網絡模型模擬，則造成了物流管理的革命。

(3) 原料

廣義地來說，原料包括了在加值流程中所採購進來使用的貨品和服務。原料管理是從產品設計開始，也就是工程師設定產品規格的時候。接著採購部門必須從供應商取得所需的進貨，並運用全球採購、夥伴關係以及供應商存貨管理來增加更多價值。在生產部門，原料決策能夠運用精實生產及全面品質管理，讓企業具有生產力、品質和有效回應的競爭力。物流決策可以確保原料準時送達，其中的文件準備、庫存管理、訂單處理、包裝、運輸以及倉儲的決策都會影響到提供給顧客的服務水準。

　　Toyota 的 生 產 系 統 通 常 稱 為 **及 時**（**just-in-time**） 或 **精 實 製 造**（**lean manufacturing**），可做為有效物料管理的示範。藉著重新設計原料的採購、運送，並使用在汽車製造流程中，Toyota 已是世界第二大車廠，並定下了 2010 年成為世界第一的目標（譯註：2008 年第一季，Toyota 以 241 萬輛的產量，首度打敗美國通用汽車 "General Motors" 的 225 萬輛，正式站上世界第一，並於 2012 年全球汽車銷售 975 萬輛，多過通用汽車全球銷售 929 萬輛，重登失落四年的世界汽車銷量首位）。

(4) 基礎設施

基礎設施（**infrastructure**）指的是企業在加值流程中所使用的實體資產。**基礎設施的決策決定了企業資源的配置和生產力，重要的基礎設施決策包括了廠房位置、流程設計、產能計畫，以及技術選擇。**這些決策決定了組織的成本結構和服務能力。

　　例如，由於擔心配銷網路架構過於龐大且昂貴，Nabisco 的管理者問了一個簡單的問題：「我們真的需要 11 個物流中心（Distribution Center，DC）來滿足顧客的服務需求嗎？」他們對顧客需求所在的郵遞區號做了一個分析，發現只需要 5 到 7 個位在適當地點的物流中心就可以在不影響到服務水準的情況下節省成本。Nabisco 也發現，有許多零售商客戶自己經營貨運車隊，他們運送產品的路徑與 Nabisco 商品的運送路徑相同，與其雇用較貴的零擔貨運業者

（LTL）來運送 Oreos（奧利奧）餅乾和其他產品，不如由零售商的貨車來運送。Nabisco 的決策顯示，供應鏈策略也能倚賴其他供應鏈成員的基礎設施和技術。

(5) 協調資源決策

整合跨越企業主要功能領域如研發、採購、生產、物流、及行銷的決策，可以提供難以複製的競爭優勢。圖 3.6 顯示了一個 4x5 的功能 - 資源決策矩陣，可用來代表組織的關鍵決策領域。對應的功能和資源計畫應該被畫進矩陣的 20 個格子中。管理者可以檢視計畫的一致性，調整公司的策略和價值主張。

　　Wal-Mart 採用了這個方法，在會議室的牆上掛了一張圖表，將每個計畫都連向一個策略目標。只有在活動和目標之間建立了明顯的連結時，資源才會被貢獻出來。這個繪圖練習是很重要的，因為 Wal-Mart 要達成每日最低價的價值主張，需要很謹慎的協調複雜的流程。**Wal-Mart 的策略大量依賴能發現新顧客需求的員工、私有貨運車隊、衛星通訊、費心找尋地點並設計的店面、地區物流中心的接駁轉運，以及與供應商的策略聯盟。**Wal-Mart 組合這些資源成為無人可及的低成本運送能力，將這些企業能力拼圖中的任何一塊拿走，都會大大地影響 Wal-Mart 的競爭優勢。

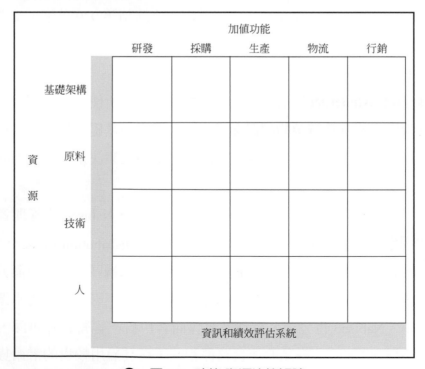

◢ **圖3.6　功能/資源決策矩陣**

3. 跨界機制（boundary-spanning mechanisms）

如同之前所提到的，有許多潛在衝突是跨越資源和功能性決策領域的。為了促進決策的一致性，必須分享資訊，並表現出合作的態度。資訊和績效評估系統可用來扮演促成整合的角色。

(1) 資訊分享

資訊分享（information sharing）可以經由策略目標和組織角色的溝通，而促進流程管理。大家需要知道如何協助公司獲取成功，否則他們就會只尋求本身區域性的最佳化。有關跨功能相互關聯性的資訊能夠幫助執行取捨分析，及建立更好的工作關係。資訊也扮演了教育的角色，讓管理者和員工了解整合性決策和流程管理所帶來的利益。

　　管理者蒐集並分析下列型態的資訊，用來制定決策、建立企業能力，並能有效率地管理日常的例行營運。

- 與顧客相關的資訊，用來定義目標、價值主張，以及企業能力。
- 與企業能力和流程相關的資訊，可辨識出企業的優缺點，建立並實施有效的策略。
- 與競爭者策略和能力相關的資訊，可預測競爭者的威脅，以及競爭者的動向。
- 與外部營運環境有關的資訊，幫助企業了解潛在的威脅和機會，像是新的商機或是新技術的產生。
- 供應鏈作業資訊可用來做出良好的例行決策，例如：需要多少以及什麼型態的供應商來支援企業的生產計畫。
- 「成功案例」的資訊，能成為流程整合的動力。

(2) 績效評量

資訊分享必須以績效評量來支援，才能建立出流程導向的文化。人們對於績效評量的方式遠比對公司發布的政令要來的有興趣。因此，績效評量必須

- 與策略目標一致
- 清楚地呈現每個人在機構組織內的期許及責任。

一個設計良好的績效評量系統能夠：

- 建立對策略目標和戰術性計畫的理解
- 鼓勵能夠達成既定目標的行為
- 書面記錄實際結果，監控達到目標的過程
- 具有標竿比較功能，比較競爭者能力和顧客的期待
- 激發持續進步的動機

　　圖 3.7 顯示出有關目標、角色，以及績效評量的資訊如何像瀑布一樣往下流經整個組織，使優先順序和行動能夠一致。回饋和改進的想法則可以鼓勵企業重新再造（reengineering），以建立世界級的流程。

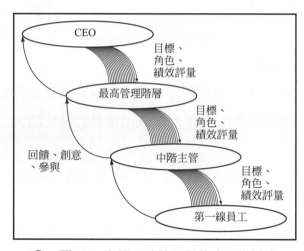

**　　　　圖3.7　資訊─績效評量整合瀑布模式**

六、流程再造

流程再造（process reengineering）是經由系統思維及資訊技術改善，將商業流程徹底重新設計。[14] 你可能會想要問，「流程再造和傳統的重整（restructuring）有什麼不同？」傳統的重整使用技術取代其他資源，沒有改變基本的流程設計。再造則是從頭開始改造流程。

　　推動再造的動機：「假如我們要在今天設計一個流程來完成這個工作，最理想的流程應該是什麼樣子？」管理者可以用下列方式回答這個問題：

(1) 使用系統思維，超越傳統組織的限制；

(2) 採用新的技術；

(3) 利用新員工技能與責任感的優勢。

　　將想像力和資訊技術結合起來，可以翻新流程執行方式的陳舊假設。

　　流程再造從初步的流程分析開始。假如流程分析無法找出能夠真正改善績效的機會，則這個流程就不是再造的好對象。**假如這個分析能夠徹底了解流程的運作方式，用來漸進的改善流程，那麼分析的努力就沒有白費。假如是徹底流程再造的好對象，就可以執行下列的步驟。**

1. 辨識期望成果

流程必須被設計來滿足特定的顧客需求。因此，流程再造一開始應該先詢問「為什麼要執行這個流程？」如果需求已經不存在了，則這個流程應該被刪除。在很多企業中，花大錢的作業活動卻一直存在，因為這些都是企業長期既定的做法。Nabisco 將 11 個物流中心縮減至 7 個，顯示刪除不需要的活動是可行的。另一方面，如果這個流程仍是有價值的，但不夠有效率或效益，則應該將目前的結果，與期望的成果互相比較。並據以重新設計流程，以達到期望的結果。

2. 具體可見的流程

許多流程執行不順利的原因是沒有人能夠完全了解它們。流程地圖可以讓流程具體可見，才可以被適當地重新設計。流程地圖繪製可以辨識出各個活動、這些活動的特定作用、參與的人員、及關鍵的績效構面（例如每個步驟所花的時間）。這樣的了解有助於找到改變工作方式的機會。

3. 重組流程

在了解流程之後，就可以辨識出將工作重新組織的可能性。在某些狀況有的任務可以被合併，其他情況時，某些活動則可以完全刪除。簡單的準則就是，在設計流程工作中，每位員工的任務分配，在可能的範圍內應該要多多益善。殼牌機油（Shell Lubricants）藉著重新設計訂單履行流程來改善週期時間，讓一個人處理整個訂單，而非七個人各自執行整體流程的一小部分[15]。

因為工作責任的轉換非常徹底，Shell 公司分成了三個步驟執行。步驟 1，在跟這個流程有關的所有部門之上安排單一管理者。步驟 2，建立跨功能的團隊，將每個部門的人員都包含進來。最後在步驟 3，訓練每個團隊成員具備處理整個訂單流程的能力。雖然這只是最初的目標，然而 Shell 謹慎地使用漸進的方式，以盡可能降低轉換過程中的痛苦。

4. 指定工作的權責單位

由執行工作者來負責重新設計流程，因為沒有其他人能更清楚了解流程的實際進行方式。這些正在執行工作的人可能也有許多目前尚未真的發生，但是可以改善流程的想法。因此，再造的工作不只讓人們有機會分享他們的想法，還可以將這些具有創造力的想法付諸實行。

圖 3.8 顯示了一個流程職責表，可用來找出應該參與流程再造的人員。職責自我評定表首先定義在新產品設計流程中，工作人員「目前（as-is）」的角色和職責。這是藉著檢視流程地圖，並將每一個流程活動列在圖表的左列來完成的。接著，請每個參與流程的人定義他在每個活動中的特定職責。職責的分級從「流程負責人」到「沒有職責」。 在這個範例中，艾莉西亞（Alicia）簡單地解釋她覺得應負責這些權責等級的原因。在每個人都填寫職責評定表之後，這些調查結果會被匯整成職責指定矩陣（responsibility assignment matrix）表。Alicia 自己的結果整理在第 M1（M 代表管理者）列中。使用這個記錄結果，每個人都能夠了解彼此的角色和職責。這時就可以坦誠地討論如何重新定義和指派角色與職責，以便改進整體流程的績效。

5. 善用技術

新的技術讓工作使用新的方法來完成。然而，管理者必須明確地重新思考流程設計，才能夠發揮新技術的優點。例如，企業可以使用資訊技術來擴展流程內容，使其包含原本僅由特定部門執行的其他活動。

福特公司重新設計物料進貨流程，簡化了認證合格供應商的進貨驗收工作。當貨物到達時，會存取電腦的資料庫，檢查託運單（B/L，提單）與採購訂單（PO）是否符合。如果符合的話，這批貨物就會被自動完成驗收。

職責評定表：
姓名：Alicia DeSoto
標示出你在下列流程或活動中的職責：
O=流程負責人　　　**K=核心成員**　　　**S=支援性角色**　　　**N=沒有職責**

流程	職責	理由
新產品設計		
流程活動		
概念化	N	沒有參與
選擇成員	O	團隊領導者 — 新產品流程管理者/專家
專案評估	K	團隊領導者 — 代表NPD團隊
預算編列	K	團隊領導者 — 代表NPD團隊
產品設計	S	提供一般性指導
物料規格	N	沒有參與
流程設計	S	提供一般性指導
工具規格	N	沒有參與
建立樣本	S	提供一般性指導
導入生產	S	提供一般性指導

職責指定表：
說明：在每個主管都完成職責評定表之後，將每一個項目都轉到職責指定表中。當有多個
主管都認為自己是負責人時，從其中圈選一個做為流程負責人。
O=流程負責人　　**K=核心成員**　　**S=支援性角色**　　**N=沒有職責**

流程 M=管理者	M 1	M 2	M 3	M 4	M 5	M 6	M 7
新產品設計							
流程活動							
概念化	N	N	N	N	N	N	N
選擇成員	O	N	N	N	K	N	K
專案評估	K	O	S	N	S	N	S
預算編列	K	O	S	N	N	N	N
產品設計	S	S	N	O	O	N	N
物料規格	N	S	K	O	N	N	N
流程設計	S	S	S	S	S	S	S
工具規格	N	S	K	S	O	N	S
建立樣本	S	N	S	K	K	O	K
導入生產	S	N	S	K	S	S	O

▲　**圖3.8　流程職責表**

資訊技術也可以連接功能部門之間和地理空間上的距離。3M 的一個知識管理系統讓公司任何地方的管理者都可以找到類似專案或技術的其他員工，然後可以互相分享專業技術和經驗，以減少不必要的人力耗費。資訊技術結合了中央集權制的效率與地方分權制的反應能力。

6. 系統性角度重新設想

再造所投入的努力，會產生正反不一的結果。結果不如預期的原因之一是系統界線的定義太狹隘，以至於企業雖然在個別流程上得到很大的進步，卻被整體成果下滑所掩蓋[16]。另一個阻礙是，過度強調技術面，而沒有說明處理跨越功能性部門界線時所需克服的內在挑戰。

麥可漢默列出下列建議，幫助管理者重新設想更好的流程：

- 首先，參考你的產業之外的模範對象。當 Xerox（全錄）想要改善訂單履行流程時，就模仿了 L.L.Bean（美國著名的戶外用品品牌）的訂單交付系統中的關鍵方式。
- 第二，將限制性的假設前提找出來並挑戰它。Toyota 的及時生產系統（JIT）否定了存貨就是資產的假設，反而主張應該儘量消除存貨。
- 第三，讓特殊成功案例成為標準規範。
- 第四，重新思考下列七個工作的構面。

工作的構面	先進保險公司（Progressive）即時回應理賠流程
• 這項工作提供了哪些成果(價值)	• 快速、方便的理賠流程
• 由誰執行這項工作	• 服務中心人員跟理賠人員共同合作
• 在哪裡執行這項工作	• 在顧客出事現場執行
• 何時執行這項工作	• 顧客提出理賠的九小時內
• 這項工作是否應該執行	• 是 — 理賠流程能讓顧客感到滿意
• 這項工作使用哪些資訊	• 特定市場中的正確汽車維修費用
• 如何貫徹執行這項工作	• 維修成本是主要的支出，因此車輛損毀的估計資料應該完整正確

本章開頭所討論的即時回應理賠處理流程，便是重新想像流程的良好範例。

七、結論

幾年前，Hershey（賀喜）的物流副總裁，麥可威爾斯（Mike Wells）曾說，「假如你問我，晚上無法入睡時在想什麼？就是跨功能組織的流程。」當企業從功能性組織轉移到流程導向時，是會讓人焦慮到失眠的。特別是當管理者仔細思考他再說的這句話：「挑戰在於一方面要更加流程導向，同時還必須維持功能組織的專業能力。」他更認為—建立在傑出功能專業上的優異流程，構成了競爭勝出的基礎。

麥克漢默（Michael Hammer）認為，21 世紀的企業是建立在流程，而非部門上。[18] 為了要讓顧客服務更順暢，美國運通（AE）的財務顧問將 180 個部門重新配置成 45 個「群組」，並由流程負責人來領導。[19] 在 GE（奇異）的醫療系統事業群中，流程整合產生了某些獨特的組織單位，其中包括一個由副總裁所領導的全球採購與訂單匯款單位[20]。這些企業從功能轉換到流程的改變，是由想像規劃、導入測試、及系統性評估分析所驅動的。一旦企業精通了這套流程管理方法，他們就已經準備好進行更大規模的供應鏈整合。因為，供應鏈管理（SCM）其實就是延伸擴大到越過公司界線的流程管理。

重點摘要

1. 想要滿足顧客的期待，必須將功能性組織轉換成流程導向的組織。優秀的執行必須仰賴跨功能的部門間的協同合作。

2. 功能性思考是傳統功能性結構和文化所創造的產物。在許多營運實務（包含雇用和訓練實務）中永遠存在著功能性的思考方式。

3. 每個流程都包括了一組可識別的「流（flows）」及增加價值的活動。三種不同的「流」組合起來，可用來定義每個流程：資訊流、實體流、金流。

4. 系統思維需要 (a) 系統的整體觀點 (b) 取得正確的資訊 (c) 跨功能的團隊合作 (d) 支持性的績效評量 (e) 嚴謹的系統分析。

5. 系統性分析包括下列步驟：(a) 建立核心目標 (b) 設定系統界線 (c) 決定相互關係 (d) 決定資訊需求 (e) 執行權衡取捨分析，以及 (f) 考慮系統限制因素。

6. 企業的流程觀點將系統思維連結到策略， 如此所有公司的功能和資源決策都會一致地朝向公司最重要的目標。

7. 流程再造是徹底地重新設計企業流程。系統思維、現代資訊技術和想像規劃能力都可能改變工作執行的方式。

8. 要贏得顧客忠誠度的全球競爭，獲得流程整合的靈活性和差異性時，仍能保持功能性的專業技術是必須的。

國 內 案 例

連結系統思維與策略要素的企業加值流程

創立於 1970 年的弘裕企業（HONMYUE），在歷經 40 多年來的篳路藍縷，在穩定中不斷成長茁壯。從最初 300 萬創業；今天，弘裕已成為年營業額 40 億的上市公司。弘裕企業早期以生產胚布為主，胚布意指白胚，即還未染整、加工的布料，由於胚布的利潤低，而且是大量性生產居多，因此客戶採購的考量重點為成本，然而，中國、東南亞地區的國家生產成本更低，於是希望能由胚布代工轉型為成品布（染整加工後）業者，讓產品走向精緻化，以和其他低成本國家進行區隔。近年（2010）致力於推廣環保布種為軸心產品，除了由寶特瓶（PET 瓶）回收製成的聚酯環保布種，也強力推廣環保耐隆布種。目前已開發 6~7 種的環保耐隆布種，並供應美國第一大休旅用背包品牌旅行用背包的材質。

從紡織業特性來看，產業鏈中各階段企業的生產成本構成差異明顯，從紡織行業上游的棉紡行業到中游的印染等行業再到下游服裝成衣等行業，原料成本所占比重呈現逐漸遞減趨勢，而勞動力成本所占比重則逐漸遞增。同時紡織行業產業鏈中各個階層的生產週期也不盡相同。因此，各產業鏈環節中的企業的原料庫存天數就有所不同。若從紡織品的生產製程來看，石油裂解後會產生尼龍粒，尼龍粒再製成紗，織布廠再將紗織為布（胚布），然後經由染整加工、再加工、三次加工等作業，最後將成品出貨給貿易商或品牌商。弘裕於是從 2006 年開始導入供應系統，並配合新的商業模式推動。以過去的商業模式來說，弘裕是向紗廠採購，在新的模式中，則從原料採購轉為代工模式，即改為直接向尼龍粒業者採購，再請紗廠代工，因為尼龍粒的價格波動更低，因此透過這樣的方式可以再壓縮成本。在客戶端，弘裕則直接向品牌商或貿易商接單，然後再將染整加工等作業委外給其他業者，這樣的方式則可提高利潤。

　　然而，若要說服貿易商直接透過弘裕作為單一窗口，在跨越企業界線的機制就更顯重要。弘裕與託外加工廠、供應商、客戶之間的溝通效率要更高，因此需要建置供應鏈平臺，針對客戶端開發訂單管理、預測管理系統，藉由此 B2B 平臺，弘裕可以接收來自客戶的預測資訊、訂單資訊，然後再於每週的產銷會議中，根據預測與訂單資訊以及企業的產能負荷，進行生產排程規畫。由於供應鏈系統的導入，讓供應鏈中的每個成員都受益，而這也是該專案推動得以成功的關鍵之一。另一方面，組織與流程再造是供應鏈管理的基礎，事實上，弘裕在導入供應鏈系統之前已經做了許多努力，在系統方面，包括導入 ERP 提升內部的資訊能力，也花了許多時間進行組織與流程再造，因此才能讓系統與新的商業模式緊密結合。

資料來源：弘裕企業股份有限公司 Honmyue 企業網站資料 http://www.textile-hy.com.tw/index.php, 及弘裕企業供應鏈電子化計畫（經濟部工業局 95 ～ 96 年度製造業及技術服務業公司間電子化輔導計畫））

　課程應用問題：

1. 在這個案例中，你覺得弘裕企業的價值主張應該會有哪些項目？

2. 請利用課本圖 3.5 所示的企業加值流程，將系統性思維與企業的策略要素互相結合，以弘裕企業供應鏈系統的角度說明其營運目標、策略性連結、決策領域、及跨界機制等加值流程。

3. 弘裕企業在導入供應鏈系統之前已經預先進行了組織與流程再造，你認為可能包含哪些關鍵步驟？請以本章中流程再造的 6 個步驟作為基本架構，分別列舉可能的做法。

Chapter

新產品開發流程：
創意管理的基礎

我的公司如何看待創意？我可以利用新產品流程創造價值且增加獲利嗎？

本章指引重點：

1. 我們是否知道如何創新？

2. 我們可以創造出優秀的產品嗎？

在閱讀本章之後，你應該可以：

1. 描述新產品開發流程，以及它如何影響企業和供應鏈的成敗。

2. 列出新產品流程中的風險，解釋如何降低這些風險。

3. 描述行銷流程，討論它在新產品開發流程中的角色。

4. 定義目標成本，解釋它在新產品與服務開發上所扮演的角色。

5. 描述財務流程，討論它在新產品開發流程中的角色。

6. 討論組織中重要的財務指標：經濟附加價值（Economic Value Added，

   EVA）、獲利能力、及現金流等。

章首案例

絕望冰品（Frozen Despair）

夏琳（Charlene）正在幫助一個國內客戶解除危機，還好他們遇到的問題很常見。喜樂冰品（Frozen Delight）公司，有好幾支新產品不如預期：不受顧客歡迎或不賺錢。由於超商冰櫃空間有限，而且連鎖超商的平均邊際利潤僅有 1~2%，喜樂冰品不能讓這種狀況持續而奢望連鎖商會幫忙保存這些產品。更嚴重的是，喜樂冰品還必須負擔上架費（slotting fees）的風險，該費用通常是製造商付給連鎖超商的固定款項，讓每一間店為增加的商品提供展示架上的空間。當新產品的銷售不理想，商店可用其他產品將之換下，且不用退還上架費。

夏琳和她的客戶喜樂冰品董事長兼創辦人丹‧富力士（Dan Fritz）先生會面時，他看起來一點都不喜悅，焦慮地在房裡踱步。「夏琳，我快被我的行銷部門氣炸了，他們保證這個新產品會成功，結果客人卻不買。看來他們並不喜歡『慕慕巧克力芒果』。我不懂他們為什麼這樣讓我失望，我們付了錢給顧客焦點訪談小組，也付了錢來做賣場試吃活動。一切看來很完美。嗯，你吃吃看。」富力士先生轉身打開他大桌子後面的冰箱，拿出一盒慕慕芒果和一支湯匙遞給夏琳。她打開蓋子，挖了一口，呃！不是她所想像的綿滑濃膩的口感。巧克力有點顆粒狀，就是不太對勁。

富力士董事長對她說，「看吧，了解我的意思了吧？妳的反應應該是「嗯…」，或可能讚嘆一聲，而不是驚訝和失望的表情。總之，行銷部門的人責怪財務部縮減新產品部門經費和降低用料的品質。行銷部希望產品是顧客會拼了命想來買的，財務部卻說賣那些沒有利潤的產品沒有意義，就像我們超受歡迎的梅絲葵豆冰那樣，每賣一盒就虧損幾分錢！他們倆個都對。但是必須找到折衷的辦法，一起努力創造出客人會一窩蜂想買又能讓我們賺錢的產品。夏琳，這就是我們需要妳的地方。我們需要有人幫忙檢視新產品開發的流程。」

夏琳露出微笑，讓一群人團結起來就是她的長處。這個環境讓她想起她的先生道格努力讓公司的人主動參與供應鏈管理。「我什麼時候可以和所有的相關人員談談？」夏琳問丹。「我已經安排幾分鐘後跟行銷部開會，然後跟財務部，最後妳會跟新產品團隊的人談。那個⋯⋯」丹朝著夏琳捧著的冰淇淋伸手過來，「讓我把這東西拿走，我只是想讓你嚐一點。」

　　夏琳必須快速的理清思緒，想好正確的問題，讓她能有效率的和這三個部門的人面談。她知道在這個狀況中並沒有人是真正的罪魁禍首。問題的癥結看來並不陌生：溝通不良、沒有在對的時間加入對的人、目標相互衝突等。

在你閱讀時，請思考以下幾點：

1. 如果你是夏琳，你會詢問行銷部、財務部、及新產品開發小組什麼問題？
2. 你認為喜樂冰品公司的組織結構、權責彙報關係、獎懲制度的現況看起來如何？這三個議題與案例中發生的問題有關聯嗎？是或不是，為什麼？
3. 在這個公司中有何機制能夠幫助這幾個部門，可以與其它部門朝向相同的目標更密切的合作？

> 最終顧客是唯一真正將金錢投入供應鏈的人。直到顧客決定購買產品成為最終的使用者，供應鏈中的其他成員才開始在其間移轉這些金錢。

–Jeff Trimmer,（戴姆勒克萊斯勒 *Daimler Chrysler*）[1]

一、簡介

要開發出實用、有獲利性、且受顧客喜歡的新產品和服務，對每個公司來說都是一項挑戰。這項任務的挑戰性更是與日俱增，因為現在顧客的喜好轉變得更快，而且電視和網際網路上，新款式、新技術跟替代品的資訊很快就隨處可見。雖然克服這個挑戰變得越來越重要，新產品開發的成本卻是一直居高不下。然而，一個公司不能永遠依靠過去的成功所獲得的聲譽，必須持續努力，否則它的聲譽就會快速滑落。

　　我們常見企業曾經擁有成功的產品，但沒有創新，因此衰退了。雅達利（Atari）在 1980 年中期藉著家庭電玩而成功，但在不久之後，就被任天堂優異的技術打敗，而後者則因索尼（Sony）公司的 PlayStation 出現而失色。王安電腦（Wang）曾經是辦公室文書處理機的代名詞，但是未能及時發現多用途個人電腦所帶來的真正威脅，以求改變因應。摩托羅拉（Motorola）曾在 1990 年

中期擁有行動電話的市場，但是未能回應顧客在數位技術上的需求，因此其市場佔有率被 Nokia 所超越。在 1967 年與芬蘭橡膠廠和芬蘭電纜廠合併之前，Nokia 是一個造紙公司。[2] 今日（2002 年），Nokia 是全球第六大價值品牌，這是因爲它達到甚至超越了顧客的期待。[3] 另一方面，Motorola 從 1930 年創立以來就一直製造無線電產品。[4] 然而，1990 年中期它卻在技術曲線上落後，開始使顧客失望。目前它在全球 100 大重要品牌的排名是 74（譯註：2013 年 9 月初，諾基亞宣佈以 54.4 億歐元（72 億美元）將手機業務出售給微軟，只保留網路裝置部門與專利等業務）。[5]

新產品開發流程的每一步都伴隨著風險。專家表示，每推出 10 個新的產品，其中有 9 個會失敗，而且每個新產品開發的代價都很高昂。例如，要開發一個新的特殊應用積體電路（Application-Specific Integrated Circuit，ASIC），需要花費將近三千萬美元，因此，爲了要賺回這筆費用，目標市場的營業額必須在十億美金以上才足夠。[6]

新產品開發流程的中心是顧客滿意循環（customer satisfaction cycle），如圖 4.1 所示。由顧客滿意循環，我們可以看到，新產品開發的確是一個跨功能的流程，需要整個公司的多方面協同合作。具體而言，行銷部門分析潛在顧客，辨識出顧客需求；研發部門將產品予以概念化並開發出來；財務部門確認產品是否可行，也就是說，投入的資金能否回報適當的利潤。企業如何定義這些活動並實行，決定了企業能否成爲成功的創新者。某些企業仍繼續以功能部門的方式管理創意，但是其他企業則已採用跨功能部門團隊。供應鏈的領導者相當依賴團隊合作方式，在這個流程一開始就讓顧客與供應商參與其中。他們通常授權讓新產品團隊負責整個顧客滿意循環。

在呈現新產品開發的風險管理議題之後，本章剩餘的部分將集中在顧客滿意循環的四個步驟上。

- 步驟 *1*：了解顧客的想法，辨識並清楚表達出顧客目前以及未來的需求。
- 步驟 *2*：將新產品概念化並開發出來，可比現有的方案更能滿足顧客需求，。
- 步驟 *3*：驗證新產品的財務可行性。也就是決定新產品要如何有獲利性地開發、生產、交付。
- 步驟 *4*：持續循環，並繼續投資將來顧客喜愛的新創產品和服務。

　　我們會介紹行銷、研發和財務部門如何在整合流程中共同合作，將具有獲利能力的產品概念實際生產出來，滿足顧客的需求。

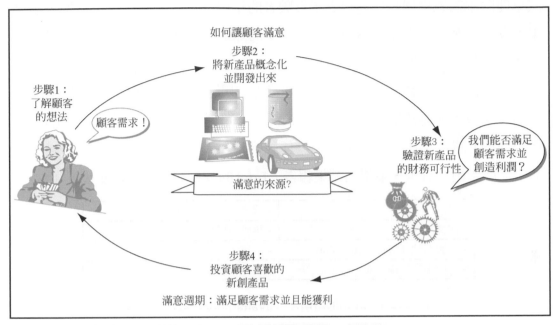

如何讓顧客滿意

步驟2：
將新產品概念化
並開發出來

步驟1：
了解顧客
的想法

顧客需求！

步驟3：
驗證新產品
的財務可行性

我們能否滿足
顧客需求並
創造利潤？

滿意的來源？

步驟4：
投資顧客喜歡的
新創產品

滿意週期：滿足顧客需求並且能獲利

　　● 　**圖4.1　新產品開發的顧客滿意循環**

二、降低新產品開發的風險

新產品開發的挑戰不斷地增加。**其中一個挑戰是時間的壓縮**。一些企業像是 Intel 的產品生命週期，已經從四到五年壓縮成四到五個月了。下一代產品的優秀創意必須在目前的優秀創意推動之前就開始。因此，要將產品推出到市場中，成為很大的壓力，或許是以更高的成本和風險做為代價。由於產品生命週期變短，產品一旦推出之後，能夠修正問題的時間就更少了。

　　第二大的挑戰是成本。新產品或服務開發是很昂貴的，新產品或服務的失敗代價也同樣高昂。吉列（Gillette）公司花了 7 億美元來研發鋒速 3（Mach III）刮鬍刀。這還不包括宣傳的費用、廠房的改造、確認供應商資格，以及其他重要的活動[7]，整體開發和推廣費用已超過 10 億美元。Honeywell（漢威）的引擎部門估計，每週花在新產品開發的費用大約是 1 百萬美元。想要回收這些投資，縮短開發時間並降低失敗風險是不可或缺的。

1. 正規的風險管理

管控風險的首要步驟，就是辨識風險。例如，汽車保險業者已經從經驗中學到，汽車理賠中的關鍵風險因素包含了駕駛者的年齡、駕駛記錄、汽車類型、以及年行駛哩程數。企業也必須找出供應鏈中的關鍵風險，並在新產品或服務推出之前將這些風險降低。

針對新產品開發，Intel 建立了一個優秀的風險管理正規程序。因為 Intel 的產品週期短，需要持續推出新的產品來滿足或超越市場期待，所以這對 Intel 來講是一個必備的能力。由產品經理擔任風險管理流程的負責人，要監督風險評估、完成風險計分卡，並提出結果報告。**Intel 的分析包含 8 個風險因素：**

➤ 設計	➤ 成本
➤ 法律課題	➤ 供應可用度
➤ 可製造性（Manufacturability）	➤ 品質
➤ 供應來源基礎（Supply base）	➤ 環境、健康以及安全影響

▼　表4.1　Intel的可用度（availability）風險計分卡

風險因素： 可用度	攪局者 5	 4	 3	 2	符合資格 1
進料	找不到供應商	原物料短缺	單一供應商，但有多個鄰近的生產作業基地	單一供應商，具有多個相距50哩以上的生產作業	多個供應商，沒有供應短缺
供應商流程能力	未知；是新技術/新供應商	只證明了試產規模的製造能力	已經由類似的原物料驗證了製造或服務能力	已經證明了流程符合規格	供應流程已經穩定且具有能力
產能	目前的供應商無法支援產能需求	已找到供應商，支援所需的產能計畫尚未到位	供應商已經建立了產能計畫，正在準備實施中	產能幾乎已就緒，沒有已知的問題	產能已就緒
技術能力	產業即將出現新的標準	已知產業出現的新「標準」，但沒有應變計畫	產業出現了新的「標準」，已有應變計畫	產業採用數個「標準」	選用的技術即為「標準」
供應商前置時間	供應商沒有快速的交貨能力	新設計的快速交貨能力仍大於前置時間	供應商降低前置時間的計畫已經大步上軌道	新設計的快速交貨能力可滿足前置時間的目標	供應商和供應商模具可符合前置時間目標

　　表 4.1 中，針對「供應可用度」風險因素製成風險矩陣表，可用來做系統
性評估。其他 7 個風險因素也各有一個類似的矩陣。最上方的是 5 到 1 的分數，
5 代表最高風險等級（攪局者），1 代表最小風險等級（表示供應商合格）。可
用度風險的類型列在矩陣左邊，矩陣中間則列出了每個等級（1-5 分）的定義。
例如，在風險因素類型「技術能力」那一行，當產業出現了新的標準，取代之
前選定的技術時，風險等級為 5 分，這在專案中稱為「攪局者」（showstopper），
表示如果風險等級沒有降低，就無法繼續這個專案，除非得到最高管理階層的
核准，才能繼續沿著這條高風險的路徑往下走。

　　**為了增加風險評估的客觀性，Intel 用跨功能的小組來取代個人，來蒐集每
個風險項目的資料並且評分。**接著便發展風險降低計畫及文件，然後替每個風
險降低計畫指派一個明確的負責人。為了達到進度，要建立具體的時間表。小
組必須定期回報產品開發團隊執行進度，最後向最高管理階層報告完整的專案
風險，並標示出屬於攪局者等級的風險因素類型。[8] 表 4.1 的格式是用來評分、
彙整報告、及追蹤風險用的，可以在每個風險因素類型加上空白欄位，用來表
示目前的風險等級、行動計畫、負責人以及風險降低的時間表。8 個風險因素
都要完成上述工作。在實施這個系統之後，Intel 確實消除了推出新產品時可能
產生的意外，在風險發生之前就找出並降低（或消除）風險。雖然這個風險評
估法需要投入大量的時間，但也會帶來非常高的回報。

　　除了前述正規的風險評估方式之外，企業也在實驗各種方法，以協助降低
新產品開發與導入時在技術及供應鏈的風險。**我們在這裡簡單地討論其中的四
種。**

2. 關鍵供應鏈成員的早期參與

使用新產品開發（New Product Development，NPD）團隊，可避免因溝通不良
所帶來的風險。會造成重大損失的誤解經常是發生在上游供應商，因此 NPD 團
隊中應該包含提供原料和服務的主要供應商。他們應該從最開始的流程，也就
是在不可逆的設計和配置決定前就開始參與。這稱為「早期供應商參與」（**Early
Supplier Involvement，ESI**）。企業選擇加入外部供應商、物流業者、批發商、
以及其他具有相關專業的夥伴。除了改善溝通之外，邀請這些供應鏈（SC）成

員參與新產品開發團隊，可以提供重要的競爭優勢。這些供應鏈成員可能有第一手的顧客回饋資訊，或知道技術或需求的趨勢，可以用來避免損失重大的錯誤並建立競爭優勢。

例如，在美國菲爾普斯道奇（Phelps Dodge）採礦公司和米其林輪胎公司的關係中，米其林將它最新的輪胎技術提供給 Phelps Dodge 用來採礦。反過來，Phelps Dodge 讓米其林能夠取得使用中的輪胎，這樣米其林就可以掌握這些輪胎在各種狀況下的使用情形，以持續改善。身為輪胎專家，米其林則讓 Phelps Dodge 能夠持續取得最新的產品及替換零件。這樣雙贏的公司間合作能使開發流程流暢，並提升了後續的產品。

由於企業需要盡快盡早讓有能力的供應商參與新產品和服務的開發以及上市，像 Honda、Harley-Davidson（哈雷）、Toyota、General Mills（通用磨坊）這些公司都尋求建立與重要供應商的長期關係。持續一段時間的共同合作，讓它們能夠了解供應商的能力和風險因素，供應商也增進對顧客需求的了解。因為建立了相互的信任，新產品開發（NPD）的流程便能夠以較低的風險，且更充分的信心來進行。

3. 核心能力

當企業能找到並應用所擅長的專門技術時，風險就會減低。藉著結合整個公司以及供應鏈上下游的專門技術，可以降低新產品開發的風險。對每個公司來說，在設計流程時都應該瞭解：什麼是自己擅長的領域？什麼是核心能力？哪些地方需要幫助或應該外包的？即使目前沒有擅長的優點，也需要投入資源，使自己在顧客認為重要的某些價值領域中變得傑出。企業永遠不應該將所仰賴的核心能力或活動委外。在決定什麼要在內部進行而什麼要委外時，若是做了錯誤的決策可能會使公司由盛轉衰。

還記得 IBM 將軟體外包給微軟的經典案例吧。1990 年代早期到中期，當微軟在 PC 市場上的獲利超越了 IBM，於是 IBM 嘗試要推出自己的作業系統 OS2，卻失敗了，因為業界早就已經習慣了微軟的視窗平台。幾年後，IBM 真的在個人電腦市場上開始賠錢，到了 2005 年，IBM 將電腦製造事業出售給了中國的聯想（Lenovo）。[9] 本書第九章會更深入地探討核心能力和委外。

4. 「...導向式設計（Design for）」的考量

明確地專注於下游的需求，能夠消除產品開發和推廣過程的風險。當企業設計產品或服務時，可以考慮許多「... 導向式設計」的議題，例如：「可製造性導向設計」、「採購導向設計」、「物流導向設計」、「環境導向設計」、及「拆裝導向式設計」或其他類似方式。上述每一個「... 導向設計」所考量的正是透過設計讓我們可以更容易去:(1)製造產品(2)使用現有的供應基礎來支援產品(3)將產品配銷到整個供應鏈(4) 保護環境，以及 (5) 將產品零件拆開，以便回收或再利用。

其他的做法還有「再生導向設計（design for reuse）」，組織試著在任何可能的地方使用現有的零件和規格。這是爲了降低開發和認証新零件或新供應商的風險、成本以及時間。「再生導向設計」反映出許多組織已經認知：全部改變不代表眞正的創新或是進步，不一定會增加價值，卻增加不必要的複雜度和風險。

5. 模組化vs.整合性產品設計

模組化是可以讓多家供應商生產「部件和零件」並加以組裝的產品。**模組化來自於標準化，並提供零件替換和外包的機會**。假如企業有意將大部分的產品依賴於外部供應商和標準化技術，這是個很好的方式，可以減低依賴單一來源或是專利技術的風險。汽車已經變得越來越模組化，我們可以選擇基本車款，再到零件市場購買音響系統、整流罩，以及其他配備。當我們要修理汽車時，經常可以選擇要使用原廠零件或是副廠零件來替代。雖然模組化產品可能降低對供應商依賴的風險，並讓顧客有更多的選擇，但也讓利基競爭者有機會進入市場，甚至在某個模組中超越現有供應商。

例如，IBM 個人電腦變成模組化產品，而 Intel（英特爾）、Microsoft（微軟）、和 Seagate（希捷）這些公司則銷售「零件」，讓顧客可以升級他們的電腦，不用買一台新的。另一方面，蘋果電腦公司則將麥金塔電腦設計成**整合性產品**。假如有顧客想要改變他的麥金塔電腦，他必須從蘋果電腦購買零件，這樣的選擇性較少，競爭性也比較少。模組化和整合性方法都有各自的風險和報酬，雖然 IBM 或是「Wintel」平台（微特爾，微軟 - 英特爾聯盟）得到了 PC 市場大部分的佔有率，但 IBM 卻沒有獲利。

蘋果電腦使用整合性的利基策略，集中在出版業、繪圖設計、以及創作市場。蘋果電腦能夠真正控制它產品的方向以及未來。從另一個角度來看：蘋果電腦擁有一個非常小、但是忠誠的支持族群，因為所控制的個人電腦市場佔有率不到 5%。

三、行銷以及顧客的重要性

滿意循環的第一個步驟是了解顧客的想法，辨識出顧客的需求和期望。**這是行銷部門的專長，將顧客的意見、想法、內在都帶入企業，企業在這裡將顧客的期待轉變為可行、有利潤的產品和服務。**企業要如何持續地贏得顧客？一個新進者要如何從其他企業手上搶走顧客？**答案就在於有效的行銷，專注於了解顧客目前的需求，並努力識別及明確表達出顧客的未來需求。**在每個基礎的行銷課程中都會提到，行銷組合由 4 個 P 所構成：產品（Product）、價格（Price）、通路（Place）、促銷（Promotion）。這四個 P 必須彼此互補以取悅顧客，讓顧客願意年復一年不斷地購買。

(1)通路（Place）將產品配置在有需要的時間和地點，這有賴於物流的輔助。

(2)促銷（Promotion）關於有效的廣告和銷售技巧，增加產品的可見度和吸引力。

(3)產品（Product）除了實體物品之外，還包含了可用來滿足顧客需求的無形物品和服務。[10] 因此，當我們使用產品這個名詞時，所指的是商品和服務兩者（除非特別指定是商品或服務）。

(4)價格（Price）主要用來判斷顧客願意付出多少價值來滿足他的需求。

有些人會加入第五個 P，產品定位（**product positioning**）。行銷人員可能會經由促銷或是產品設計的方法，將產品定位在服務某個市場區隔的特定需求。本章的焦點在於產品開發、定價和定位，也就是說，我們著重在創造出產品以符合未滿足的需求，並制定價格，讓顧客感受到產品所具有的良好價值。**因為創造顧客價值才是新產品開發（NPD）流程的真正目的。**

行銷是一個越來越複雜的任務。行銷流程一開始要了解組織的目標、策略、形象，以及競爭定位。這需要經典的 **SWOT** 分析，了解企業的優勢

（Strengths）、劣勢（Weaknesses）、機會（Opportunities）和威脅（Threats）（本書在第六章有詳細討論）。**企業內部的優勢和劣勢包含現金流狀況、研發團隊、將構想商品化的速度與靈活性、以及顧客關係等方面**。藉由專責的顧客服務小組和顧客關係管理（CRM）軟體，行銷部門正越來越能夠與顧客維持密切的聯繫。常見的 CRM 軟體有 SalesForce.com、SalesLogix（已併入 Infor CRM）和 Siebel（希柏）（目前是 Oracle 的一部分）等。[11] 顧客關係管理（CRM）軟體讓企業能以單一窗口來掌握與顧客有關的所有資訊，提供更好的服務與分析方法，也讓企業可以提供所有顧客相等的應對方式，增進服務顧客的一致性。

　　在企業外部，行銷部門必須辨識出企業與供應鏈目前和新進的競爭者，了解他們的強勢和劣勢，預測他們的後續行動。為了要找到新的機會，行銷團隊可能會主持行銷研究計畫，包括顧客調查、訪問、與焦點團體小組。行銷部門可以查看網際網絡和店內的購買型態，藉此蒐集資訊，或是利用居家影片記錄來觀察產品使用模式。行銷人員也要調查市場上的新技術，並與自己公司的新產品開發（NPD）團隊討論可能的機會。大多數可行的新產品構想並非一閃而過的靈感，而是來自辛勤的工作以及研究調查。[12]

1. 顧客導向行銷與產品的重要性

顯然地，行銷需要了解顧客的想法，創造以顧客為導向的解決方案以滿足他們的期望和需求。這與許多早期電子商務零售商（e-tailers）的做法形成強烈的對比，這些原本以技術為導向（technology-driven）的解決方案，大部分不符合顧客的需求，因此這些電子零售商失敗了。好的行銷、廣告以及優秀的網站也無法讓價值顯然很低的產品變得暢銷。但是滿足顧客需求並不只是行銷部門自己的工作，這是整個供應鏈的任務，有時候又被以顧客為中心的行銷人員稱為「需求鏈」（**demand chain**）。**顧客所購買的不只是實體產品，還有延伸的產品特性，包括了與產品有關的服務、產品是否容易使用、產品的性能、售後支援、購買經驗、甚至是銷售員對待顧客的方式**。任何對有形或無形產品的不好經驗，會在顧客的心中留下壞印象，導致組織失去往後的生意。因此，供應鏈的所有成員都應該充分了解、服務並滿足最終顧客。

2. 哈雷機車（Harley-Davidson）供應鏈

為了要讓供應鏈有效地滿足顧客的需求，供應鏈中的每個人都必須將最終顧客放在心裡。不只是滿足直接顧客的需求，同時每個成員都應滿足每個下游顧客的需求。這會改變並擴展供應鏈中每個成員的想法，為每個人提供一致的目標。要做到以顧客為中心，組織不只需要注意自己的內部作業，還必須注意外部的供應鏈。Harley-Davidson 公司實現了這個方法。回想當初 1980 年代的 Harley 幾乎要破產，但他開始改變作風，願意傾聽、回應顧客的需求，並重視品質、價值與企業形象。

在今日（2002），Harley 被認為是全世界最有價值品牌的第 46 名，[13] 它逐漸地對內部和外部供應鏈中的每一層灌輸服務顧客的觀念。Harley 相信它販賣的不只是產品—它賣的是一個夢想！擁有一台哈雷機車是一種經驗。它讓擁有者能夠進入其他哈雷機車主人、特殊事件、聚會、音樂會以及網站的網絡。Harley-Davidson 成功地抓住顧客的心和忠誠度。因為 1980 年代的經驗，Harley 知道它不能自滿，必須持續的進化以服務顧客所需。

為達到這個目的，它所提供的產品持續進化。Harley 取得 Buell 機車的大部分股份，生產較低階的、定位為「入門者」的哈雷機車。但是這些機車也有非常高的品質，與 Harley 的形象一致。

為了讓員工更了解顧客，Harley 讓所有員工有機會參加摩托車公路賽活動，這樣更容易與顧客交談並了解顧客的需要。

在供應鏈上游，Harley 與供應商建立長期的關係，逐漸讓他們了解品質、可靠度、以及企業形象，都必須與最終顧客的期待是一致的。並且舉辦主要供應商的聚會，參加者有機會騎乘體驗哈雷機車。這樣讓供應商有機會「看見」並了解他們正在製造的是怎樣的一部哈雷機車，而不只是提供零件而已。

在供應鏈下游，Harley 謹慎地選擇經銷商，並在經銷商網絡上提供廣泛的教育工具，訓練他們如何與顧客溝通，以教導顧客使用產品，及推銷和布置他們的店面。雖然幾乎其他摩托車製造業者都大量外包給外國供應商，Harley 卻很堅定地保持「美國製造」的形象，這也是它的顧客所重視的價值之一。因此，Harley 已經完全掌握了要如何設計供應鏈以及定位產品，以滿足顧客的需求。

3.　產品定位

就像 Harley-Davidson 例子中所說明的，了解你的顧客並設定整體方案來滿足他們的需要是顧客忠誠度的關鍵。萬恩銀行（Bank One）做為一個致力於了解顧客需求變動的創新者，定位在超越同行的創新服務，從而增加了基礎客群，並建立顧客忠誠。

萬恩銀行（目前是摩根大通集團的一部分）從 1960 年代以來，成長了幾千倍，今日的資產超過 1000 億美元。它是如何做到的？就是藉著持續地創新，並預先考慮到顧客需求的改變。萬恩在 1960 年代協助信用卡的普及化，讓信用卡廣為被接受，為顧客創造出財務自由的新領域；與製造商合作創造了第一部 ATM 機器，在 1970 年於俄亥俄州哥倫布市推出，讓人們可以輕易取得他們的現金，不需要被銀行的上班時間所限制。所以萬恩銀行的定位是滿足顧客對彈性及方便服務的需求，一如其他創新，例如得來速銀行窗口、及透支預警保護。它將自己從銀行轉換為消費者的理財中心，並在缺乏技術或資金設備，以致無法自己實現構想時，轉為與銀行業界領導者合作。[14] 萬恩銀行精明的服務定位、顧客導向、以及善用供應鏈夥伴，替它在變化劇烈的競爭市場上贏得忠誠的顧客與領導地位，也讓它自己成為摩根大通集團想要收購的對象。

4.　配合顧客需求的定價策略

在定價策略上，行銷部門傾向致力於達到顧客的期望價格。顧客願意為這個產品或服務付多少錢？在什麼樣的定價下，顧客會覺得我們的產品具有誘人的價值？這變成企業對產品或服務的「**目標價格**」。行銷部門的目標可能是達到某個程度的稅前邊際利潤，為了要以目標價格得到邊際利潤，行銷部門從目標價格減去邊際利潤，得到目標成本。這個**目標成本包括一切：原料成本、勞工、物流、產品開發、包裝、設備、水電費、業務和行銷本身**。成本管理和產品開發不是行銷領域的專業技術，因此必須與新產品開發和財務部門進行團隊合作，以達成定價的目標。

四、新產品開發

滿意循環的第二個步驟，是將產品構想加以商品化。**在大多數的組織中，新產品和服務開發既是流程也是功能。**在不同企業或產業中，新產品開發人員有很多種名稱：設計師、研發工程師、新品研究員等。**「新產品開發」**（**New Product Development，NPD**）流程的開始是要找出尚未滿足的顧客需求，並決定什麼是值得進一步研究的潛在需求。接著組織可以採取循序或是同步的 NPD 方法。循序 **NPD**（**Sequential NPD**）**是以嚴格功能部門界線為基礎的傳統方法。**如圖 4.2 所示，每個功能部門都完成自己的一部分，然後將工作傳遞給下一個部門，依此類推。

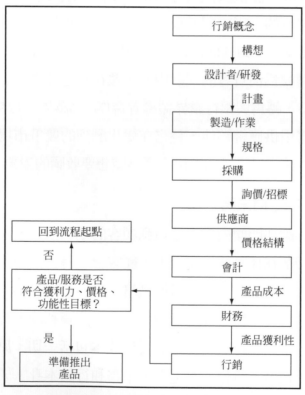

● **圖4.2 循序的新產品/服務開發**

循序 NPD 是耗費時間且效率不佳的，因為企業必須完成整個流程之後，才能評估原始構想和每個部門的貢獻。例如，產品小組可能指出在新產品的某個元件中，需要一個昂貴又難以取得的原料。假如它曾與可能的供應商討論過想要完成的產品，供應商可能會提供非常有吸引力的替代材料。然而，假如供應

商只有取得規格書，而不了解這個元件在新產品的用途，那就只會回覆一份報價單。因此，沒有供應商的早期參與，就可能失去重要的創新和改進機會。這個產品可能因此會被放棄，或是等到流程依序回到最早的階段時再做改進。這兩種方式都會浪費大量的資源，更可能使得企業錯失重要的市場機會。

同步的新產品開發（**Concurrent NPD**）是大多數供應鏈領導者提倡的方法。**同步的新產品開發運用跨功能團隊來開發符合目標單位成本的新產品。**團隊的組合有很多種變化，這跟公司可用資源和專案複雜程度有關。然而，典型的團隊中包含了行銷、研發、工程、產品、及採購單位的管理者。就像之前提到的，企業也會邀請供應鏈的外部成員參與，包括顧客、供應商和其他外包服務提供業者都是團隊重要的成員之一。

新產品開發團隊通常採用所謂「目標成本」的整合性方法，來引導討論和決策制定。**如圖 4.3 所示，以目標成本法為基礎，同步式新產品開發的第一步，就是辨識出產品的功能特性及相對應於顧客的重要性，這通常是由行銷部門和新產品開發小組合力完成。**跨部門合作的關鍵在於滿足顧客的需求，取捨的依據是基於技術的可行性，以及行銷團隊能夠接受的產品開發到上市時間。各個階段中，採購部門和供應商應該主動參與協助找出替代方案，以及圖 4.3 中的某些成本管理活動。在下一節中，我們將使用目標成本的架構，詳述同步式新產品開發方法中的重要觀念。

1. 目標價格、利潤與成本

為了要決定新產品的目標成本，企業必須考慮目標價格和想要的邊際利潤。**新產品開發流程的第一個挑戰是決定「目標價格」（target price），也就是顧客願意為產品支付的價格。**行銷部門通常希望以較低的定價來刺激銷售。財務部門通常希望以較高的定價，來彌補成本，產生利潤。新產品開發團隊則希望以較高的定價，避免之後要在不降低產品價值的情況下刪減成本的辛苦。

定價其實是一種策略性的決策。假如價格太高，顧客不會購買產品，則投入的資金就會損失了；假如價格太低，公司可能沒辦法取回成本、獲得合理的利潤，將會迫使公司完全放棄未來的產品開發。圖 4.4 中可以看到影響目標定價的主要原因。

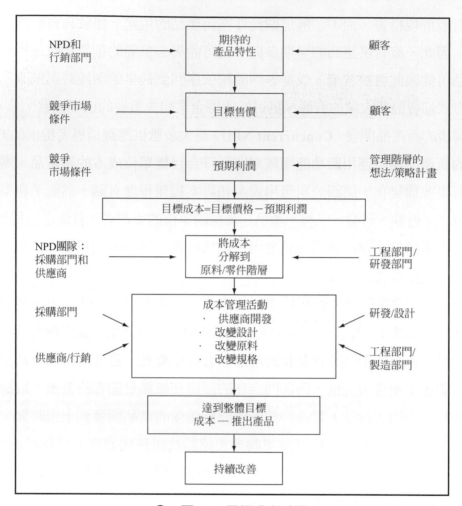

圖4.3　目標成本/定價

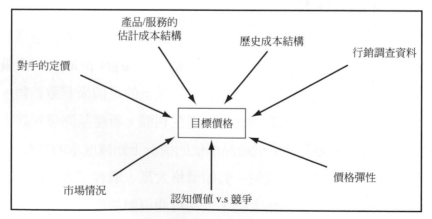

圖4.4　決定目標價格

　　產品的目標邊際利潤可以藉由觀察市場來決定，同時公司還必須讓股東和債權人願意繼續投資。**從目標價格減掉目標利潤，會產生目標成本**。這表示企業組織製造產品或是提供服務時，在有利潤的情況下，可支出的最大費用。

　　另一件企業很關心的就是成本是否具有市場競爭力。圖 4.5 顯示了一家大型電子公司用來確保新產品之成本競爭力的方法。首先建立了所有重要成本的目標值：包含原料成本、建築成本、薪資、行銷、促銷費用等。經由競爭成本的標竿（benchmarking）評量流程，可以調查市場現況以及競爭者的價格，藉此建立公司產品的**同業最佳成本**（**best-in-class**），以確保顧客認同產品在市場中的價值。接著管理者就能夠決定可接受的產品等級成本（product-level costs），並據以建立策略性的成本降低計畫。產品等級成本再依所執行的功能，分解成目標成本。接著與供應商溝通，決定零組件等級成本（component-level costs）。這些步驟都牽涉到財務、行銷和 NPD 之間的密切互動。在這個階段，財務小組常會進行產品或服務執行獲利力、現金流、經濟附加價值（EVA）等各種分析，以觀察是否達到企業在其他方面的財務目標和衡量標準。假如在這個時候產品看起來並不出色，開發流程可能會停止，或是會先更改產品再繼續流程。圖 4.5 的左下角也顯示出，在產品推出之後，目標成本流程仍持續年復一年的成本降低計畫，並持續地與供應商溝通及確認新的目標。

2. 目標成本分析與新產品開發團隊的組成

下一個步驟是要將整體目標成本分解到各個零組件上。這個工作通常由熟知成本會計的財務人員主導，他們通常會利用類似產品的歷史成本分解資料作為基礎。一個 NPD 團隊由相關功能部門的代表組成，這通常會包含了解製造或服務提供流程的生產作業人員；某個採購部門的人員，可以由供應商取得物料；NPD 人員，可與供應商、內部工程師和生產作業部門人員，同步化發展產品或服務；行銷人員負責持續留意顧客的意見；以及財務人員，來幫助管理成本。此外，包裝設計師、物流人員以及其他對於產品或服務的成本及功能，可提供幫助的人員也可能參與。這個方法**與傳統循序 NPD 方法的主要不同，在於各項關鍵性活動的發生是同步化**（simultaneously or concurrently）**進行的，並有很多小組定期分享想法和進度，做出權衡取捨，並據以調整他們的作法**。這可以

節省很多的時間、精力以及資源，讓最後發展出來的產品或服務更能符合顧客
需要的價格和功能特性。

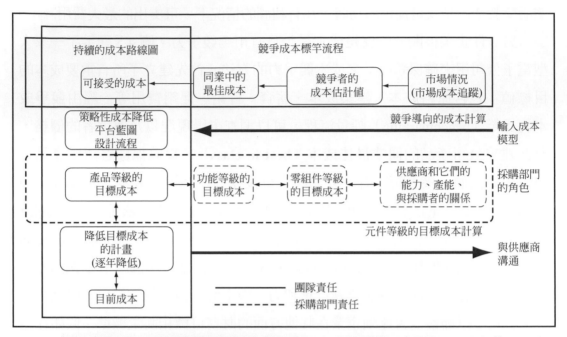

○ 圖4.5 大型電子公司的競爭目標成本 （資料來源：Ellram,1999）[15]

　　每一個團隊成員都被告知了時程安排、預期數量、整體目標成本、各別分
工的目標成本，以及顧客重視的關鍵價值因素。在團隊成員之下，通常還有附
屬的功能小組，這些小組也會定期（約每週一次）回報更新進度給主要團隊成
員。對於主要供應商及顧客來說，主動參與這些功能小組是很平常的。ESI（早
期供應商參與）程序是這類型複雜開發工作的成功關鍵。因為 ESI 可以降低供
應商風險，並提供溝通平台，讓供應商的創新構想與技術，在設計階段就加以
結合。這個方法遠比事後反應的「修復（fixing things）」更具生產力。這些都
是屬於同步工程（concurrent engineering）作業的一部分。別忘了，供應商才是
他們自己領域的專家，除非你們公司找到錯誤的供應商。這些供應商還能夠建
議新的解決方法和替代方案，讓 NPD 能夠節省成本，或是提升產品功能，增加
產品的變化。

3. 新產品開發期間的成本管理活動

所有的團隊成員都有可能參與圖 4.3 中的某些成本管理活動，而且這通常會是 NPD 流程中最重要的部分。**在產品的設計階段，企業應該投資時間在成本管理活動上**，圖 4.6 比較了設計對產品生命週期成本所造成的影響百分比。

　　圖 4.6 顯示，**雖然組織可能只花了產品成本的 5% 來做設計，但是設計卻連帶影響了總生命週期成本的 70%。因此，企業應該要「在第一時間就把它做對」**。但是傳統上，大多數管理成本的力氣都花在產品或服務推出以後，這時企業才覺得自己有喘息的時間來「修正」那些在設計階段沒有時間修正的事情。所以，比較好的方法是在設計階段就考慮成本和品質可能造成的影響。例如，當強鹿公司（John Deere）設計一台曳引機時，設計中包含了要使用哪些原材料、製造公差（tolerances）、重量、及頭燈和尾燈的流明度等。給定這些基本條件後，購買元件和製造產品的大部份成本就跟著確定了。因此，雖然原料約佔產品生命週期全部花費的 50%，但卻是在設計階段就決定原料的特性和規格。一旦產品的規格確定了，我們經由原料、直接人工、或是行政管理費用影響整體產品成本的幅度就會很有限，因為大多數影響這些成本的決定都已經在設計階段就完成了。不過，當團隊進行成本管理時，還是不能忘了，目前正在製造的新產品仍必須要符合顧客的需求。

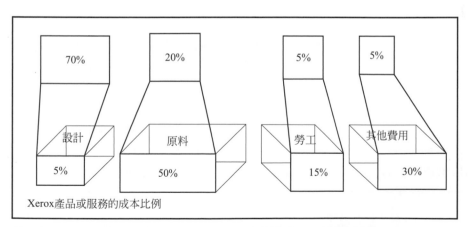

　　⬆　**圖4.6　各種因素對整體生產成本的影響比率　（資料來源：Ellramand Choi, 2000.）**[16]

NPD 流程中必然的挑戰之一，是在不同功能性部門之間，潛在的衝突目標中取得平衡。解決方法是設定橫跨功能性部門的共同目標，所有的團隊成員都必須負起責任以滿足顧客需求、產品推出時程表、及價格與獲利目標。在 1990 年代初，美國本田公司沒有達到汽車產品設定的目標成本。採購和財務人員找出了設計和開發階段的成本問題，但是設計師並沒有努力更改設計藍圖，因為設計師當時只專注在評估及獎勵體系所重視的部分：創造下一個新產品。他們的績效評估並不要求他們達到產品成本目標。看到這個問題，本田改變了設計師的績效評估系統，加入了很大的比重在產品成本目標上。自此之後，本田每年都持續地達到成本目標，甚至還能增加產品的功能。

讓 NPD 團隊中所有成員的目標一致並且溝通良好是很重要的。表 4.2 列出了一些產品進度會議中的關鍵討論點。請注意，從活動協調、產品關鍵價值與特性，到降低風險等廣泛的議題，皆應列入其中。

▼ 表4.2　新品進度會議上的策略追蹤及考核關鍵事項

產品進度會議

- 目標：是否已經決定了能夠滿足邊際利潤和競爭力的目標成本？
- 團隊：是否成立了跨功能的成本顧問團隊，其任務是辨識出相關問題和競爭者，以找出能滿足目標的成本。
- 活動協調：全部的小組是否都按照時間表執行，並得到所需的結論。
- 價值和功能：當我們改善設計和成本時，是否維持了顧客所重視的特性？
- 進度：在達到同業最佳的目標銷貨成本（Cost Of Goods Sold，**COGS**）計畫上，我們的進度如何？
- 製造程序圖：是否有產品的製造程序圖？
- 供應商：我們找到了關鍵的供應商嗎？
- 風險：我們已經辨識出成本、供應、時間、價格的風險，並建立了降低風險的計畫嗎？
- 推出：當新產品推出時，這個產品/服務是否為同業最佳（best-in-class）COGS？
- 溝通：我們有沒有跟最高管理階層溝通最新進度，因而擁有持續的支援，並且沒有任何隱瞞？

4. 新產品推出

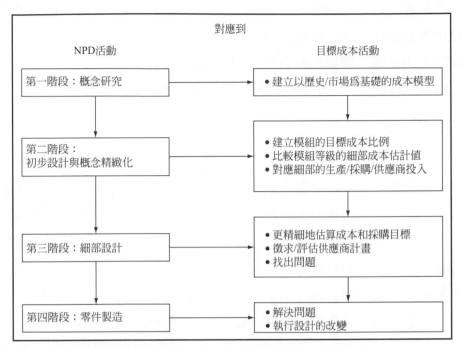

對應到

NPD活動　　　　　　　　　　　　　　目標成本活動

第一階段：概念研究　　→　　• 建立以歷史/市場爲基礎的成本模型

第二階段：
初步設計與概念精緻化　　→　　• 建立模組的目標成本比例
　　　　　　　　　　　　　　　• 比較模組等級的細部成本估計值
　　　　　　　　　　　　　　　• 對應細部的生產/採購/供應商投入

第三階段：細部設計　　→　　• 更精細地估算成本和採購目標
　　　　　　　　　　　　　　• 徵求/評估供應商計畫
　　　　　　　　　　　　　　• 找出問題

第四階段：零件製造　　→　　• 解決問題
　　　　　　　　　　　　　　• 執行設計的改變

🔺　**圖4.7　新產品開發關鍵活動與目標成本對應關係**　（資料來源：**Ellram,1999**）[17]

成本管理的努力會一直持續，直到團隊達到成本目標。在新產品或服務推出之後，NPD 團隊通常會解散，將產品或服務移交給製造或營業部門，繼續負責改善產品，及成本管理。NPD 流程與目標成本流程其實是互補的，圖 4.7 所示爲一家大型的航太公司將 NPD 活動對應到目標成本活動。例如，當 NPD 在概念階段時，目標成本活動的聚焦在歷史成本，以提供初期的成本預估。另一方面，等到細部設計時，成本預估是依據細部規格，就可以更正確估算。

　　當產品或服務推出之後，財務和行銷部門接續參與產品管理、推廣、並於必要時加以調整。NPD 小組自此不會再參與此產品的活動。此項**新產品開發流程的成功與否，最終要由新產品的銷售狀況、獲利力、及充分滿足市場需求的能力來評斷。**

五、財務在新產品開發上所扮演的角色

滿意循環的第三個步驟，是驗證新產品的財務可行性。如同之前所建議的，這個步驟應該與第二個步驟，產品概念化和開發同步進行。財務和會計就像是公

司的記分員，他們讓整個組織和外部世界了解公司的績效成果。從財務報告結果的角度來看，現在是一個非常敏感的時代，全球的股市對於任何異於預期的盈餘變化都會迅速反應，導致企業設法要管理盈餘。當盈餘低於之前的公告，他們就將支出延緩；假如盈餘看起來超過期待，他們會提早付錢，以降低下一季的支出。財務就是一種用來監控和管理商業活動的工具。

1. Intel財務部門的跨界角色

由於上市公司永遠有必須賺錢的壓力，無怪乎財務部門人員通常可以直接向總經理或總裁回報，在公司決策中他們也扮演了非常重要的角色。例如在 Intel，雖然財務部門的人員被指派去支援地區性的事業單位或公司其它功能部門，但是這些人對他們**當地部門只有虛線（間接）的報告關係。這些財務人員對公司的財務部門才有實線的直接報告關係**。這種結構保留了每個地區性財務小組的客觀性，因此會對整個公司產生更大的忠誠度，而不是對任何特定的事業單位或部門。假如某個事業單位的財務小組認為某個營業決策有缺點，事業單位的管理部門可以預期將會直接聽到這些意見。假如事業單位繼續這個有疑慮的方向，總公司的財務部門會進一步評估並注意這個事件。這樣的質疑和挑戰通常不容易由事業單位財務部門來提出，而是要像圖 4.8 那樣相對獨立的回報體系才比較有可能做到。

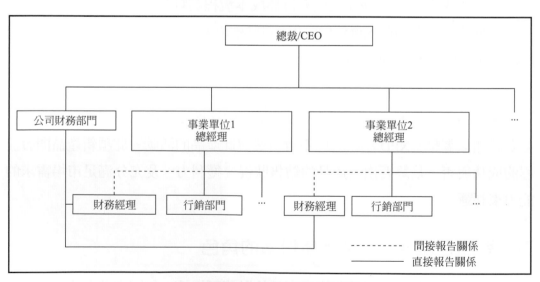

🔺　**圖4.8　Intel的財務報告關係**

　　Intel 的財務部門將自己視為成本管理的促進者，並提供適當的工具和支援。他們認為自己提供跨事業單位及跨部門的協助，對管理決策提供查核和平衡的功用，並確保合理性及符合社會道德規範。

2. 利潤評估指標

財務部門關心企業的幾個財務績效評估指標。最基本的層面上，在於企業是否獲取合理的利潤— 也就是足夠的金額，可以吸引股東投資，並享受股價的穩定成長。利潤（**profit**）是計算企業在支付所有費用之後，還可以賺多少錢的指標。有兩種相關類型的利潤，首先**營業利潤（operating profit）代表企業從目前的事業（販賣商品或是服務）所能賺入的財富。這是稅前的，並且扣除企業其他活動的收益和損失（像是投資和財務操作的損益）**。財務部門所關心的利潤數據，同時包含了來自新產品和既有產品兩方面。

　　表 4.3 中可以看到一個食品製造商 Taystee 的假設損益表，其中列出了損益表的重要元素。圖 4.4 列出了 Taystee 計畫要以一盒 2 美元販售給雜貨商的新餅乾之成本分解表。Taystee 需要花費 0.75 美元來購買原料，0.2525 美元來包裝，0.25 美元是固定和變動的製造成本，包括折舊、勞工、和所有的廠房開銷。加起來是 $1.25，也就是所謂的「商品成本」。除此之外，它必須花費 $0.25 來分攤公司的額外開銷，也就是所謂的**管理及總務費用（General and Administrative expenses，G&A）**，包括事業單位和總部的財務、廣告、行銷、新品開發、人資部門以及其他的花費。這樣 Taystee 販售的每盒餅乾剩下的營業利潤是 ($2.00 － $1.50) ＝ $0.50，對嗎？嗯，從純粹的內部角度來看，假如我們以定價賣出每盒餅乾，這是合理的。但是如果我們從比較廣的供應鏈角度，以及我們與顧客和供應商互動的方式來看，就有許多其他的事情可能發生，也都需要列入考慮。

▼ 表4.3 Taystee的損益表

成本類別	(000's)
銷售額	$20,000
銷貨成本	(12,500)
毛利	7,500
G&A	(2,500)
營業利潤	5,000
非營業成本(利息)	(1,250)
稅前利潤	3,750
稅金	(1,250)
稅後淨利	$ 2,500

▼ 表4.4 新餅乾的成本分解表

餅乾成本/每盒	
原料	$.75
包裝	.25
製造成本	.25
成本小計	$1.25
公司一般費用/G&A	.25
餅乾成本總計	$1.50

　　目標售價有可能不是最後真正的平均售價。例如，每盒 2 美元的售價可能會被壓低，行銷部門可能會推出特別促銷活動，並提供折扣給雜貨商和其他大量購買的顧客、或讓他們可以試用產品，或是將產品置入廣告中的費用。某些餅乾可能外盒損壞，或是未售出而被零售商退回，這些都必須報廢。我們也必須為多餘的產品支付倉儲費用，或為退貨支付運輸費用。我們可能發行產品折價券，這也必須從促銷預算中支付。這些因素最終會影響產品的獲利率，都必須加以考量。已知這些額外成本或收入短少，可以用折讓或是扣除的方式，納入我們的利潤估計之中。

　　我們的產品成本也可能會因為內部因素而改變，例如與原先計畫不同的生產效率；或是需要加班、額外輪班時，需支付較高的工時費率。我們的成本也會因為外部的成本因素而與原先的計畫不同。例如，我們對供應商的採購量可

能會改變，因為我們的銷售量可能會比原先預計的較高、較低或是高低不定的。假如我們的採購量比原先計畫的低，則供應商可能會因為效率低而提高價格。假如我們的採購量比原先計畫的高，供應商可能會要求更高或更低的價格，取決於對方的作業成本受到什麼樣的影響。假如我們的採購需求量很不穩定，供應商可能會要求提高價格，因為他們無法計畫和排程，導致內部成本的提高，而且他們的上游供應商也同樣會受到影響而提高價格。

結論就是：要估計產品的獲利力，確實越考慮越顯得複雜。為了要將所有相關的風險加入，財務小組可能會建議一個較高的價格，像是每盒 \$2.25 或是 \$2.50，用來抵銷那些折讓費用。但是行銷部門可能會反對，說他們已經調查過消費者的價格點，高於 \$2.00 的價格沒有辦法被接受。財務部門可能轉而建議削減成本。但是受到成本削減的項目，可能會連帶影響產品品質或是顧客服務，進而威脅到銷售量，勢必引起行銷部門的反對。所以，也難怪功能性的小組常會意見不合。

財務部門不是只關心營業利潤，還有**稅前利潤（profit before tax）：代表營業利潤加上（或減掉）來自其他活動的損益**。因此，在前面的範例中，每盒餅乾可以對營業利潤貢獻 \$0.50，但財務部門也必須注意到其他非營業的收入和花費。企業是否有投資損失，或是高額的利息成本必須償還？這些項目會在營業利潤之外被條列出來，並且不能高於營業利潤，以確保企業獲利要為股東賺取利潤，就必須想辦法填補它們。

因此，企業必須同時思考營業利潤和稅前利潤兩者。假如企業從每日營業中賺到了錢，但是卻做了很差的投資或是財務決定，可能會損及公司的現金流和投資能力。另一方面，假如企業做了很好的長期投資，看起來有很好的稅前利潤，實際卻可能在營業上賠錢。

例如，2001 年的第四季，Amazon.com（亞馬遜）似乎第一次賺錢了。更仔細的分析卻顯示，它有 1600 萬美金的外幣收益，大部分是因為歐元對美元的下跌。在抵銷營業上的損失後，才讓 Amazon 有了 500 萬美金的淨利。[18] 只有仔細檢視企業的財務報表之後，才會發現這些事實真相。

3. 現金流

近年來，現金流（**cash flow**）的概念獲得越來越多的注意。**這是有關現金支付和收入的時間控制，會影響公司的流動性（liquidity），而不只是金額數量。**現金流分析可以應用在個別產品、單一事業單位、或整個組織上。圖 4.9 為一個典型公司的現金轉換週期。如圖 4.9 中所顯示的，現金從三個來源進入企業：債權人的貸款、投資者（股東）提供新的資金，以及營業產生的現金被公司拿來再投資。公司將這些現金用在營運的各個階段。公司可能需要土地、廠房、設備、購買原物料、生產商品、行銷和販售商品。當收到應收帳款、公司借到現金、或是發行股份時，現金會流入公司。當支付營運所需的貨物或服務花費時，現金會流出公司。當以股息酬報投資者，或是將利息和本金償還給債權人時，現金也會流出。

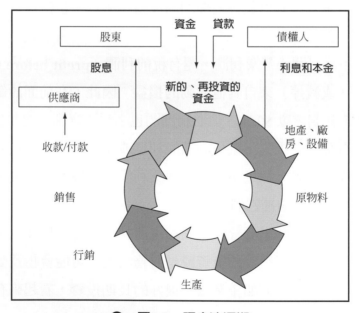

●　圖4.9　現金流週期

　　讓我們以之前提到的餅乾範例來演練一次。首先，我們都知道一個公司要維持長期營運，必須提供有吸引力的報酬給股東，並且要有能力即時償還借款給它的債權人。投資在生產新餅乾的資金，假設是 $1,000,000 在設備上，必須來自貸款或是保留的盈餘再投資（而非發放給股東）。有關這筆金錢的報酬，債權人希望得到利息和本金的償還，股東則希望能夠回收股利，或是股票增值。

　　為了簡化分析過程，假設全部的金額都是使用貸款，分五年支付，每年的

利息是 $70,000。公司必需採購的原物料，假設每年製造並販售 1,000,000 盒餅乾，原物料包括了 $0.75 的餅乾原料和 $0.25 的包裝費用，所以所售出產品的原料成本是 $1,000,000/ 一年。另外還有每單位 $0.25 的生產製造成本，其中包含了新設備的折舊，每年總計 $250,000。以及每單位 $0.25 的公司經常性費用（G&A），每年總計 $250,000。行銷小組也計畫要另外花 $250,000 在促銷和上架費用上，讓零售商可以試用該產品。我們會在今年支付這些全部的開銷。為了要製作明年的餅乾，我們會在採購上付出一些花費，但是還沒有付款給供應商，所以沒有影響我們的現金流量。我們沒有太多其他開銷或是儲備的庫存，因為我們有一個幾乎能即時回應並執行作業的 JIT 生產系統。我們實際販售了 1,000,000 盒餅乾，但是有 1% 的損壞 / 退回率。年底，我們只從顧客那裡收回了 90% 的帳款。

▼　表4.5　餅乾的收益表

銷售額	$1,980,000
銷貨成本	1,250,000
毛利	730,000
G&A	250,000
其他促銷費用	250,000
營業利潤	230,000
其他費用	70,000
稅前利潤	$ 160,000

▼　表4.6　現金流動表

資金來源：	
向顧客收得的帳款	$1,782,000
資金用途：	
利息	$　70,000
原物料	1,000,000
生產	250,000
公司一般性費用	250,000
促銷費用	250,000
總計	$1,820,000
淨現金流動	($38,000)

　　如表 4.5 所示，我們的收入是 (1,000,000×99%×$2.00) ＝ $1,980,000。但是我們只收到了 $1,782,000($1,980,000×90%)。所以，我們的現金流是 $1,782,000 － $1,820,000 ＝－ $38,000，雖然我們的稅前利潤是 $160,000，而營業利潤是 $230,000（把利息支出加回去 $70,000），表 4.6 列出了這些現金的流入和流出明細。假如這是我們公司唯一的產品，我們就會缺乏足夠的現金來支付全部的利息或是貸款，這樣可能會有債務危機，也就是所謂的破產。**在這個簡單情境下，公司現金流入和流出的時間點並沒有配合好。**事實上，Taystee 有可能整年都會遇到支付帳款的問題，這可能會使它與供應商的關係惡化，供應商可能會延遲出貨，甚至完全切斷 Taystee 的供貨。公司也必須保留現金，好在五年內支付 $1,000,000 設備的貸款。這個例子中，簡化及假設產品不需要花很長的時間來生產，所以我們不需要持有很多存貨。若是面臨較長的生產時間或是高存貨水準則會佔用更多現金，讓我們更難面對債權人、供應商、和員工。因此，利潤及現金流的管理，對想要長期生存的公司來說都是很關鍵的。

4. 經濟附加價值（Economic Value-Added，EVA）

經濟附加價值（EVA）可用來評估產品或是組織回饋給股東的真正價值。經濟附加價值的簡單解釋是將公司稅後利潤，減去公司用來賺取這項利潤所付出的資金成本（cost of capital）。主要是用來評估投入的資金所產生的剩餘價值。假如價值是負的，投入的資金不敷成本；假如是零，投入的資金基本上只是收支平衡的，或許這些資金用在其他地方的效果更好；**唯有正的 EVA 才是代表公司真的在增加價值。**

　　簡化的公式如下：

　　EVA ＝營業利潤－稅金－（使用資金總額 × 資金成本利率）

實際上，這個計算非常繁瑣，還必須考慮個別現金流的時間點，並可能需要 100 個以上的調整參數項目。[19] 正因為如此複雜，所以並非所有的公司都使用 EVA 分析。Stern Stewart & Co.（史坦‧史都華）顧問公司最早提出並註冊了 EVA 這個名詞，有上百位客戶，並提供服務給中大型企業。

　　讓我們用餅乾專案的例子來看看非常簡化的 EVA 計算。我們第一年的營業利潤是 $230,000，公司需繳 35% 的稅金，我們的稅後營業利潤是 $149,500。

已知投入 $1,000,000 的資金在設備上了，然而，我們也有一些資金還綁在庫存和應收帳款上，最後我們必須加入工廠的攤提，因此我們使用的資金總計是 $1,600,000。我們的資金成本利率是 11%，這是一個混合的利率，是根據貸款利率和股票市場對我們這種小型企業的獲利要求。因此我們的 EVA ＝ $149,500 － (11%×$1,600,000) ＝－ $26,500。結果就是我們推出了新的餅乾，實質上卻減低了公司今年的 EVA 值。

要讓這個評估更公平的話，還要觀察這個專案在預期存活時間內的 EVA，將時間對貨幣價值的影響考慮進來，依此修正現金流。EVA 提供了一個長期的觀點，可以觀察一個專案在整個生命週期中是增加或減少企業的價值。這點是沒有辦法由營業收入的變化得知的。EVA 超越了傳統上對新投資所做的淨現值分析，EVA 將應收帳款、存貨以及相關資產所佔用的資金成本也列入考慮，提供了一個更為周延的視野。不論我們使用 EVA 或是現金流做為這個餅乾專案的財務指標，這個專案看起來都不太樂觀。這個結果嚴重限制了 Taystee 公司達成滿意循環第四個步驟的能力—投資顧客喜歡的新創產品。因為創意是革新的源頭，也是企業的生命泉源，因此 Taystee 必須減低新產品的成本，或在其他方面努力來增加它在市場上的吸引力。

六、結論

本章一開始提出了降低新產品及服務開發風險的概念。辨識出潛在的風險，讓內部和外部成員早期參與 NPD 流程，對有效的風險降低是很重要的。了解 NPD 的高風險讓我們可以更明確地了解，建立行銷、財務、新品開發人員之間緊密的工作關係是很重要的。本章舉例說明了連接這些功能之間的鴻溝是很重要的，他們必須分享相同的目標，有效率地扮演他們自己的角色，並且共同協同合作以幫助組織成功。行銷、新品開發、財務部門都是功能性領域，也是流程。這些流程彼此都非常依賴，才能成功地支援顧客滿意循環週期。

行銷部門扮演重要的角色，負責找出顧客尚未滿足的需求，並在組織內創造出產品和服務來滿足這些需求。雖然企業的最終目標通常被認為是獲利能力，但是企業必須先擁有顧客，還必須有吸引人的產品可以販售給這些顧客，這是

邁向獲利道路的首要基礎。另一方面，因為產品生命週期的縮短，企業快速且成功地推出可獲利的產品和服務的能力就變得比以前更加重要。本章概述了目標成本流程，這個方法可以提供共同的目標和架構，協助成功推出新產品。企業必須讓NPD團隊和其他部門同步並行，才可以加快產品推出市場的時間（time to market），並可以達到顧客的目標。傳統的循序 NPD 方法就顯得太慢而且沒有效率。

財務部門在協助目標成本流程上扮演了重要的角色。財務部門也是企業的「發言人」，可以將公司的成果傳達給投資者、潛在的投資者以及債權人。因此，財務部門關心各種評估企業績效的方法，包括現金流、經濟附加價值和各種獲利能力指標。

重點摘要

1. 假如企業無法回應顧客需求，則事業的成功是短暫的。顧客是供應鏈管理的驅動者。在供應鏈中的每個人都應該將心力集中在最終顧客身上，滿足最終顧客的需求。

2. 風險管理是新產品和服務開發中很重要的構面。風險管理包括 (1) 讓供應商早期參與以減低供應風險 (2) 確保企業沒有將核心能力外包，以及 (3) 設計的考量，像是決定產品是模組化或是整合性的。

3. 行銷部門和供應鏈管理之間的介面，存在於以適當的價格開發適當的產品，然後在適當地點將它投入市場。

4. 目標成本提供一個按部就班的方法，讓跨功能的團隊替產品訂定能夠吸引顧客的價格，同時賺取合理的利潤。

5. 在許多組織中，新品開發既是功能也是流程。一個強大的 NPD 團隊含括了許多部門功能、共同的目標，並強調同時滿足顧客需求與成本目標。

6. 財務和會計部門是企業的記分員。他們讓整個組織和外部世界了解公司的績效成果。財務部門負責評估組織的投資，其中包括了組織的產品。

7. 會運用在新產品和現有產品上的財務評估方法通常包括了獲利力、現金流，以及經濟附加價值。

國內案例

目標成本制與同步式新產品開發應用

全台第一國瑞實現大汽車廠夢

　　60 年代汽車產業爲火車頭工業，而重車之發展更肩負強化國防工業自主性之深遠意義。因此，經濟部、國防部與美國通用汽車公司合資成立『華同汽車股份有限公司』，即是國瑞汽車股份有限公司的前身。1981 年，當時經濟部長趙耀東推動年產 20 萬輛大汽車廠計畫，雖然萬事俱備，最後卻功敗垂成，1983 年通用汽車撤資之後，和泰汽車積極的協助日野自動車重車投資申請計畫，1984 年初，和泰汽車、中華開發信託股份有限公司、日野汽車等企業投資共同成立國瑞汽車。時至今日，國瑞是日本豐田（Toyota）汽車持股 7 成的台灣生產基地，另一大股東爲豐田台灣總代理和泰汽車，持股比 30%。員工超過 4,300 人，每天生產超過 700 輛大小型車，在國內市場穩居龍頭地位，亦成爲豐田在海外的重要生產據點。

　　早期國瑞汽車的生產模式可說是「COPY」生產，直接引進日本生產的車型，在台灣委由衛星工廠生產零件後，由國瑞組裝，包括 ZACE、CORONA 及 TERCEL 等。但是台灣市場畢竟與日本不同，必須從前端的企劃就要開始調整，一直到國瑞於 2001 年款導入 Corolla Altis，當時的 Corolla 在日本及全球已經行銷多年，給人一種老成的感覺，因此，在台灣及東南亞市場特別幫它取了一個別名 -Altis，從設計開發，外觀造型，到內外配件，都讓產品耳目一新，從企劃、設計、配備到廣宣，國瑞都以嶄新的方式主導呈現方式，已與早期純 COPY 的模式全然不同。這一款車可說是豐田在台灣非常重要的里程碑，後來的台灣及東南亞市場車款多循著這個模式運作。國瑞汽車有兩個工廠，一爲中壢廠，位於中壢工業區，生產乘用車爲主；另一爲觀音廠，以生產商用車、大型車爲主。國瑞研發中心（KRDC）即設於中壢工廠，於 2000 年 12 月開始動工，2002 年 4 月 19 日正式啓用，總建築面積爲 8000 平方公尺，總投資金額約 5 億元。2005 年止已投資 140 億元進行新車導入及擴大研究開發規模。2009 年，成功爭取到 Corolla Altis 外銷中東市場的訂單，開啓台灣整車大量外銷之先河。由於製造品質已達日本同級水準，深獲中東消費者的信賴及肯定，整車外銷台數逐年增加，2014 年外銷台數上看 9.3 萬輛，創下台灣汽車史上年度整車外銷台數的新紀錄，累計總外銷台數也已超過 32 萬輛。2014 年 12 月，國瑞製造的 Corolla 更榮獲象徵中東汽車界最高榮譽的年度風雲車賞（Middle East Car of the Year Awards），可說是台灣之光。

2014 年國瑞汽車慶祝 30 周年生日，於 12 月 25 日年度生產累計，正式跨越年產 20 萬輛的里程碑，達成了 30 年前大規模汽車廠的目標，除了是第一個年產新車 20 萬輛的大汽車廠，還有第一家導入生產油電混合動力車、第一款年產超過 10 萬輛的車款 Altis、連續 13 年稱霸新車內銷市場、連續 6 年整車外銷第一。

然而光是擴充產能，並無法達成 20 萬輛的生產目標，因為成本會隨著物價波動及環境影響而增加，因此，需要依靠降低成本來改善獲利，而非從調高價格來獲利。日本豐田汽車公司為實施目標成本制之鼻祖，其實施內容常被當作參考及學習的對象。國瑞與豐田具密切之技術與資本合作關係，其目標成本制即由豐田所指導與協助導入，具多年實施經驗且成效卓越，已被視為是豐田海外模範工廠。

裕隆LUXGEN大翻身

曾長期當日本汽車 NISSAN 的經銷商，也曾經嘗試研發自有品牌的裕隆，第一部「飛羚 101」就因各種客觀因素及部分品質問題，引來國人「飛輪」的嘲笑。這個失敗讓裕隆長達 20 年，沒再推自有品牌。就像是王子復仇一樣，裕隆推出納智捷，一掃 20 幾年前政府保護政策下，像扶不起的阿斗的孱弱形象。當年失敗不論是主客關係因素還是因為自己品管不佳、行銷不力，都怨不得別人。但裕隆在 20 年臥薪嘗膽後，掌握了品牌生死鬥過程中，所有該注意的關鍵。在研發階段先做消費者調查，除了因應台灣顧客的偏好，還要能夠到國際市場一較高下。裕隆依據調查結果，發展出納智捷下列三個設計特色。

1. 台灣人買休旅車偏好氣派與尊榮感，舒適的內裝和豪華配備。以 SUV 車款為例，納智捷將 SUV「做大」，達到 LSUV 共 4 米 8 的長度，贏得消費者青睞。

2. 消費者認為，休旅車在行車時，由於車體較大，必須做到能全方位察看，譬如後方安全死角。於是納智捷發展出「前瞻」配備的五大安全特色，用智慧科技協助行車安全。

3. 消費者希望降低排氣量，除了省油、省稅金外，又想要大馬力，於是納智捷使用了 2.2 升的渦輪增壓引擎，讓這種大車上山下海也一樣輕而易舉。

經歷 5 年的研發，投資超過新台幣 110 億元，裕隆的自創品牌納智捷（LUXGEN）在 2009 年 9 月發表第一部車 LUXGEN 7 MPV（商務型多功能車，Multi-Purpose Vehicles），在 2010 年 9 月發表第二部 Luxgen7 SUV 車款（運動型多功能車，Sports Utility Vehicles），而在 2010 年底就宣布年營收已經超過 110 億。2010 年 9 月 LUXGEN 7 SUV 以 1,254 輛，2011 年 1 月以 2,244 輛的掛牌數，名

列同級國產休旅車第一名，打敗長期盤據第一的 TOYOTA WISH，如今，還要出口到全世界。2013 年 8 月在俄羅斯設立全球第 3 個生產線基地，首款車 SUV 在 2013 年 9 月 28 日投產，瞄準俄羅斯與歐洲市場。裕隆與俄羅斯德爾威（Derways）汽車合作，在北高加索區的 Cherkessk 廠，打造占地 23.5 公頃的納智捷專屬組裝廠房，還創下台灣汽車工業的新里程碑，從區域性品牌走向全球化品牌。

　　回顧裕隆這幾年的蛻變軌跡，從 1993 年起連續 3 年，裕隆汽車都陷入大幅虧損，面臨創業以來最大危機，在台灣的市占率甚至滑落到 11%。在嚴凱泰帶領下，1995 年裕隆展開企業改造，先是廠辦合一，以降低成本、縮短工作流程；其次，透過裕隆亞洲技術中心（YATC），將日本 NISSAN 的車款，針對台灣消費者的需求重新設計改款，運用差異化策略，增加產品銷售深度。並導入目標成本制，1996 年 1 月底上市且銷售良好之 CEFIRO，則是導入後的第一個成果，使其營業收入由 1995 年的 282 億多台幣成長 26% 而為 1996 年之約 355 億台幣，稅後淨利則由 1995 年的虧損 8 億多台幣，一躍而為 1996 年之淨賺 15 億多台幣，甚至 1997 年增為 52 億多台幣。裕隆差異化策略的成功，後續也引發其他車廠設立研發中心的風潮。

　　2014 年台灣汽車市場衝上 42 萬 3829 輛的近 8 年新高，市占居冠的和泰車以 13.9 萬輛、市占率 32.9%，連續第 13 年稱霸台灣車市，營收 1602 億元不只創下成立以來新高，也改寫上市車廠紀錄。旗下有日產、三菱及納智捷等品牌的裕隆集團，因自主品牌納智捷挹注，年營收勇破千億，來到 1201 億元，年增率高達 3 成；兩岸納智捷汽車業績，台灣全年銷售達 1.65 萬輛，大陸攀上 5.2 萬輛規模，兩岸合計達 6.85 萬輛，讓這個問世 5 年的品牌，初具經濟規模。裕隆集團看好 2015 年大陸車市規模將飆上 2,550 萬輛新高，旗下－裕隆、中華車、裕日車的大陸轉投資車廠，紛紛訂出新高業績目標，合力衝刺新車產銷 120 萬輛里程碑邁進。

　　資料來源：

1. 國瑞汽車有限公司官方網站，http://www.kuozui.com.tw/index_c.htm ，2015.01.20 查詢。
2. 王文英（2007），策略與目標成本制關係之探索性研究－透過國內兩企業之比較個案，交大管理評論，Vol. 27 No. 2, pp.203-248
3. 劉芳妙，國瑞汽車年產量創紀錄 突破 20 萬台，經濟日報，2014/12/25。

4. LUXGEN 臥薪嘗膽大翻身｜動腦｜雜誌櫃｜NOWnews 今日新聞網 http://mag. nownews.com/article.php?mag ＝ 4-89-4254#ixzz3PTazg0ni

5. 顏秀雯，裕隆汽車 - 產業掃描／製造業，就業情報雜誌，323 期，原文網址： http://www.career.com.tw/company/company_main.asp?CA_NO ＝ 323p120&INO ＝ 64

課程應用問題：

1. 本章提出新產品開發流程的核心是顧客滿意循環週期（圖 4.1），試以上述案例中的納智捷新車開發為例，加以應用說明。

2. 為了降低新產品開發的風險，本章第二段，除了提到正規的風險管理分析之外，還有四項降低風險的方法，試以上述案例說明及參考下頁由王文英（2007）整理之國瑞與裕隆目標成本制度之比較表，整理出兩家公司可以採取的降低風險措施。

3. 試利用圖 4.3 的架構，及下頁由王文英（2007）整理之國瑞與裕隆目標成本制度之比較表，應用同步式 NPD 的目標成本定價法，繪出並說明裕隆或是國瑞汽車的作法。

國瑞與裕隆目標成本制度之比較表

	國瑞	裕隆
1. 組織管理型態		
(1)成立車種別跨部門組織	針對欲新開發車種成立橫跨各部門之「PJ 事務委員會」	針對欲新開發車種成立橫跨各部門之「新車型小組」
(2)小組領導者肯景	CE 由研發部門經理兼任	商品主管由具有行銷企劃方面經驗之協理級以上主管（大多為副總級）擔任
(3)小組領導者權責	CE 現階段控管範圍僅在與設計開發有關之業務方面，無統合跨部門成員意見之權，尚非重量級產品經理，但計畫以後將賦予 CE 全面統合之權	商品主管負責主導管理新產品構想及新產品的開發、製造至銷售，與成員溝通協調及統合，並對新產品開發負有絕對權責，為重量級產品經理
(4)採取橄欖球式開發方式	採取橄欖球式之開發方式	採取橄欖球式之開發方式

國瑞與裕隆目標成本制度之比較表（續）

	國瑞	裕隆
2. 目標成本管理程序		
(1)目標成本之訂定	採與商品企劃及中長期利益計畫相結合之扣除法訂出目標成本，並計算估計成本，再以估計成本與目標成本之差額爲透過目標成本制活動所需降低的成本目標值	採與商品企劃及中長期利益計畫結合之扣除法訂出目標成本，但主要偏重直接材料部份；並計算估計成本，再以估計成本與目標成本之差額爲透過目標成本制制活動所需降低的成本目標值
(2)估計成本之決定方式	與豐田一起同期開發之A級採絕對成本估計方式，其餘採差額成本方式	採差額成本估計方式
(3)目標之分配展開	將目標按成本費用科目別分配展開，並進一步將外購零組件部份分解至各零組件，內製部份則按工程別予以細分	按機能別細分，並嘗試進一步分解至 block 別
(4)評估確認目標有否達成	畫出圖面後進行評估看可否達成目標，是否需重畫或進行設計變更；須待達到目標、或現在離目標達成尙僅一小部分差距但評估進入量產後極有可能會達到目標（配合進行成本低減活動），方得進入量產階段	畫完圖且試作後，彙整檢討有無達成目標；但未必會待評估已達目標方進入量產階段，會先按預訂日程進入量產，待量產階段再降低成本
(5)目標成本制之成果評估	量產三個月後，進行目標成本制成果評估，並設定成本改善目標	量產後第二個月實砲目標成本制的成果評估，若未達目標，則進一步進行成本改善及合理化活動以降低成本
3. 與供應商關係		
(1)供應商參與之階段	採同步工程作法，在開發設計階段即讓承認圖供應商加入參與，與供應商進行許多頻繁接觸	採同步工程作法，在開發設計階段即讓有能力之少數供應商加入參與，與供應商進行許多頻繁接觸
(2)與供應商協力合作達成目標	將分配到各零組件之目標成本提示給供應商，共同協力降低成本以達目標	將新產品整體概念及對零組件的設計構想與要求提示給供應商，同步進行工程檢討及設計合作
(3)維持長期關係	以共存共榮爲前提，與供應商維持長期合作的緊密夥伴關係	與供應商維持長期密切之共同成長與共享利潤模式的關係

國瑞與裕隆目標成本制度之比較表（續）		
	國瑞	裕隆
(4)設有協力會組織	透過協力會組織經常協助指導協力商，並對供應商進行評鑑	透過協力會組織安排成員至世界大廠觀摩、參觀、聘請顧問專家上課、舉辦國外技術know-how之訓練課程等，以培育協力供應商，並對供應商進行評鑑

來源：王文英（2007）

Chapter 5

訂單履行流程

我的公司如何履行承諾？我可以幫忙管理訂單履行流程以提升顧客的價值嗎？

本章指引重點：

1. 我們的作業是否有效率？
2. 我們能夠做好採購 / 生產 / 物流嗎？

在閱讀本章之後，你應該可以：

1. 描述採購、生產、及物流決策如何相互配合以創造顧客價值。
2. 辨識並描述採購流程的步驟。
3. 辨識並討論生產作業管理中的設計和控制決策、描述精實製造（lean manufacturing）的基本原則和實務、及說明服務業管理的特質。
4. 辨識物流流程中的重要決策要素。討論訂單週期、運輸，以及配送策略。
5. 說明訂單履行的決策如何影響公司和整體供應鏈設計的成本和服務定位。

可可洛可（Coco Loco）的甜蜜困境

當麗莎‧格林（Lisa Green）的可可洛可糖果工廠碰到困難時，她想到了她最好的大學朋友夏琳。夏琳因為麗莎求助來電來到猶他州的 Alpine 小鎮。麗莎表示她的糖果工廠可可洛可變得很受歡迎，但製造出的美味巧克力賣到西部落磯山脈時，雖然訂單的年成長率超過 20%，但是公司卻以令人擔憂的速度開始賠錢。

麗莎解釋了她的狀況：「我們製造出非常美味的糖果，打響了自己的名號。從開業以來，我們都能夠設法維持利潤。現在，我們的存貨不斷增加，卻還是無法及時出貨來完成顧客訂單。就在打電話給你之前，我試著要找出赫伯城（Heber City）為了瑞士日慶典所訂購的糖果，但是所有人都不知道貨放在哪裡。我們的採購經理羅伯特（Robert）甚至告訴我，我們還沒有開始製作這些糖果，因為重要的原料－榛果用完了。你沒有辦法不用榛果就做出櫻桃榛果巧克力糖吧？這些日子以來常發生這樣的事。在沒有原料的情況下，我們無法準時交貨；而一旦錯過了瑞士日，我們就要永遠失去這些顧客了。如果沒有辦法把事情處理好，我們的形象將毀於一旦。我們已經有將近一半的訂單都遲交了！我隨時要擔心電話鈴響！因為八成會是史蒂夫湯森（Steve Townsend），他正等著回覆他的松露巧克力什麼時候會送到。我根本不知道該怎麼回答他才好。拜託妳了，夏琳，這是妳的專長，可以請妳過來救我嗎？。」

當夏琳抵達可可洛可時，麗莎說她剛解決了那個緊急的危機。「我們昨天將那批松露巧克力出貨了。我自己開車載到赫伯城。我想載貨到府的人情味加上一盒附贈的楓糖榛果球應該可以挽救這個關係。但我總不能親自運送每一個遲到的訂單吧，尤其是國際的訂單。」

夏琳附和：「妳說對了。否則，就會變成很多的飛行哩程數和昂貴的松露巧克力。妳還提到了顧客抱怨增加、成本持續提高、而且內部的摩擦也變多。請再多補充一些內部爭執的情況。」

麗莎的微笑消失了。「我們曾經是關係和諧的公司，這是因為我們曾經一同工作並且獲得成功。但是，遲交的訂單和降低的獲利率都成了壓力。行銷部門對銷售量的增加感到驕傲，但是我們無法每次都履行他們對顧客所做的承諾。我們的行銷經理泰瑞（Terry）堅持當顧客有需求時，我們就應該接受訂單。我們銷售的標準產品超過 100 種，並根據顧客的需要做一些混合搭配。去年我們的客製化產品也超過 200 種。妳知道的，像是那種只做一次的夏威夷果椰子焦糖脆片。

我們的產品經理傑克（Jack）快被這些變化多端的產品打敗了。他不斷地指出，我們的產能是有限的，他無法在不增加成本和延誤下，將生產線從黑巧克力轉換到白巧克力。

夏琳笑了一下。

麗莎繼續說，「我很高興妳覺得我的狀況很好笑。本週稍早，我們的採購經理羅伯特因為太過於沮喪而從一個規劃會議退席了。行銷經理泰瑞指責他搞砸了榛果的採購，危及重要的顧客關係。產品經理傑克回應泰瑞的批評，說泰瑞在還沒有確認內部是否還有多餘的生產能力，就接受了緊急的訂單。當然啦，泰瑞很生氣地解釋他的決策。事情很快地變得讓人不愉快。妳覺得我們應該從哪裡開始？我可以帶你參觀一下工廠，然後替妳安排任何需要的訪談。」

「噢，麗莎」夏琳回答「我很高興能夠看看妳的生產作業情形，我覺得每個人都應該更仔細地了解整個訂單履行流程。在今天結束之前，我想要跟行銷經理泰瑞、產品經理傑克、採購經理羅伯特和妳一起坐下來談談，看我們能否讓整個流程更容易被清楚看見。」

在閱讀本章之後，你應該能夠：

1. 為什麼夏琳想要讓整個訂單履行流程變得清晰通透？你覺得導致可可洛可問題的根本原因是什麼？
2. 你會問泰瑞、傑克、和羅伯特哪些問題？組織的結構、報告關係和薪酬系統和 Coco Loco 目前的危機有關嗎？請說明你的理由。
3. 有什麼機制能夠幫助訂單履行流程更滿足顧客的要求？具體來看，需要哪些政策、程序、流程和績效制度？

> 如果「生產製造」不能成為企業的競爭武器，它就會變成企業的重擔。它很少是中立的。
>
> *–Wickham Skinner*

> 在物流業中，假如你離開一個小時而沒有任何事情搞砸，那你就算擁有很棒的一天了。
>
> *–Gus Pagonis*

一、訂單履行的三個組成功能

假如你曾經去到店裡卻發現你想要買的產品缺貨了，就表示你已經親自體會過訂單履行流程所發生的問題。你可能並不在意問題發生在哪裡，你只知道產品缺貨了，造成你的不便。**訂單履行是由這三種功能負責：採購、生產、及物流，他們是實際製造並提供產品和服務的流程。**「採購」（purchasing）的功能是取得原料，提供生產以及每日的營業活動之用。「生產」（production）將取得的原料／零組件轉換成顧客重視的產品或服務。「物流」（logistics）負責運輸及儲存物品，確保進貨的原料足夠生產作業之用，同時出貨的成品也能在顧客需要的時間和地點出現。制定優秀且協同合作的採購、生產、以及物流決策，是決定顧客滿意或不滿意的關鍵。

採購、生產、物流所扮演的角色與許多因素有關，包括**產業型態**以及企業所選擇的**競爭策略**。例如，像家樂福、美國柯爾百貨公司（Kohl's）和地之涯（Lands' End，世界上 15 家最大的郵購公司之一）這樣的零售商，並不會自己製造他們所銷售的產品。他們的商業模式是在適當的時間向全球的供應商取得適當的產品，接著儘可能有效率地將這些產品賣給顧客。因此他們必須謹慎地管理他們的採購和物流實務運作方式。家樂福和柯爾百貨運作一個大規模且分佈各地的配銷系統，被設計為迅速地運送商品，讓顧客可以在他們住家附近店面購買到產品。因為家樂福在國際市場經營，銷售的產品種類比柯爾百貨公司更廣泛多樣，包括雜貨、衣服、消費品，因此它的採購和物流需求更加複雜而且具有動態特性。另一方面，郵購零售商「地之涯」擁有相對較小的產品組合，供應商也比較少，因此使用集中式的配銷系統，可以有效率地將產品運送到顧客的家門口。雖然零售商並不製造產品，還是需要管理店內的作業，儘可能以最低的成本提供優秀的服務。**家樂福認為，改進效率和服務最好的機會是在整條供應鏈的「最後一百公尺」，換句話說，就是在零售賣場內。**

像是 Bosch Seimens（2015 年初已改為博西家電股份有限公司，BSH Hausgeräte GmbH）、Rockwell Collins（洛克威爾‧柯林斯）和 Toyota（豐田）這些製造商也必須管理採購和物流；然而，**它們滿足顧客的能力主要是在它們自己的生產力和技術上。**例如，博西家電以普及的價格銷售具有創意的高品質

家用設備，其市場遍及歐洲、南美以及中國。博西家電的成功是因爲不斷的努力進行製造合理化，致力於提升設計效率以及製造規模經濟效果。洛克威爾‧柯林斯使用另外一種截然不同的方法，因爲所銷售的是複雜的航空電子和通訊設備，是以很小的批量進行生產。洛克威爾‧柯林斯的成功關鍵是強調分享學習的團隊合作方法。最後，豐田獨特的及時生產系統（JIT），在 1980 年代幫它贏得了全球最優秀製造商之一的聲譽，並且徹底改變了管理者對製造的想法。二十年後，豐田爲改善生產作業所做的持續努力，讓它成爲可怕的競爭對手，並成爲製造業效能的標竿。

　　當採購、生產、物流功能在企業整體策略的引導下共同合作時，能夠幫助企業提供優秀的產品和服務給顧客，奠定了成功供應鏈策略的基礎。圖 5.1 爲 APICS 供應鏈協會（譯註：2014 年，原供應鏈協會已合併爲 APICS Supply-Chain Council；http://www.apics.org/sites/apics-supply-chain-council） 所 提 供的**供應鏈作業參考模型**（**Supply-Chain Operations Reference Model，SCOR Model**）也提出了相同的觀念。SCOR® 模型有助於用來建立共同的願景，用以管理和協調五個主要的供應鏈流程。

1. **計畫**（**plan**）：這個流程是用來建立可滿足採購、生產和配送需求的行動方針，以取得供給和需求的平衡。這個流程會調整供應鏈計畫，讓它與財務計畫一致。

2. **採購**（**source**）：用來採購貨品和服務，以滿足計畫或實際需求的流程。重點是選擇供應商、建立採購政策、安排交貨時程，以及評估績效。

3. **製造**（**make**）：將貨品轉換爲成品來滿足需求的流程。重點是安排生產時程、績效評量、管理庫存、配置網絡。

4. **交付**（**deliver**）：將成品和服務交付給顧客的流程。重點是訂單管理、倉儲管理、運輸管理。

5. **退貨**（**return**）：此流程是包含任何理由原因的產品退回，包括對顧客的售後服務支援。重點是逆向物流以及長期顧客支援。

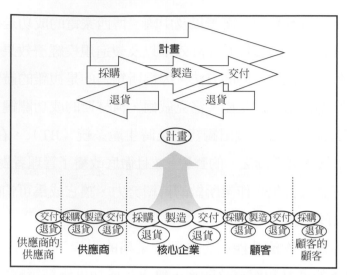

◐　圖5.1　APICS供應鏈協會的供應鏈作業參考模型（SCOR）

供應鏈作業參考（SCOR）模型認為，每一個企業都在執行一連串的計畫、採購、製造、交付、和退貨的流程。在串鏈的某一點所做的決策都會影響串鏈中的其他部份。例如，當愛信精機株式會社（Aisin）的煞車零件工廠被火災燒毀時，它最重要的顧客 Toyota 很快就耗盡零件的庫存，必須停止裝配線。因為 Toyota 當初決定將重要的零組件外包給單一供應商，導致它容易遭受意外災害的影響。有趣的是，被火災影響的煞車零件只是 Toyota 很少數外包給獨家廠商的零件之一（卻帶來這麼大的影響）。在另一個例子中，西屋公司在多明尼加共和國的製造工廠沒有趕上產品的完工期限，迫使管理者必須加快產品運送的速度，以趕上顧客的交貨日，因為使用了昂貴的航空貨運，所以在多明尼加設廠所節省生產成本都被抵銷了。

SCOR 模型因為建立了共同的供應鏈語言，以及用來引導供應鏈整合的一組標準，所以能夠強化協同合作。當管理者了解每個流程的功用以及看見流程之間的關係時，他們就有能力制定出連結組織內部和組織之間隔閡的決策。能夠更容易地辨識出每個流程領域中的**最佳實務典範**，並與供應鏈協會的成員分享，以協助獲得建立世界級流程所需的創新見解。因為企業的成功取決於採購、生產和物流活動是否能有效協調，接下來的小節中逐一介紹這些功能性領域。

二、買進貨品：採購管理的基本特性

市場的變化已經使採購從簡單的文書工作演變成為具有競爭力的武器。**採購之所以演變成策略性的功能，是在 1980 到 1990 年代之間，由四個重要的發展所促成的。**第一，採購的進項變成主要的營運成本；第二，及時化的生產革命更加強調合作及長期的採購供需關係；第三，新的資訊技術可以儲存及追蹤大量資訊以策略性地管理採購供需關係；第四，許多受過優秀的訓練、更有能力的管理者開始投入供應的領域。**採購（purchasing）又稱為搜源（sourcing）或是供應管理（supply management）**，在幫助企業面對新的競爭威脅時，扮演著先發制人的角色。

　　製造商每 1 美金的銷售額，就有 55 美分要用來採購貨品或服務，這相當於營運成本的 60~80%。[1] 如表 5.1 所示，**採購的進項－原料和資本設備－在大多數的產業中是最大的成本項目。**相較之下，直接的製造勞工成本已經降到總營運成本的 5~15%（在某些高科技領域只有 2%）。服務業對原料採購的依賴性比製造業低，但是，它們仍舊需要採購一些原料、辦公用品、與**維護（Maintenance）、修理（Repair）、營運（Operating）品項（統稱 MRO）**，以及文書行政支援、電腦程式設計、隔日快遞等服務。這些採購項目的花費通常很可觀，例如，美國電話電報公司（AT&T）採購進項的金額佔了銷售額的30%。大多數的組織中，採購決策在成本競爭力中扮演相當重要的角色。由於強調企業核心能力，許多企業會將部分加值活動外包出去，像是簡單組裝、存貨管理以及配送服務。採購管理人員控制了供應來源中大部分的重要資源，因此，對供應商的管理有時就像是公司的附加部門，而採購人員的角色不只是取得輸入的原料，還必須掌握供應商的技術和產能。例如，品質專家菲利浦·克勞士比（Philip Crosby）宣稱，至少有 50% 的企業品質問題是來自有瑕疵的採購原料。有效的採購決策也能夠降低訂單履行的前置時間。而新品開發流程中的供應商早期參與可以加速產品的開發。

　　採購相關專責人員必須擁有高度訓練的技巧以及充分的管理判斷力，以建立並管理世界級的供應基礎。供應鏈採購經理（supply managers）如何選擇正確供應商、建立正確關係、並幫助關鍵供應商發展本身技術的能力會影響買方企業的競爭力，唯有具備分析環境並扮演好新角色的能力，才能幫助企業獲得更大的競爭優勢。

▼ 表5.1 採購進項佔銷售額百分比

NAICS代碼	產業	原料成本 (1,000s)	資本支出 (1,000s)	原料與資本支出 (1,000s)	產業出貨量 (1,000s)	原料/銷售額比例	採購金額/銷售額比例
214992	輪胎簾布	790,743	70,152	860,895	1,207,840	0.65	0.71
322226	表面塗料紙板	800,159	14,137	814,296	1,155,716	0.69	0.70
336212	拖車製造	3,764,719	88,895	3,853,611	5,500,475	0.68	0.70
321211	木皮合板	1,755,698	71,682	1,827,380	2,856,487	0.61	0.64
334111	電腦製造	40,239,744	1,053,379	41,293,123	65,923,736	0.61	0.63
321991	組裝式房屋	6,105,063	137,052	6,242,115	10,167,746	0.60	0.61
322232	信封製造	1,882,776	145,487	2,028,263	3,582,016	0.53	0.57
311991	易腐敗的調理食品	1,357,722	124,723	1,482,445	2,740,447	0.50	0.54
335911	蓄電池製造	2,238,893	171,434	2,410,327	4,422,702	0.51	0.54
335221	家庭烹調用具	1,754,600	120,678	1,875,278	3,540,221	0.50	0.53
313221	織帶廠	606,166	72,537	678,703	1,390,642	0.44	0.49
333313	事務機器製造	1,180,516	97,724	1,278,240	2,667,886	0.44	0.48
339920	運動用品	4,679,110	345,602	5,024,712	10,458,222	0.45	0.48
332313	板金工作	1,190,533	78,103	1,268,636	2,707,463	0.44	0.47
331511	鋼鐵鑄造	5,174,792	512,167	5,686,959	12,266,373	0.42	0.46
334419	電子元件製造	4,385,786	424,939	4,810,725	10,375,635	0.42	0.46
316992	手提包和錢包	158,768	8,336	167,104	372,430	0.43	0.45
325920	爆炸物製造	542,828	34,009	576,837	1,318,404	0.41	0.44
336611	船舶製造及維修	4,286,697	241,691	4,528,388	10,441,434	0.41	0.43
327113	電瓷用具	355,681	68,329	424,010	1,167,201	0.3	0.36
334417	電子連接器	1,818,892	237,872	2,056,764	5,666,430	0.32	0.36

資料來源：U.S. Bureau of the Census. 1997 Economic Census, Washington, DC: U.S. Government Printing Office.

1. 採購流程

圖 5.2 說明了一般採購（**sourcing**）流程的四個階段。**流程開始於採購需求的辨識與傳達，接著要選擇一個供應商，之後就發出採購訂單，並管理這筆買賣交易，最後，要評量績效並建立適當的關係。**依照組織採購的東西不同，實際的流程則會對應不同的特定步驟，像是管理服務的方式與管理原物料不同，而管理 MRO 品項的方式與管理複雜的科技產品零件也不同。因此每個企業在執行下列的採購流程步驟時，都有不同的複雜度和形式。

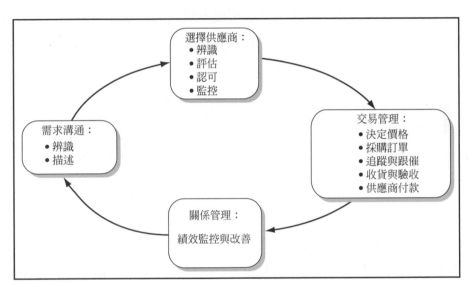

● 　**圖5.2　採購流程**

(1)需求辨識與敘述

採購流程開始於組織內的某個人提出了買進某個品項的需求，也有許多標準化採購會自動進行，因為電腦系統監控庫存量和再訂購點的效果。管理良好的公司會利用採購政策或流程手冊，讓內部使用者和採購單位能夠有良好的互動。對於首次、獨特的、或一次性（one-time）的採購，必須有一套清楚精準的指導原則，以確保清楚的相互溝通。

「請購單」（purchase requisition）的功用是將需求清楚地描述並傳達給採購部門。請購單包括下列資訊：品項描述、請購部門、核准簽章、採購量、交付日期、及地點等。這些資訊必須填寫清楚，才能確保採購流程執行順暢。例如，交付日必須明確指出哪一天和時間，而不是籠統的「越快越好」（ASAP）。

當然，使用者也不應該誇大訂單的急迫性，在實際需要的兩週之前就要購進某個品項，這樣可能會比「準時」交付的價格更高。**我們需要真實而正確的資訊，才能建立良好的工作關係，關鍵在於清楚的描述品項的特性。**如果越缺乏採購這項物品的經驗，就越需要清楚具體的描述。

(2)供應商選擇

供應商選擇大概是採購流程中最重要的步驟。注重成效的採購主管（sourcing manager）會要求供應商在最低的總成本與最好的服務之下，提供最高品質的產品。為了要達到這些目的，採購主管必須找出候選的供應商，對他們進行評量，並邀請表現最好的供應商加入自己的供應鏈團隊。

評選優良供應商的流程是依採購項目的重要性而有所不同。例如，採購人員可能不會花太多的注意力在 MRO 品項的供應商上，以便將部門資源集中在主要元件（例如引擎或是液晶面板）的供應商上。採購項目的金額越高，或是對最終產品的效能影響越大，投入供應商選擇流程的資源就更多。

供應商選擇流程有下列四個主要階段：辨識（identification）、評估（evaluation）、認可（approval）、及監控（monitoring）。

- 「辨識」（*Identification*）階段需要列一張可能的供應商名單。採購者可能會去查看公司的採購資料庫或是工商名錄（像是 Thomas Register of American Manufacturers；www.thomaspublishing.com）以找出可能的供應商。Thomas Register（美國湯馬斯商業名錄）列出了超過 150,000 家公司。

- 「評估」（*Evaluation*）階段需找出供應商的評估準則，並且蒐集供應商的績效資訊，用來評比可能的供應商。常用的準則包括品質、價格、交付可靠性、生產能力（目前和未來）、服務反應性、技術專業、管理能力（態度、技巧、才能）以及財務穩定性。

- 「認可」（*Approval*）階段會找出價格和其他條件在採購當時是具有競爭力的廠商，以列入有資格接受訂單的供應商。至於認可名單上的廠商數量，則取決於採購品的特性。若是日用品，通常會與多個供應商配合；具有獨特性的物品，則可能較適合單一採購來源。

- 「監控」（*Monitoring*）可確保高水準的表現。通常利用評分表進行全體供應商的評比。美國強鹿公司（John Deere）使用評比方式，將供應商分成下列四個群組：合作夥伴、主要合格供應商、合格供應商，或是短期供應商。評分表的結果也能夠驅使供應商持續不斷的改善與進步。

(3)交易管理

- 價格的決定：**價格只是供應商選擇決策的其中一個因素，但卻是最常用來評量採購小組績效的因素**。「最適」價格可有下列三種方法來積極進行：以**原廠定價購買、競標，以及議價**。以定價購買的方式是用在數量較少或是價值較低的項目上，不值得花費管理的時間和精力來獲取低於定價的價格。競標則依賴市場力量，讓供應商提供較低的價格。當採購的金額夠高，值得花費力氣來辦理一個成功的招標案時，競標是一種有效取得公平價格的方法。即時的線上競標，有時又稱為「反向拍賣」（reverse auctions），可以降低10~30% 的價格。然而，供應商並不喜歡這種自相殘殺的方式。最後，當採購的金額夠大、具有高度的不確定性，或是想要建立長期的關係時，就會使用議價。議價通常不只是以價格決定，更要建立對協商雙方互利的整體協議。

- 準備採購訂單：在採購部門選擇好廠商並決定合約細節之後，接下來就要準備採購訂單（**Purchase Order，PO**）。**PO 是一份註明了採購協議規範和條件的文件，讓供應商可以開始準備**。每一份 PO 都必須正確填寫，提供錯誤的零件號碼或是交貨細節，都可能使先前小心選擇供應商和談判所獲得的利益被抵銷。要簡化採購流程，企業應減少與 PO 有關的文書工作和成本費用。例如，**總括訂單（blanket order）通常協議了某個期間內（通常是 1~2 年）的合約條件，一次包括全部的採購量，即便是較少的數量也會在契約期間定期地交付**。在總括訂單簽約之後，採購部門提出物料申請（material release），就會觸發新的出貨作業，這通常由電腦化的電子採購軟體來完成。因為使用長期的採購協議可以保證供應商（賣方）未來的業務量，所以通常買方也會得到一定的折扣優惠。電子型錄網站和企業採購卡也常用來簡化採購流程。Intel 發展了電子型錄採購網站，用在所有標準採購上。採購團隊

可以在網站上處理供應商的選擇與合約事項。採購團隊與網站設計師也必須密切合作，設計出容易使用的網站介面。最終使用者只要簡單地拉出線上型錄、找到適當的產品，並使用滑鼠點選，就可以完成訂購。除了可以減低PO的昂貴作業費用之外，電子型錄網站還能方便採購單位和偏好的供應商洽談數量折扣。美國國家半導體（National Semiconductor）使用採購卡來降低小額、非標準採購的成本。他們不再對每個小額採購都發出一張 PO，改為核發一張採購卡（p-card）給各承辦員工，功能就像一般的信用卡。所有的小額採購都由持卡者使用採購卡來支付，接著會在每個月將帳單寄送給美國國家半導體。美國國家半導體宣稱，採購卡將採購的成本從處理每張訂單30 美元降低到只有幾美分。

- 跟催與催貨：**定期跟催（follow-up）可以確保供應商遵守採購合約進行。**認真的採購經理人能夠在品質或配送問題剛發生的時候，立刻察覺出來。當問題出現時，採購主管的可能因應方式有 ❶ **增加跟催的頻率** ❷ **指派公司專人與供應商一起處理** ❸ **使用高成本的緊急運輸方式** ❹ **安排替代的供應商來交貨，或是** ❺ **更改（買方）公司的生產排程表。**在決定要採取上述任一特定行動之前，採購主管應該先考慮問題的類型、訂單的重要性、以及購買者／供應商的關係特性。**催貨（expediting）指的是加速訂單交付的努力（成本亦隨之增加）。**管理良好的組織應該只需要催促總貨物中的一小部分，因為假如採購單位有做好份內工作，企業應該只會選擇具備準時交付能力的供應商；同樣的，假如生產部門能夠正確地規劃原物料需求，就幾乎不需要緊急進貨。

  為了避免延遲交貨的問題，許多公司在採購合約中加入了罰則（**penalty clauses**）。已知有某家公司對於第一次的遲交罰款 $5,000，第二次遲交罰款 $50,000，在第三次遲交時，就會將這個供應商從認可名單中刪除一年。另一家公司不是單純的罰則，而是鼓勵供應商在問題發生時立即通知客戶公司，兩家公司共同合作消除導致問題的來源，假如供應商沒有及時通知這家公司已發生的交貨問題，就會產生嚴重的金錢懲罰。

- 進貨和驗收：當貨品抵達買方公司時，必須通過收貨流程，相關人員依據出貨發票明細實際清點數量並檢查品質，核對貨物內容是否吻合，目標是要確認購買的物品符合使用上的需要。進貨和驗收應該由不同的部門來管理，以確保客觀性。當送達的貨物無法通過驗收時，採購部門就要介入處理。**通常，無法通過的原因有兩個：數量不對（太多或太少），或是品質不良。**當訂單無法滿足規範時，採購部門必須找供應商一起來討論解決問題的方法。

  供應商認證（supplier certification）可以簡化進貨驗收流程。認證方案強調改善供應商的能力，以製造高品質產品，因而可以省略驗收步驟。認證中也應該確保供應商具有準時交付正確數量的技術與能力。**一旦供應商獲得認證，就可以省略驗收步驟，送達的貨品可以直接進入倉庫或是生產線上。**這些被認證的供應商又稱為「**免檢入庫**」（**dock-to-stock**）**供應商**，只有在日後發生問題時，才會再度執行檢驗。良好的交貨品質，以及縮短訂單週期時間，是採用供應商認證的兩個主要優點。

- 發票結算與供應商付款：供應商理應得到準時的付款，而且，**準時付款其實有助於與優良供應商建立良好的關係。**有效率的發票結算（invoice clearance）程序，在財務上來講具有良好的合理性，因為付款條件中通常包含了即時付款的折扣。也就是說，**假如某一筆款項必須在 30 天內全額付清，但若在 10 天內付款，供應商會提供 2% 的折扣（2/10, net 30）。**這個折扣相當於 36% 的年化報酬率（annual return）。實際支付雖是經由應付帳款來完成，但是採購單位應該設計一個系統，儘速結算並支付帳單。許多企業的電子採購系統已將這個流程完全自動化，例如在福特汽車公司，供應商認證促進了應付帳款流程的重新設計，目標是建立「無發票的流程（invoiceless processing）」：當來自認證供應商的採購貨品抵達時，就會檢查電腦資料庫，確認是否為等待中的訂單。假如在資料庫中找到了採購訂單的記錄，這批貨物就會被立即驗收，並直接從 PO 轉成應付帳款支付給供應商。

(4)績效監控

供應商的績效應該仔細追蹤並更新到採購資料庫中，讓採購主管在決策時有完善的資訊可以參考。績效監控的目的，是提供企業更深入的資訊，以找出適合的供應商，建立長期的協同合作關係。

所以，**有四種資訊應該被追蹤：**

· 所有**採購單（PO）**的最新進行狀態；
· 所有供應商的**評估準則績效數值**；
· 各類**零件或貨品**的資訊；
· 所有**合約**以及合作關係的相關資訊。

假如目前的合約承諾了年度總量，則管理者應該要知道目前已經訂購了多少。假如合約中約定供應商在合作關係存在時，要每年將單價調降 3%，則採購部門應該知道供應商是否已信守承諾。因此，資料庫應該要嚴謹的設計和維護，才能提供正確、相關、且即時的資訊。

2. 世界級供應鏈的採購技巧

當採購流程中的步驟都能確實執行時，企業就能從全世界買進最佳的原物料。採購管理正是掌握從開頭到最末端原料的所有供應商能力的出入口，因此負責執行的採購專業人員必須建立下列所述的各項技能，更多細節並將於後續章節討論。

(1)知識管理

對商品的專業知識、對供應商的產能和技術的了解、對上游各項流程的明確觀念，都是想要經由採購管理以獲得競爭優勢時所須具備的。很少有公司會管理第一階層以外的供應商，頂多透過第二階層供應商的採購合約，來擴展上游影響力，只有簡單地合併第二階的採購需求，以獲得數量折扣優惠。真正主動積極的供應鏈採購管理作法，需要針對關鍵零組件的整個供應流程，描繪出實體流程和技術流程所對應的供應商，然後採購主管才能夠選出適合的上游供應商，一同解決問題、協調分工及培養實力。另外，由於許多傑出的供應商分布世界各地，所以供應管理者必須增強他們的全球化知識和相關國際化能力。

(2)關係管理

供應鏈管理的意義就在於與所有的供應商建立正確的關係。今日的採購主管必須與關鍵供應商建立策略聯盟關係，時機與協同合作的方式，也是關係管理的重點。同時，採購主管必須與所有的供應商維持公平的關係，這樣他們才會提供良好的服務並投入更多資源。對於為數眾多的小額或罕見的採購，則需要使

用有效率的交易機制。建立供應商支援基礎環境以確保效率、公平對待所有供應商、及推廣協同合作，是現代採購管理的挑戰。

(3)流程管理

供應鏈採購管理需要流程的專業知識。採購人員必須 ❶ 持續改進本章第一節所提到的採購流程；❷ 管理協同合作流程，例如：供應商認證、新產品開發，及縮短訂單週期時間等；❸ 幫助供應商改善他們自己的流程。採購主管在供應商開發的職責，是要找出潛在的供應商夥伴，說服他們加入，並與供應商的製程工程師（process engineers）們合作人員培訓與流程改善。本田汽車（Honda）和美國洛克威爾‧柯林斯國際公司（Rockwell Collins）已經將供應商開發視為採購策略的基礎。美國強鹿公司（John Deere）是供應商教育的領先者，主動幫助供應商改善他們自己的生產流程以及採購實務，讓他們能夠更積極地管理更上游的供應商。

(4)科技管理

網頁電子型錄、網頁線上記分卡、即時資訊交換、電子金融轉帳系統（EFT）、以及線上競標活動等，這些只是使用科技來強化採購管理的一部分方法。採購主管必須熟知最新的科技，才能有效利用這些新技術改善採購流程。電子化採購（E-procurement）就是對於效率提升有許多好處的方法。同樣地，採購主管必須增加他們對組織其他領域中資訊技術的熟悉度，這樣他們可以對技術相關的購置決策提供深入的看法。因為企業資源規劃系統（ERP）、顧客關係管理（CRM）軟體、和其他的應用程式都是很昂貴而且不容易導入實施的，所以通常是由高階管理者來決定要購置哪些系統。然而，採購主管可以提供想法，協助公司避免昂貴而麻煩的錯誤，所以有關資訊管理外包的決策也是如此。

三、生產貨品：生產管理的基本特性

生產管理，又稱為作業管理（operations management）或製造管理（manufacturing management），是將資金、技術、勞工、原料轉換成更高價值的產品或服務，藉此替顧客創造價值。當我們在看電視、開車上班、從事娛樂活動，或是享受一個大麥克和可樂時，我們正在享用在某一個生產流程被執

行之前並不存在的產品和服務。管理良好的生產和作業流程會讓生產力增加，是創新的泉源，也會創造更高的生活水準。[2]

歷史上已經出現過許多優秀的生產作業實務。例如，在十五世紀早期，水城威尼斯的造船者就已經使用專業分工和大規模的生產線來製造軍艦。他們在倉庫之間的水道拖曳軍艦，每 36 分鐘就可以將一艘軍艦裝備起來[3]。威尼斯人還提出了早期的零件標準化範例，他們將軍艦上的舵做成可更換的[4]，因為這種可以快速地更換戰爭中損毀的舵，威尼斯人取得了重要的戰略優勢。

歷年來，已有下列許多因素影響了生產管理的角色。

- 工業革命以機械動力取代人力，得以增加生產力。
- 由於個人的財富和閒暇，產生了消費型社會（consumer society），要求更好的生產作業，以生產出消費者想要購買的各式產品。
- 弗雷德里克·泰勒（Frederick Taylor）應用觀察、改善、訓練、監控的科學方法來標準化生產作業實務。[5]
- 計量分析讓生產作業從藝術轉換為科學。電腦能夠將複雜的演算法運用到從前必須以判斷和臆測的方式來處理的情況。[6]

在二次世界大戰之後，製造管理有非常大的進步，因此約翰·高伯瑞（John Kenneth Galbraith）宣稱：「我們已經解決了生產的問題。」[7] 然而，全球的競爭提醒了管理者，優異的生產作業能力只是成功的先決條件。在面對全球競爭時，每個公司都必須設計並實施優秀的生產作業流程，以製造出符合全球化顧客所需的創新、高品質、低成本的商品和服務，否則只有被淘汰！

1. 生產流程

並沒有所謂的標準生產流程。瑞典水晶藝術品牌歐瑞詩（Orrefors）公司由工匠手工吹製玻璃的流程，生產精緻的無鉛水晶藝品；此與通用汽車使用大量生產、高度自動化的裝配線來製造汽車的方式，兩者完全不同。同樣地，巴西航空工業公司（Embraer）採用半固定式裝配流程所製造的短程噴射客機；與美國知名日式鐵板燒連鎖店紅花（Benihana）餐廳在製造美味的晚餐時，大廚們華麗而富娛樂性的特技表演式流程使餐廳顧客為之著迷，這兩者也沒有什麼相同之處。

　　儘管每個作業流程的實體配置（physical layout）以及執行的實際活動有所差異，但是都必須具有相同的核心決策組合，以產生世界一流的成果。這些**核心決策可以分類成兩組：設計決策（design decisions）和控制決策（control decisions）**（見圖 5.3）。

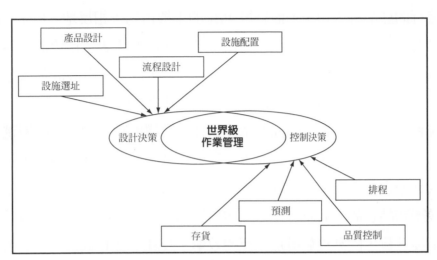

⬤　**圖5.3　世界級的生產作業管理**

(1)設計決策（design decisions）組合

設計決策的重點在於基礎設施、產品以及流程。這些決策是資源密集的，對公司的競爭力具有**長期**的影響。

i. 設施選址（facility location）的決策會影響要素投入和顧客市場。當製造商要決定工廠的位置時，主要關心的是勞工成本或資源的鄰近性。服務業者會更關心顧客的位置。選址的決策幾乎都需要考量以下因素：土地成本、建築成本、與能源成本、稅率、運輸費率與方便性、勞動力供給與生產力、原物料成本、顧客與競爭者所在地點、以及居民生活方式等。

ii. 設施配置（facility layout）決策則決定設備（equipment）位置、原料的動線、以及每個品項必須被搬運的次數。理想的配置會讓物品的移動和搬運都減到最少，讓工廠內的原料動線簡單而順暢。通常時間久了以後，生產的產品與程序有所不同，使得從前有效率的配置變得繁複。為了改善設施配置而中斷生產的代價昂貴，因此管理者需要學會何時應修正或是重新設計現有的配置方式。

iii. **產品設計**（**product design**）決策代表企業在能獲利的情況下持續獲得市場佔有率的能力。[8] 產品開發起源於好的構想，並於產品成功的推出時到達頂峰。10 個有希望的構想中只有不到 1 個可以獲得市場成功。藉由快速推出產品，HP 主導了噴墨印表機的市場。同樣地，當年 Nokia 因為將流行的產品推入市場，而獲得 40% 的手機市場；相反地，Motorola 無法設計和推出消費者想要購買的流行手機，因此失去了市場的主導地位。藉著產品設計以及製造程序的並行或同步，降低許多設計從概念化到市場化的時間（concept-to-market），以提升設計成效。

iv. **流程設計**（**process design**）牽涉到技術選擇與職務設計。**技術選擇**取決於產量、財務來源、勞力成本、資金和勞工的互換性（譯註：付費即可找到適合的勞工），以及競爭對手所用的技術。而**職務設計**則是以促進效率和品質的方式將特定的工作項目加以設計和群組。職務設計的目標是提升員工的動機與增加流程的效率。設計不良的職務，包括那些單調乏味、一成不變的任務，可能會使員工彼此疏離、降低生產力以及抑制學習。要消除這種情況，管理者可以強化職務的廣度（job enlargement）與深度（job enrichment），以擴大職務的範圍與豐富性，並提出員工參與方案（employee involvement program，例如員工旅遊或是員工認股）來改善職務設計。

(2)控制決策組合

控制決策組合是處理以每天為單位所發生的短期性問題為主，定義了原物料如何在生產流程中移動的方式。設計決策和控制決策組合之間應相輔相成，才能建立精實的生產作業環境，達到世界級的績效。

i. **預測**（**forecasting**）是推算需要生產什麼產品，以及何時生產出來。預測是用來規畫生產、決定產能需求、調整人力計畫、及決定庫存水準。預測的技術從簡單的移動平均法，到先進的計量經濟模型都有。多數技術都使用歷史性資料觀察銷售趨勢。但是受到先天因素的影響，預測幾乎總是會出錯的，也因此需要尋求更多正確的資訊，以及更大的生產作業彈性，來因應預測的不準確性風險。

ii. **存貨控制**（**inventory control**）決定生產多少產品以及何時生產它們。「生產多少」這個問題可以藉著計算經濟訂購量（Economic Order Quantity，EOQ）來回答，經濟訂購量可以平衡準備生產的成本以及儲存貨品的成本，因大量的生產可以使單位成本較低，但是會提高庫存成本，而低水準庫存則可能導致銷售機會的錯失以及顧客的不滿。「何時生產」這個問題可以藉著計算再訂購點來回答，並比較目前可取得的庫存數量以及需求發生率。

iii. **排程**（**scheduling**）**分成兩個層級，首先是整體生產計劃**（**aggregate planning**），**決定需要製造的是什麼，並安排所需產品的概略製造時程。生產計劃的輸入資料包括產能評估、需求預測以及各種資源的成本。**第二個層級，則是定義每個工作站在什麼時間應該完成哪些工作。在小批量生產環境時，一個工作站會有多個工作等待處理，排程決策須指定每個工作的優先權，以決定處理的順序。若是在大量生產的組裝作業時，排程決策是由裝配線的現場配置來決定。在獨一無二（one-of-a-kind）的專案，像是大型社區營建專案中，則必須使用專案規劃及管理工具（在需要謹慎管理資源的 ERP 導入和其他大型開發計畫時，也會利用這些工具）來進行排程決策。

iv. **品質控制**（**quality control**）**強調從設計、建立與檢驗三方面來同時控制流程品質及產品的品質。**不過，再多的檢驗也無法讓壞的產品變成好的，[9]真正的目標應該是每次都在一開始就把事情做對。有許多統計工具已被用來指導產品設計、監控過程中處理的品質、及評估最終成品的品質。在服務業，品質控制也同樣重要，然而服務品質是從顧客滿意的角度來評量的，所以更難量化，儘管如此，統計的技術仍然是可以發揮效用的。

2. 豐田式精實生產（lean production）

在二十世紀的大部分時間中，人們認為裝配線上的**大量生產**（**mass production**）是製造大批量產品的最佳方法。在 1970 年代晚期之前，豐田汽車（Toyota）在劇烈競爭壓力環境下，提出了**及時**（**Just-In-Time，JIT**）**製造模式**。Toyota 盡可能模擬連續流程的產業（process industries）來建立自己的生產流程。

在 JIT 生產中，庫存會被減到最低；原物料與生產流程是同步化的，當一個品項從工作站中完成移出時，另一個也已經剛好送到，讓原物料流過工廠就像水流經水管一樣的順暢。

藉著改變製造環境的本質，Toyota 改變了成本／產量的關係，讓 JIT 的學習曲線移動到一般大批量（volume-dependent）生產的成本曲線下方。**學習曲線是用來表示生產數量與單位成本之間的關係，每當累計生產量增加一倍，第 n 個項目的成本就會減低某個百分比**。例如某個公司位在 90% 的學習曲線上，第 100 個單位的生產成本爲 $10，則第兩百個單位的生產成本會是 $9。

在一般大批量生產的成本曲線中，要以低成本生產的關鍵是建立大型工廠以增加產量，Toyota 卻發現 JIT 最經濟的學習曲線是在生產數量達到每年 200,000 輛汽車時。當其它的汽車製造商致力於 5%~15% 的學習指數時（譯註：90% 的學習曲線，b ＝ ln(90%)/ln2 ＝－ 0.152），Toyota 卻達到了超過 30% 的學習指數（譯註：80% 的學習曲線，b ＝ ln(80%)/ln2 ＝－ 0.322）。[10] 區別在於 Toyota 在設計和控制流程時，不斷找出並消除各種的浪費。豐田式生產的另一個特色就是要求**工作人員主動參與生產系統的設計及管理**。經由 JIT，Toyota 改善了生產力、提高了品質水準，並壓縮了週期時間。多年來，JIT 的基本原理已經演變成爲今日的**精實生產（lean production）**哲學。了解這項「精實邏輯（logic of lean）」的最好方法，就是去檢視它爲了取得成功在生產作業環境上所做的改變。

(1)消除浪費

精實生產的目標之一就是是隨時隨地辨識並消除已發現的任何浪費。Toyota 的 5S 程序是清潔、組織及維持一個良好生產力工作環境的全面性方法，也是消除浪費的最佳範例（見表 5.2）。簡單地說，5S 程序要求工作空間的管理應該要「每樣東西都有一個位置，而且隨時物歸原位」。當各項工具—從夾具到訂書機—都在它們所屬的地方，多餘的動作和力氣就可以避免了。

經常，消除浪費最大的機會是在庫存削減。**庫存會掩飾流程本身的問題，若能排除這些問題，就能夠改善品質、增加生產力、及縮短前置時間**。精實企業以系統性的方式降低庫存，並讓問題浮出檯面，以便將它們消除。

▼　表5.2　5S基本原則

5 S	基 本 原 則
整理（Sort，歸類）	消除雜亂。除去作業中不需要的一切用品、原料、工具以及文書工作。只保留執行此流程所需的用品。
整頓（Set in order，安置）	組織工作的區域，讓需要的物品可以很容易被找到。每件東西都有固定的放置地點，而且隨時是歸位的。
清掃（Shine，擦亮）	清掃工作區域，讓它煥然一新。範圍包括走道、牆壁、會議室、儲藏室。
清潔（Standardize，標準化）	建立並運用政策、程序、實務，確保規律地執行前三個5S活動。
素養（Sustain，維持）	建立5S文化，建立機制以支援、加強、擴大5S實務。關鍵是鼓勵員工的參與、評量他們的表現，並加以表揚。

(2)員工參與

JIT 所實施的「**自働化**」（**Jidoka**）或「停線」，允許現場工作人員在品質發生問題的時候停止生產線運作。Jidoka 的日文表示法（自働化）可以翻譯成「人和機器的系統」。若要採取這種程度的員工參與，必須認真地培養每個工人解決問題的技術。企業加值流程的所有構面都有員工參與，並讓這些做法變成整個企業的文化：(1) 每一位員工都是訓練有素的，(2) 每一個人都能夠為自己的行為負責，以及 (3) 員工有效地融入流程的每一構面。

(3)管理者責任

當員工負責他們自己的工作並主動地參與解決問題時，**管理者的角色則轉變為教師、團隊引導者及激勵者**。以合作的精神取代敵對的態度，讓員工和管理者可以一同工作及持續地進步。然而，不是每個管理者都適合達成這種教練的角色，若有生性多疑的主管無法放棄自己的權力，並授權給員工，就會阻礙了精實方案的推動。

(4)流程開發

生產線上的員工最適合改善生產流程，所以他們必須接受適當的統計學訓練，並**被授權做必要的決定，這樣他們才能夠解決問題與改善流程**。流程改善的經典實例是 Toyota 修改了用來沖壓引擎蓋和擋泥板的重型壓力機，使得模具轉換的時間，從 4 小時降低成 12 分鐘，這種改善大大地提升了生產效率和彈性。此

外，Toyota 開始在組裝流程中加入時間緩衝區，當作一種主動學習中心。所謂的時間緩衝區是在流程中加入額外的、多餘的時間，讓製程工程師可以用來實驗新的機具或是技術來改善流程，卻不至於造成生產流程的中斷。其目標是藉由測試新的組裝方法，持續改善已有效率的流程，可以說這些緩衝區就像是流程開發的即時學習和實驗的時段。

(5)供應商整合

Toyota 相信精實原則應該推廣到上游的重要供應商，**目標是讓供應商變成Toyota 流程延伸的一部份**。長期合約、聯合採購、共用設施場地等，這些都促進了流程的整合。當關係更穩定、資源開始共享時，就能夠創造出更好的價值。Toyota 依賴重要供應商的明顯例證是它願意增加特定供應商的所有權股份，以避免通用汽車和其他競爭者取得這些供應商的控制權。

(6)同步化（**synchronization**）

「拉式」（pull）系統或「看板」（kanban）系統是由顧客需求驅動的，這種系統需要嚴格的控制和紀律，以**確保原物料能及時抵達以開始生產、及時製造出半成品以用於最終產品的組裝流程、並及時地將成品交付到顧客的手上。**「kanban」這個字是小卡片的意思，簡單的看板系統會傳遞這張小卡片來觸發生產。當「小卡片」傳到某一個工作站時，生產才會開始，因此「看板」系統是一個視覺化系統，確保在「下游」製程需要零件時才會觸發生產。因為複雜化會增加同步的難度，精實組織必須謹慎地管理庫存品項或庫存單位（SKUs）的可用數量、簡化產品設計、平順生產流程、精簡供應商數量、外包模組化產品、並加速開發優異的資訊系統。總之，簡化是同步化的首要關鍵。

(7)長期持續的逐步改善

精實生產作業依賴逐步的生產力提升和始終如一的改革創新。人稱日本持續改善哲學之父的今井正明（Masaaki Imai），將這種**持續改善的追求過程稱為「kaizen（改善）」**。精通「kaizen」哲學的企業會發展出兩種特性—**高水準的員工訓練以及「公司成敗，人人有責」**的態度。這些特性讓精實企業總是能夠善加把握重大的突破性發展機會。

　　Toyota 很早就體認到**成功需要長期投入，才會有結果**。上述 Toyota 引擎蓋和擋泥板沖壓機的更新花了五年來設計並實施。接下來的故事更可以說明長期投入的必要性。在一個工廠參觀行程的最後，一位美國經理對日本工廠的接待人員提出了一個問題：「你們為什麼願意把所有的一切都跟我們分享？難道你不知道我們回去以後會複製這裡看到的一切嗎？」這問題得到了一個出乎意料的答案：「我們花了非常多年來開發並實施這個系統，我們不認為你們會有同樣的耐心和決心來完成它！」

3. 服務業的作業管理

供應鏈管理者基於三項理由，必須了解服務業的幾個特殊性質（見圖 5.4）。首先，許多**供應鏈流程實際上就是服務**。採購、物流和新產品開發都是內部服務作業的例子。其次，**服務主導了目前的經濟活動**，而服務性的企業像是銀行則依賴優異的供應鏈實務。最後，顧客想要購買的是**完整解決方案**，而不只是產品而已。

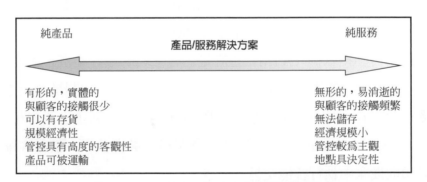

　　　●　**圖5.4　製造和服務作業的關聯性比較**

　　認清了這個事實，IBM 將自己從電腦製造商轉換成資訊解決方案公司。IBM 提供顧問、硬體以及完整的管理協助給想要將資訊需求外包的企業，甚至也銷售競爭者的硬體做為資訊解決方案的一部份。在汽車製造業中，通用汽車發現設立融資部不但可以協助顧客採購他的汽車，還可以使用非常低的融資利率作為競爭的武器。奇異公司同樣也發現融資對銷售發電機和其他資本設備來說是很重要的，奇異融資公司（GE Capital）經常是奇異最有獲利能力的公司。

生產和服務作業的關鍵性差異，主要有下列六項。

(1)有形性（**tangibility**）

製造的產出是有形的：可以被觸碰，並仔細拿來檢驗。相反地，服務的產出是無形的：觸碰不到，唯有親身體驗。當你買了一張到墨西哥東南部旅遊勝地坎昆的機票來渡假時，除非乘坐之後，否則無法評量你對這次飛行的滿意度，只是到了那個時候，想要退回機票取回退款就為時已晚了。因為貨品是實體，所以可以被儲存和運輸，可允許我們對品質做客觀的評定，特別像是「符合規格」這一類的術語，但服務就不能。服務的無形性（intangibility）影響了很多作業決策，包括設施選址（facility location）、設施配置（facility layout）、庫存管理、排程和品質管理等。

(2)顧客接觸（**customer contact**）

製造業產品的顧客很少會接觸到實際生產流程。然而在服務業，顧客卻經常會參與生產與配送的流程[11]。例如，顧客通常會將他們自己買的雜貨打包裝袋；在德州的美式漢堡連鎖餐廳芙德路克（Fuddruckers）店中，顧客可以自己從用餐區的新鮮原料中，組合出自己設計訂做的漢堡。

銀行業的自動提款機（ATM）也許是顧客參與的最好範例。顧客可以使用ATM執行所有的日常交易，包括存款、提款，而且服務時間是每天24小時，不需要銀行職員任何協助。顧客變成了服務操作員，提高了生產力和滿意度。線上銀行（On-line Banking）更擴展了金融服務的顧客參與，讓顧客每天24小時都能舒適地從家中執行各種交易。

(3)有無存貨能力（**ability to inventory**）

因為實體貨物可以儲存，所以製造商可以提前生產，以滿足未來所需。相反地，**服務通常會同時被生產和消費，讓產能及需求管理變得很重要**，企業產能可以選擇依據尖峰需求來建立，但在非尖峰時段會有產能過剩；或是依據平均需求，但在尖峰時段便可能會錯失銷售機會。**要如何讓產能與需求相符是服務產業的一個挑戰。**

例如，一旦飛機起飛，空出的座位就不能銷售，這些產能就永久消失了。美國航空公司（AA）是最早使用收益管理（yield management）將起飛前的空機位填滿的航空公司。收益管理在每個班次中提供一些低價的機位，在最小化

錯失銷售全額機票機會的前提下，試圖讓收入達到最大。美國航空利用自動訂位系統 SABRE（Semi-Automated Business Research Environment），配合歷史需求資訊、未來需求預測、及機位的數量，來分配每一個航班的折扣費率。假如某個航班比較空，就會有比較多的位置被設定較大的折扣；當機位較供不應求時，票價就會升高。這種變動定價法使得以最高可能票價填滿座位的機率提高了。據美國航空估計，在 1989~1992 年之間，收益管理增加了 14 億美元的收入，比同期淨利 8.92 億美元還高出了 50%。[12] 萬豪酒店（Marriott Hotels）和其他的服務型企業現在也使用收益管理來幫助它們達成供需相符。

(4)規模經濟（**economies of scale**）
勞動生產力的比較上，生產作業會比服務作業的要高。因為實體產品可以提前生產以供應未來消費的需要，也可以運送給全世界的顧客，所以製造商可以建立龐大的工廠設備以發揮規模經濟效益。這樣大規模的生產作業是高度自動化而且資金密集的。而服務業通常依賴較小型的營運作業，離顧客也比較近，並傾向於勞力密集。因此相較之下，**生產作業每個工時的收入和利潤，都要比服務作業來得高**。

　　例如，在 2005 年，威名百貨（Wal-Mart）雇用了將近 170 萬人，其收入為 2,850 億。Wal-Mart 的每個員工平均替公司賺了 $167,778 元。相對地，奇異公司（GE）則雇用 30 萬 5 千個員工，收入為 1,340 億，每個員工能夠賺入超過 $482,147 元。假如我們強調的是每個員工的利潤率，這個對比會更強烈：Wal-Mart 每人的利潤率是 $6,039，奇異公司則是 $53,267。表 5.3 顯示了財富雜誌前 50 大製造業及服務業的勞動生產力比較。

(5)管控的客觀性（**objectivity of control**）
在製造業中，生產力和品質可以被客觀地評量。**但服務業的無形性和顧客參與使服務作業的管控複雜化**。例如，製造產品的大小和特質可以被測量，判斷它是否適合使用。相對地，服務環境中的顧客經驗很少有能夠直接測量的。顧客意見卡和建議箱常被用於服務業的環境，然而，這些回饋的正確性、頻率和品質都是有限的。除此之外，顧客的行為更常超出服務業者的管控範圍。

▼ 表5.3 製造和服務企業的勞動生產力（2003~2004）

製造業	員工人數	營業收入	營業收入/員工	利潤	利潤/每員工
Exxon Mobil	85,900	$263,989,000,000	$3,073,213	$25,330,000,000	$294,878
General Motors	324,000	$193,517,000,000	$597,275	$2,805,000,000	$8,657
General Electric	307,000	$148,019,000,000	$482,147	$16,353,000,000	$53,257
Altria Group	156,000	$63,963,000,000	$410,019	$9,416,000,000	$60,359
Pfizer	115,000	$51,298,000,000	$446,070	$8,085,000,000	$70,304
Procter & Gamble	110,000	$56,741,000,000	$515,827	$7,257,000,000	$65,973
Dell	55,200	$49,205,000,000	$891,395	$3,043,000,000	$55,127
Dow Chemical	43,203	$46,307,000,000	$1,071,847	$4,515,000,000	$104,507
Microsoft	61,000	$39,788,000,000	$652,262	$12,254,000,000	$200,885
Boeing	159,000	$52,457,000,000	$329,918	$1,872,000,000	$11,774
製造業平均			$846,997*		$92,573**
服務業	員工人數	營業收入	營業收入/員工	利潤	利潤/每員工
Wal-Mart	1,700,000	$285,222,000,000	$167,778	$10,267,000,000	$6,039
Verizon Com.	210,000	$71,283,000,000	$339,443	$7,831,000,000	$37,290
Home Depot	325,000	$73,094,000,000	$224,905	$5,001,000,000	$15,388
State Farm Insurance	79,200	$58,800,000,000	$742,424	$5,300,000,000	$66,919
Federal Express	250,000	$29,363,000,000	$117,452	$1,449,000,000	$5,796
Target	292,000	$46,839,000,000	$160,408	$3,198,000,000	$10,952
Time Warner	84,900	$42,089,000,000	$495,748	$3,363,000,000	$39,611
Morgan Stanley	53,284	$39,549,000,000	$742,230	$4,485,000,000	$84,172
UPS	384,000	$42,581,000,000	$110,888	$3,870,000,000	$10,078
Walgreen	163,000	$42,201,000,000	$258,902	$1,559,000,000	$9,564
服務業平均			$336,018*		$28,581**

* 平均營業收入/每員工
** 平均利潤/每員工

(6)運輸性（**transportability**）

因為實體產品可以運輸，所以製造商可以將生產位置放在任何地方，只要整體到岸成本（landed cost）（生產和運輸成本的總合）具有競爭力。服務業被消費

和生產的地方通常是一樣的，所以服務是很難運輸的一除非可以被數位化，例如線上銀行可以從顧客自己的家中上網操作；服務的外包（outsourcing），例如客服中心和軟體程式設計，已經成為重要的經濟和政治現象；甚至還有跨國服務的例子，某人可能在波士頓做了一個 MRI（核磁共振攝影），經由網際網路傳送到印度班加羅爾的放射師加以解讀，並在隔天將結果傳回去。印度已經變成了許多服務工作外包的熱門地點，因為它具有數量龐大、有英語能力的高教育程度工作者。趨勢預測在 2015 年之前會有超過 300 萬個服務工作被外包。然而，絕大多數的服務不容易被數位化，顧客必須親自前來接受服務。網路雜貨宅配的先驅者 Peapod，仍為達到穩定的獲利而在繼續努力。

4. 世界級供應鏈的生產作業技巧

大多數企業在組織內部的生產作業目標，是經由精實原則（lean principles）的應用，得到優秀的作業績效。然而，在真實世界中，更是彼此對立的供應鏈之間的競爭，**企業必須努力在自己所屬的供應鏈中培養卓越的生產作業能力**，其方法為 **(1) 謹慎的外包管理 (2) 供應商整合製造，以及 (3) 最佳實務的擴散**。今日的管理者需要擁有以上的技巧，畢竟**整體供應鏈的強度取決於當中最弱的那一個鏈結**，供應鏈中的個別企業都必須保持卓越，否則就會面臨被淘汰的風險。

(1)外包

外包讓企業只需集中投資少數特定的技術，其他重要且必須的活動則仰賴外包夥伴來執行。當管理得宜時，這樣的**專業分工可以同時改善服務和效率**。Dell 電腦公司的商業模式就是依賴極有效率的合約製造商，成功驗證了使用外包來加強整體供應鏈效率的可能性。Dell 所需面對的挑戰則是要能夠增加足夠的價值，以維持自己在供應鏈中的領導地位。

(2)供應商整合製造

定義「應該做什麼」和「讓誰來做」是供應鏈設計的關鍵。然而，越來越多企業正在學習如何以新穎而獨特的方式分享資源，及改善創造價值能力。德國福斯汽車（Volkswagen）在巴西雷森迪市的貨車組裝工廠的有趣實驗，對於創造價值的角色和權責關係，加以轉換。福斯汽車建造了組裝工廠，邀請七家重要的供應商在工廠內建立組裝線，並由**供應商自行提供資產設備和組裝人員**，直到完成車輛成品並通過最終測試之後，這些廠商才能得到報酬。

(3)最佳實務的擴散

企業必須學習如何跨組織和區域分享最佳實務。美國連鎖鞋店 Payless ShoeSource 公司在年度稽核會議中與供應商們分享最佳實務。當他們發現某一個供應商的傑出實務時，就會將它加入會議中，與其它供應商分享這個實務。**目標是要建立一個共同學習的供應鏈體系。**

四、運送貨品：物流管理的基本特性

物流（Logistics）是將物品從一點移動到另一點，並在沿途儲存這些物品的藝術與科學。物流連接了全球供應鏈中的實體空間和時間上的阻隔。事實上，有效率的物流讓經濟全球化變成可能，並降低全世界人們的生活成本。在今日，倫敦的一個超市可能會販售來自美國緬因州和越南的魚，或是加州和智利的水果。北美的一個衣飾零售商可能會在三大洲超過 4000 家的零售商店，販售來自超過 50 個國家的產品。現代物流系統的表現影響到我們生活的每一個層面，它們運作得很好，以至於我們都已視為理所當然。

物流和供應鏈管理以及教育的領導專業協會：「美國供應鏈管理專業協會」（Council of Supply Chain Management Professionals，**CSCMP**），2005 年提出物流的定義為：

> **物流管理是供應鏈管理過程的一部份，為了滿足顧客的需求，對貨品、服務和相關資訊從原產地到消費地的正向和反向流動和儲存，進行有效率以及有效益的規劃、實施和控制。**
>
> Logistics management is that part of SCM that plans, implements, and controls the efficient, effective forward and reverse flow and storage of goods, services, and related information between the point of origin and the pointof consumption in order to meet customers' requirements

在許多知名的企業像是班尼頓（Benetton）、賀喜巧克力（Hershey's，亦譯為好時）、服飾品牌 The LIMITED 和惠而浦（Whirlpool）中，卓越的物流管理已成為競爭策略的基礎。出向物流（outbound logistics）的成本佔每一塊錢銷售額的

7%~10%，這樣的物流成本雖然相當可觀，但物流眞正的潛力在於它能幫助企業將自己與其他競爭者差異化，及增加顧客的忠誠度、銷售額、與利潤。物流思維的領導者，包爾索克斯（Donald Bowersox）指出，今日的顧客需要 **(1) 確實收到他們訂購的產品**：不多、不少、不需要替換、沒有瑕疵、沒有破損、及沒有變質；**(2) 將這些完美出貨的訂單在約定的時間內送達**，以及 **(3) 儘可能少付錢**，這也就是今日物流的使命所在。

1. 物流流程

物流流程通常被分爲進向（inbound）物流和出向（outbound）物流來討論。**物料管理**（Materials management）是有關原料、採購元件、和零組件的進向運輸和儲存，這些物料接下來會進入並流經生產流程。物料管理的主要目標是確保生產流程在正確的時間和地點擁有足夠的原料。**實體配送**（Physical distribution）則是指成品從製造商到顧客指定的交貨點的出向運輸和儲存。實體配送的目標是儘可能以最低的成本，滿足或超越顧客對服務的期待。

一家企業的整體物流能力是由如何組織和管理「人」、「設施」、「設備」、和「營運政策」的方式來定義的。**表5.4列出了核心物流活動的基本角色和責任。這些活動的規劃必須與其他內部和外部流程一致。**例如，物流部門必須與生產管理部門相互協調有關預測與存貨控制的決策。包裝設計的決策則必須考量行銷部門的意見和下游顧客的想法。

(1)訂單週期

物流藉著將訂單在正確的時間交付到正確的地點來創造價值。訂單週期（order cycle）是一系列的活動，開始於需求的發生，結束於產品被交付且提供使用。圖 5.5 列出了典型訂單週期中的重要活動。定義上來說，訂單週期的開始和結束都是在買方的公司。買方必須辨識出需求，並發出一個訂單，接著供應商必須處理這個訂單。訂單處理作業包含 (a) 訂單輸入，(b) 生產或揀貨，以及 (c) 運送準備和包裝。接下來，訂單的貨物就會從供應商出貨運送給買方，一旦訂貨抵達買方的收貨碼頭，就必須完成檢驗和收貨的動作之後，才可以移往使用地點。

▼ **表5.4　基本物流活動**

活動	基本角色和責任
顧客服務	了解顧客的需求，評量物流表現能否符合這些顧客需求。
需求預測	必須建立需求預測，以協助其他物流活動、配置資源，並以最低成本提供高水準的服務。
文件製作	正確的文件能確保產品準時抵達顧客手中，尤其在跨國運輸上特別重要。
資訊管理	有關運輸業者、顧客、和存貨的資料必須轉換成有用的決策資訊。資訊可以在今日物流系統中發揮替代或減少存貨的效果。
存貨管理	存貨必須能滿足生產需求和顧客需求，然而存貨是很昂貴的。存貨控制必須儘可能以最少的存貨達到高水準的顧客服務。
物料搬運	因為物料搬運需要耗費成本而且可能導致損毀，因此工廠和倉庫的設計需使物料搬運的需要降到最低。
訂單處理	訂單處理是所有工作的起點。許多訂單是以電子方式傳送的，可以增進履行流程的速度和正確性。
包裝	包裝可以在配送過程中保護產品。包裝也可以傳達產品資訊，並讓產品擁有吸引人的外貌。
零件與服務支援	必須有備品和替換零件可以支援銷售。Caterpillar公司承諾在48小時內就能將所需的替換零件送達。這種售後支援可以增加顧客忠誠度。
區位選擇	適當的地點有利於資源的存取，例如低勞工成本以及原料。它也會影響顧客服務，方便企業進入重要的消費市場。
退貨處理	必須有效率地退回不良品和錯誤訂單。「逆向物流」對於企業要達到高水準的顧客滿意度來說是非常重要的。
廢物利用與回收	過剩物料的處理經常是被輕忽的。然而這應該是重要的物流活動，特別是危險物料或是回收項目的管理。
運輸管理	運輸是最明顯可見的物流活動。有六種可選擇的運輸方式：鐵路、公路運輸、管線、航空、船運，或是電子網絡。
倉儲/DC管理	倉儲的功能是儲存產品直到需要使用它們的時候。倉儲也可以將各種產品集結起來出貨給單一顧客。

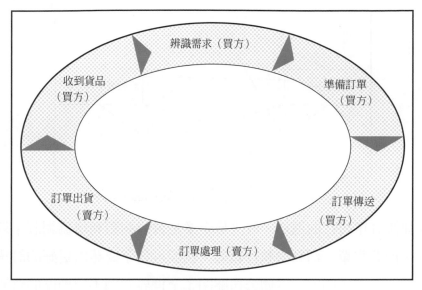

🔺 圖5.5　訂單週期

　　降低訂單週期時間是一個重要的議題。管理者了解大多的履行前置時間是沒有生產力的。有一個稱為「**停留時間比**」（**dwell time ratio**）的評估指標，是用來計算**存貨閒置的日數與移動的日數比例**。在大多數的案例中，總訂單週期中的 90% 是沒有生產力的。為了要降低週期時間，必須更有效率地管理一或多個組成訂單週期的活動。**圖 5.6 列出了改善訂單週期時間必須管理的五個主要活動**。

- **設施選址**：將工廠設在適當的位置並使用適當的流程技術，可以幫助企業降低生產和交貨時間。
- **存貨管理**：適當的存貨數量和存貨組合讓企業能夠快速地供應訂單。
- **訂單處理**：簡化訂單流程，消除非必要的步驟。確保訂單的輸入正確，可以消除延遲的情況，正確地履行訂單。
- **運輸管理**：與可信賴的運輸公司建立良好的關係，減低運輸時間，提升準時交貨的績效。
- **倉儲管理**：採用適當的技術，實施創新的物料搬運流程，像是越庫轉運（cross-docking），可以加速物料進出倉庫的速度。

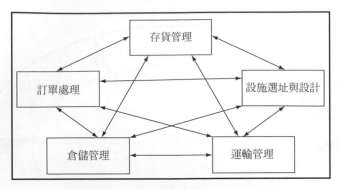

🔺 **圖5.6　改善訂單週期時間的活動**

　　想要加快訂單履行的週期，取決於企業是否能夠順利地協調訂單週期中的所有活動，而非靠單一活動的執行績效。例如，為了要藉由更好的訂單履行來改善顧客服務，美國國家半導體公司關閉了全世界六個不同地區的倉庫。這些倉庫中的存貨被集中存放到新加坡一個 125,000 平方英尺的物流中心。這個計畫降低了必須維持的庫存總量，增加了美國國家半導體公司的訂單達成率。然而，在單一物流中心的情況下，要在可接受的時間內將貨品運送給全球的顧客，唯一的方法就是將運輸模式改成空運。使用單一物流中心（DC）的合併庫存再加上空運的方式，美國國家半導體公司縮短了 47% 的運送時間，卻還降低了2.5% 的整體配送成本，更重要的是，銷售額成長了 34%。[13]

　　另外一個與訂單有關的問題是「誰要管理運輸以及支付費用？」有兩個主要的選擇：貨到付款或是預付運費（collect or prepaid）。美國山姆會員商店（Sam's Club）分析所有的購買記錄，判斷哪一種採購條件最有利。當有公司選擇貨到付款時，Sam's Club 會直接在供應商的出貨碼頭就取得貨品的所有權，並自行安排後續的運輸工作。當選擇預付時，供應商會安排並支付運輸費用，並將成本轉嫁給買方，通常零售商也可以因而獲得運輸費用的折讓。Sam's Club 知道這些折讓通常不足以支付增加的運費，供應商也會因為有機會在貨運管理流程中賺一點利潤而鼓勵預付。供應商的隱藏利潤讓 Sam's Club 傾向於將採購價格和運輸成本分開。Sam's Club 花費許多心力來做這些分析，才得以替每一個訂單選擇成本最低的方案。

(2)運輸管理

運輸成本、供應能力和可靠性在物流系統設計中扮演了重要的角色。它們會影響服務全球顧客所需的工廠數量和位置。[14] 運輸也會影響庫存管理、產品和包裝的設計，以及顧客服務策略。[15] 有效益的運輸策略更能夠大幅提升企業競爭力，因此，需仔細考慮有關**運具選擇**（**modal choice**）、**運輸公司選擇**（**carrier selection**）、**運輸路線**（**routing**）**選擇、以及物流外包等的決策**。因為運具選擇決定了服務特性及運輸系統成本，所以整個運輸系統設計的首要影響因素就是運具的選擇。[16]

　　物流管理者有六種常見的運具可供選擇：鐵路、公路運輸、管線（pipeline）、航空、船運或是網際網路。對大多數的企業來說，運輸模式的選擇取決於運送產品的型態、運送起訖點、可取得的設施、顧客要求以及運輸模式的成本／服務特質。**表 5.5 中列出了對這些特質的評量，每種模式都根據情況的不同而各有優缺點。目標是在能夠達到所需服務水準的前提下，選擇成本最低的運具類型。**

　　運輸模式的選擇是很複雜的，需要小心的成本分析和權衡取捨比較。例如 Sam's Club 的管理者是因為與 Costco 的競爭，而開始進行運輸模式成本分析。他們的目標是要利用 Sam's Club 的物流專業，打敗 Costco 在促銷活動上的優勢。他們發現即使在公路運輸模式下，方案選擇和成本的變化性還是很大。整車運輸（Truck Load，TL）的成本最低。「巡迴取貨」（milk-run）的多站整車運送會增加 25% 以上的成本，零擔貨運（Less-than-Truck Load，LTL）將多個託運貨主的產品合併成整車的量，比基本的 TL 多出 250% 的成本。使用包裹服務的費用是整車運輸的 700%，空運費用則是整車運輸的 1000%。**成本差異比大多數管理者預期的更高，這個認知讓管理者開始分析整個物流網路，嘗試找出經由整車運輸模式運送更多貨品的可能性。**

▼ **表5.5　主要運輸模式評量**

	陸運		
	鐵路	公路運輸	管線
成本	高固定成本、低變動成本的結構；成本低廉，特別是體積較大的貨品	高變動成本（90%），低固定成本（10%）；整體成本高於鐵路運輸	高固定成本、低變動成本；成本非常低廉
速度	相對較慢，平均車速20MPH（除非使用雙層貨櫃列車，速度可達兩倍）	假如有完善的道路系統，可以達到中等速度，大約是鐵路的兩倍（50MPH）	由於可運送產品的特性，讓速度不是主要議題
承載量	大量；整車裝載量可達最大成本效益	承載量限制在80,000lbs左右；容量較大的聯結車有地理性限制	運輸量大，但侷限於少數幾項物品（油氣、水等）
地理範圍	在世界某些洲很普遍；受到軌道、陸地區塊的限制	在某些洲很普遍；受到道路、陸塊的限制	在某些洲很普遍；有單向運輸的限制；受到陸塊是否支援管線的限制
環境議題	新建鐵路對環境產生高度衝擊；空氣污染低	高度污染性，特別在是開發中國家；新建道路對環境產生高度衝擊	管路洩漏；對野生生物和風景價值產生高度衝擊
距離	中程到長程	短程到中程	通常是中程
設施需求	鐵軌、火車	道路及車輛，路線被道路位置所限制	兩點之間的管線
產品種類	適合各種貨品；特別是大體積的貨品	適合各種貨品	主要用於石油；特別適合液態或是氣態產物
可靠性	低遺失率、低損毀率、較不準時(側軌、車站的延遲)	低遺失、損毀率，比鐵路準時	非常低的遺失或損毀率，通常會準時
彈性	路線被鐵軌所限制，很少能從發貨地點運送到收貨地點(需要接駁)	路線受限於道路位置。但是在高速公路建設良好的國家，仍然可以提供即時，大範圍的運輸。假如具有適當的道路，可以允許從發貨地點運送到收貨地點。	路線規劃受管線所限制。

▼　表5.5　主要運輸模式評量（續）

	水運	空運	電子網路
	船運	航空	網際網路
成本	高變動成本、低固定成本；成本非常低廉，大約0.008美金/延噸英里（鐵路運輸的1/4）；需要的燃料較少	高變動成本，低固定成本；非常昂貴（公路運輸的2~3倍，鐵路運輸的12~15倍）；包裝成本比船運低	低變動成本，低固定成本；設備建置完成之後的成本極為低廉
速度	內陸水運：很慢，大約4~5MPH；海運：較快，停靠港較少（10~12天可以橫跨太平洋）	較快的各大洲內或跨洲運輸速度，可在數小時或數日內抵達。	非常快速
承載量	大量；貨櫃運輸可乘載大量的標準貨櫃（TEU）	比較小	受到原始傳輸線數量或是衛星存取的限制
地理範圍	全球性的，受到天然或人工水道的限制	在某些洲很普遍；受到機場位置的限制	在某些洲很普遍；取決於可取得的傳輸能力
環境議題	意外或破損造成的燃油洩漏，對漁業造成嚴重影響	在人口稠密地區造成噪音污染	污染較少，除非要建置新的傳輸線路，但污染仍然少於其他運具模式
距離	長程到極長程	中程到極長程	極短程到極長程
設施需求	設施需求港口、船隻；路線受限於水路、鄰近海洋與否	機場、導航系統、飛機；路線受限於機場位置	電話線、衛星、無線傳輸；路線受限於傳輸路徑
產品種類	變化性較小；重貨、散裝貨、或低價值/重量比的品項，通常是大宗商品。	各種較小的、高價值/重量比的品項，通常是易腐或有時效性的物品	限在電子資訊、軟體、音樂、視訊、文件、訊息等項目
可靠性	遺失、損毀率較高，特別是大宗物資的運送	遺失、損毀率較低，非常準時	沒有遺失率（除非被駭客入侵），準時交付的變異大（易受網路品質影響）
彈性	港口到港口	機場到機場	電腦到電腦

(3)配送管理

倉儲管理扮演儲存貨品的重要功能，位在生產者和消費者的中間，讓產品在需要時可以取得。企業通常有兩種倉儲管理的選擇：(i) 將產品儲存在製造工廠的成品倉庫中；(ii) 將產品儲存在**物流中心（Distribution Cente，DC）**，就是在製造工廠和顧客之間提供中間的儲存地點，將來自多個生產地點的各種物品集中儲存。

還有許多儲存貨品以外的加值活動也會在倉庫或 DC 中執行，如下列所示。

- 出貨和進貨。
- 搬運（materials handling）和訂單處理。
- 併裝和分裝貨物。
- 運輸管理，像是路徑選擇、貨況追蹤、移動監控。
- 產品包裝和貼標籤（具有流通加工的外觀延遲效用，form postponement）。
- 新包裝和組合產品（流通加工作業）。
- 準備直接商店展示用的棧板組合（display-ready pallets）。
- 簡單加工或組裝（流通加工作業）。
- 報廢和垃圾處理。

因為持有庫存貨品會花費金錢，所以產品流在配送作業中是很重要的。庫存所造成的資金成本可能相當可觀，其他的產品儲存成本包括了報廢、損毀，以及遺失。因此，大多數的企業都儘可能將產品儲存的時間縮到最短。**有效率的倉儲管理作業從進貨、入儲（儲放到倉庫存貨中）、接單揀貨、及最後快速出貨，有助於降低配送的成本。**Wal-Mart 的**接駁轉運（flow-through）或越庫（cross-docking）作業將產品經由物流中心有效率地移動，如圖 5.7 所示。**

Wal-Mart 物流中心的設計可以集中多個供應商的產品，再重新分配運送給零售大賣場。每一個區域性物流中心的大小為 27 英畝，可支援將近 120 個大賣場。整車計價（TL）的貨品抵達某一個裝載碼頭後，將貨品卸下、拆開，並與來自其他供應商最近抵達的貨品重新組裝後，再以整車派送到個別零售賣場。大多數的產品從未進入倉庫中，只是從一個碼頭移動到另一個碼頭。目標是在 48 個小時內將產品送達、卸貨、重新組合、包裝、然後運送出貨。**越庫作業藉**

著存貨的併裝（**consolidates**）及快速轉運，不但達到生產和運輸的規模經濟，也提升了顧客服務水準。因此，成本和效能必須加以權衡取捨，以決定要怎麼進行倉儲管理，才能最有效地改善整體配送作業。

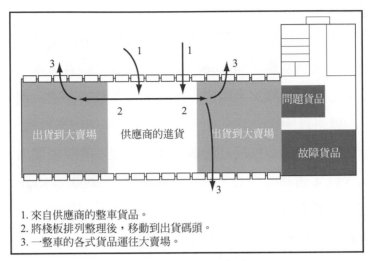

1. 來自供應商的整車貨品。
2. 將棧板排列整理後，移動到出貨碼頭。
3. 一整車的各式貨品運往大賣場。

🔺　**圖5.7　越庫作業**

　　要設計出有效的配送網路架構，需要管理者作出關於倉庫數量、地點、所有權、以及自動化程度的決策。很少企業能夠擁有設計完美的配送網路，問題來自於網路架構會隨著時間而成長。當需求增加時，就會加入新的倉庫，甚至需求型態會改變，顧客組成特性也是如此。經過一段時間以後，曾經設計良好的網路架構就會變得浪費又沒有效率。因此管理者應該**定期重新評量他們的物流作業現況**，使用「打掉重練（**start-from-scratch**）」的思考方式，可以讓管理者看清楚他們需要的是什麼型態的改變。

　　在重新評量配送網路架構時，Nabisco（納貝斯克）從基本的原點開始思考。納貝斯克公司使用這個目標，來重新設計網路架構：「降低從原產地到消費地的物流和資訊流的總成本，並且加快回應時間以滿足變動的顧客需求。」納貝斯克從配送的「現況圖」中發現，共有超過 2,000 個品項的庫存（SKU），分別來自 106 個製造工廠和代工包裝廠。這些產品經由 30 家的長途運輸業者，運送到 10,500 個不同顧客的 DC 與店面。為了要支援這個網路架構，納貝斯克決定將 DC 營運外包給第三方業者，好將心力集中在主要活動上，倉儲管理就交給專門業者，一共租用了 12 座區域性的物流中心，分別位於奧勒岡州的波特蘭

市、加州的 Modesto 與 Buena Park、科羅拉多州的丹佛市、堪薩斯州的堪薩斯城、德州的大草原市、伊利諾州的芝加哥、俄亥俄州的哥倫布市、賓州的麥坎尼克斯堡（Mechanicsburg）、新澤西州的 Franklin、喬治亞州的 Morrow、以及佛羅里達的傑克遜維。

在比較配送成本和提供的服務水準之後，納貝斯克決定要減少物流中心的數量。在以郵遞區號爲基礎（zip-code based）分析了顧客需求之後，他們發現只要六個物流中心就足以提供全美國的需求（大多數的郵遞區號分析會建議只要五個物流中心就可以涵括全美國的範圍，分別位在加州洛杉磯、德州達拉斯、伊利諾州芝加哥、賓州的麥坎尼克斯堡以及喬治亞州的亞特蘭大。）納貝斯克計畫逐步淘汰 3 或 4 個物流中心，但是這些計畫在 2000 年 Kraft（卡夫）食品併購納貝斯克之後就暫停了。這種全球性配送系統的細節取決於整體的計畫藍圖，而納貝斯克的計畫藍圖又已經改變了（譯註：2015 年 3 月，卡夫已與亨氏合併成全球第五大食品商卡夫亨氏，Kraft Heinz Company）。

2. 世界級供應鏈的物流技巧

要讓物流更有效率與效益，是一件複雜又讓人畏懼的工作，但是潛在的報酬是很大的。在管理者努力想要增加企業績效的時候，他們通常會使用較不複雜的改革方式。一位管理者描述了這個狀況：「爲了得到競爭力，我們已經做了大多數必須要做的事。我們已經改變了開發產品、製造產品、行銷、和廣告的方式。唯一我們還沒有解答的謎題就是物流，這會是競爭優勢的下一個來源」[17]。**要讓物流串聯起供應鏈的所有加值活動，管理者必須具備執行下列事項的能力：**

(1)物流外包

物流作業的複雜性導致許多企業都將物流作業外包出去。**第三方物流（3PL）**是一個具有上百億產值的產業，而且持續在成長。外包的原因，有許多企業只是無法靠自己做到世界級的物流水準，其他的企業則是比較想要避免全球物流作業所帶來的麻煩，例如，UPS 管理美國國家半導體的全球物流中心，同時 UPS 也替 Dell 的伺服器事業提供備品的儲存和配送。美國施奈德物流公司（Schneider National Logistics）則替通用汽車管理零件庫存。管理者現在必須

提問和回答兩個相關問題：「在什麼時刻將物流外包，最有利於公司的競爭力？」以及「哪一個第三方物流業者能夠做的最好？」

(2)共享的物流服務

少量多頻次配送能夠提升企業對顧客的回應性，但是卻非常地昂貴，因此企業會儘可能地將產品以**整車（TL）**貨量來運送。爲了要讓運輸效率達到最大，許多企業正在實驗**共享的物流服務**。舉例來說，在加州起家的第三方物流公司Service Craft 合併了數個商品包裝公司的不同貨物，以整車方式運送到零售商店。Service Craft 的協調角色協助企業得以經濟可行的方式進行較少量但次數頻繁的運送。此外，納貝斯克甚至透過顧客自己的車隊來送貨。這樣的物流共同化作業，大量降低了回程空載（empty backhauls）和未滿載就發車的無效率情形，但是假如你最好的顧客在替你運送貨品時，發生了延遲或損毀時，你要採取什麼彌補與改善措施？

(3)網路架構合理化

如同納貝斯克重新設計網路架構的例子所顯示，公司營運需要眾多的物流決策來支援，而管理這些物流決策是一個繁雜的挑戰。企業主管通常只知道簡化物流系統會產生「一大筆財富」，但是他們很快地發現到，自己不怎麼想要處理那些複雜混亂的物流網路架構。[18] 大多數的企業目前才正要開始認眞思考如何將物流網路架構合理化，因此管理者需要更了解顧客的需求、供應商的能力、以及可供選擇的物流服務業者。他們也需要更複雜的資訊技術，才可以掌握所有物流中心地點差異、運輸業者評選、以及替代的運送路徑。最後，物流管理者必須精通關係管理的藝術，讓合理化設計後的網路架構能夠成功的付諸實施。

五、結論

要將偉大的構想轉變成爲顧客價值，需要採購、生產、物流部門的協調管理。因爲沒有一個公司擁有足夠的資金和技術完成所有的事情，所以**供應鏈的各個成員必須學習互相合作，設計並管理橫跨供應鏈流程中各項基礎設施的關鍵性訂單履行活動**。管理者必須熟練地將工廠、設備和流程結合成有效率的網路架構，以結合供應鏈上下游的專業能力。Dell 的卓越成就除了接觸顧客以創造需

求外，還包括了將代工大廠 Solectron（美國旭電，已併入偉創力，Flextronics）和其他合約製造商的生產技術整合到 Dell 接單生產（BTO）的直銷配送系統中。美國百事公司旗下菲多利（Frito-Lay）公司的零食食品擁有非常多的愛好者，為了滿足這些需求，建立由物流中心和當地司機所構成的嚴密配送網路架構，好讓零售商的架子上總是擺滿 Frito-Lay 的產品。

企業之間已同時在策略層級和作業層級上互相連結。**做為消費者和管理者，我們知道訂單履行流程包含了採購、生產和物流的決策，但是我們經常忘了它們是如何影響策略的制定。**我們也經常忘記，**訂單履行過程中任何一個地方的問題都可能導致整個供應鏈的停頓**，像是日本愛信精機（Aisin）煞車工廠的火災讓龐大的 Toyota 在幾個小時之後，跟著被迫停工。更重要的是，請記得顧客完全不在乎問題發生在供應鏈的哪一個位置，他們只會看到失敗的服務，以及對於企業承諾失去信心。

在了解採購、生產、物流的特性和功能，以及三者如何合作完成訂單之後，企業的管理者們才能夠評量出具備獨特能力的價值，並能夠在整個供應鏈中擔負特定的角色和責任。如果管理者希望他們的公司成為有價值的供應鏈團隊成員，他們就必須要知道如何有效率而且有效能地取得（acquire）、轉換（transform）、及交付（deliver）貨品和服務。

重點摘要

1. 採購、生產、物流的責任是要製造並提供有價值的產品或服務。這些功能是供應鏈策略的建構基礎。
2. 採購部門負責取得用來生產貨品或服務的原料。採購流程開始於辨識需求，取得合用的貨品後結束。
3. 採購管理專家是上游產能和能力的守門員。大多數的供應鏈中他們控制了大部分的附加價值。
4. 生產部門將採購的原料轉換成顧客重視的產品或服務。並沒有所謂的標準生產流程。重要的決策領域包括庫存管制、排程、品質管制以及生產管理。

5. 優異的生產作業能力是成功的先決條件，因此精實原則的應用以及組織間的最佳實務分享是很重要的。

6. 物流部門的主要功能是管理儲存和運輸，達到傑出的訂單週期時間水準。

7. 要讓物流連結供應鏈加值活動，管理者必須知道如何利用整個供應鏈的物流能力和基礎設施來降低成本，及改善服務。利用第三方物流、及共享物流服務可以改善物流效率。

8. 管理者必須了解採購、生產與物流的流程，選擇其中對企業適合的主要能力，並將其他活動指派給適當的供應鏈成員。

國內案例

製造業廠商的物流運作模式（operation model）

　　毫無疑問的生產能力是製造業者的主要競爭核心能力。因此，物流管理的目的也是如何保持生產線的正常營運為主，既是如此，物流管理乃是著重於如何保障原物料供應無虞，不至於造成斷料停線。因此，可就兩部分物流管理加以分別探討。(1) 就成品物流而言，製造廠商由於參與成品物流作業時，絕大多數是端賴品牌廠商的市場行銷策略，主要物流廠家都是由品牌廠商來選擇，製造廠商被動配合品牌公司物流需求來執行，因此對於成品物流貢獻有限，也因此製造商對於品牌廠商之成品到市場的物流佈置關係是陌生的，品牌商基於商業機密也無意讓製造商涉入。(2) 就製造者本身來看，原物料與零組件供應的來料（raw material and incoming material）物流操作可以有效提升生產產能，降低物料成本，達到 JIT 運作，減少購料前置時間（lead time）以及更快速回應下游品牌廠商的預測數據變化。

　　所以，製造廠商因應作法與需求有如下方式來達成：

1. VMI Hub 和 JIT Hub 設立

   對於大宗標準原物料，因需求量大且標準化，成立 VMI 可協助產線迅速取得相關零配件。

2. MRP 產能規劃與物料需求

   透過 ERP 的物料需求規劃計算出物料實際需求，藉此完整檢視相關原物料供給關係，避免物料短缺發生。

3. 上下游垂直整合

部分製造業者為獲取更大供應鏈整合效益，整合上下游產生更大綜效。

4. 物流運送規劃

由於不同物料材積、價值、前置時間不同，基於運送成本與時效性，可以透過不同的空運、海運與快遞運送方式，達到供料的平穩度；也藉由物流運送規劃滿足海外成品安全庫存需求。

當然為了配合品牌廠商全球運籌需求，製造廠商仍須因應之道：

1. 完美訂單達交（perfect order achievement）

不論哪一家製造都需要滿足客戶訂單為最重要，完美訂單意味精準的達交。製造完美訂單率越高，也有助於下游品牌廠商銷售規劃，順利將產品遞交到終端客戶手上。

2. 客戶間電子訂單資訊整合

不論任何形式的電子商務或者電子資料交換機制，如 EDI（Electronic Data Interchange，電子資料交換）、XML 等 B2B（Business to Business）系統建立，都可加速製造廠商對於客戶訂單處理、簡化人工作業並避免人為疏失。同時可以協助品牌廠商處理大量 B2C（Business to Customer）客戶訂單出貨，否則傳統人工物流揀貨倉儲作業，將無法快速滿足客戶要求。

3. 快速全球直接配送作業

一旦製造商須配合品牌處理 B2C 客戶訂單，如何支援客戶全球配送將是其中要項。資訊系統亦須考量如何支援多語文（multi-languages）環境，避免資訊流不一致。

4. 區域發貨倉庫（distribution center or consign hub）建立

因應客戶區域發貨需求，必要時須配合廠商建立區域發貨倉庫，就近提供品牌客戶快速市場接單出貨需求。對於品牌客戶而言，成品庫存負擔將由製造商來承擔。總之，製造商多以被動方式配合品牌客戶對於產品在市場之物流作業需求，無非是冀望提高與客戶之間整合度，從而間接提高公司營收。也因此，製造商對於物流業者更多的加值服務要求也就不多，成本仍舊是製造業者最主要考量項目。

（取自詹錦琛，「品牌與製造切割後，物流運籌角色之轉變」，2007 台灣物流年鑑，經濟部商業司）

課程應用問題：

1. 請任選一家製造業者，並以圖 5.2 的採購流程圖爲參考架構，描述此業者的採購流程。請廣泛收集該製造業者之網站或是網路上相關報導，並配合第二節（買進貨品：採購管理的基本特性）單元中對於圖 5.2 四個採購階段的細部說明，加以應用撰寫出這一家製造業者的採購流程分析報告。

2. 利用上題的製造業者，並以圖 5.3 的世界級生產作業管理爲參考架構，描述此業者的生產流程。

3. 利用第 1 題的製造業者，並以表 5.4 的基本物流活動項目，列舉這家業者的主要物流流程，並請參考應用本案例中的相關說明，評估此製造業者是否有採取其中的因應措施。

Part  II

設計全球供應鏈

前言

> 每當太陽升起的時候，世界的舞台就發生了變化。
>
> –Lauri Kivinen, Nokia

麻省理工學院的教授，同時也是「Clockspeed」（中譯書名：脈動速度下的決策者）的作者查爾斯·范恩（Charles Fine）[1]將供應鏈設計稱為企業的「最終核心能力（ultimate core capability）」。為什麼？簡單地說，供應鏈設計可以促進，也可能限制企業的競爭能力。供應鏈設計將回答兩個問題：

- 我們應該做什麼，才能比競爭對手的供應鏈體系更有效率地創造顧客的價值？
- 在我們自己的供應鏈體系中，各個特定的加值活動，分別應該有誰最適合執行？

這些問題可以幫助供應鏈體系的領導者協調各成員之間的互補性加值活動，提供前所未有的價值給最終顧客。供應鏈設計很像要將一組傑出的運動員組合成冠軍隊伍，但是卻更為複雜。雖然成為冠軍是大多數運動隊伍的目標，但是很少隊伍能夠「全勝」。成功不只需要優秀的選手，還需要每個人都能接受特定的角色和責任。成功的供應鏈結合了優秀的企業，而這些企業出色地執行了每一個重要的角色，因此能夠獲利並贏得市場佔有率。

---

[1] Fine, C.H.（1998）. Clockspeed. Reading, MA: Perseus Books

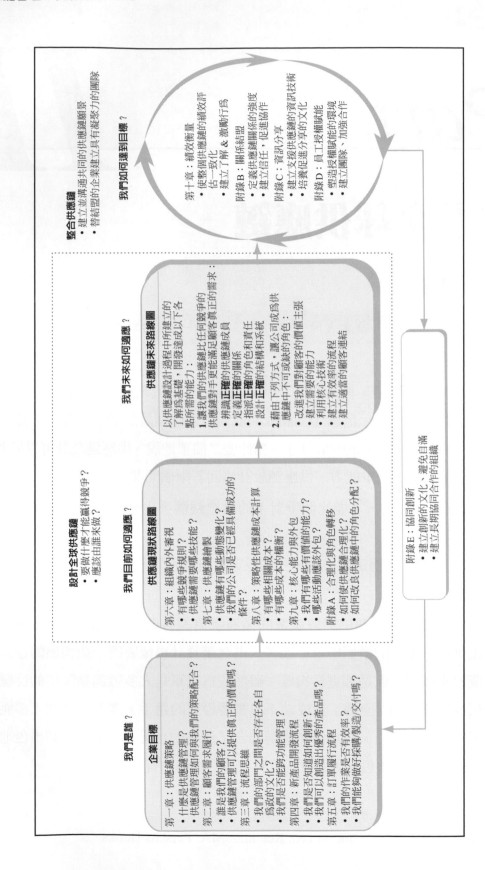

　　本書在三部曲的第二部分討論了供應鏈設計流程的五個重要步驟，並解釋每個步驟的重要性。我們的重點是要設計出能夠利用全球資源來滿足全球顧客需求的供應鏈。這一部分共有五個單元：

- 第六章說明了供應鏈管理的發展是為了回應全球市場的演變。本章介紹了組織環境審視以及全球化策略的規則，並介紹了全球網路架構的設計。

- 第七章詳細說明供應鏈繪製。供應鏈繪製可以回答之前提到的兩個問題：找出企業的「現狀」，並定義「未來」的角色和責任。

- 第八章說明策略成本管理如何提供深入的解析，讓管理者能夠定義和評估每個供應鏈成員的角色，並權衡取捨以做出更好的設計決策。

- 第九章討論核心能力和外包決策。優秀的供應鏈設計讓企業執行它最擅長的工作。其他企業則提供互補的必要技能。

- 附錄 A 討論供應鏈合理化。因為屬於持續性設計流程，管理者必須最佳化與再最佳化供應鏈網路架構，這些努力有助於他們策略性管控供應鏈的複雜性，將心力集中在能夠真正增加價值的流程和關係上。

Chapter 6

組織審視及全球供應鏈設計

我們是否了解今日的競爭規則？我可以利用組織審視來設計具有競爭力的全球供應鏈網路架構嗎？

本章指引重點：

1. 有哪些競爭規則？
2. 供應鏈需要那些技能？

在閱讀本章之後，你應該可以：

1. 說明供應鏈管理的發展是對於動態競爭環境的策略性回應。
2. 解釋從所有權（垂直）整合策略到關係（虛擬）整合策略的轉換歷程。
3. 說明管理者可如何利用組織審視和計畫的程序來定義競爭的規則。
4. 說明今日市場中推動變化的力量，以及它們對決策造成的影響。
5. 找出驅動全球化發展的課題，並解釋全球化如何改變競爭規則。
6. 討論全球供應鏈網路架構設計的關鍵課題。

進退兩難的供應鏈專案小組

　　道格的供應鏈專案小組已經成立並運作四個月了。專案小組的成員包含了六個主管，會選擇他們是因為他們具有優秀的創造力，以及對工作的努力和熱情。每個人都在他們的專業領域中具有高度的可靠性。每個主管帶給小組的不只是專業，還有充滿活力的個人特質和獨特的技術能力。道格回想他欣賞這些小組成員的原因：

- 喬爾‧薩瑟嵐（Joel Sutherland）是資深財務分析師，他相信決策應該經過財務的驗證，更是個量化分析狂。雖然得到財務長提姆‧羅克（Tim Rock）的尊敬，但喬爾比財務長更像個夢想家。

- 舒珊‧瑪絲（Susan Maas）是全球採購部門的主管，她在追求採購的卓越表現時，是毫不留情的。她對於目前的狀況並不滿意，並相信建立全球的供應商資料庫可以改變現況。

- 塔梅卡‧威廉絲（Tameka Williams）是資訊系統的專家，替專案小組帶來活力和好奇心。她詢問每件事情，認為科技能夠改變奧林巴斯公司。

- 黛安‧梅莉黛詩（Diane Merideth）是北美的行銷主管，她從未錯估顧客的需求。她永遠都準備好要採取行動。她是個好的團隊成員—只要她的意見被重視。

- 維杰‧吉爾（Vijay Gilles）是生產作業部門的主管，熟悉生產的細節。他了解條件限制的重要性，但並不因此放棄任何機會。維杰是一絲不苟的典型模範。

- 大衛‧亞瑪多（David Amado）是資深運輸主管，一位細節專家。他很了解運輸與相關技術。除了深入細節以外，大衛的管理也能夠著眼於全局。

　　假如道格可以讓這些受人尊敬的主管接受供應鏈管理，他們的熱情就會被傳播出去。這些主管正在融合成一個團隊，道格將這種新的工作型態稱為「化學反應」。舒珊了解道格的想法，她說：「假如我們可以向彼此學習，我們會成為更好的主管，以及更好的團隊。我們可以讓供應鏈管理在奧林巴斯運作。」這個專案小組已經有很多進展，但是道格仍覺得他們的進度不夠快。小組正忙著評估供應鏈管理的可行性以及奧林巴斯公司是否已經準備好了。專案小組今天的會議目標就是要決定這些事情。對這兩個問題，他們得到了一致的看法：

1. 利用舒珊從先進採購研究中心的報告中所發現的一個模型，專案小組針對奧林巴斯公司是否應該採用供應鏈管理計畫，辨識出下列的「效益、障礙與橋樑」（Benefits, Barriers, and Bridges）：

效益	阻礙	橋樑
• 30%減少存貨	• 缺乏供應鏈支援	• 專案小組的熱情
• 40%加速交貨	• 預測準確度不良	• 學習型的環境
• 10%銷售量成長	• 地盤衝突	• 良好的供應鏈關係
• 10%利潤成長	• 缺乏信任	• 良好的績效評估系統
• 20%縮短產品開發週期	• 缺乏溝通	• 良好的資訊系統能力

2. 對於實施供應鏈管理，奧林巴斯公司還只能算是勉強準備好了。如同喬爾所說的，供應鏈管理完全是「另外一回事」，奧林巴斯公司必須徹底改變它制定決策的方式。

　　想到專案小組找到的潛在效益，道格對提出供應鏈管理的計畫很有信心。但是，他應該這樣做嗎？奧林巴斯公司缺乏準備的情況讓他心神不寧。奧林巴斯公司需要真正的改變，卻缺乏整個組織的認同，這是嚴重的障礙。專案小組已經找出通往成功的主要「橋樑」，其中有一些已經就緒了，有一些卻尚未建立。專案小組真的能讓供應鏈管理成為奧林巴斯公司的競爭能力嗎？專案小組現在應該將努力的焦點放在哪裡？當道格離開他的辦公室時，他想著：「還有兩個月！喬·安德魯斯（Joe Andrus，執行長），你可以放心將這件事交給我！」

隔天一早，在夏琳的花園裡

　　「道格，你不喜歡這些美麗的花嗎？」

　　「我喜歡阿，夏琳，它們很美，但是它們代表一大堆的庭院工作。我從來沒有想過自己會種這些球莖。秋天快要到了，在這個時候種東西好像很奇怪，明年春天它們會是什麼樣子？」

　　夏琳的回答讓道格很驚訝。「我想幾個禮拜以後你在提出供應鏈計畫時，也會面對同樣的疑問。每個人都在播種之前就想知道收成的情況，明年這些球莖會變成美麗的蕃紅花、水仙花和鳶尾花，它們會非常迷人。」夏琳停了一下然後說，「道格，我花了一點時間思考你的專案小組接下來應該怎麼進行。你應該更仔細研究這個競爭環境。你和小組成員都感覺到急迫性。調查顯示了這個世界正在改變，而奧林巴斯公司也必須改變。你的工作是要讓喬·安德魯斯了解必須改變的種類方式和範圍大小。除了列出供應鏈管理的機會以外，你還必須做到更多。你

必須幫助他了解，假如不進行供應鏈計畫，奧林巴斯可能會面臨哪些威脅。你曾經提過產業的整併是一個真正的威脅。你必須更具體描述這個威脅，用一些實際的數據凸顯出奧林巴斯公司的弱點。找出未來的競爭規則也很重要，因為奧林巴斯公司非常沉溺於過去的成功，你可能需要給他們一場震撼教育來引起注意，幫助他們願意走出目前的舒適圈。只有這樣，你才能接著撰寫完善的導入計畫，說明供應鏈管理如何幫助奧林巴斯公司成功面對這些威脅。假如你可以做到這些，你就有機會改變奧林巴斯公司自滿的文化。」

在你閱讀時，請思考以下幾點：

1. 道格的專案小組成員是否適當？你會做出什麼樣的改變？

2. 你對夏琳的主意有什麼看法？組織審視可以幫助奧林巴斯公司產生危機意識嗎？組織審視還能提供哪些好處？

3. 下列的各項做法對於改變企業的自滿文化有哪些幫助？SWOT 分析？震撼教育？有效的導入計畫？

假如組織改變的速度低於外界變化的速度，組織的末日就近在眼前了。

-John F. Welch, General Electric

一、為什麼今日的企業要採用供應鏈管理？

在業界的規劃會議裡，最常被討論的主題是什麼？供應鏈管理大概是現今最常出現的議題之一。供應鏈管理是如何變成當代熱門策略的議題？答案很簡單，因為供應鏈管理促進了成功的商業模式。今日企業的商業模式必須具備下列特性：

(1)滿足全世界顧客要求；

(2)建立獨一無二的競爭力，以擊退競爭對手；

(3)取得全球的最佳資源；

(4)有效率地執行以上事項。

要比競爭對手更懂得利用全球性的資源，滿足全世界顧客的需求，是個非常艱困的工作。無論如何，這就是現今的競爭使命。英特爾（Intel）前董事長暨最高執行長安得魯‧葛洛夫（Andrew S. Grove）曾經描述這個挑戰如下：

> 這個新環境有兩個規則：**第一，每件事情的發生都變快了；第二，能做的每件事都已經有人做了，若不是你，就會由別的人在別處完成。**
>
> 不要有任何誤解，這些改變將使我們的工作環境更不友善、更不溫和，而且更難以預測。[1]

企業的績效水準已經提高，未來幾年可能提升更高。爲了在競爭的世界裡尋求生存，管理者只好暫時離開他們的舒適圈。當他們重新評估企業的基礎時，**發現傳統的顧客服務、通路關係和資源利用方式已經消失了。單打獨鬥的商業模式：一間公司控制所有重要的關鍵加值流程，已經無法滿足市場需要的靈活性和速度。**爲了要提供最優秀的顧客價值，企業必須建立獨特的能力，並與有能力的供應鏈夥伴強化相互依存關係。供應鏈管理就在這樣的環境下，已發展成爲策略性競爭的的武器。

二、從所有權整合到關係整合的歷程

在二十世紀早期，美國福特汽車公司創辦人，亨利·福特（Henry Ford，July 30, 1863 – April 7, 1947）認爲**垂直整合是最理想的經營模式**。爲了提升規模效益、降低成本、並控制整個產品加值過程，福特汽車公司從取得自然生產資源到交付汽車成品給顧客的汽車產業供應鏈中掌握了關鍵的訣竅。然而對福特來說不幸的事發生了，1923 年時通用汽車（General Motors，GM）採取整合程度較低，卻更靈活的策略（分期付款、每年推出新車型等），將多樣變化的車款以合宜的價格提供給顧客。眾多的顧客轉而選擇了 GM 的汽車，讓它贏得了競爭，進而成爲全世界最大的汽車製造商（2007 年通用汽車全球銷售 937 萬輛汽車，也是連續 77 年全球汽車銷售冠軍。2008 年全球銷售量被豐田汽車超越成爲第二名，2011 年通用汽車銷售量又重回全球第一）。**福特的試驗結果顯示了垂直整合模式並不足以提供贏得汽車產業戰爭所需要的成本優勢、管控以及創新能力。**

1. 所有權整合的衰退

很少數的公司會以福特式從頭到尾的（end-to-end）的垂直整合作為目標。不過事實上，在二十世紀的大部分時間裡，垂直整合策略仍然是很受歡迎的。哈佛大學的海斯（Robert Hayes）與惠爾萊特（Steven C. Wheelwright）認為**企業決定採取垂直整合方式，是想要達到這兩個目標：(1) 降低成本；(2) 增加管控。**[2] 在行政管銷費用降低、設計更協調、及溝通更良好的情況下，垂直整合後的成本應該會降低；管控的改善來自供應來源的保證、更強的合作，以及對產品品質和運送的直接影響。理論上是：所有權應該能增加影響力。

然而，實際經驗卻不盡然如此。**垂直整合理論上應該出現的效益幾乎從未顯現**。諷刺的是，原本應該要改善績效的垂直整合策略反倒降低了企業的競爭力。**管理者無法控制龐大的垂直整合企業中各種的加值活動**，如零售、配送、製造、和設計都是非常不同的活動，需要特殊專業知識。想要把全部都包下來實在是艱鉅的任務，反而因為**模糊的管理焦點、增加的官僚作風、以及不易改變的惰性**，都讓成本升高而管控能力卻減少。

2. 關係整合的興起

在 1980 年代，經濟全球化以及成功的日本企業（像是 Nippon Steel『新日鐵住金』、Sony、Toyota）大量出現，迫使美國和歐洲的製造商開始降低成本。日語的「keiretsu」（經連會，指的是日本式的企業集團，為「系列」的日文發音），就是購買者／供應者的網路架構，提供日本企業的競爭優勢。**Toyota 和 Honda 的汽車有將近 80% 的價值是依賴供應商提供**，它們經常是與合於認證的供應商簽訂獨家採購協議。相反地，美國的汽車製造業者維持對生產流程的主控權，裝配的成車中只有 30% 來自供應商，多家供應商之間彼此競爭，以降低採購原件的價格。

日本企業的商業模式創造了優異的品質，以每台車 2,000 美元的成本優勢，使得 Toyota 和 Honda 擴大取得市場佔有率。[3] 這種競爭差異讓美國和歐洲開始重新思考這種保持距離而對立的購買者—供應商關係是否仍然適用。因此產生了「**關係整合**」（**relationship integration**），**這是一種購買者／供應商協同合作式的聯盟。**

　　同時，**由於通路權力從製造商轉移到零售商，也促進了關係整合**。全球化再次扮演重要的角色，增加了全球市場中競爭者的數量。**當顧客能夠取得大量競爭者提供產品時，權力開始轉移到顧客的手上。**「**大型專業店**」（**Category killers**）像是日用品零售的 Wal-Mart、傢俱建材商家得寶（Home Depot）和玩具反斗城（Toys "R" Us）在它們各自的產業中建立了絕對優勢的地位。它們藉由龐大規模所建立的優勢，通路權力進一步遠離製造商。製造商被迫投入更多資源建立更親密的顧客關係。例如，寶僑公司（P&G）做為 Wal-Mart 的供應商就受到了考驗，因為 Wal-Mart 要求更短的交貨時間並提升訂單完成率。由於想成為全球最大零售商的供應商，使寶僑公司有動機建立新的能力。今日，寶僑利用它的物流技術及管理店內庫存的能力，成為全世界許多大型零售業者的首選供應商。

　　二十世紀初，Henry Ford 對企業完全整合的觀點，現在被視為龐大而不切實際的。與上下游的協同合作關係可以降低成本、增加彈性，有利適應快速的市場變化。關係整合重新定義了供應鏈參與者的角色，強調新的事實—**企業只有成為「創造利潤的夥伴」才能在今日的競爭環境中壯大**。

　　從關係整合的演變歷史中，我們學到了什麼？其中之一是，**競爭環境是持續變化的，新的競爭規則不斷出現**。企業需要新的技術，才能在千變萬化的競賽中贏得勝利。聰明的供應鏈管理者會積極注意新的規則，並搶先在競爭者前學習新的技術。

三、變化的供應鏈世界

　　麻省理工學院的教授查爾斯・范恩（Charles Fine）曾指出，在現代社會中，持續性的競爭優勢已經不復存在。[4] 他宣稱：

所有的優勢都是一時的。沒有任何能力是完美的，沒有任何領先是無法趕上的，沒有任何王國是牢不可破的。事實上，脈動的速度越快，佔優勢的時間越短。可持續的優勢是慢速脈動下的觀念，一時的優勢是快速脈動下的觀念。重點在於，脈動速度不論在何處，只會持續增加。

快速脈動所造成的威脅是真實存在的，因此企業要努力形成可更新的優勢。企業與其供應鏈是否能贏得競爭，取決於它們對市場新需求的適應能力。在這個複雜、難以預測、變動快速的市場中做出好的決策，管理者必須投入更多時間和努力研究公司的經營環境。管理者必須學習如何快速審視、理解，然後行動。這樣他們才能找出推動變化的力量，判斷這些力量如何改變競爭規則，並組織供應鏈的資源以贏得新的競賽。

1. 組織審視

組織環境審視（environmental scanning）指的是取得並利用組織內部及外部環境中的各種資訊，包括事件、趨勢和關係等各個層面。[5] 藉著檢視內部和外部的力量，管理者可以將公司的計畫和策略置入更寬廣的競爭市場中，進而能夠辨識出企業的強項與弱點，知道企業本身與競爭者能力、以及顧客期待的相對落差在哪裡。

組織審視可以是消極或積極。幾乎大多數的管理者在市場發生變化時，都以非正式的態度來回應。例如，管理者可能在餐會上聽到某種新技術，或是某個顧客讚美競爭者的產品。在大多數的公司裡，這些觀察並不會成為嚴謹的分析，也不會被作為改善公司的計畫。然而，有一些企業會把這些觀察加入主動的搜尋計畫中，因此能夠深入觀察這些變動。組織審視成為組織學習的主要模式，這些企業讓組織審視成為每個人工作的一部分，幫助企業預測並適應這個不斷變動的世界。

主動組織審視利用觀察所獲得的資訊來避免突如其來的情況、找出機會和威脅、增強戰略和策略性的決策。**組織審視系統具有下列目標：**

(1)找出重要的文化、經濟、法律、政治、社會和科技的事件以及趨勢。；

(2)幫助管理者正確而客觀地了解企業的強項與弱點；

(3)找出並定義某些事件和趨勢所代表的潛在機會和威脅；

(4)為戰術性和策略性（tactical and strategic）規劃，提供基本的正確觀念；

(5)促進管理者和員工培養具調整彈性及前瞻性的思考方式。

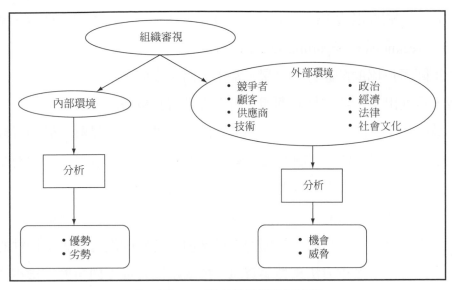

△　**圖6.1**　**供應鏈組織審視流程**

　　要完成以上事項，企業的組織審視計畫必須系統性地搜集並分析資訊。摩托羅拉（Motorola）是最早實施策略性組織審視的企業之一，建立了一種大量搜集全世界技術開發資訊的方法。因為特別重視日本的技術開發訊息，Motorola 投入大量的資源學習語言、取得技術文獻、並與研究者和研究機關建立長期關係。這些組織審視工作讓 Motorola 多年來都能維持最先進的技術。**圖6.1 說明了企業應該同時蒐集內部和外部環境的資訊**。在外部環境方面，管理者應該要了解在下列領域所發生的行為和趨勢：顧客、競爭者、供應商以及技術發展，也應該追蹤經濟、法律、社會文化和政治上的情況和趨勢。有多種方法可以搜集資訊，非正式的方法包括了私人對談、加入專業協會、注意媒體報導、檢視民意調查結果、及分析傳聞軼事等。較正式的搜集技巧包括了仔細的文獻搜尋、重要資訊的研究、焦點小組（focus groups）、深入訪談、訪視工廠、以及腦力激盪法的演練等。有效的組織審視會使用上述的大部分方法搜集資訊。

　　無論哪一種搜集資料的方法，都需要謹慎的分析，找出共同的主題和趨勢。簡單的圖表技巧可以得到深入的了解。**群集分析（cluster analysis）、頻率分布圖（frequency charts）、趨勢圖（trend diagrams）、時間軸（timelines）都是常用的工具**。某些公司也會使用複雜的資料挖掘（data-mining）軟體。分析中有一個很關鍵的步驟，就是**將分析結果編排成引人注目且容易閱讀的格**

式。因此，組織審視的工作通常會伴隨著 SWOT（優勢、劣勢、機會、威脅；strengths, weaknesses, opportunities, andthreats）分析的使用。像圖 6.2 那樣的 SWOT 矩陣可以協助解讀分析結果，當中列出了幾個典型的優勢、劣勢、機會和威脅，也列出了一些常見的問題，用來辨識這些核心的分析意見。在 SWOT 矩陣區域中提出的問題，經常能夠爲其它區域提供不同的見解。**管理者經常會發現，替主要競爭者執行一個模擬 SWOT 分析，是組織審視流程中很有用的方式**。有效益的組織審視和策略規劃可以改善組織的學習能力和績效表現。

最後，管理者應該避免掉入組織審視工作常見的陷阱中。例如，**許多組織審視工作都沒有讓與分析結果相關的人員參加**。有些則**沒有併入多樣性的資訊來源、或沒有使用多重方法來搜集資訊，抑或是沒有從不同角度來檢視資訊，還有些則是沒有同時思考內部和外部的議題和觀點**。各種環境趨勢之間的交互作用也很容易被漏掉。事實上，有許多組織審視分析是非常表面或狹隘的。在解讀資料時，管理者之間必須提醒彼此須以更有創造力及嚴謹的方式思考。只有這樣，他們才能夠得到獨特的見解並期待務實的推動。

詹姆·柯林斯（Jim Collins）使用組織審視技術來設計撰寫他最暢銷的書《從 A 到 A+》（Good to Great）時，避開了這些陷阱。他的研究小組替書中提到的每個企業做了過去 50 年的詳細文獻分析。替每個企業整理出一份彙總檔案之後，其中的每一篇文章都被閱讀過，並以系統性的編碼，對應不同的主題。做好這些基礎工作之後，就開始與合適的經營者展開會談。研究小組舉行多場開放論壇的討論，以辨識和定義「good-to-great」的實例。在這些論壇中，研究小組的成員互相討論、挑戰對方的想法，鼓勵每個參與者以全新的角度來看待世界。這種嚴謹的組織審視工作加上具有創造性和挑戰性的的思考方式，產生了這 20 年來最多人閱讀而且最具影響力的商業管理書籍。

	正面因素：	負面因素：
內部因素：	**優勢** • 良好的顧客關係 • 將生產成本降到最低 • 良好的資訊系統 • 優秀的員工 **應提出的問題：** • 我們有哪些長處勝過他人？ • 我們有哪些主要的收入和利潤來源？ • 我們在每個區塊的市場佔有率為何？ • 市場佔有率和獲利率的變化為何？ • 我們的顧客認為我們的優勢是什麼？ • 我們的供應商認為我們的優勢是什麼？ • 我們獨有的資源是什麼？ • 我們有適當的人力資源嗎？他們是否具有活力？ • 我們是否具有適應能力？ • 我們過去如何回應競爭？	**劣勢** • 產品品質不良 • 交貨速度不良 • 缺少全球性基礎設施 • 由官僚所導致的決策遲緩 **應提出的問題：** • 我們在哪些領域收到顧客的抱怨？ • 我們最近在哪些領域的表現下滑？ • 我們的財務狀況如何？ • 我們獲利率最低的產品線有哪些？ • 我們獲利率最低的顧客有哪些？ • 我們是否建置了適當的基礎設施？ • 我們的能力是否與顧客的需求一致？ • 我們的技術管理是否良好？ • 我們是否覺察到環境的改變？ • 我們是否成功地將新產品推出市場？
外部因素：	**機會** • 在亞洲的市場成長 • 重要顧客想要與我們建立長期關係 • 主要競爭者投資了錯誤的技術 • 技術連結的重要性逐漸增加 **應提出的問題：** • 市場出現了哪些新技術？ • 有哪些新的生活方式正在流行？ • 重要市場的人口統計是否出現變化？ • 政府的政策有哪些改變？ • 是否有機會擴增品牌？ • 有廉價的採購機會嗎？ • 全球市場的情況如何？ • 我們有能力創新或是開發新的市場通路嗎？ • 公司是否能夠往供應鏈的上游(或下游)移動？ • 是否有機會可以改變SC關係？	**威脅** • 過於依賴少數幾個顧客 • 目前的產能過量 • 來自中國的強力競爭對手 • 顧客的品味和生活型態的改變 **應提出的問題：** • 邊際利潤是否承受壓力？假如答案為是，原因為何？ • 對手推動了哪些計畫？ • 技術的改變是否威脅我們的地位？ • 我們是否有足夠的現金能夠承擔風險？ • 我們的供應來源是否穩定？ • 是否有新的競爭者想要取得市場佔有率？ • 政府或是貿易規章是否改變？ • 社會文化的趨勢是否影響我們的市場？ • 顧客的喜好是否改變？ • 有哪些法令的改變？

▲ **圖6.2　優勢、劣勢、機會、威脅（SWOT）分析**

2. 影響供應鏈決策的外在力量

謹慎的組織審視能幫助管理者找出可能影響企業和產業的外在力量。儘管有些因素是因產業而異的，但是**有 10 種力量形成的議題（issues）影響了今日整個供應鏈管理者的決策**。[6] 由於這些議題定義了新的競爭遊戲規則，我們將逐一討論各議題，表 6.1 彙整了這些核心議題，並列出企業因應每個議題的**競爭要務**（**competitive imperatives**）。

▼ 表6.1 影響供應鏈決策的外在力量

議題	企業競爭要務
競爭壓力	• 必須持續降低成本 • 必須找出創新而且難以模仿的產品/流程 • 必須經由相互關係，建立客戶的轉換成本
企業社會責任	• 必須了解顧客如何定義「良好」或道德的企業實務 • 必須了解全球社會規範，追蹤供應鏈中的工作狀態 • 必須開發、實施、傳達企業行為準則
顧客期待	• 必須了解下游顧客的想法 • 必須了解適應未來的最佳方式就是創造它 • 必須建立學習的組織，促進持續的進步
角色轉換	• 必須建立有價值的核心競爭力，避免去中間化 • 必須讓供應鏈具有可見度 • 必須積極地正式評估角色轉換的可能性
財務壓力	• 必須了解股市並非永遠正確 • 必須找出可行的長期策略，並嚴格遵守 • 必須建立不會導致短期決策的獎勵制度
全球產能	• 必須持續降低成本 • 必須找出創新而且難以模仿的產品/流程
全球化	• 必須建立全球性的影響力 — 實質的，以及經由聯盟的 • 必須建立無縫的傑出表現 • 必須在對手的國內市場競爭
購併	• 必須了解購併成功的困難性 • 必須正式地評估軟性議題 — 文化、流程、政策、員工
技術創新	• 必須密切監控技術開發 • 必須建立技術政策以引導新技術的採用
時間的壓縮	• 必須加強組織內部和組織之間的協同合作 • 必須清楚地量度時間

(1)競爭壓力（competitive pressure）

激烈的競爭是當代經濟的共同特性。全球的企業都在互相競爭，希望成為領導企業。例如，**韓國的三星（Samsung）不再滿足於做為低成本山寨品的製造商，它想要跟索尼（Sony）一樣，成為領導品牌**。[7]中國進入世界貿易組織，利用它龐大的13億人口消費市場以及低廉的工資（每月約200美元），成為經濟大國。當這些強勢的競爭者不斷出現時，競爭的激烈性也勢必增加。

(2)企業社會責任（Corporate Social Responsibility，CSR）

企業社會責任正逐漸成為一個重要的議題。企業必須認知到所謂的「**三重盈餘」（triple bottom line）：經濟、環境、及社會三個層面的效益（讓股東及利害關係人獲得應有利益，同時也能夠追求經濟成長、環境保護與社會福祉的效益，顯現企業社會責任以及資訊透明度）**。由於非政府組織（nongovernmental organizations；簡稱 NGOs）調查和公布企業的無良惡行，因此提高企業的社會責任標準。Nike 的例子中，很痛苦地學到上游供應商的生產作業失當，可能會影響到企業本身的名譽和財富。Nike 的問題是在東南亞的代工合約製造商被控告經營剝削勞工的血汗工廠，來自各方的責難使 Nike 的名譽掃地。如今，經營全球性供應鏈的企業已注意到這個問題，因此變得更加主動。它們加入一些組織像是公平勞動協會（Fair Labor Association）或是社會責任國際組織（Social Accountability International），這些組織目的是幫助企業確保它們的供應鏈夥伴遵守國際勞動標準。像 Gap 和 Home Depot（家得寶）已經建立並公佈了用來規範供應鏈作業的行為準則，並利用這些主動的社會和環境計畫作為行銷的工具。在未來的商業世界中，**只遵守企業內部倫理已不足夠，還必須促使整個供應鏈實施更高的環境標準和良好的員工管理實務。**

(3)顧客期待（customer expectation）

在過去十年中，顧客期待不斷提高。供應鏈中的顧客期待近乎完美的品質、立即回應、全球普及性，以及不斷創新；甚至他們預期以同樣或更低的價格得到以上全部好處。在滿足顧客期待的同時，減緩對企業績效的衝突，對於供應鏈管理者來說是巨大的挑戰。

(4)角色轉換（role shifting）

供應鏈參與者之間正發生角色的轉換，誰應該出力，哪些企業應該扮演什麼角色，這將是未來幾年的重要主題。合約製造商（OEM）的興起吸引了許多企業像是蘋果電腦（Apple）、HP 和 Nike 的興趣，它們將大部分的製造工作外包，而它們自己則成為以設計和行銷為主的組織。北電網路有限公司（Nortel）將它自己的製造工廠賣給領先的合約製造商偉創力（Flextronics），以降低生產成本。現在總部位於新加坡的偉創力經營這些工廠，替 Nortel 和其他電子公司生

產產品。[8] 網際網路讓許多企業不再需要代理商，能夠直接銷售產品給最終顧客。**結果在這個組織界線模糊、角色和責任正在轉換的世界中，管理者需要用新的技巧來管理供應鏈關係。**他們必須學會如何分享協同合作的風險和報酬，也必須致力於長期關係的建立，即使他們認爲目前的環境下關係難以長久。[9] 整體而言，僅有少數企業能夠精通角色轉換的藝術和學問。

(5)財務壓力（financial pressure）

美國銀行（Bank of America）的分析師威廉·史帝爾（William Steele）強調企業對優異財務績效的需求，他說：「你眞正想要的是穩定的兩位數EPS（每股盈餘）成長。」只要無法達到分析師的期待，就可能打擊企業的股價。許多企業甚至在大廳放置股票行情顯示器，以提醒員工持續注意股東權益。但是爲了達到每一季的預期獲利，企業可能會做出不良或是不道德的決策。**長期研發投資或供應鏈關係因此常被忽視，因爲它們通常不會立即提升公司獲利。**

(6)全球產能（global capacity）

美國《財星》雜誌（Fortune Magazine）的資深編輯傑夫瑞·柯文（Geoffrey Colvin）曾指出：「現在有太多的晶片工廠、鋼鐵廠、漁船、貨船、輪胎、貨車、航班座位、汽車、塑膠，以及太多借貸資金和承接的保險業務，產能太容易創造了。」參與競爭遊戲的欲望，讓許多企業極端快速的增加產能。汽車製造業每年的產能是8000萬台汽車，而全球的需求只有5500萬。不論在美國或歐洲，超額的產能相當於150%的年度需求。在需求趕上供給的腳步之前，**管理者面臨了嚴重的困境—必須在供過於求的情況下想辦法賺錢。**

(7)全球化（globalization）

科技讓這個世界變小了，不只帶來遠方的新聞事件，還將遠處製造的產品帶入了各地消費者的家中。供應鏈管理者必須設計全球性的製造和配送網路架構，以製造和配送這些產品。他們必須學會如何找到全世界最好的供應商，並與他們建立關係。在通訊、文化、地理距離、文件處理等各方面的挑戰，讓供應鏈管理者的工作既有趣又富挑戰性，所以**想要在全球市場上獲得成功，需要培養全球化的知識以及彈性的思考方式。**因爲全球化是如此重要的議題，在後續章節有更詳細的討論。

(8)購併（mergers and acquisitions）

產業的整併和對規模的追求，導致了難以計數的企業購併。**購併目的通常是為了阻擋市占首位的對手攻擊**。德國戴姆勒（Daimler）汽車購併了克萊斯勒（Chrysler）以擴大產品組合及製造地區多樣性，能夠更有效地對抗 Toyota 和它的高級品牌 Lexus；HP 購併了康柏電腦（Compaq）以對抗成長快速的 Dell。儘管大多數的購併並未能達成策略性的目標，企業仍然會繼續購併，因為這樣能獲得它們自己無法做到的技術和規模。

(9)技術創新（technological innovation）

科技已經幫助了我們縮小世界、節省時間、提高顧客期待、及促進供應鏈整合。不過，技術的快速變化也產生了挑戰—管理者應該如何利用科技來促進價值創造，而避免投資在不適當的「萬靈丹（silver-bullet）」技術上呢？沒有一個企業會想要將過時的技術用在未來競賽上，但是**如果技術革新只是盲目追求最新的技術，可能會模糊焦點、浪費資源而沒有提供真正的價值**。

(10)　時間的壓縮（time compression）

自從「及時（just-in-time）」革新出現以後，企業就**以速度做為競爭的基礎**。在今日，節省主要流程時間的壓力比以往大。企業實施許多計畫像是**同步工程（concurrent engineering）和供應商整合製造**來減少已知的浪費。**持續性改善**計畫以消除浪費的時間和工作為主要目標。供應鏈管理者必須建立知識、技術和關係來消除浪費、縮短履行時間以及新產品開發週期。

　　總結上述各點，管理者無法選擇退出企業所處的競爭環境，他們必須與這些改變競爭環境的力量搏鬥。因為全球化對供應鏈設計影響非常大，下面的章節會詳細介紹。

四、全球化的市場

世界已經逐漸整合為**全球的經濟體**。企業依賴不同地區的供應商提供各種重要的資源，並將產品賣給世界各國的顧客。全球化作業所提供的專業分工和規模提高了我們的生活水準。在我們的衣櫃中可看到全球化的證據，從英國到中國；義大利到巴西。我們的家中充滿了世界各國製造的全球品牌產品。我們早已習

慣遠方其他國家低勞力成本和創新技術帶來的好處。然而，全球化也帶來了許多嚴重的問題，包括環境污染、勞工權益的侵犯，以及裁員等問題。即使如此，全球消費者大多感覺到在 50 年來的經濟整合之後，他們確實比以往的任何世代都更加富裕。

1. 推動全球化的力量

科技已經克服了許多地理和文化所造成的距離。電視是第一個推動全球化的技術。早在 1983 年，哈佛商學院行銷學教授希奧多·李維特（Theodore Levitt）[10] 就主張電視是「讓偏遠地區和貧窮的人渴望現代的物質誘惑。幾乎每個地方的每個人都想要得到他們由這項新技術所聽到、見到或感受到的事物。」依據李維特所說，科技改變了消費者的態度，使人們的慾望由想要（wants）變成了必須要（needs）。Levitt 雖然低估了文化的力量，但無論如何，他正確地預測了全球消費者對創新發明、優良品質和低成本的期待。甚至有人說，東歐陣營對可口可樂和 Levi's 牛仔褲的渴望打倒了柏林圍牆。在今日，**全球化經濟的發展來自三個主要的力量：資訊和通訊技術的進步、可靠運輸的普及、及貿易保護政策的減少**。供應鏈管理者必須了解這些力量，才能設計和管理全球化的供應鏈團隊。

(1)資訊的可取得性（information availability）

資訊交換的成本經常限制了經濟上的整合。今日，電話、衛星、E-mail 等技術**讓通訊成本降低**。孟加拉最偏遠地區的村落現在可以經由衛星數位電話取得全世界的資訊。[11] 網際網路將最新的新聞和流行帶入了全世界的家庭和企業中。更好的通訊技術也讓管理者能夠協調分散不同地區的作業，並追蹤競爭者的行動；同樣地，顧客也更容易貨比三家。從首先發難到競爭者回擊的時間都縮短了。**就如同電視改變了人們的慾望，數位通訊也正在改變企業的能力**。

(2)物流能力（logistics capabilities）

實體距離總是會增加成本、限制市場的大小。**今日的物流系統以企業可負擔的合理價格提供一致、可靠、即時的服務**。選擇使用航空貨運（air freight），以及第三方物流業者所提供更好的服務，可以減少時間和成本的不確定性和變異性，解決長期以來在跨國運輸上的困擾。技術也改善了物流的相互協調性，預

先出貨通知（Advanced Shipping Notices，ASN）、全球貨況追蹤系統、及通關自動化等技術讓管理者能夠正確地安排貨物在全世界不同地點運輸的時程。更好的物流系統已經降低了經濟全球化的障礙。

(3) 自由貿易（free trade）

二次大戰以後，關稅暨貿易總協定（General Agreement on Tariffs and Trade，GATT）降低了關稅以及貨物自由流動的障礙。從 1947 年到 20 世紀末，全世界的關稅從超過 40% 降到平均少於 5%。GATT 的後續組織：世界貿易組織（World Trade Organization，WTO）則努力繼續降低關稅以及減低貿易保護。雖然如此，許多國家仍舊試圖透過關稅及其他貿易壁壘如本地自製率規定、股權所有者限制（ownership restrictions）、配額（quotas）以及補貼（subsidies）等方式，來保護本地產業，免於受到全球化的競爭。**保護主義（protectionism）仍然是全球經濟完全整合的結構性阻礙。**

2. 全球化的影響

為了要制定良好的日常決策，管理者必須了解全球化在競爭上的意義。供應鏈管理者應該將以下三個趨勢列入策略規劃的考量：**(1) 競爭已日漸激烈；(2) 全球市場的重要性正在增加；及 (3) 本國事業和全球事業是不同的。**

(1) 激烈的競爭

「生鏽地帶」（rust belt）這個詞在 1980 年代出現，描述美國中西部到東部，從前產業繁盛今已衰落的一些地區。有數以萬計的勞工失業，因為他們的公司無法贏過具有高度競爭力的日本公司，像是 Nippon Steel（新日鐵住金）、Sony（索尼）和 Toyota（豐田）。1980 年代所發生的故事實際上代表了全球化競爭的來臨。今日，全球競爭者在每個產業中互相競爭，範圍廣及飛機製造業、汽車製造業、化學製品業、資訊業、半導體產業到服務業。競爭來自四面八方，像是諾基亞（Nokia）和聯合利華（Unilever）這樣的競爭者擁有資金和技術，可以挑戰全世界各地市場上的對手。此外，像是韓國的 Samsung（三星）已經不再滿足做為低成本仿製品的製造商，它想要成為世界的領導品牌。也有一些還不出名的廠商，像是中國的海爾集團是電器用品的製造商，使用低勞力成本來獲得競爭優勢。前 Intel 執行長安得魯・葛洛夫（Andrew Grove）[12] 曾指出，**激烈的競爭已是全球經濟的常態：**

企業無國界。資金和工作—你的工作！—可以移動到地球上任何地方。結果簡單且現實：假如世界是單一的大型市場，則每個員工都必須與世界上任何一個具有相同能力的人競爭。這種人非常多，而且大部分非常地飢渴。

(2)全球市場

你知道 95% 的世界人口居住在美國之外嗎？全世界大約有 80% 的 GDP（國內生產毛額）是由美國以外的地方生產的。你知道印度的中產階級現在比美國還要多嗎？這些意味著什麼？我們生活在全球化的市場中，管理者再也無法忽略了。

另一個事實是：消費者行為已經改變了。**教育背景以及可支配所得凌駕了文化和族群的影響力，成為刺激消費決定的主要因素**。這些因素造成了跨越地理和文化界線的市場區隔。尤其是遍布各國、每人平均 GDP 達到 $20,000 美元以上的大約 10 億名消費者（參見表 6.2），這些有錢人的市場消費能力是很巨大的。另一方面，企業必須學習建立全球化的品牌，並在不同市場中建立在地化的力量，才能獲得成功。寶僑（P&G）公司重新設計全球作業，不再生產區域性的產品，轉而生產強調全球品牌的系列產品。它開發新產品，讓它們能夠在全世界的重要市場同時推出。

在新興市場中有大約 **50 億的消費者（約佔全球人口約 75%）**，他們是要求很高的消費者，不想再購買過時的產品，而且他們的人均 GDP 正在增加中，達到具有可自由支配所得的水準。這個市場的**另一個特色是它非常的年輕—在許多國家中，有 50% 以上的人口不到 20 歲**。許多企業設法取得先佔優勢抓住這些年輕顧客的心理和想法，這樣當將來他們具有賺錢能力時，就能為企業帶來大量持續的收入。圖 6.3 顯示，在許多企業的銷售額和利潤中，全球消費市場的佔有率正在升高。美國企業對全球市場的貨品和服務輸出創新了記錄。此外，這些美國企業的國外子公司近年的全球市場銷售額正急速升高。這意味著全球市場具有巨大的獲利潛力。美國經濟分析局的報告指出，美國企業在 2004 年的海外獲利共計 3150 億美元，比過去 10 年增長 78%，這個速度也遠超過國內的利潤成長率。當經濟持續成長，而美國市場以外的消費能力持續增加時，這個趨勢會持續。事實上，奇異（GE）公司估計它未來十年的收入成長，其中 60% 來自新興市場。[14]

▼　表6.2　世界各國的人口和經濟統計資料（**2013**）

工業化經濟體	人口 (X1,000)	GDP(十億美元)	每人GDP	出口(十億美元)
Australia	22,507	998.3.	43,000	251.7
Austria	8,223	361	42,600	165.6
Belgium	10,449	427.1	37,800	295.3
Canada	34,834	1,518.0	43,100	458.7
Denmark	5,569	211.3	37,800	106.0
Finland	5,268	195.5	35,900	75.7
France	66,259	2,276	35,700	578.6
Germany	80,996	3,227	39,500	1,493.0
Hong Kong	7,112	272.1	52,700	456.4
Ireland	4,832	190.4	41,300	113.6
Italy	61,680	1,805.0	29,600	474.0
Japan	127,103	4,729.0	37,100	697.0
Luxembourg	520	42.6	77,900	12.8
Netherlands	16,877	699.7	43,300	576.9
New Zealand	4,401	181.1	30,400	37.8
Singapore	5,567	339.0	62,400	410.3
Sweden	9,723	393.8	40,900	181.5
United Kingdom	63,742	2,387.0	37,300	813.2
United States	318,892	16,720.0	52,800	1,575.0
總計	854,554	32,021.2	43,200	8,773.1
新興經濟體	人口 (X1,000)	GDP(十億美元)	每人GDP	出口(十億美元)
Argentina	43,024	771.0	18,600	85.0
Brazil	202,656	2,416.0	12,100	244.8
Chile	17,363	335.4	19,100	77.9
China	1,355,692	13,390.0	9,800	2,210.0
Czech Republic	10,627	285.6	26,300	161.4
Hungary	9,919	196.6	19,800	92.9
India	1,236,344	4,990.0	4,000	313.2
Indonesia	253,609	1,285.0	5,200	178.9
Korea	49,039	1,666.0	33,200	557.3
Malaysia	30,073	312.4	17,500	192.9
Mexico	120,286	1,845.0	15,600	370.9
Peru	30,147	344.0	11,100	41.4
Philippines	107,668	454.3	4,700	47.5

▼ **表6.2　世界各國的人口和經濟統計資料（2013）（續）**

Poland	38346	814.0	21,100	202.3
Russia	142,470	2,553.0	18,100	515.0
Slovakia	5,443	133.4	24,700	82.7
Taiwan	23,359	926.4	39,600	268.5
Thailand	67,741	673.0	9,900	225.4
Uruguay	3,332	56.2	16,600	10.5
Venezuela	28,868	407.4	13,600	91.7
總計	3,776,006	33,854.7	17,000	5,970.2

資料來源：**The World Factbook.(https://www.cia.gov/library/publications/the-world-factbook/2013)**[13]

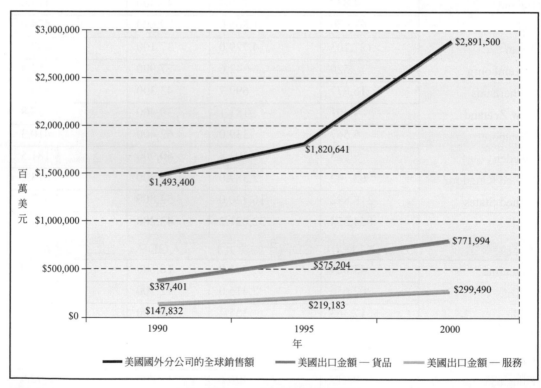

⬣ **圖6.3　全球市場的重要性**

　　全球資源供給市場的重要性也增加了。**低廉勞動成本讓墨西哥這類的國家成為組裝勞力密集產品的首選**。在 2001 年，由墨西哥**加工出口區**（**maquiladoras**）輸出的貨物價值達到 768 億美元。然而，中國的勞動成本更為低廉，更具有優勢。近年來，中國是外資首選地區，每年能夠吸引超過 500 億美金的外商直接投資，如中國的合約製造商替 Dell（戴爾）和 Nike 生產產品。

另一方面，**資本設備的採購也全球化了**，通用汽車（GM）利用**目標成本活動**（**target costing campaign**），設法以最低的成本取得在衝壓（stamping）生產作業中的關鍵模具，因此向韓國新的供應商採購模具，同時也向原有的德國供應商購買。[15] 如此的全球資源取得，能夠讓企業維持競爭力。

(3)截然不同的本國和全球事業

供應鏈設計者經常忽略了國內和全球作業的不同。即使像是 Wal-Mart（威名百貨，或譯作沃爾瑪）那樣優秀的企業，也曾經費力調整作業模式和產品組合，以符合本國以外的消費者需求。例如當 Wal-Mart 在巴西聖保羅的第一家購物中心開幕時，促銷的物品中包括了「掃落葉機」和美式足球。但生活在水泥都市地區的 20 萬居民們，實在很少需要掃落葉機；另一方面，雖然巴西人喜歡「足球」，但是他們對於踢「美式」足球則缺乏興趣。經過一段時間以後，Wal-Mart 改善了它的產品組合，以符合巴西人的喜好，但這段學習的過程也付出高昂的代價。

　　管理全球營運的所有事項是一大挑戰，供應鏈管理者有下列四個議題必須仔細思考。

i. *政治（politics）*

管理者必須評估潛在目標市場的**政治穩定性**。不穩定性可能導致各種問題，像是經濟成長的停滯或是激烈的民眾抗爭。阿根廷在 2001 年因為貨幣貶值而產生的暴動，代表了人民對腐敗政府的失望。同樣地，2004 年印度國大黨意外在國會選舉中贏得勝利，導致股市急速下跌。因為投資者擔心新政府會停止經濟改革，印度的經濟改革曾經創造了數以千計高薪的服務業工作機會。管理者必須評估政治的趨向，以免危害他們的全球經濟策略。

ii. *合法性（legalities）*

在法國，英語廣告是被禁止；在新加坡，口香糖的銷售受到限制，這都是一些小細節，但是**會增加全球化營運的成本**。其他的問題像是行賄、產品意外責任判斷標準、勞動法規、本地自製率規定以及廣告法令都讓決策變得更加複雜。僱用有經驗的法律顧問對全球供應鏈管理來說是不可或缺的。

iii.*財務*（*finance*）

跨國事業中最重要的財務議題就是**匯率的管理**。當歐元在 1999 年首次推出時，它的價值是 1.17 美元，到了 2002 年，歐元達到了 0.82 美元的低點，讓歐洲出口到美國的貨品對美國的消費者具有較大的吸引力。然而世事多變，在 2006 年之前歐元已經升值到了 1.26 美元，因而降低歐洲製造商的成本競爭力。個別的交易更容易受匯率的影響，例如，在 2004 年，一個以歐元向德國供應商採購機械零件的合約，讓美國的採購者比兩年前多花 57% 的美金。使用避險策略可以降低企業的匯率風險。稅賦是另一個值得注意的財務議題，也需要專家的協助。

iv. *文化*（*culture*）

文化幾乎在生活的每一層面上，都會影響人們的觀念，包括時間、個人空間、上下階級關係、與個人責任等。[16] 在許多國家裡，建立緊密的個人關係比建立商業關係更為重要。中國人所說的「關係」是指你需要花點錢來建立關係，否則行政官僚可能會阻礙企業的運行。**文化的挑戰需要加以了解和彈性的處理**。機警的管理者會做好事前的準備，讓企業適應當地文化，這樣才能在全球環境中獲得成功。

3. 全球化競爭規則（globalization's rule）

當全球化持續發展時，競爭的規則也持續改變。管理者清楚了解全球競爭的遊戲規則之後，才能做出正確的決策。當然，這些成功的規則是依企業大小和產業結構而有所差異的。然而，大部分的企業—無論大小、位置、資源狀態—都是全球供應鏈的一份子。只有很少的產品是 100% 本地自製的。此外，任何可獲利的市場都會吸引來自全球的競爭者，因此，每個供應鏈管理者都應該具備全球化的視野。

　　供應鏈管理者應該嘗試了解下列六項競爭規則，這些規則在大多數的產業中可用來形成有利競爭的環境與推動供應鏈策略。

(1)佈局全球三大市場（establish a triadic presence）

企業必須在全球三個主要市場中經營—美國、歐盟與亞洲。這三個市場代表全世界最富裕、人口最密集的經濟區域。**產品的推出必須同時進入這三個市場，才能搶先卡位、贏得先行者優勢**（first-mover advantages），**以賺取資金投入新**

產品開發和全球擴展。例如，吉列（Gellette）公司開發和推廣 Mach 3 系列刮鬍刀的花費超過十億美元，這麼龐大的成本使得吉列公司必須儘可能迅速地在三大市場的越多店面上架 Mach 3 越好，因為，舒適牌（Schick）和美國安全刮鬍刀片（ASR）會在一年內推出與之競爭的三刀頭刮鬍刀。在大多數的產品領域中，具侵略性的競爭者能夠複製絕大部分的新產品，並在一年之內推出市場販售，幾乎立即導致獲利壓力。佈局三大市場也能夠延緩經濟衰退所造成的影響，除非在最極端的情況下，這三個主要市場在任何時間點至少有一個會是維持成長的。

(2)善用跨國據點（utilize beachheads）

企業可以利用在已經高度工業化國家的營運基礎，做為進入新興市場的橋樑。舉例來說，企業設在德國的營運事業是進入中歐和東歐的絕佳平台。緊鄰（proximity）的特性能夠建立更好的 (a) 市場知識 (b) 文化了解 (c) 管控 (d) 物流支援。類似「平台和橋樑」的方法可以運用在每一個地區的擴展上。例如，Black&Decker（百得）和金百利公司在墨西哥和巴西建立了生產製造的灘頭堡，做為開始進攻南美市場的據點。

(3)達成橫跨市場的無縫接軌（Achieve Seamless Performance Across Markets）

企業在全球市場中必須擁有超高水準的一致性表現。無縫接軌（Seamless performance）是一種標語，**代表企業在它營運的任何地方都能以同樣優秀的服務，提供同樣高品質的產品**。原因很簡單，假如某個顧客在歐洲對你的產品有很好的觀感，他會期待在亞洲、美國或是你營業的每一個地方也有同樣的經驗。同樣的，因為企業希望降低供應商的數目，因此會尋找一個在全球各地都能支援它運作的供應商。因此，在顧客有營業據點的每個地方，最好也能夠提供同樣的服務。否則，他們會尋找另一個供應商來填補空缺。其他競爭的供應商在它們提供服務的每一個市場中都會變成你的潛在對手。美國第一大辦公傢俱製造商 Steelcase 建立了全球物流的能力，因此無論想要買 Steelcase 設備的顧客在哪裡，它都能提供完整的服務。Steelcase 的全球物流資深副總杜安·巴克林（Duane Bucklin）曾說：「我們從未說過要成為具備全球化物流能力的企業，但是那些跨國企業客戶把我們推出了北美的範圍。」跨國營業的客戶希望它們的供應商也能夠「在那裡」支援它們的作業。

(4)透過聯盟擴展勢力範圍（extend reach trough alliances）

企業需要**利用聯盟來擴展全球化的範圍**。當 Wal-Mart 首次進入墨西哥時，它是與 CifraSA 聯盟合作。在墨西哥市場的經驗足夠後，Wal-Mart 買下了這位盟友。當通用汽車發現它無法製造出受顧客歡迎的小型汽車時，便轉向 Toyota 吸取重要的專業知識。企業應該共享資源，因為全球化的代價是很昂貴的。聯盟夥伴可以提供市場知識、專業技術、營運秘訣與技巧（operating know-how），以及財務資源。

(5)在對手的國內市場競爭（compete in competitor's home market）

企業必須**進入對手的國內市場競爭，這種競爭可以防止利潤的交叉補貼**。多年來，GM 和福特一直抱怨日本競爭者的成本優勢，直到 1990 年代美國的汽車製造商在日本推出了具有競爭力的汽車。由於缺乏競爭者，日本的汽車製造商可以使用日本市場的利潤來補貼國外市場，以取得美國市場的佔有率。Wal-Mart 則進入德國和英國市場以包圍家樂福。這是為了轉移家樂福全球擴增的目標，迫使它必須保護自己的國內市場。其他在對手的後院掀起戰爭的理由，還包括了獲取有關技術、先進的供應商能力、以及競爭的情報。

(6)協調全球活動（coordinate global activities）

企業必須**協調全球的作業以創造協同綜效**（synergies）。[17] 寶僑公司（P&G）重新調整組織，改依據產品線區分，取代過去地區性的分組方式，讓不同地區的獨立產品開發作業能夠彼此合作。舉例來說，多年來 P&G 位於歐洲、日本、美國的研究機構一直都是獨立作業的。這三個研究小組多次開發同類的新產品而沒有人發現，因為他們沒有分享創意構想和突破性的新技術。如果當初有這樣做，應該可以讓 P&G 以更快的時間和更低的成本，將更好的產品推入市場。自從組織重新調整之後，P&G 發現更好的協調可以促進構想的互相交流，減低重複浪費。生產力進步了，新產品從開發到上市的速度變快了，也達到更高水準的客製化顧客服務。全球產品管理和集中式採購促進了規模經濟效益，讓寶僑在與頭號對手聯合利華爭奪全球市佔率時更具競爭力。

4. 設計全球化網路架構（**designing a global network**）

企業應該如何回應全球化市場的新競爭規則？他們建立了跨越全世界的營運網路架構，讓企業能夠將產品銷售給全世界的顧客，同時也讓企業能夠取得全世界的資源，包含了製造工廠、物流中心，以及零售賣場。然而，**實體的基礎設施不一定要由單一的企業擁有，供應鏈的目標是經由虛擬網路架構進入全世界市場：**使用的設施和產能來自分布各地的供應商、配送商、零售商，以及其他第三方業者，像是貨運承攬業者（freight forwarders）和運輸業者。共同合作之下，這些公司結合不同的技能，以設計、製造、及運送這些優良產品給全世界的顧客。因為是虛擬網路架構，即使是小型公司也能夠參與這個全球化市集。**加入這個全球舞台的先決條件是擁有「專業技能」，才能讓你的公司成為供應鏈團隊中具有吸引力的成員。**

全球網路架構隨著時間而演進，每一次都再加入一塊新的拼圖。例如，必須加入一個新的製造工廠，以增加產能；必須加入一個新的物流中心以服務顧客；加入一個供應商聯盟，或是選擇進入並開發一個新的國家市場等。即使每一個決定剛出現時都很合理，但經過一段時間之後，現有的全球網路架構可能會變得無效。用系統性的方法進行網路設計，有助於保持在容易管理的狀態。有四個 C 的關鍵決策領域—**相容、配置、協調、與管控**—應該加以評估，以確保企業每項網路設計的決策，都能更加提升全球網路架構的競爭力。

(1)相容性（**compatibility**）

相容性指**網路設計決策與企業整體策略相符**。許多企業沒有仔細考慮策略的相容性。有些企業為了更低的勞動成本，就直接將營運作業從一個國家移到另一個國家。另外有些公司決定在一個新的國家營業，只因為競爭者「也這樣做」。這樣制定的決策可能不見得會符合策略的合理性。

例如，追求低勞工成本可能會破壞企業的產品品質，使企業無法生產優異的產品，因而失去競爭力。幾年前，賓士汽車和 BMW 決定降低成本，要與日本的高級車品牌競爭。若要在德國以外的地方製造汽車，顯然最適合的是美國。墨西哥也曾列入考慮，因為它具有低成本而且接近美國市場的優勢。最後，兩家汽車製造商都認為「墨西哥生產」並不適合被貼在高價位的「德國」頂級汽

車上（1999 年 9 月 1 日，第一輛 BMW X5 在美國南卡羅來納州的 Spartanburg 出廠，現已成為 BMW 全球主要生產基地）。每個網路架構決策都應該被仔細地分析，以確保可以支援企業的加值策略。

(2)配置（configuration）

配置是指**要將加值活動放在哪裡的決策**。在賓士汽車的例子中，最後決定要在美國製造。當賓士汽車思考可能的生產地點時，它希望尋找來源充裕、勤奮、富彈性的勞動力，其中關鍵目標是避開工會組織。賓士也希望能夠接近現有的高品質供應商。其他工廠地點的決策還需考慮運輸基礎設施的品質、不動產（土地、廠房）成本、水電等公用事業費率，以及稅收優惠政策。在使用這些準則比較幾個選項之後，賓士決定要將它新的裝配工廠設立在阿拉巴馬州（Alabama, Tuscaloosa，1997 年開始以生產 ML-Class 車系為主）。

配置的挑戰是要辨識並思考所有會影響網路架構效能的因素。有太多企業在決定地點時，只考慮一或二個議題，像是勞工成本或是稅率。接著他們發現工人罷工了、工廠每個下午都會停電、本地供應商無法準時送貨、以及運輸基礎設施損壞等問題。好的配置決策需要小心的調查和仔細的分析。

(3)協調（coordination）

協調指的是**整合分散世界各地的活動**。一些基本活動，像是資訊分享或是在世界各地的工廠運輸貨物，幾乎都要比國內作業要困難許多。實體距離、文化差異和官僚體系都會造成混亂、成本上升、及績效滑落。

寶僑（P&G）公司的研發部門是一個很好的例子。華希‧查奇（Wahib Zaki）成為研發部門的副總經理時，他發現美國的研究人員正在改良「輔助劑」（可以分解污垢的成分），而日本的子公司正在研究新的「界面活性劑」（可以移除油脂的成分）。沒有一個小組將寶僑在歐洲分公司的突破性技術加入，他們也沒有彼此分享研究成果。查奇認為他們應該協調這些工作以開發並推出真正強效的液狀洗衣精。他組成一個團隊，分析市場需求、彙整分散的技術知識、以及建立產品的規格。結果產生了「世界性」的洗衣精，在美國以 Tide（太漬）為名稱來銷售，在日本叫做 Cheer，在歐洲則叫做 Ariel。[18]

(4)管控（control）

管控是與日常營運管理有關的作業性決策。只有當管理者能夠在製造工廠、物流中心、和供應商作業中做出正確的**現場**（**on-site**）決策以改善生產力、品質和其他績效特性時，全球網路架構才能增進企業的競爭力。然而，不同的語言、薪酬系統、員工關係和基礎設施都會讓全球營運管控的決策更加困難。過去有間公司想要在墨西哥設立一個聯合生產的保稅加工出口廠區（maquiladora），在相容性、配置和協調上都做了很好的評估。然而，工廠的管理者並不願意學習適應墨西哥的文化，他的溝通風格和績效評估的方法都讓員工之間日漸疏遠。由於工廠士氣低落，造成了品質低下和成本升高。這個管理者最後被他的其中一位墨西哥助理取代了，生產力和品質很快改善，並到達世界級的水準。**不良的現場管控（on-site control）會破壞本來很好的全球網路架構設計決策**。同樣地，優秀的管控決策可以幫助全球網路架構創造傑出的價值。

五、結論

今日的商業世界正在快速轉變。顧客的要求更高，競爭者更有企圖心，環境更加複雜不穩定。假如管理者想要成功，他們必須了解 Charles Darwin（達爾文）的觀察所代表的意涵：「適者生存」。當企業精通組織審視的藝術和科學之後，就可能在事發之前預測到轉變。他們必須了解並適應環境演變所帶來的新規則。

全球化的趨勢引發了新的競爭規則，改變了競爭的本質。**供應鏈管理者使用的策略應該依賴於關係而非依賴於所有權**，這樣才能建立具有彈性的全球供應鏈網路架構。這些網路架構能夠取得全球最好的資源，讓企業能夠設計、製造、運送優良的產品給全世界的顧客。

重點摘要

1. 供應鏈管理策略的出現是為了回應今日競爭環境的改變。
2. 所有權和關係整合策略決定了產品在企業內部增加的價值比率。在步調快速的市場中，關係整合提供良好的彈性，因此是較好的策略。

3. 組織審視是要取得和利用組織內部及外部環境中有關各種事件、趨勢和關係的資訊。它對供應鏈管理者來說是很重要的工具。

4. 影響今日決策環境的力量有：激烈的競爭、顧客期待升高、供應鏈成員的加值角色轉移、殘酷的財務壓力、過高的全球產能、經濟全球化、購併的增加、持續的技術創新、時間的壓縮，以及企業社會責任的增加。

5. 全球化同時創造了機會和威脅。因為推動全球化的力量似乎正在持續，管理者應該利用全球化機會的優點，並減低它的威脅。

6. 全球化已經改變了競爭的規則。供應鏈管理者必須了解全球化的六個基本規則：佈局全球三大市場、善用跨國據點、達成橫跨市場的無縫接軌、透過聯盟擴展勢力範圍、在對手的國內市場競爭，以及協調全球活動。

7. 對全球化規則所做的回應之一是建立全球供應鏈網路架構。在設計優秀的全球供應鏈網路架構時，需要小心地管理以下四個議題：相容性、配置、協調、管控。

國內案例

國際物流與供應鏈管理學程之就業導向SWOT分析

勞動部勞動力發展署為提升大專生之就業知識、技能、態度，爰補助大專校院辦理實務導向之訓練課程，以協助大專生提高職涯規劃能力，增加職場競爭力及順利與職場接軌，多年來持續推動就業學程計畫。龍華科大工管系已連續獲得補助 5 年（99-103）之「行銷流通與供應鏈管理」學程，104 年度提案辦法明訂各大專院校提出申請時必須說明國際化產業及人力需求分析，以及 SWOT 分析應說明國際化產業及人力需求分析之連結，因此，104 年度修訂計畫名稱為「國際物流與供應鏈管理學」學程，並加強現況分析及 SWOT 分析，以突顯新年度計畫之時效性與可行性，相關內容引用如下。

(一) 產業需求狀況

1. 產值

流通運輸服務業以批發、零售與物流業三者為主體。當中物流業之對象範圍依據行政院主計處 90 年度修訂之「中華民國行業標準分類」，係以除客運之外的運輸倉儲業為主，包含的業態有鐵路運輸業、汽車貨運業、海洋水運業、民

用航空運輸業、儲配運輸物流業、報關業、船務代理業、陸上貨運承攬業、海洋貨運承攬業、航空貨運承攬業、陸上運輸輔助業、港埠業、其他水上運輸輔助業、倉儲業與快遞服務業等。

根據 2010 年主計處資料顯示，我國服務業名目 GDP（不含加值型營業稅和進口稅）占全經濟比重爲 64.11%，就業人口占比爲 58.84%，諸多服務業中，以商業服務業（以批發業、零售業、餐飲業與物流業爲主）占全經濟之 23.19%比重最大，且就業比重爲 27.43%亦較其他服務業高，具有較佳就業吸納效果，顯示以批發及物流業爲主的商業服務業是支撐我國經濟發展的主力產業之一，對經濟成長的重要性不言而喻。

2. 就業人數

若根據行政院主計處於 2003 年公布的工商服務業普查初步報告中指出，2001 年國內批發及零售業的人數達 184 萬人，相較 1996 年的 168 萬人，增加 9.43%，屬於國內服務業中增加人數最多的行業。另依據交通部統計處資料估算，國內物流業之就業人數在 2001 年約爲 20 萬人，而截至 2007 年底，我國流通服務業之產值，佔 GDP 比例達 26.7%；就業人員 290 萬人，佔服務業就業人口比例 48.7%。

(二) 台灣物流服務業現況分析

1. 台灣位居亞太地理樞紐

台灣位居亞太地理樞紐，到西太平洋主要 7 大城市的町均最短飛行時間僅約 2.55 小時。從台灣最大的國際港高雄港到海外五大主要港口（香港、馬尼拉、上海、東京、新加坡）的海運町均航行時間，約爲 53 小時。係歐、美、日及亞太新興市場的連結樞紐與產業策略的重要橋樑，也是跨國企業在亞太地區營運總部的首選地位。故能成爲吸引臺商與外商企業以臺北爲營運中心，爲臺灣的經濟發展注入了新的活力與動能。

2. 海、空國際運輸具發展國際物流條件

兩岸直航後，台灣位於東北亞、東南亞黃金雙航圈中心，向北可連結東京成田、首爾仁川、上海虹橋；向南連結香港赤臘角、新加坡樟宜，串連臺北、上海、東京與首爾四地一日生活圈已可具體達成，大幅提升了四大城市往來商旅的便利性，並透過黃金航圈內的航線串聯，爲亞太區域內已相當活絡之經貿發展及交流互動，帶來新的契機。近年政府積極推動自由貿易港區業務，至 101 年度各自由貿易港區總計有 111 家業者進駐，進出口貨量計 1017.98 萬頓，進出口貿易值約 5,019.29 億元。兩岸海運直航部分，101 年度直航兩岸港口船舶達

總裝卸貨櫃 214 萬 TEU，成長幅度 8.8%，載運旅客數 17.6 萬餘人次，約成長 68.4%。

3. 物流績效指數世界排名具競爭力

根據 2012 年 世 界 銀 行（World Bank, International Trade and Transport Departments）針對 155 國進行物流績效指標（logistics performance index，LPI）調查：亞洲地區新加坡、香港排名全球第一與第二；台灣在 LPI 構面的呈現，均優於中國大陸。相較 2010 年，在通關效率、基礎設施、物流能力等指數上均有所進步，顯示政策之協助有助於提升物流效率及競爭力，而即時性部分之表現相當亮眼，顯示臺灣對於貨物流通情形掌握良好，及擁有完善的電子資訊系統。

▼ 表1　2012年亞洲各國LPI物流績效指數世界排名

國家	LPI	通關效率	基礎設施	國際運輸	物流能力	貨物追蹤	即時性	世界排名
新加坡	**4.13**	4.10	4.15	3.99	4.07	4.07	4.39	1
香港	**4.12**	3.97	4.12	4.18	4.08	4.09	4.28	2
日本	**3.93**	3.72	4.11	3.61	3.97	4.03	4.21	8
臺灣	**3.71**	3.42	3.77	3.58	3.68	3.72	4.10	19
南韓	**3.70**	3.42	3.74	3.67	3.65	3.68	4.02	21
中國	**3.52**	3.25	3.61	3.46	3.47	3.52	3.80	26

資料來源：World bank, 2012；商業發展研究院整理 *計分方式為 1 到 5 分，表現愈優異獲得分數愈高 [1]

[1] LPI 各項指標內容：(1) 通關效率：該國通關流程中的海關效率；(2) 基礎設施：維持運輸品質的物流資訊設施；(3) 國際運輸：提供國際裝運的容易度與價格合理性；(4)物流能力：該國物流業的競爭力；(5) 貨物追蹤：貨物國際運輸的追蹤與定位能力；(6) 即時性：貨物是否能快速準時到達目的地。

(三) 學程就業導向之SWOT分析

▼　表2　國際物流與供應鏈管理就業學程之SWOT分析

優勢（Strength）	弱勢（Weakness）
1. 資訊化訓練程度高：有關維修、採購、庫存管理、ERP等利用資訊科技之作業，相關訓練充分，有助企業降低成本，減少錯誤。 2. 相關系所完整，國際企業系、企管系、工業管理系皆具有優秀且充分的師資，並鄰近北部物流與產業重鎮，國際海港與空港業界師資與實習機會較多。 3. 掌握本地客戶消費需求，熟悉國內市場特性。 4. 熟悉物流倉儲與實務運作管理，並接受堆高機實務操作訓練，考取國家執照，容易進入產業第一線工作應用。	1. 學生多半傾向升學或是投入傳統製造業，對於相關創新服務業與業務行銷職務之意願不明確。 2. 學校具有眾多證照與教學改進方案，學生有多元化的選擇，因此選課與未來就業的變化較大，可能難以呈現出單一輔導措施之具體關聯效益。
機會（Opportunity）	威脅（Threat）
1. 大陸市場崛起，服務業管理人才需求殷切。 2. 電子商務與宅經濟興起，對於流通與物流人力需求日增。 3. 知識經濟影響：客製化需求、多元通路型態與快速反應能力，需要中高階供應鏈管理人力投入。 4. 國內通路結構成熟：上下游廠商結構完整，國際物流/供應鏈支援能力強。 5. 我國積極推動貿易自由化與各國推動FTA協定，增加國際物流與供應鏈專業人才需求。	1. 產業人力資源不足：基層與管理人力流動率過高，跨國經營資訊科技與其整合概念的人員亦不足，中高階人力銜接尚未健全。 2. 法令障礙，不利企業擴展人力需求：存在不合時宜的法規，且業務散見各政府機關，申辦不便且流程過長。 3. 相關科系畢業生眾多，且企業用人並未要求明顯物流或供應鏈專長取向，本學程畢業生之優勢恐難以顯現。

▼ 表3 國際物流與供應鏈管理就業學程之SWOT策略研擬

因素	內部強勢（S）	內部弱勢（W）
外部機會（O）	SO:Max-Max策略 意義：投入資源加強優勢能力、爭取機會 1. 投入業師資源，聘請鄰近物流與供應鏈產業專家授課，強化學生實務能力，提升就近就業之機會。 2. 與物流協會合作英國CILT認證，強化國際移動能力；以及跨校合作，開設堆高機實際操作課程，並輔導考取國家技術士證照，就業機會更多。	WO:Min-Max策略 意義：投入資源改善弱勢能力、爭取機會 1. 經由專業訓練讓學生在學習中提早思考未來方向，及投入產業時的職務意向。 2. 資訊化及專業訓練後，給予學員證照輔導，彌補專業不足，並安排企業參訪，了解產業特性與廠商整體結構，體認產業長期前景優勢，提升吸引力。
外部威脅（T）	ST:Max-Min策略 意義：投入資源加強優勢能力、減低威脅 1. 加強資訊化訓練提高專業素質，以解決現在產業人力資源不足及降低人力成本。 2. 藉由資訊系統培訓，學習保存企業know-how，人員流動時，提升新進人員進入公司時的學習時效性。 3. 提前接受專業訓練考取證照，展現學程畢業生之技術專長。	WT:Min-Min策略 意義：投入資源改善弱勢能力、減低威脅 1. 輔導學生考照，提升專業技術以改善產業人力不足問題。 2. 整體及多元化的教學培養學員整合性的思考，更快訂定未來方向及目標，提升專業，培育未來產業管理人才。

資料來源：104年度勞動部勞動力發展署補助大專校院辦理就業學程計畫（國際物流與供應鏈管理學程），計畫主持人：龍華科技大學工業管理系梅明德

課程應用問題：

1. 課本中的圖6.1組織審視流程與圖6.2的供應鏈SWOT分析，可以協助解讀分析結果，也列出了一些常見的問題，用來辨識這些核心的分析意見。請利用這兩張圖中的呈現方法，針對自行選擇的國內一家大型跨國企業進行審視與模擬的SWOT分析，並將結果利用這兩張圖的架構，編排成引人注目且容易閱讀的格式。

2. SWOT 分析矩陣可以進一步識別和制定四種因應策略：SO 策略（優勢一機會）、WO 策略（劣勢一機會）、ST 策略（優勢一威脅）和 WT 策略（弱勢一威脅）。最難之處就在於將外部環境和內部條件結合起來分析，需要結合理論和實務經驗，並熟悉企業的可行策略，並無固定模式可供遵循，因此，請參考上述龍華科大的就業學程 SWOT 分析與策略提議，就第 1 題中分析的大型跨國企業，進一步為其研擬適當的因應策略。

Chapter 7

繪製供應鏈

我們的供應鏈如何運作？如何運用供應鏈繪製來評估並增進公司在供應鏈中的地位？

本章指引重點：

1. 供應鏈有哪些動態變化？
2. 我們的公司是否已經具備成功的條件？

在閱讀本章之後，你應該可以：

1. 討論供應鏈設計的觀念和重要性。
2. 解釋流程繪製、描述流程繪製在供應鏈設計中的功能。
3. 描述幾個供應鏈設計的常用方法。
4. 繪製供應鏈。描述管理者可以從供應鏈圖中得到的重要了解。

章首案例

供應鏈可見度：奧林巴斯公司的探索旅程

　　道格和供應鏈小組在執行長喬·安德魯斯及董事會批准他們的供應鏈計畫時，感到非常興奮。經過六個月的努力，他們找出了供應鏈管理的潛在效益、障礙與橋樑。然而，正當小組成員慶祝地討論時，喬·安德魯斯跨進道格的辦公室，帶來了接下來的工作，他說：「我們很喜歡你們目前的工作成果，你們今天的簡報讓供應鏈管理看起來很吸引人。假如你們可以實現這些效益，就能夠大大地提高我們降低成本和服務顧客的能力。當然囉，還有我們的利潤和股價。把它做好！供應鏈管理太重要，也太資源密集，我們難以承受失敗的後果。加油吧！」因為公司高層在他們肩上放了如此龐大的壓力，專案小組的氣氛由熱烈的慶祝轉換成為冷靜的沉思。接下來該怎麼做呢？

三週以後…

　　雖然道格已經讓某些功能性小組大致上接受了供應鏈管理，但是奧林巴斯公司的內部供應鏈還有許多領域需要改進。他們的存貨量過高，而且即使他們的服務等級正在穩定提高，重要顧客的抱怨卻比以往的任何時候都大聲。然而，這些問題的原因還不是很明確。道格需要更了解跨越事業單位、跨部門，以及與外部供應鏈成員之間的供應鏈作業。道格知道時間正在流逝，他還必須提出具體的改變計畫。他也知道作業績效沒有達到目標，但是要如何找出原因？有哪些可做的？道格並不想責難其他功能領域的過失或是告訴他們應該如何工作。此時，一陣敲門聲打斷了他的思緒。

　　道格嚇了一跳說：「請進。」品質保證主管鮑勃·莫耶斯（Bob Moyers）推開門走了進來，手上拿著一大疊文件。「嘿！道格！希望我沒有吵到你。我知道你現在的壓力很大，忙著找出要怎麼進行我們的供應鏈計畫。嗯，我並不是很了解這些事，但是我知道存貨量過高的其中一個原因，是一些供應商的品質問題。工廠的人必須訂購比實際需要更多的貨品，因為我們有太多品質問題。我覺得我們的內部流程連結有一些問題，與供應商的連結也是。」

　　道格點點頭，想到這些事與供應鏈設計的關係。鮑勃繼續說：「就像我之前說的，我對供應鏈管理的了解不多，但是以品質保證主管的角色來說，我知道很多辨識問題的方法。當我們想要找出和解決某個問題時，我們會使用『流程繪製』的方法。」

　　道格點頭：「嗯，我很熟悉這個概念。」鮑勃說：「太好了！當我們發現品質問題時，我們會觀察問題所在的流程，訪談參與人員，接著我們會將目前的作業畫出來—這就是流程繪製。我們會和相關人員一起繪製。有時候他們會做一些更正；有時候他們會指出一些問題，像是漏掉的或是不必要的步驟。流程圖能幫助我們找出問題和解決方法。有時候只需要做一些簡單的修正，有時候，流程圖會成為整個流程重新設計的起點。我們會先將理想的流程畫出來，接著做必要的修正。我們讓每個人都參與—我們相信人們會支持他們自己所參與創造的東西。總之，我覺得流程繪製可以幫助你開始供應鏈計畫。我會給你一些我的訓練課程的資料，假如你有興趣的話。」

　　道格點頭，心裡想著他要怎麼利用這個方法。「謝啦！鮑勃。這可能就是我要找的工具。我很感謝你來幫忙。有需要的話，也許我們會邀請你來做一些訓練講習？」

　　「我很高興可以幫忙。任何幫助供應鏈表現得更好的事物，都會讓我的工作更輕鬆，也會增加每個人的獎金。」鮑勃微笑地離開了。道格開始翻閱熟悉的流程繪製說明，思考他應該如何開始。

在你閱讀時，請思考以下幾點：

1. 你覺得替奧林巴斯公司的核心流程「畫一張圖」，是否為找到改進機會的好方法？請說明你的理由。
2. 是否能夠將流程繪製的想法延伸為供應鏈繪製？你覺得供應鏈繪製和流程繪製應該要有哪些不同？
3. 你要從哪裡開始繪製供應鏈圖？有哪些人應該要參與？
4. 供應鏈繪製能夠回答以下問題：「我們目前如何適應？」和「我們未來如何適應？」為什麼在繪製理想的流程圖之前，要先繪製出目前的流程圖？

　　供應鏈設計非常重要，不能只是順其自然。就像遺傳工程已經開始縮短物種演化的過程，主動的供應鏈設計也會縮短並永遠淘汰緩慢漸進的產業演化過程。

–Charles Fine[1]

一、簡介

企業要怎麼決定它的供應鏈應該看起來像什麼樣子？假如有符合理想的供應鏈，組織要如何找出從現況轉移到未來理想供應鏈的方法？**本章將介紹流程繪製（process mapping）、價值流繪製（value stream mapping）、供應鏈設計（supply chain design）和供應鏈繪製（supply chain mapping）等方法，以幫**助回答以上問題。流程繪製工具是用來繪製目前個別流程的作業方式，並幫助企業編排出改良的新流程。**價值流繪製是流程繪製的一種，它會以視覺化的方式替產品或服務畫出「目前」和「理想」的供應鏈資訊流以及物料流，並且特別強調要降低系統中的浪費，符合精實生產的概念。**[2]供應鏈設計可以替企業繪製出供應鏈的未來前景。供應鏈繪製提供供應鏈的動態特性，可用來決定組織目前的供應鏈運作方式，並可提供未來發展的藍圖。

讓我們複習供應鏈管理的定義：

供應鏈管理是要設計與管理跨越組織的無縫加值流程，以滿足最終顧客真正的需求。

因此，優秀的供應鏈設計必須是自我要求，能夠滿足顧客和其他利益相關者的需求。供應鏈設計並不是簡單或小型的任務，需要調整組織的內部能力和供應鏈能力使它們與顧客需求一致；也需要決定在供應鏈網路架構中，誰是執行所需任務的最佳成員；更需要協調實體物流、財務金流、及資訊系統，來改善回應性和效率。企業必須完成以上全部任務，才能替顧客創造價值，替所有的供應鏈成員創造利潤。

二、供應鏈設計的重要性

假如一個組織不設計它的供應鏈，多年來只是讓它隨著一連串流程和獨立的選擇來自由發展，最後會發生什麼事？我們可以預測到下列情形：

- 工作協調不良
- 不相容的資訊系統
- 週期時間冗長
- 溝通問題
- 顧客服務申訴問題

- 過多的浪費與環境惡化
- 對目前的顧客服務水準來說相對過高的存貨
- 低於最佳利潤

　　爲什麼會發生這些問題？因爲沒有人去規劃供應鏈流程以達成系統性目標。因爲供應鏈缺乏透明度，所做的決策只單獨追求區域性的最佳化，沒有考慮到對於整體供應鏈其他部分的影響。舉例來說，選擇低成本的包裝可能無法保護產品，導致運送成本升高、以及流失顧客。但是想要預測這些結果，在政策上和作業上的層面都是很複雜的。這種複雜性是供應鏈設計始終沒有普及的主要原因之一。設計者應該先讓供應鏈成爲可見的，管理者應該要看得到流程如何進行、如何影響其他流程、哪些人執行哪些事項、在哪裡完成、以及爲什麼要執行它。**可見性（visibility）對有效的供應鏈設計及管理來說都是非常重要的。**

　　有些人認爲組織成功的關鍵在於它是否能夠靈活地設計並管理供應鏈，在營運環境改變的時候，能夠重新組合出「適當」的供應鏈能力。[3] 讓我們來看一個組織成功設計供應鏈網路架構的範例。

1. Nokia

Nokia 是功能型手機銷售的全球領導者。雖然 Nokia 公司在 1865 年成立，但是直到 1960 年代才開始進入電信事業。在 1990 年代早期，Nokia 去除了它的非核心作業，因此能專心在數位電信技術的發展。Nokia 的核心哲學是使用「從搖籃到墳墓（cradle-to-grave）」的綠色設計方法，不只是個別產品，同時也設計重頭到尾的供應鏈。因此，Nokia 了解供應商對於 Nokia 本身、供應鏈整體效能、環境衝擊、以及滿足顧客需求的能力上都扮演了重要的角色。

　　因爲 Nokia 將許多製造和組裝作業外包，它必須與供應商建立密切的工作關係，強調優秀的溝通和協調。這樣可以減低供應鏈存貨，並連帶降低存貨廢棄的風險。做爲 Nokia 改善供應鏈設計和生命週期管理方法的一部分，環境與安全主管指出，「.. 與供應商一起工作，在需要時幫助他們建立自己的環境管理系統。這樣就可以避免之後必須使用昂貴的特殊流程來解決問題。藉由與供應商一起工作，透過設計減低元件中的危險問題，我們替每個人都節省金錢。環境受惠、我們受惠，供應商也受惠。」[4]

Nokia 的供應鏈設計和管理方法不僅限於它的供應基礎。在內部，它重視的是能量消耗，減少浪費、改進廢棄物的分類。這些都降低了供應鏈成本。Nokia 物流網路架構的設計是另一個降低供應鏈成本、改善效率，讓顧客受益的方法。它將廠房的位置放在中央地帶，讓運輸距離縮到最短，也能夠快速地回應顧客。藉著描繪出供應鏈設計的整體藍圖，儘管在競爭更激烈、經濟更困難的時候，Nokia 的全球市場佔有率仍然獲利地持續成長。

三、流程繪製

「流程」（*process*）的定義是將輸入轉換或改變成爲新的輸出的活動。例如，理髮是一個流程：你以某一個髮型進入，經歷了流程，離開時具有新的改良造型。流程圖是對系統的一種圖形表示法，包含一系列製造所需要產出的步驟。流程繪製的主要的目標是讓複雜的系統具有可見性。一旦系統被繪出並了解，流程圖就可以拿來找出流程中不必要的「複雜細節」，這些細節只會增加企業的無效率。

重點在於，流程繪製可以將系統分解成子系統，這些被分析的子系統之間的界線取決於所研究的問題本身。因此，決定繪製的供應鏈範圍也是很重要的。供應鏈是由一系列製造或服務流程所組成的，包括採購、新產品開發、轉換原物料型態、配送、以及顧客服務。

圖 7.1 是一個簡化的供應鏈流程圖。流程圖符號可用來辨識輸入和輸出、流程、延遲時間、決策和流向。圖 7.1 的「輸入—流程—輸出」順序是很典型的製造流程。在這個供應鏈中，我們見到原料在兩個製造流程中被轉換（transformed）。在最後的成品送到顧客手中之前，這個供應鏈經過三個倉儲延遲時間以及五個運輸流程。藉著繪製高階流程圖，我們可以更加了解供應鏈中的相依性和流向。我們可以更仔細觀察某些流程，研究是否有機會改善或刪除這些流程。

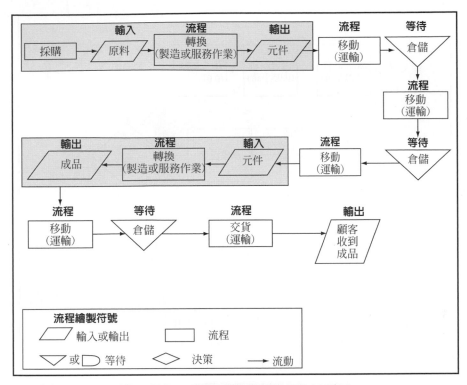

圖7.1　製造業供應鏈的簡化流程圖

　　人們想要繪製流程的原因有很多。他們可能希望深入了解目前的活動；明確地討論目前的流程；找出需要改善或是改革的區域，及結合流程再造（如同第三章所提到的）；訓練新員工；以及提供標準化營運模式的架構。

　　我們建議你使用以下方法建立流程繪製圖：

- 找出你想要繪製流程圖的動機—這會影響細節的等級和流程圖的範圍。
- 判斷誰擁有所需的資訊和經驗。
- 判斷所需的細節等級以支援你的目標。
- 找出感興趣的相關流程，以建立流程分析範圍。
- 透過觀察和訪談分析流程，並記錄步驟。
- 著手繪製。
- 讓繪製流程的相關人員及其他人（包括實際執行流程的人）檢查流程圖是否清楚易懂以及完整程度。[5]

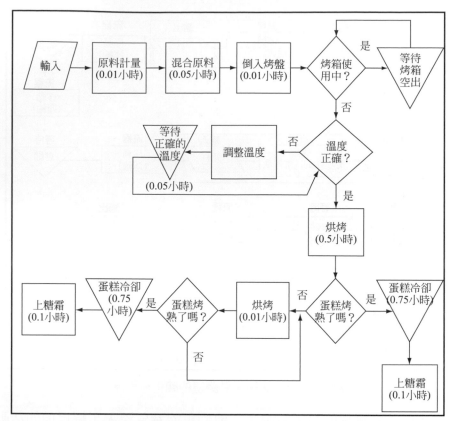

● 圖7.2 製造流程圖（加入流程時間）—蛋糕烘焙

　　圖 7.2 提供了烘焙蛋糕的詳細流程。我們可以注意到，這個流程圖中加入了流程時間。為了將流程時間的變異性列入考慮，許多流程圖會列出流程所需的時間範圍（也可能會包含標準差），變異性過大的流程會比較難以管理。把時間涵括進來能幫助我們辨識流程瓶頸。除此以外，還可以加入每一個步驟的負責部門或人員名稱，以更清晰而深入的了解流程內容。再次地，存貨量、品質問題、及其他議題都可以依流程圖繪製的動機與必要性加入圖中。這個蛋糕烘焙流程圖是由圖 7.1 的簡化供應鏈流程圖中擴展出來，原本只是一個用來代表轉換製造或服務作業流程的矩形。

四、流程分析

經由流程分析來達到改善流程的效果，是流程繪製的主要目標之一。以下說明如何進行流程分析。

(1)在流程分析的一開始，先檢查每個步驟所需的時間、成本、資源和人力。

- 找出最耗費時間和資源的步驟。
- 找出耗費時間過多或是時間變化很大的流程。
- 找出延遲點。
- 估算每個步驟增加的價值，判斷這些價值與相對付出的成本。
- 思考問題的原因以及如何改善特定的活動或流程。

(2)重新檢查每個決策流程。

- 找出菱形的決策符號，判斷是否需要這個決策，它會增加價值嗎？
- 考慮是否要合併決策或將它們移到流程的其他節點以創造更多價值。

(3)檢查每個重工（rework）的循環。重工循環牽涉到重複迭代（iterative）的程序，像是重複檢查蛋糕直到烘烤完成。思考如何降低或消除再製的工作，或將它與其他步驟合併。

(4)最後，再次檢視每一個流程步驟。有時候人們只是習慣性地執行流程，並沒有確認它是否具有價值。

- 確認步驟產生的價值高於它的成本。
- 判斷步驟是否是多餘的。
- 思考如何重新合併步驟以獲得更高的效能。

流程繪製對於找出沒有增加價值的活動也非常有幫助。圖 7.2 中的蛋糕烘焙流程圖，有一個活動明顯沒有增加價值，就是在我們混合蛋糕之後，持續檢查烤箱是不是空的以及是否到達溫度的決策步驟，這應該是流程中的第一個步驟才對。在圖 7.3 中，我們改變了流程來反映這個問題。在混合蛋糊之前，我們就應該要知道烤箱是否設定了正確的溫度以及是否可供使用。

一家大型電腦公司探討如何降低成本的真實案例，說明運用流程繪製找出浪費所帶來的效益。當這家公司的管理者繪製組裝流程步驟時，發現公司在每台電腦上，耗費一塊美金的支出，卻是將一張精美的品牌標籤貼在電腦機殼內部！這個流程步驟和相關成本很輕易地被消除了，而且完全沒有影響到企業對顧客的價值主張。

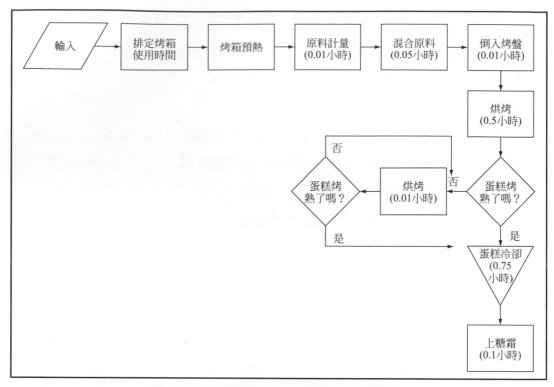

● **圖7.3** 簡化的製造業供應鏈流程繪製圖

1. 價值流繪製

價值流繪製（**value stream mapping**）是流程繪製的一個特殊應用，它的基礎是精實製造原則（lean manufacturing principles，參閱第五章）。回想一下，精實製造原則所強調的是從流程中刪除無價值或浪費的活動。價值流繪製通常比典型流程繪製包含了更多資訊，像是每個流程的時間、流程績效特性的細節、資訊流、生產製造以及物流。在實際應用時，價值流繪製不但顯示出流程目前的狀態，還包括了未來希望的理想狀態。目的是更了解目前的流程並改善它，讓它更接近理想的流程。**價值流繪製所分析的流程傾向於大範圍的流程，像是從製造商到顧客的產品和資訊流繪製。**這和傳統的流程繪製相反，後者強調的範圍有較多可能變化，從非常窄的個別流程到整個供應鏈的繪製都有。

聯合科技公司（United Technologies，UTC，原名聯合航空運輸公司，1934年分拆為現在的聯合科技公司、波音公司和聯合航空公司）是價值流繪製的熱烈擁護者。UTC 不但為自己製造作業中的每個主要流程做了價值流繪製，還努

力教導供應商價值流繪製的技術。聯合科技舉辦了所謂的「價值流繪製活動」。來自各個供應商的主管集中到一個地點，學習價值流繪製的基礎。他們參觀聯合科技公司的設備，了解價值流繪製如何運用在每日的實務中，甚至參與流程改善的活動。接著這些供應商主管回到自己的公司，開始繪製自己的關鍵價值流程圖（value stream maps）。供應商的圖會被疊在聯合科技的圖上，為重要的跨公司流程提供了連續的觀點。當然，供應商得到了價值流繪製的效益之後，就能夠再幫助他們的供應商建立類似的技巧。目標是為整條供應鏈建立互相連接的價值流程圖。

如同稍早提到的，供應鏈是由一連串的流程所組成的。流程圖繪製可以使活動和流程的作業方式以及負責人員的資訊透明化。這對現有供應鏈的重新設計與改善是很重要的。同樣地，當組織要開發一個新產品或服務，因而有機會建立一個重頭開始的供應鏈時，流程繪製也依然重要。這個供應鏈應該是什麼樣子？必須包含哪些流程？應該由哪些人來執行各個流程？藉著規劃出理想的流程，組織可以大量降低供應鏈內的浪費、冗贅和無效率。藉著這樣質問供應鏈中的每一個流程和介面，組織能夠更接近理想的供應鏈。

五、供應鏈設計

設計供應鏈是一個較新的觀念。過去，供應鏈的發展是為了回應商業環境的改變。就像之前所提到的，**供應鏈設計則是要規劃和發展企業本身所在的供應鏈以支援組織的價值主張和目標**，這是一種主動積極的方式去服務顧客，而不是在後面追逐不斷改變的顧客需求。為釐清供應鏈設計的細節，管理者可依據下列步驟進行分析：

1. 流程的一開始就應該要確認供應鏈的最終顧客。
2. 決定供應鏈的價值主張。
   - 確認每一階的供應鏈關鍵成員以及他們所增加的價值。
   - 找出你的公司在供應鏈中的位置以及替這個供應鏈增加了什麼價值。
3. 分析誰擁有供應鏈中的**主導力量**：製造商、經銷商、零售商或是其他成員。
   - 找出誰與最終顧客有最好的連結。

- 找出誰建立了推動供應鏈成功的關鍵技術。
- 評估誰具有推動供應鏈成功的核心能力。

4. 將支援供應鏈價值主張的必要關鍵流程分離出來。

- 確認供應鏈中所需要的時間較多或是變異性很大的流程。

5. 建立理想供應鏈應該呈現的模樣。

- 確認每個供應鏈成員目前（as-is）的加值角色。
- 分析我們想要（或需要）在供應鏈活動中做多少管控。
- 釐清每個供應鏈成員未來（should-be）的加值角色。

　這些高階的策略性問題可以幫助管理者找出供應鏈中的關鍵流程。唯有這些流程被辨識出來，管理者才能夠開始定義理想的流程。管理者們也可據以判斷哪些流程應該在內部執行，哪些應該外包（本書將在第九章討論外包）。表7.1 針對供應鏈管理方法和傳統管理方法下的流程差異做了一些比較。當你設計供應鏈時，應該考慮這些觀點。

▼　**表7.1　傳統流程和供應鏈流程焦點的比較表**

流程	傳統	供應鏈
存貨管理方法	只管理企業內部存貨	整個供應鏈，高週轉率
成本管理方法	強調價格	整體成本
協調供應鏈中的分享和監督	有限的	長程規劃
供應鏈各層級的協調程度	有限的	廣泛的
供應鏈中的計畫	無	與資訊技術整合
供應商管理	保持距離或敵對的關係	與重要供應商維持密切關係
供應鏈中的領導角色	無	由供應鏈成員定義領導角色
風險和報酬的分享	無	由重要成員決定
作業速度，資訊/存貨流動	慢的，受限的	快速的，廣泛的
資訊技術	並不是議題；專注在企業內部	廣泛的改善和連結
團隊流程	不存在於顧客或供應商之間	與重要顧客和供應商組成團隊

　　例如，在傳統流程下，通常很少有機會與供應鏈其他成員分享資訊、供應鏈裡沒有用來聯合計劃（joint planning）的流程、供應鏈風險和獲利事件發生時，無法儘快分享、而且也沒有聯合的團隊存在。另一方面，當我們有機會設計供應鏈時，意味著正要開始一個新產品或服務。這種從「白紙（blank slate）」開始的方法讓我們有很大的機會設計理想的供應鏈。不過實務上，大部分的供應鏈設計是屬於更新設計（redesign）。舉例來說，惠普（HP）建立了一個內部小組稱為策略規劃和模式建置（strategic planning and modeling，SPaM），與 HP 的事業單位一起負責供應鏈設計的工作。SPaM 大部分的工作是改良現有的供應鏈配置（configuration）和執行狀況，包括投入下列議題的分析：

- ***評估商品過時報廢（obsolescence）的議題***。這項評估導致的做法是使用延遲策略（postponement）和標準化模組，讓生產過程的差異化（differentiation）分界點，可以延遲到實際顧客需求出現的時候。（例如，筆電的規格配備，等收到顧客訂單才開始組裝）
- ***評估印表機製造的全球供應鏈***。分析結果是將部分工廠關閉以及遷移工廠，然後增加外包合約製造商。
- ***判斷 HP 應該跟誰採購零件***。評估後的決策是刪除某些「低價」的供應商，他們其實因為過長的前置時間、較高的運輸成本和延誤、增加的存貨水準、以及高額的報廢成本，反而有更高的總成本。藉著重新評估採購來源配置，HP 不只降低了成本，還改善了回應顧客需求變化的能力。

1. 供應鏈導向式設計

1990 年代開始了「⋯導向式設計」的提議，通常又稱為 DFX 或「為⋯而設計」（**designs for initiative**），是導因於新產品、服務或流程的設計者通常沒有考慮到影響產品（或服務）效能的某些必要關鍵因素，這可能會導致很昂貴的代價，而且產品或服務的設計完成之後就很難改變。**DFX 的主要原則是讓設計者與其他重要的內部成員或供應鏈成員共同合作，確保他們可以考慮到關鍵的問題並加入他們的設計中**。DFX 提醒我們下列方向：

- 製造導向式設計
- 配送導向式設計
- 拆裝導向式設計
- 環境導向式設計
- 供應來源導向式設計
- 顧客導向式設計

這個列表還可以再進行下去。這些提議中的任何單獨一個都不足以讓組織設計出能有效滿足顧客需求的產品、服務和流程。組織必須以更寬廣的角度來思考供應鏈的設計：**供應鏈中各個功能部門和階層的問題如何彼此影響？**例如，我們可以設計一個比較容易製造的產品，但是可能很難拆卸、修理或回收，使得顧客可能不想購買這個產品，因為維修費用很高。因此，我們必須以整體的觀點來看待供應鏈，而不只是從內部或功能部門特性的觀點。

2. 供應鏈設計的方法

後續的小節將介紹幾個供應鏈設計的方法。沒有一個方法能夠替供應鏈設計提供完整的「詳細步驟」，因為每一種狀況都是獨特的。這些方法可以一起使用，讓我們在設計供應鏈時能夠有更完整的考量。供應鏈設計可以藉由供應鏈繪製來加強，這是一個重要的工具，讓你以供應鏈設計和管理的角度，認識目前的狀態並加以改善。

所有的供應鏈設計方法都有一些共通的要素。當我們辨識出顧客和價值主張之後，有三個與供應鏈設計有關的決策，需要評估下列事項的合理性：(1) 供應網路架構的成員（誰將參與製造或服務流程）(2) 成員關係的結構（誰供應哪些物品給誰）(3) 控制點（locus of control，誰會積極管理這個網路架構）。

首先，供應網路架構的成員牽涉到兩種基本決策。設計工程師先定出產品創意設計決策，以符合顧客需求。製造這個產品所需的零件和子裝配件（subassemblies）會被列在物料清單（**Bill Of Materials，BOM**）上。接著，採購主管會取得這張 BOM，進行「自製或外購」（**make-or-buy**）的決策，此時必須判斷零件和組件需要自行生產、委外或是向供應商購買，並選擇各品項的供應廠商。假如工程師在設計時就已經決定要利用某個已知供應商的專業技術，

那麼誰應該生產零件的決策就已經確定了。此時就由採購部門和供應商協商來決定合約的內容和條件。也有可能採購和供應的公司之間已經簽署有一般性的合約，那就只需要再決定一些具體的細節而已。

　　供應網路架構的管理包含了供應商的選擇、評估和監督，以及對供應商提供的零件做成本、品質、和交貨的管理。在過去二十年間，我們看到許多大型的最終組裝業者（例如福特、奇異電子、惠普、IBM、朗訊）將這些責任授權給製造和生產組件的大型頂層（top-tier）供應商。然而，這些最終組裝業者是非常有選擇性地將這些活動授權給供應商。例如，最終組裝業者可能仍會挑選第二層或第三層的供應商，甚至讓他們加入產品開發階段，這稱為「買方主導採購」（buyer-directed sourcing）。例如，有某一個零件或模組在幾個產品線上都是共用的（例如扣件或是門的組件），採購的公司可能會要求它的第一層（first-tier）供應商使用來自指定供應商的共用零件和組件。此外，他們可能會將日常管理和供應商評估的責任也都委託給第一層供應商，但藉著影響第二層供應商的採購量（橫跨數種產品和第一層供應商的採購），仍然可以維持成本的控制權力。是否實施買方主導採購，以及實施程度的多寡，都會對供應網路架構中的成員關係結構造成很大程度的影響。

　　許多能夠有效設計供應鏈網路架構以滿足組織需求的方法已經被提出來了。本節將簡短地複習 SCOR 模型，並介紹以產品「脈動速度（clockspeed）」、產品特質和產品生命週期為基礎的其他模型。

(1)SCOR 模型

第五章曾介紹過 APICS 供應鏈協會的 SCOR（供應鏈作業參考；supply chain operations reference）模型（見圖 7.4）。SCOR 模型是以流程為主的，認為供應鏈是由一連串相連的「計畫－採購－製造－交付－退貨（plan-make-source-deliver-return）」流程所組成的。針對企業組織特性，分別加以繪製、評估並深入了解這些流程。支援「計畫－採購－製造－交付－退貨」流程的供應鏈設計方法，可以下列 4 個步驟來完成。

- 分析競爭的基礎：你必須把哪些事情做好，才能獲得成功？你要如何評估並監控這些關鍵領域的進度？
- 依實際現況（as-is）和你希望的未來（to-be）方式配置供應鏈。包含地理位置和各種流動。
- 讓整個資訊流程和工作流程的績效水準、實務和系統具有一致性。
- 導入供應鏈程序與系統，包括人員、流程、技術與組織。[6]

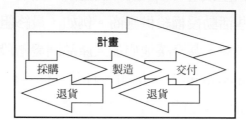

🔺 **圖7.4　APICS供應鏈協會的供應鏈作業參考模型（SCOR）**

　　雖然呈現出來的是一系列步驟，但是每個步驟都牽涉到相當多的工作，需要專責的跨部門小組來執行，也需要最高管理階層的支持；需要內部資源的支持，以及能夠決定未來方向的願景。這個方法有很依賴於目前流程和理想流程的繪製。

(2)供應鏈設計和演變：雙螺旋模型[7]（The Double Helix）

另一個看待供應鏈設計的方法，是了解供應鏈會隨著競爭環境的變化而持續演變。某些供應鏈的演變非常快速，像是高科技產業；有一些則非常緩慢，像是礦業。無論改變的速度快慢，供應鏈的設計都非常重要。企業應該觀察在產業的供應鏈中有哪些趨勢比企業自己的改變更快速，以便預測自身供應鏈中的變化並做好準備。它們應該從組織結構、主流技術、及他們本身能力這幾個面向，來觀察他們自己的供應鏈。因為供應鏈是不斷改變的，因此企業需要具備主動設計和更新設計供應鏈的能力，才真正有機會能創造競爭的優勢。[8]

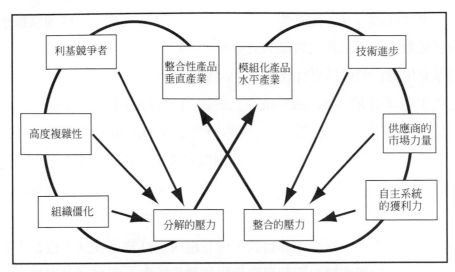

⬤　**圖7.5　產品架構和產業結構的動態特性（雙螺旋模型）**
　　　資料來源；Fine and Whitney; Muffatto and Pawar[9]

在產業中，權力是不停在轉移的，企業從垂直整合、自給自足的組織演變成非常依賴外包和供應商的公司。這是因為供應商建立了更好的創造力和競爭力，而垂直整合的企業決定專注於他們自己擅長的事業。當垂直整合的企業變大時，他們的組織通常會變得很僵化，阻礙創意的發展。在某些領域中，利基競爭者可能會因為其靈活性而獲得優勢。此外，當產品變得更複雜時，利基競爭者也可能會集中資源，利用新的技術，開發高度獲利的自有系統。因此，本書第九章會討論外包作業，Intel 和 Microsoft 因為外包而崛起，並在 PC 市場中獲得極大的優勢，甚至超越了發明PC的IBM。IBM回應這個變化的方式，為「分解（dis-integrating）」PC 事業，專注於 IT 解決方案的完整服務，這說明了螺旋模型是動態的。假如企業能夠準確預測螺旋模型中的力量轉移，就能夠成功地獲利。同樣地，組織要能主動地設計它們的供應鏈，必須先了解它們產業的演變。圖 7.5 所示為這種演變的觀念以及各個階段出現的壓力，由下列的範例來說明。

組織必須意識到產業供應鏈的演變，以及它們自己在這個演變中的位置，並依此做好因應規劃。舉例來說，由亨利・福特（Henry Ford）所開創的當代汽車製造業是高度垂直整合的系統。福特汽車公司自己掌控一切，從橡膠園到金屬鑄造廠，甚至到最後的組裝和銷售。多年之後，利基競爭者出現了，專精

於製造汽車元件的技術，像是輪胎、收音機或是微處理器。這些規模較小而較敏捷的專業廠商，可以用比較低的成本提供品質相同或是更好的零件。它們的規模和專業化讓它們可以更有效地專注於技術的開發，並且能夠更快速地改變。

這產生了「分解（dis-integrate）」的壓力，以及模組化的產品，讓外部供應商能夠參與生產，就像通用汽車的衍生公司 Delphi，爲其專屬的零件供應商。今日的汽車製造業正逐漸轉變爲模組化產品的水平產業。根據圖 7.5 的 Fine&Whitney 模型，供應商可能會開始開發關鍵的自主性技術，以獲取市場影響力。因此，汽車製造商必須注意自己對供應商的潛在依賴性正不斷增加，終至必須將某些生產作業移回內部自製，轉而趨向垂直整合模式；也要小心避免太過依賴供應商的那些難以複製與取代的知識和能力；還有，必須持續觀察產業的變化速度，注意那些變化最快的技術，才能夠主動回應，而非採取被動回應的策略。[10]

最後，當企業設計供應鏈以及更新設計時，都必須善加利用本章之前提到的 DFX 方法。具體而言，企業必須同時設計它的產品和服務、流程，以及供應鏈[11]，找到之間的相依性，並利用它們建立具有競爭力和反應力的供應鏈，此法即需要密切配合流程和供應鏈的繪製。但是組織的演進永遠不能停歇，管理者必須向前尋找供應鏈的下一個改變並預做準備，因爲「供應鏈設計和開發必須被視爲是統合核心能力（meta-core competency）－它能夠判定及選擇『能力開發（competency development）』所需要的其他能力以及發展策略。」[12]

(3)產品或服務的本質

馬歇爾‧費雪（Marshall Fisher）提出另一個設計供應鏈的方法，這個方法取決於所銷售的是創新性（innovative）的還是功能性（functional）的產品或服務。創新性產品是流行或一時性商品，生命週期非常短，例如最新的電視遊戲或流行衣物。它們具有比較高的邊際利潤和難以預測的短期需求，因此企業必須以非常靈活的方式來滿足顧客需求。另一方面，過期報廢的風險也相當高，因此存貨量必須降到最少，透過快速回應、彈性的產能及物流配送可以做爲需求變化的良好緩衝。需求可能會迅速地轉變，因此假如準備了高存貨量來回應尖峰需求，在需求發生轉變時，可能會導致昂貴的報廢損失。因此，**創新性產品的理想供應鏈應該要設計成需求反應式。**

　　功能性產品是滿足基本需求的物品,例如主食像是土司麵包,基本車款像是 Honda 的喜美。這些產品的需求比較容易預測,生命週期比較長,在市場上有許多替代品。**功能性產品的理想供應鏈是具有效率的**。供應鏈應該將搬運和運輸的成本降到最低,並以儘可能最低的成本提供可預測的供應量。

　　費雪的方法讓組織能以產品或服務的類型來設計供應鏈,以在顧客需求和企業獲利能力之間達到最適當的配合;也提供了一個基本架構,可以補強 SCOR 或雙螺旋模式(之前討論的)或是產品生命週期模式(接下來將討論)。

(4)供應鏈設計和產品生命週期

產品生命週期(**Product Life Cycle**,**PLC**)是一個行之有年仍然有效的行銷概念。這個概念說明了產品和服務隨著生命週期而不斷演變,並且生命週期的每一個階段都有對應的管理重點。在高科技產業中,PLC 可能是一個月而非一年,因此組織必須快速地改造它的供應鏈重心和產能,以支援每一個 PLC 階段。圖 7.6 顯示了產品生命週期非常短而銷售量非常大的英特爾公司(Intel)如何將 PLC 概念應用在它的產品上。這和你在行銷課本裡看到的標準 PLC 模式不太一樣,因為 Intel 的產品生命週期非常短。圖 7.6 列出的比較項目說明了 Intel 的供應鏈重心在產品生命週期內如何改變。這種設計和管理供應鏈的方法對於那些隨著需求特性而不斷創新產品的企業,顯得更加重要。

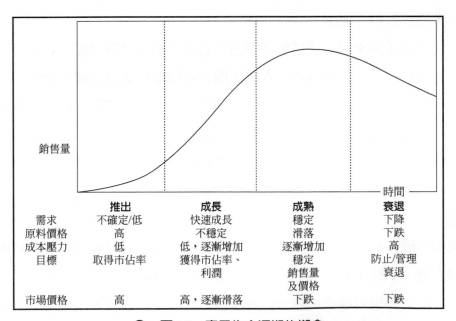

	推出	成長	成熟	衰退
需求	不確定/低	快速成長	穩定	下降
原料價格	高	不穩定	滑落	下跌
成本壓力	低	低,逐漸增加	逐漸增加	高
目標	取得市佔率	獲得市佔率、利潤	穩定銷售量及價格	防止/管理衰退
市場價格	高	高,逐漸滑落	下跌	下跌

⬩ 圖7.6　產品生命週期的概念

在產品推出的階段，企業的目標是增加產品接受度或是市場佔有率。在成長階段，銷售量會增加，但需求量還不確定，銷售價格仍然居高，因此成本壓力不大。當產品銷售量增加時，競爭者會加入市場，售價開始下跌。原料價格的下跌是因為規模經濟效果和對供應商施加的壓力。一旦產品進入成熟期，成本壓力會變得非常高。由於產業的整體產能過高，以及需求與喜好逐漸改變，價格還會持續滑落。在衰退階段，產品會逐漸停產，銷售量快速下滑。

為了因應短暫的生命週期以及產品快速上市的需求，並在產品歷經每個PLC 階段時快速地反應，Intel 非常依賴 DFX 計畫，包括了「為製造而設計」、「為重新使用而設計」（能夠在需要時組合現有的零件、流程和供應商），以及「為原料 / 採購而設計」，經由這些 DFX 計畫讓 Intel 更為敏捷靈活。[14]

六、供應鏈繪製方法

供應鏈繪製的動機有很多。例如，當企業組織可能覺得現有供應鏈表現不如預期、需要降低供應鏈成本或時間、或是希望更加深入了解自家供應鏈的時候，會決定要將它的供應鏈繪製出來。繪製的動機會影響供應鏈圖的詳細程度。通常，一開始可以先繪製較精簡的高階供應鏈圖，讓組織可以用來辨識出主要的連結和瓶頸所在。跟之前討論的流程繪製不同，供應鏈圖應該是要考慮與顧客和重要供應商的相互連結。

對複雜的組織來說，想要鉅細靡遺地畫出完整的供應鏈幾乎是不可能的，這可能會需要成千上萬個連結。在組織開始詳細繪製流程之前，必須先決定最大的改善機會在哪裡。假如外包只牽涉到簡單的零件或原料，供應鏈圖就會是簡單的二階或三階式串鏈。流程繪製的目的之一，是辨識出導致組織的無效率且非必要的「複雜」流程。同樣的，可以利用供應鏈圖找出供應鏈網路架構中非必要的複雜性，以做出有意義的決策，關於是否排除、或要如何排除複雜性的方法。

例如，流程複雜性可以界定為：**當錯誤發生時，必須執行用來彌補損害的非預期步驟**。系統中有一系列的步驟是由工程師設計出來而值得顧客為它支付金錢的，然而，也可能會由於一些無法預知的事件和錯誤，需要某些額外步驟

來矯正或彌補錯誤。複雜性包括了那些無法替流程或產出增加價值，卻只增加供應鏈成本或 / 和時間的步驟。例如，在供應鏈中，買方企業可能因爲特殊的技術能力而選擇某個供應商，然而事實上，這個供應商並不具備這項能力，反而背地裡將工作轉包給另一個技術精良的供應商。因爲在供應鏈中多加入了這個供應商，使得交付前置時間被延長，可以說是增加了額外的複雜性。

與流程繪製相同的基本方法也可以用在供應鏈繪製上。圖 7.1 是一個供應鏈圖的範例，它使用了本章稍早提到的流程繪製所使用的慣例和符號，找出每一個主要流程並依序排列。還有許多資訊可以加入這個圖中：公司名稱、存貨量和價值、甚至是每個流程的承辦人員。目前有許多種方法提供公司和研究者用來繪製供應鏈，有些甚至已經被認爲是供應鏈繪製的標準作法。[15]

其中一種特別實用的供應鏈繪製法稱爲「管線圖」（pipeline map），此類型供應鏈圖的特色是「可辨識供應鏈目前的競爭狀態」。[16] 圖 7.7 是男用內衣的管線圖範例。

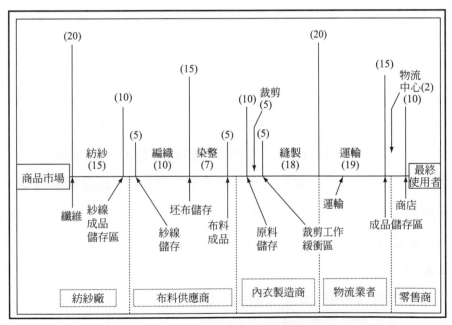

🔺 **圖7.7　男生內衣的管線圖範例**

下列提供了繪製個別品項的供應鏈管線圖的漸進式步驟。這個方法的重點是理解和增進供應鏈效能。

1. 找出你想要繪製的品項。

2. 找出這個品項在實體通路上發生的所有流程，也包括供應商的流程。例如，在男性內衣的例子中，需要紡紗、編織成布料、染整、裁剪布料，以及縫製內衣；此外，在銷售給最終顧客之前，還要將貨品運輸及儲存在物流中心以及零售商店中。

3. 確定供應鏈中每一個流程的執行者。當流程簡單時，很容易就可以知道所有的參與者是誰。對於比較複雜的流程，則可能必須詢問供應商，或是供應商的供應商。

4. 與每一個流程執行者溝通，確認各個流程要花他們多少時間、他們在流程的一開始和最後各擁有多少庫存（原物料或零組件）。也找出他們的平均在途運輸量，以及運輸時間。在本範例中，紡織、布料和製造工廠之間的距離可以忽略，所以沒有這個問題。然而，從內衣製造廠到物流中心需要 19 天的運輸時間，從物流中心到零售商則還需要另外 2 天。

5. 你現在準備好要繪製從原物料到最終使用者的供應鏈管線圖了。管線圖就是一連串水平線和垂直線。

   a. 一開始，先畫一條從商品市場到最終使用者的水平線。

   b. 將所有的流程時間相加。請注意，除了將成品從內衣工廠運送到物流中心以外，這裡沒有其他長途運輸時間。這是因為紡織、布料和製造工廠的位置很接近，所以可以忽略運輸時間。假如運送時間在一天以上，就應該要列入供應鏈管線圖。本例中，紡紗需要 15 天，編織需要 10 天，染整需要 7 天，裁剪需要 5 天，縫製需要 18 天，長途運輸需要 19 天，區域配送需要 2 天，總共是 76 天。剛剛畫出來的水平線距離等於代表 76 天，這是存貨點之間的流程所花的平均時間，稱為「管線長度」（pipeline length）。[17]

   c. 從最早的流程開始，在水平線上方依序寫出流程名稱。在名稱底下寫出流程所需的時間長度。此例中，紡織需要 15 天，因此我們空出 15/76 的空間代表流程的時間長度，接著標示下一個流程，直到將整條線都切分給所有的流程，總共是 76 天。

d. 現在在每個流程的開始端和結束端各劃一條往上的垂直線，用來表示每個成員手中原物料（在流程的開始）或貨品（在流程的結束）的平均存貨天數，這代表供應鏈中任何成員在任意時間點擁有的平均存貨。如果產品在某個流程中沒有經過實質的加工（例如運輸、配送、及零售），則只會列出一個存貨量。將這些垂直線上的數字全部相加，得到的就是管線上等待處理的半成品或是成品的總存貨量。在這個例子中，總和是 20 ＋ 10 ＋ 5 ＋ 15 ＋ 5 ＋ 10 ＋ 5 ＋ 20 ＋ 15 ＋ 10 ＝ 115 天的存貨量，這代表了這些存貨在供應鏈中「無增值效益（non-value-added）」的總日數。這些就只是緩衝的安全庫存，在這段時間內這些存貨毫無用處，只會停滯不動。企業組織應該會想要評估眞正必需的存貨量是多少。

e. 爲了強化分析內容，你也可以使用流量分析模式（flow modeling）來辨識出與流程有關的時間和成本。[18] 這牽涉到 76 天的加工中庫存，以及 115 天的緩衝存貨。你應該會將焦點集中在價值最高和延遲時間最長的流程上。

6. 分析供應鏈中的機會

a. 檢視在步驟 5b 時算出來的管線長度：76 天。這會不會太久了？請考慮如果遇到需求下滑時，如果要將供應鏈中全部的存貨「出清」，從纖維原料開始，需要 76 天才能到達供應鏈的末端。請檢查步驟 5c 中畫出的管線圖，是否有流程執行的時間太長了，這應該需要聯絡供應商，或是做一些現場考察，決定如何改善。

b. 繪製相關的供應鏈流程（像是圖 7.2 的範例）。首先，尋找無用的流程和延遲時間。有哪些零件重複移動了好幾次和 / 或很長的距離？它們如何影響供應鏈的成本和前置時間？找出潛在的改善機會。

c. 檢視步驟 5d 算出的緩衝安全存貨量：115 天。這代表供應鏈成員被佔用的資金，會增加營運成本，且降低供應鏈的靈活性，也增加你自身的風險：假如發生了突然的外在環境變化，供應鏈中的成員可能必須吸收報廢的存貨，或是設法轉手給供應鏈中的下一階成員。深入分析那些你認爲存貨量太高，可以降低的流程。而且，最好是聯繫或實地拜訪供應鏈成員，

並利用流量分析模式的建議，將注意力集中在價值最高、延遲時間最長的區域。

7. 將你在步驟 6 中的想法列出優先次序。與內部團隊、供應商、顧客以及其他相關成員合作，以實施、管理、監控這些改變。別將範圍限制在第一層供應商或顧客，供應商的供應商，以及顧客的顧客，都有可能提供絕佳的想法或機會來改善供應鏈。[19]

8. 分析更新的供應鏈，並重複執行步驟 6，直到你對改善的成果感到滿意，或是直到不再有改善成本效益的空間。

9. 對你認為有改善機會的其他供應鏈，重複以上程序。

　　這個繪製供應鏈管線圖的實務性方法，非常適合用來認識企業組織的供應鏈「現狀（as-is）」，也可以做為繪製「未來（should-be）」供應鏈圖的起點。針對具有改良機會的關鍵流程範圍，使用詳細的流程繪製圖來呈現，再配合供應鏈管線圖，對於流程再造和局部性的改善，都可以產生極佳的結果。供應鏈繪製對於企業組織內部以及外部供應鏈成員的溝通，皆提供了一個更好的基礎。

七、結論

供應鏈可以被設計，而且應該被設計，這是一個比較新的概念。雖然供應鏈設計對供應鏈中的各相關組織是否成功，具有很大的影響力；如果一個組織並未系統性地設計它的供應鏈，甚至即使有如此做，仍有可能發現供應鏈並未如預期的有效運作。此時，組織應該進行供應鏈繪製，以更加了解相關流程及可能發生無效率的地方。一旦辨識出有哪些潛在的無效率流程，就應該繪製出這些流程，以找出可能的改善機會。供應鏈繪製，再加上流程繪製或價值流繪製的支援，就成為辨識無效率問題和潛在解決方案的有效工具。這些工具也可以是內部成員、和對外部供應鏈成員之間溝通的有效工具。雖然我們已經示範了流程和供應鏈管線圖繪製的標準方法，但這些方法都是非常有調整彈性的，企業組織應該自行調整供應鏈圖和流程圖中的資訊項目，以符合自己的需要。

重點摘要

1. 供應鏈設計是一個比較新的概念，主張組織應該規劃它們的供應鏈，而不是等待它們「發生」。

2. 供應鏈是由一連串的流程組成的，包括輸入、轉換（製造或服務）流程，和輸出。

3. 流程繪製可以幫助管理者了解流程如何運作以及如何改善。

4. 價值流繪製是流程繪製的一個應用，利用精實原則來改善流程。

5. DFX 計畫是一種產品開發任務，經由小心的設計來改善特定的供應鏈因素 X。例如，產品可能是為最佳製造性、供應、和 / 或使用性「而設計」的。

6. 有許多常用的方法可用來設計供應鏈。包括 APICS 供應鏈協會提出的 SCOR 模型、以供應鏈演變為基礎的雙螺旋模型、以產品或服務為基礎的模型、和以產品生命週期概念為基礎的模型。這些方法都提供了重要的觀點，來協助供應鏈的設計。也可以將這些不同的方法合併，以解決更廣義的供應鏈設計議題。

7. 組織必須依照它們自己的情況來調整供應鏈的設計流程。

8. 供應鏈繪製使用流程繪製技術，幫助了解和改善供應鏈。

9. 供應鏈管線圖包括了許多有用的訊息：參與的組織、關鍵供應鏈流程、流程所需時間、存貨持有數量以及存貨地點。繪製的焦點是流程時間和成本。

10. 組織必須依據本身的目標導向，來管控供應鏈圖的複雜性。

Chapter 8

策略性供應鏈成本管理

我們是否了解我們的供應鏈成本？我可以利用策略成本方法來評估供應鏈設計中的決策與取捨嗎？

本章指引重點：

1. 有哪些相關成本？
2. 有哪些成本的權衡取捨？

在閱讀本章之後，你應該可以：

1. 說明策略成本管理對企業和供應鏈成功的重要性。
2. 將策略成本管理的三個要素運用在組織內部的分析。
3. 解釋流程繪製和策略成本管理之間的關係。
4. 描述今日常用的各種價格和成本分析策略。
5. 為某個供應鏈設計方案，選擇最適合的成本分析工具。
6. 建立一個總體擁有成本分析並說明之。

成本管理：打破各自為政的部門隔閡

　　道格（Doug）走向會議室，準備開始供應鏈小組的下一個會議。今天他們要討論供應鏈管理如何在不犧牲績效的前提下替公司省錢。但是成本管理永遠是難題，無論是在工作上，還是與供應商的關係。與夏琳討論了大部分成本管理中的陷阱後，道格仔細地擬定了今天的議程。夏琳指出單獨降低成本而沒有思考整體環境或長期方向會帶來危險，她認為應該採用策略性的觀點才是正確的。

　　道格開始了今天的會議：「午安，各位組員。今天的主題能讓我們在高層那裡獲得很多認同，那就是策略成本管理。」一如預期，他聽到一些抱怨的聲音。「我知道這不是你們最喜歡的主題，但是它很重要。這是供應鏈管理影響利潤的最重要方法之一。」

　　北美行銷部門的主管黛安·梅莉黛詩（Diane Meredith）接著說：「那營收怎麼辦？我的意思是，降低成本很好，但是我們總是太過頭了，使品質和服務受到影響。我們太過於壓榨供應商，他們已經開始延遲交貨，或是犧牲產品品質。然後我們也必須延遲交貨給顧客，或是需要加快配送速度，因而增加了成本。」

　　全球採購供應主管舒珊·瑪絲（Susan Mass）表示同意，並說：「我沒有辦法再次全面壓低供應商的價格。這實在不是合理的經營方式，我們曾經花了那麼多時間來建立與供應商的關係。在很多情況下，我們可以找到比要求供應商降價 3% 更好的方法來增加利潤。為什麼不能分享資源、共用存貨，然後合作發展呢？」

　　道格點點頭，「在我們開始之前，還有其他想法嗎？」他顯得很有自信心。

　　資深運輸經理大衛·亞瑪多（David Amado）忽然插嘴：「維杰（Vijay）和我對這方面也有很多的經驗。維杰會為了最佳化，而將生產量提到最高，以降低單位成本。但是庫存和物流成本就會直線上升，因為我必須找地方儲存那些存貨，把它們在物流中心之間搬來搬去。」生管主管維杰點點頭說：「確實是這樣。我們必須以和過去不一樣的方法來考慮這件事情，這樣才能真的發揮效果。」

　　道格認為他應該開始說話了。「很好。我很高興我們的意見一致，我們需要另外一種方法。你們還記得幾個月前，我提到的「策略成本管理」（strategic cost management）吧？這意味著我們必須以整體的觀點來思考。我們既然已經完成供應鏈與流程圖繪製，我們應該都了解自己的價值主張—也就是為何顧客向我們購買的原因。現在將價值主張作為前題，這樣當我們試著降低成本時，就不會

傷害到它。如果，我們有做任何讓顧客無法完全理解的事，就必須評估它對銷售量的影響。」

「太好了！」黛安附和，「我們真的常常忽略這點了。還記得那一次我們為了節省成本而改變奧雷拉（Olegra）系列產品的外包裝！顧客很討厭它！他們說新的包裝在使用以後沒辦法關緊，在換回原來的材料之前，我們還花了大筆金額的折價券和贈品來安撫他們。那是我成為品牌經理以後的第一個工作！」她翻了一下白眼。

「黛安說的沒錯，」道格試著解釋。「大部分的人都認為所有的成本都是不好的，但是當我們考慮奧雷拉包裝的成本動因（cost driver）時，我們必須問自己，這個成本增加了什麼價值？假如我們找不到或是認為它並未增加了價值，那麼也許我們就可以降低這項成本。對奧雷拉來說，原本的包裝確實有增加了價值，改變包裝反而對顧客影響很大。因為忽視這點，結果也傷害到我們自己。應該在推動之前，我們必須要仔細觀察，或至少以不同的方式思考它。」

「成本當然很重要，道格」資深財務分析師喬爾・薩瑟嵐（Joel Sutherland）說。「我們才剛畫出的供應鏈圖，重點就是要讓我們找出成本動因吧。」

道格再次點頭。「好，這就是供應鏈分析和成本管理能夠互相配合的地方。在開始策略成本管理之前，我們先完成供應鏈繪製，就像是我們過去幾週在做的事。接著我們可以從圖中找出關鍵的成本動因，並維持價值主張。在縮減可能影響價值主張的成本之前，應該讓重要的供應商和顧客參與。好的成本計算方式可以讓權衡取捨透明化，並幫助我們做出更好的策略性決策。我們不只是評估需要做些什麼，還可以決定誰能夠以最適當的成本來完成它！」

「聽起來不錯，道格。」舒珊回應。接著她卻疑惑地說「這些做法都很合理，可是為什麼我們花了這麼久的時間才想到以策略成本管理來替代『重複全面性成本削減（here-we-go-again-across-the-board cost cuts）』方法？」

在你閱讀時，請思考以下幾點：
1. 為什麼企業比較喜歡全面性的成本削減而不是策略性成本管理法？
2. 推動策略成本管理，有什麼好方法可以辨識出有效的起始計畫？
3. 為什麼目前的管理會計系統會造成策略成本管理流程的複雜化？
4. 企業如何在不影響品質或服務的情況下降低成本？
5. 誰應該參與策略成本管理？
6. 有什麼工具可以幫助企業了解，它所做的決策對成本會有廣泛的影響？

成本管理的目標，是訓練企業中的每個人以系統性的方法降低成本。它必須被傳布到整個供應鏈中。

–Robin Cooperand Regine Slagmulder[1]

憤世嫉俗的人看到每件事的成本，卻看不到任何一件事的價值。

–Oscar Wilde[2]

一、供應鏈成本降低的利潤槓桿效應

大部份的企業老闆都希望省錢。依據美國密西根州立大學的先進採購研究中心（Center for Advanced Purchasing Studies，CAPS）的調查以及英國的科爾尼（A. T.Kearney）顧問公司的全球 CEO 調查顯示，這些企業執行長都會持續地關心成本管理。更重要的是，執行長們期待應用供應鏈管理來進一步改善成本管理。**在不損及銷售額的前提下，適當的降低成本而得以顯著增加收益**，這通常被稱為「**利潤槓桿效應**」（profit leverage effect）。

為了說明利潤槓桿，表 8.1 比較了某製造業降低 100 萬元成本和提高 100 萬元銷售額所產生的影響，一開始的基準狀況下銷售成本為收入的 60%。成本降低可能來自物流作業的改善、較低的原料成本、較好的製造方法、或是多項的綜合改善。如此例中顯示，**成本降低對利潤產生的影響，顯然，遠大於銷售額增加的影響，這是因為降低成本會直接影響最終淨利**。相對而言，增加銷售量，還會增加售出的貨品或服務的額外成本。因此，小量的成本降低所增加的相同利潤，則需較多的銷售額成長才能達到效果。（銷售的）**平均邊際利潤越低，這種槓桿效應越大**，舉例來說，雜貨零售業的邊際利潤率大約是 2%，改善成本將會對獲利力造成非常大的影響。

▼　表8.1　銷售額增加vs. 成本降低的利潤槓桿

	基準狀況	% 銷售額	成本降低	% 銷售額	銷售額增加	% 銷售額
銷售額（仟元）	$20,000	100.0%	$20,000	100.0%	$21,000	100.0%
銷售成本	12,000	60.0%	11,000	55.0%	12,600	60.0%
毛利	8,000	40.0%	9,000	45.0%	8,400	40.0%
營業支出	2,000	10.0%	2,000	10.0%	2,000	9.5%
稅前淨利	$6,000	30.0%	$7,000	35.0%	$6,400	30.5%
*假設銷售額增加或是成本降低時，營業支出皆不會改變						

二、策略成本管理原理

成本降低絕對不可以關起門來自己進行，永遠要先考慮是否影響到**其他功能部門、整個供應鏈，以及企業對顧客的價值主張**。爲了方便接下來的討論，我們將「**策略成本管理**」（strategic cost management）定義爲：**使用成本管理技巧，以降低組織成本、增加利潤，並支持價值主張**。策略成本管理有三個核心的要素：**供應鏈分析、價值主張分析、及成本動因分析**。[3]

1. 供應鏈分析

供應鏈分析（**supply chain analysis**）是**從最上游的供應商到最終消費者的資訊流、存貨物流、程序流（processes）、以及現金流管理的整個考核過程，並包括最後的廢棄處理流程的評估**。企業考慮供應鏈成員之間的相互關係和互動情況後，可能會詳細查核某個供應商、顧客、產品或服務。想要徹底了解供應鏈，則可以從供應鏈繪製開始（本書第七章的主題）。

　　供應鏈分析已經獲得越來越多的重視，這有幾個原因。例如，許多研究人員和產業分析師相信目前組織之間的競爭是**供應鏈對供應鏈的競爭**，而不只是公司對公司的競爭。顯然地，供應鏈設計決策和組織的成本結構、價值主張、及競爭能力非常相關。某兩個組織的供應鏈可能看起來很相似（在供應基礎和配送方法上），卻還是會有非常不一樣的結果，原因在於組織與供應商關係的本質，以及扮演角色和責任分配的方式。舉例來說，其中一個組織可能與供應商以協同合作的方式，分享更多的資訊、聯合進行產品開發和促銷活動。在這種情況下，兩個供應鏈雖然在實體上類似，但是卻有可能會產生非常不同的結果。

2. 價值主張分析

價值主張分析（**value proposition analysis**）是企業本身發展策略的重要元素，以思考企業組織應如何與外在環境競爭。是什麼將顧客吸引到你這裡來消費，而不是其他的潛在競爭者？你為顧客贏得哪些優勢，幫助他們提昇競爭力？為了有效地達到這些目標，你必須了解並談論策略。這是唯一能夠與最高管理階層溝通，並做出正確決策讓組織獲得成功的方法。你可能知道下列廣泛應用的價值主張：

- **成本領導者**（cost leader），或是低成本提供者。
- **創新者**（innovator）
- **利基服務提供者**[4]（niche service provider）

這些競爭方法在今日仍然有效。然而，已有很多新的方法。最受歡迎的方法包括：

- **市場先行者**（first to market provider）：在 1990 年晚期，這是一個非常受歡迎的策略，在今日仍然是非常重要的企業經營方法。
- **服務／解決方案提供者**（service/solution provider）：這已是近十年來企業組織據以競爭的重要方式之一。想要成為完整服務解決方案的提供者，需要確實了解顧客的需求，以及具備彈性服務的主觀意願，以滿足這些顧客的需求。
- **技術領先者**（technology leader）：這是一種創新導向的方法，組織藉著提供最新最好的技術給顧客，以與外部環境維持競爭。

「服務／解決方案提供者」的價值主張常見於今日很多組織中。IBM 在資訊技術（IT）的競技場上就是遵循這個方法，不但販售電腦硬體，還提供人員到府軟、硬體安裝設定與維護服務、及提供技術服務中心（help-desk）支援等。套裝式服務方案（full-service solution）的提供者通常是為了滿足逐漸成長的專業服務外包市場。另一方面，HP 選擇扮演創新者和硬體提供者的競爭角色，而非提供那些取代公司自己 IT 部門的人員到場（on-site）支援服務。蘋果電腦在個人電腦軟硬體的市場上，是非常成功的利基方案提供者，它將焦點集中在繪圖設計者和非 Windows 客戶的市場。最近，蘋果利用首先進入市場的價值主張，非常成功地推出 iPod 及 iPad。

　　組織可以混合運用這些價值主張。同時，**價值主張的運用也會隨著時間而改變、並配合產品和事業單位的差異而有所不同**。營業範圍遍及美國與加拿大的摩爾‧華萊士（Moore Wallace）公司曾經將企業價值專注於成本領導，只有依據訂單提供印刷原料。今日他已併入美國唐納禮（RR Donnelley，http://www.rrdonnelley.com/）集團，成為服務方案的提供者，並位居全球十大印刷企業之一，經由網路與電子化作業方式，提供完整的表單設計、合併、標準化、管理和配送服務以滿足顧客的需求。因此，你**應該要覺察到你提供的產品或服務目前的價值主張是什麼**。這對你能夠在工作上做出最好的決策非常重要。例如，假設你是一名採購人員，若是不知道組織銷售新產品的策略是什麼，你就沒有辦法決定供應商評量標準（品質、價格、技術創新）的比重。假如缺乏對組織策略的認知和了解，你有可能會做出錯誤的決定，甚至破壞了產品的長期性發展機會。表 8.2 顯示了英特爾（Intel）和亞馬遜（Amazon.com）的價值主張。

▼　表8.2　價值主張範例

INTEL
　　將適當的人力和資源，運用於強化我們所聚焦的開發平台，以期滿足顧客，並為市場提供創新與令人興奮的新技術。
　　　　　　　　　　　　　　　　　　　　　　　　　　　-Paul Otellini, Intel CEO

AMAZON.COM
‧經由網際網路，將電子商務購物轉換為最快速、最簡單、以及最有樂趣的購物經驗。

　　請注意，Intel 和 Amazon.com 的**價值主張也是隨著時間改變的**。兩者都很依賴技術：Intel 創造並銷售最新的技術，Amazon（亞馬遜）創造並利用最新的技術，以提供更好的服務給顧客。**表 8.3 列出了一些問題，在你削減成本之前，應該檢測這些問題，這樣可以防止你犧牲價值來節省成本**。假如你的變革作為不夠透明，無法讓顧客完全體會如此改變的意義，就有可能危害到企業的價值主張。**這些問題就是要確保你在降低成本時，不會傷害企業的價值主張**，以提升決策的品質。一開始應該先評估自己從哪裡取得公司價值主張的資訊，然後提出更多的問題，以確保你對價值主張的認知沒有過時。最後，想想你的決策在顧客的眼裡會對價值主張造成什麼樣的影響。

3. 成本動因分析

成本動因分析（**cost driver analysis**）是關於你的**供應鏈中有哪些流程、活動和決策會真的產生成本**。成本動因隨著時間而改變，也依不同產品和服務而有所不同。常見的成本動因包括了：

- **企業的外包程度**

採取外包的企業在要求提供更多外包服務時，可能會比原本內部執行付出更高成本。但若需求量不穩定時，外包的整體成本支出還是可能會比較低。

- **使用非標準化的原料、組配件和零件**

非標準的品項通常比較昂貴，因為沒有達到規模經濟。然而，非標準的零件可能提供比較好的效能，以及相對較低的營運成本。

- **生產規模**

例如，非常大型的製造設備需要擁有高產量才有可能獲利。比較小型的製造業者在高產量時卻不一定能獲利，這可能是因為加班的成本、生產效率不佳、機器故障和維修等問題。

- **大量的成品組合**

組織提供越多的產品選項給顧客，就需要維持越多的庫存，也必須在生產作業上擁有更多的彈性。

▼ **表8.3 削減成本之前，應該考慮的問題（確保價值主張）**

- 你是在什麼時間點、對什麼產品或是服務，用什麼方式知道你們組織的價值主張？
- 你們組織的價值主張是什麼（產品、或服務方面）？
- 價值主張是否隨著事業單位以及產品或服務而有所不同？假如是，你能夠確定你有辨識出正確的價值主張嗎？
- 價值主張是否隨著時間而改變？
  —假如是，你能否確定已辨識出目前或未來的價值主張？
- 你目前或計畫中的活動對顧客是否具有資訊透明性？
  — 假如沒有，要用什麼方法才能讓這些活動具有可見性？
  — 這些領域是否為顧客重視？
  — 這些活動對顧客的影響是正面、負面或中立的？

　　成本動因也跟組織的內部和外部流程有關。當我們考慮成本動因時有一個重要的觀念，**成本動因本身並沒有好壞之分，而是必須與其對應的價值一起分析**。例如，美國的 DS Services（原名 DS Waters）公司的主要業務是桶裝飲用水銷售與宅配，包含瓶裝零售（Sparkletts 和 Hinckley Springs 是其中的兩個品牌），以及直接配送到顧客和企業手中的販售模式。另一方面，可口可樂的業務則有瓶裝水（如達瑟妮 Dasani）、汽水和果汁。較多的產品組合比起單一產品會增加複雜性和成本。然而，可口可樂的產品組合是它價值主張的一部分：**每個喝過的人都清新舒暢**。[6] 因此，**我們在評估成本動因時，應該同時考慮它所增加的價值**。

　　所以你認為亞馬遜（Amazon.com）的主要成本動因是什麼？它的成本動因有增加價值嗎？**Amazon.com 的主要成本動因之一是存貨**。Amazon.com 開始營運初期，並沒有任何的倉庫，這讓它可以維持較低的庫存成本。然而，這樣 Amazon.com 就沒有辦法靈活而準時地配送產品給顧客。這對 Amazon.com 的競爭能力很重要，因此它決定要進入實體的世界，擁有倉庫和存貨。因此，擁有更好的存貨控制能力，也是 Amazon.com 重要的價值主張之一。然而，我們可能會再次詢問，這是唯一的方法嗎？這是最好的方法嗎？ Amazon.com 必定就是這樣認為，因為它已經投入巨資來建立技術和系統，以具有世界級水準的配送作業效率。[7]

4. 策略性成本管理的範例：西南航空

西南航空是一個令人欽佩的公司，不管你是否喜歡它的「沒有多餘服務（no frills）」風格。西南航空從 1971 年開始營運，在第三年就開始獲利，並在直到目前的每年都持續獲利。[8] 西南航空的格言是：「... 以溫暖、友善、個人尊榮以及企業精神，致力於最高的顧客服務品質。」[9] 它的價值主張則強調低成本、可靠，以及友善的服務。為了在與其他大型航空公司競爭的同時，還能夠達到價值主張和獲利目標，西南航空需要利用優異的供應鏈設計，減少沒有增加價值的成本動因，並能提供所承諾的服務。簡而言之，它需要策略成本管理的思維，其中的主要成功要素包含下列各項：[10]

- 儘可能利用大型城市的非主要機場，不但可以降低成本，還可以避免交通和擁塞問題，更能提升準點率。

- 單一機型設備的標準化（波音 737），可以增加機長和機組人員排班、飛機維修、航班調度、及設備替換的效率。

- 導入飛航設備的效能強化升級方案，以減低燃料成本、維修成本、噪音等級、及增加航程，皆可降低成本，並提高顧客滿意度。

- 不預先劃位、無艙等分別、且無機上餐點，以降低成本、及加快飛機往返調度的速度。

- 謹慎的雇用流程和員工交叉訓練，讓員工能夠實踐友善服務顧客的價值主張，也能夠在必要時，彈性配合不同工作的調度。

- 推廣客戶自助式售票，並很早就使用電子機票，且不經由旅行社代售，以減低成本，促進效率。

　　西南航空仍舊以「唯一短程、低價、班次密集、點對點直飛的美國航空公司」為口號來招攬顧客。[11] 總而言之，西南航空的價值主張（低成本、友善、可靠的服務）是經由它的供應鏈設計（轉運站的位置、單一機型）、以及降低沒有價值的成本動因（將設備和員工的效率及效益最佳化）來達成的，這讓它成為策略成本管理的優秀實務範例。當然，西南航空擁有優秀的策略和傑出的執行能力，當中包含策略成本管理的觀念，以及廣義的員工責任感。

三、策略成本管理的責任

誰應該負責組織內的策略成本管理？在過去，會計和財務人員必須負責報告，在某些情況下甚至必須管理成本。當我們檢視供應鏈的成本關係，並考慮我們自己的流程如何影響顧客和供應商的流程時，就會發現我們需要更寬廣的視野，不只是財務、行銷、或是工程的單一角度。答案當然不會是供應鏈經理，而是**組織內的每個人都應該透過某些方式負責策略性的供應鏈成本管理**，並將具體的目標列入他們的績效考核之中。

1. 業界範例

Intel（英特爾）的主計長（Controllers）和成本經理針對採購供應管理人員，發展與供應商合作的模式，**藉由了解供應商的成本結構，找出改善成本的機會**。因此，在 Intel 公司的策略成本管理中，**採購供應管理的角色是選擇適當的成本管理流程，並運用在供應商身上**。儘管會計和財務人員負責提供採購供應管理的工具，但是採購供應經理才是最終負責節省組織成本的人。

在其他企業機構，像是在美西部分地區和加州提供服務的大型電信公司西南貝爾（Southwestern Bell，SBC），則擁有內部的顧問小組，專門替供應管理部門做成本分析。這個小組負責大型或複雜的專案，這是因為採購主管可能沒有時間或技術來有效率地處理這些問題。這個小組包含了財務、採購、物流、生產、銷售和工程背景的人員，會檢查內包/外包決策、供應鏈設計決策、替代供應來源、集結採購量的可能性、以及其他節省成本的機會。雖然供應管理人員應該負責成本管理，但是他們也認知到**某些專案實在太龐大，並非個別的採購經理在沒有專業支援的狀況下能夠承擔的**。

雖然，採購供應管理人員無法單獨有效地負責成本管理，美國本田（Honda）公司告訴我們另一個在 1990 早期的故事，**供應管理部門必須獨自負責新產品目標成本的改善績效**。當工程師設計出的產品不符合組織需要的目標成本時，採購部門會將它退還給工程師，請他們做修正。工程師答應會做好這件工作，然而，他們已經有更優先的專案必須完成，實際上，很少有工程師會回頭修改設計，讓它更符合目標成本。為什麼不呢？**因為達到目標成本不屬於他們冗長的績效責任清單中**。

Honda 的管理階層不久就發現績效責任的制度有問題。最後，它們讓設計的工程師和供應管理人員共同負責達到新產品的目標成本。自從改變了績效評估制度，Honda 就能夠達成新汽車的目標成本和價值主張了。

四、選定策略成本管理的分析工具

前述第七章之**流程繪製可以幫助分析師辨識出供應鏈的成本和價值驅動因素，所以應該做為策略成本管理的起點**。一旦流程繪製出來之後，根據組織的價值主張，就可以決定要用哪一個工具來分析成本。在這裡列出一部分工具：

■ **成本分析法**

包括「合理成本（should-cost）」分析，或是零基定價（zero-based pricing），以及服務提供者成本因素分析。

■ **價格分析法**

了解競爭市場中的價格狀況。

■ **總體擁有成本法**（**total cost of ownership**）

分析物品、服務、資產設備或流程，在採購、使用、維修、報廢處理上的真正成本。

■ **目標成本法**（**target costing**）

決定市場能夠接受的成本，然後往回推算你可以用多少經費來提供商品或服務，而仍能夠賺取利潤。

這些方法通常會被修改或是合併使用，供應管理者必須依據自己的狀況，加以評估之後，決定要使用哪些工具。

1. 供應鏈決策的分類

在決定進行一個供應鏈的決策之前，應該先盡其所能地**了解這些流程或決策意義**。透過流程繪製取得良好的流程認識之後，可以使用類似圖 **8.1 的矩陣來判斷應該要使用哪一個成本分析**工具。這個矩陣的焦點在於**供應鏈上游的決策，**並提供了一個決策起點，以決定要用怎樣的成本觀點看待某個採購案、供應商選擇或供應鏈本身的決策。類似的模式也可用於供應鏈下游的決策。

供應商可以是提供內部流程的同仁、外包的提供者或是某個原料的供應廠商。這個區分採購類型的矩陣是一個決策支援工具，可以將採購者可能會碰到的任何一種採購或外包情況加以分類，也可以幫助企業與內部或外部供應者之間建立適合的關係類型。

持續影響或經常採購	槓桿採購	策略性採購
	·採購金額或數量大，使用於計畫性生產，且有很多供應來源的原物料品項 ·可經由商品交易的方式取得	·對競爭力有重要影響的品項 ·對組織未來成功有重要影響的品項
採購的本質	影響較小的採購	專案式關鍵採購
影響有限或不常採購	·專業的服務 ·採購金額低，重複性高	·關鍵專案/虛擬企業情境 ·資本設備的長期投資
	保持距離	策略聯盟
	想與供應商建立的關係類型	

⬥　**圖8.1**　供應商/採購的分類

在圖 8.1 中，縱軸代表了**採購的本質**（從「影響有限或不常採購」到「持續影響或經常採購」），橫軸則代表與**供應商的關係**（從「保持距離」到「策略聯盟」）。**這個具有 4 個象限的矩陣是一個很有用的工具，可以幫助採購者決定在不同狀況下要使用哪一種成本 / 價格分析技術。**

(1)成本分類：採購的本質

縱軸代表採購的本質，可以從底下開始詢問：「這屬於單次的採購嗎？」如果移到縱軸上方，問題變成：「這是經常性的採購，且具有持續的影響力嗎？」表8.4的問題能幫助判斷應該要把不同情況放在這個連續區域的哪一個位置上。**出現「是」的答案越多，採購的本質就會移到縱軸越高的地方。**

▼　**表8.4**　採購的本質

1. 這個品項或是服務的成本是否因為採購量高而具有重要性？
2. 供應商的技術是否對產品的形象、功效、品質有很大的影響？
3. 供應商是否具有重要的品牌名稱或形象，可以幫助你提高銷售量？
4. 供應商使用的技術是否對未來的產品、產品線的擴增，以及下一代的產品具有關鍵的影響？
5. 這個品項是否足夠重要，能影響對供應商的其他採購？
6. 這個品項會有環境或安全上的考量嗎？
7. 是否只有少數良好的採購廠商來源？
8. 這個採購品項是持續的嗎？
9. 目前你的組織是否還有哪些其他議題會影響這個採購狀況？

▼ **表8.5　想與供應商建立的關係類型**

1. 希望與這個供應商保持多久的業務往來關係？
2. 假如我們想要維持長久的關係，是否要讓供應商得知我們的這個想法？
3. 我們想要與供應商分享有關採購的資訊嗎？
4. 我們希望供應商參與產品或服務的開發嗎？
5. 我們希望供應商將一位或更多位員工派駐在我們的工廠嗎？
6. 目前是否還有其他議題會影響你想與這個供應商建立的關係？

(2)與供應商的關係

分類的第二個階段是思考你想要與供應商保持什麼樣的關係。表 8.5 列出了一些與供應商關係的問題（同樣**出現「是」的越多，越往橫軸的右側，代表關係越密切**）。這些關係的變化範圍很廣，從比較公開的市場交易關係（保持距離）—不與特定供應商建立可持續的關係？或是與某個供應商建立非常密切的業務合作關係（策略聯盟）？或是介在這兩者之間？

2. 成本分析決策的分類：象限分析

一旦決定了採購適合落在哪一個象限，接著就可以轉向第二個矩陣，決定哪一個類型的成本分析工具最適合你的狀況。

(1)影響較小的一般性採購（low impact）：價格分析

在圖 8.2 中，左下角的象限列出了適合「影響較小」採購的**價格分析法**，也就是在同樣品質、功能、及同樣等級服務水準的物品，就經由**比價**來選擇。

這些採購通常金額不高，即使牽涉到比較大的金額，由於比較像一般商品，可以在公開市場中取得合理的價格，例如是辦公用品或是文具—也許是一個信封，帳單印出後用來寄給顧客。這種情況比價很容易，因為你能夠提供清楚的規格或需求給供應商。

(2)槓桿採購（leverage）：成本分析

圖 8.2 左上角的象限代表採購量較大，企業可能與這些供應商具有例行的採購關係。這是槓桿採購的區域，因為所採購的物品可以有很多供應來源，而且採購數量相對較大，所以多花一點努力在採購上，能導致成本上很大的改善，也可以與公司的其它事業單位聯合採購這項物品，取得更多的槓桿力量。除非這

個物料品項真的很平常而且有很多供應商，否則你應該試著了解供應商的成本特性，這樣你才能爭取到供應商的有利報價。這區域的中心問題：「供應商給我的報價，相對於生產的成本，是否是合理的價格？」

持續影響
或
經常採購

槓桿採購成本分析	策略性採購持續改善
· 估算成本關係 · 價值分析 · 分析供應商的成本結構 · 成本估算/「合理」成本 · 產業分析 · 總體成本模型	· 開簿式成本分析 · 目標成本分析 · 競爭力評估/競爭力分解(teardown) · TCO分析 · 供應鏈總體成本模型

採購的本質

影響較小的一般性採購價格分析	專案式關鍵採購生命週期成本
· 到貨總價格(landed price) / 　同類互比(apples-to-apples) · 競標 · 價格表/目錄比較 · 既有市場價格比較 · 歷史紀錄價格比較 · 價格指數 · 類似採購比較	· TCO分析/生命週期成本分析 · 供應鏈的TCO分析

影響有限
或
不常採購

保持距離　　　　　　　　　　　策略聯盟

想與供應商建立的關係類型

⬥ 圖8.2　供應商/採購的分類─選擇適當的工具

　　這類型的採購，例如服務業常用的桌上型電腦，你應該可以輕易地找出一台個人電腦的主要成本動因。假如你的公司需要花費大量的金額採購電腦，你就有必要仔細研究電腦的個別組成元件的成本，以確保採購的價格是合理的。

(3)策略性採購（strategic items）：持續性改善

矩陣右邊的分類強調更密切及更重要的供應商關係。這種策略性類別的採購，強調持續性改善，而且是針對重要供應商的大量採購，因為對於公司所銷售的產品和服務會有持續的影響。**「策略性」的意思是表示這項工作對於公司能否競爭成功有很大的影響，而且這些採購的物料品項通常就是用來建立企業所銷售的商品或服務。**這種採購通常要使用比較耗時的成本管理方法，像是「總體擁有成本」（TCO）、「開簿成本會計」（open books costing）分析、或是與重要供應商的雙向成本資訊共享、以及目標成本分析（target cost analysis）。**重點還是在於持續不斷的改善企業組織的競爭力。**

　　舉例來說，像樂金電子（LG Electronics）這類在液晶顯示器（LCD）和平面電視技術領先的企業而言，策略性採購的品項應該會是那些提供最新突破性技術的物料－像是最新的電腦晶片和顯示技術。

(4) 專案式關鍵採購（critical projects）：生命週期成本分析

關鍵採購和策略性採購的主要不同是採購的**頻率**。**策略性品項傾向重複採購；關鍵專案的採購不常重複發生，卻會產生持續的影響**。例如，客製化軟體就是一種關鍵專案採購，這是一種「一次性（one-time）」的決策，但是對成本和績效都有很大的影響。除了取得軟體之外，相關的成本還包括了安裝軟體和訓練員工。因此，對這個軟體來說，整個生命週期的「總體擁有成本」才是適當的成本分析方法。同樣地，你會想要知道在影印機的整個生命週期中，所花費的成本有多少。採購的價格只是一小部分，因為使用影印機的整體成本和它的價格關係並不大，在它需要維修之前，可以影印多少張？碳粉匣的成本多少？它需要頻繁的維修嗎？它影印的速度算快嗎？這些問題都顯示了，後續成本所造成的影響將會大於最初購入的價格。

　　當我們使用 TCO 方法來分析某個專案在某一段時間內產生的成本時，這樣的流程也稱之為**生命週期成本分析**（life-cycle cost analysis）。本章會在後面小節中詳細討論 TCO。此外，當所分析專案的成本或收益影響超過一年時，就必須考慮貨幣的時間價值，並執行**淨現值分析**（Net Present Value，NPV）（請參考隨書光碟中本章的 NPV 計算方法）。必須了解現金流的時間點，依據現金流入和流出的時間，應用 NPV 予以適當的調整，才能正確地評估專案的成本。還有，生產設備的採購也是另一個大量資本支出例子，並且具有持續的影響。總之，必須了解到真正的總體擁有成本的意義與用法。

3. 商品別的採購分類

當我們在前面的章節中使用**「商品」（commodity）這個字時，指的是企業組織所採購的各種類似的品項**。「商品」（commodities）的例子很多，包含紙張、模具射出成型的塑膠零件、以及旅遊服務都是。當應用到圖 8.2 這個矩陣時，我們必須記住這兩個坐標軸都是連續的數線，也就是說相同的商品只經過概略地評估，可以分到某一個象限類別，也可以是另一個象限。這時候必須對於個

別商品加以判斷，考慮到技能要求（skills）、優先順序（priority）和預期發揮的輔助效果（support available）。舉例來說，「紙張（paper）」在採購品項分類上，並沒有明確的標準答案，根據產業別和紙的類型不同，它可能適合成本分析，或是價格分析。當企業組織購買大量的一般用紙，此時最好是以價格分析來管理；假如所採購的是大量的特殊紙張，則可能會適合成本分析方式。但不論哪一種情況，假如要購買大量的紙張，都最好要去了解紙漿市場的情況，這些資訊可以提供比較的標準，有助於決定要用多少錢來採購。

　　上述的分類工具是從理解產品與企業特性的角度出發，進而有助於進行採購分析，配合運用表 8.4 與表 8.5 的問題，就能幫助獲得更深入的了解。還要注意的是專案式關鍵採購，因此，當你在分類時，也不要忘記了這些算是內部客戶的公司同仁想法。表 8.6 提供了各種採購商品和對應的採購分類範例，別忘了，在不同的產業情況和假設條件下，有可能會產生與表 8.6 完全不同的答案。還有一個議題會對策略成本管理所需的資料取得能力造成很大的影響：組織的會計系統，下一節就要討論這項議題。

▼　表8.6　商品別的採購分類

品項	採購分類	原因
公司車隊	槓桿	採購量大、多個供應商、對我們的產品沒有關鍵性影響
影印機	關鍵專案	需考量長期成本的一次性採購、多個供應商
桌上型電腦	槓桿	採購量大、差異性較低、市場競爭性大
設施管理	槓桿	採購量大、多個供應商、對我們的產品沒有關鍵性影響
傢俱	槓桿	採購量大、多個供應商、對我們的產品沒有關鍵性影響
辦公室用品	影響較小	重要性較低、轉換來源容易、多個供應商
最新高速微處理器	策略性	採購量大、影響產品效能、供應商少、對我們的領先形象有關鍵性的影響
外包影印中心	槓桿	採購金額大、有多個競爭的供應商
生產設備	關鍵專案	一次性採購、具有長期影響
電話行銷中心	槓桿	採購金額大、有許多類似的廠商可供選擇
技術支援客服中心	槓桿/策略	採購金額大、只有少數幾個供應商有資格、可能會對我們的企業形象和顧客服務有很大的影響

五、作業基礎成本管理[12]

許多不曾在會計部門工作或是與會計和財務部門沒有密切關係的人，只能夠接受內部分析或外部報告上的各種成本數據，無法了解數字背後的緣由。我們在這裡所要關注的是**管理會計系統**（managerial accounting systems）─是**企業組織利用來支援內部決策的一種系統**。舉例來說，預算資料、成本會計資料、產品或服務成本計算、以及內部移轉價格等，都屬於管理會計的範圍。即使你知道這些資料可能不太正確，但通常這些卻是你做決策時唯一能利用的資料，而且大家也都是使用這些資料，所以你只有這種選擇。對傳統會計系統所產生的許多問題來說，**「作業基礎成本管理」**（**Activity-Based Cost Management，ABCM**）或許是一個可行的解決方案。

1. 傳統管理會計系統的問題

管理會計是組織分配內部成本的方法。理想上，成本分攤的基礎應該是基於實際發生的費用，稱為「直接成本法」（direct costing）。然而，許多組織成本都因為多個不同的效益目的而衍生，例如，某件生產設備可用來製造很多不同的產品、或是企業的人資（HR）部門可能會支援許多部門和事業單位，一般而言，這些成本都是「間接費用（overhead）」的一部分。使用生產線設備或人資部門的服務不會直接計費，而是**先將全部的間接費用都彙總到一個「聯合帳戶（pool）」中，各個營運部門再以某些基準因素（benchmark factor）或活動發生程度（像是生產數量）為基礎加以計算，然後依照比例分攤這些間接費用。**理想上，企業會選擇作為分攤的基準是因為這些間接費用金額與這些基準有直接的正向比例關聯性。例如，企業可能會發現某項產品和部門單位的間接費用，與營運收入（revenue）、直接勞工成本（direct labor costs）、或廠房樓地板面積（manufacturing floor space）有最密切的相關性。企業再依據一個簡單比例公式分攤間接費用：

> **企業的間接費用聯合帳戶總額／企業的基準活動數量 *100% ＝每個部門的基準活動程度所必須分攤的間接費用（百分）比率**

例如，ACP（Advanced Consumer Products）公司發現它的間接費用是 1 千萬元，而全公司的直接勞工成本支出是 500 萬元，因此間接費用的分攤比率是

1 千萬/500 萬，也就是 200%。每個生產線都要用這個比率分攤間接費用，因此，奈米濾網小組的直接勞工成本是 200 萬元，所以它就必須分攤 400 萬元的間接費用。

如果間接費用的分攤無法反映實際狀況時，當然就會產生問題。例如，**雖然直接勞工成本與部分間接成本有關，但是間接費用聯合帳戶中仍有許多間接成本是與直接勞工成本支出無關的**。例如，對製造工廠來說，在間接成本聯合帳戶中佔有很大一部分的設備運轉、維修和替換成本，卻與生產量有比較大的關係，而與直接勞工時數的關係較小。也就是說，即使某個事業部門努力降低了直接勞工成本，但是它實際上使用的間接成本與服務並未必隨之減少，此時，如果分攤間接成本公式的基準活動仍然是直接勞工成本，則這個產品所分攤到的間接成本，可能會出現不應該有的降低效果。例如，ACP 公司負責奈米濾網的行銷經理努力想要降低生產線的成本，以增加獲利能力，於是他檢視奈米濾網的各項數據，發現原物料和包裝成本已經降到最低了，他能節省成本的最大機會只剩下勞工工資和間接費用，因為兩者佔了支出的大部分。目前的成本結構如表 8.7 所示，在欄位標題「現有生產線的單位成本（美金）」下方，ACP 向每個事業部門收取直接勞工成本的 200% 做為間接費用。行銷經理跟研發工程小組一起合作，評估各項替代方案，終於找出了一種新的生產設備，可以減低一半的直接人工。因此新的直接勞工成本是每件 $0.50 而不是 $1.00，而且，因為新的產線廠房間接成本也是新勞工成本的 200%，所以是 $0.50*200% ＝ $1.00，這樣他們總共節省了 $1.50 的單位成本，對嗎？在表 8.7 中，標題「新生產線的單位成本（美金）」的欄位下方列出了加總計算過程。

在這個例子裡，改換新設備的真正成本已經被曲解了。傳統會計系統以直接勞工成本的 200% 將間接費用分攤給工廠裡所有的產品，但是新設備的折舊費用應該要如何分配呢？用來支援物料搬運的額外勞工成本呢？在傳統的成本會計系統下，工廠的所有間接費用都會被放在一個聯合帳戶裡，再以所使用的直接勞工成本為基準來分攤。這樣做法的效果，就是讓**其他生產線也分攤了增加新設備所產生的間接成本，形成一種交互補貼的情況**。然而，除非你使用作業基礎成本制度，否則無法明顯看出這種成本移轉的問題。**作業基礎會計制度提供了一個更正確的方法來替代傳統的成本會計。**

▼ 表8.7　傳統成本分攤方法

成本類別	現有生產線的單位成本(美金)	新生產線的單位成本(美金)
原物料	0.95	0.95
包裝	0.75	0.75
直接勞工	1.00	0.50
直接成本總計	**2.70**	**2.20**
工廠間接費用 (200%的直接勞工)	2.00	1.00
製造成本總計 (產品成本)	**4.70**	**3.20**
銷售、總務及管理費用	0.25	0.25
產品成本總計	**$4.95**	**$3.45**

▼ 表8.8　ABCM的成本分攤方法

成本類別	現有生產線的單位成本(美金)	新生產線的單位成本(美金)
原物料	0.95	0.95
包裝	0.75	0.75
直接勞工	1.00	0.50
總直接成本	**2.70**	**2.20**
設備折舊	0.00	0.60
生產線監督	0.10	0.15
物料搬運	0.20	0.25
生產線維護	0.15	0.15
一般工廠設施和維護 (以樓層面積為基礎)	1.00	1.00
工廠間接費用總計	**1.45**	**2.15**
製造成本總計 (產品成本)	**4.15**	**4.35**
銷售、總務及管理費用	0.25	0.25
產品成本總計	**$4.40**	**$4.60**

2. ABCM解決方案

作業基礎成本管理是管理會計的方法之一，試著將間接成本與實際產生這些成本的活動或產品相連結對應，就像傳統會計系統處理直接成本一樣，**ABC 試著以更類似直接成本的方式處理間接成本。ABCM 會找到真正產生間接成本的活動，或是找出成本動因，將成本分攤給那些動因。**那麼 ABCM 會怎麼處理表 8.7 的產品成本問題？如表 8.7 所示，直接成本的部分不會改變。在表 8.8 中，工廠的間接成本不再是每個生產線都依同樣的比例分配，而是依照實際產生成本的生產線活動，來細分並分攤間接成本。舉例來說，與 A 生產線有關的工廠間接費用，會向 A 生產線收費，而不會分攤給其他生產線。我們注意到，在作業沒有改變的狀況下，使用 ABCM 時，表 8.8 的「現有生產線的單位成本」（$4.40）是比傳統會計方法的分攤（$4.95）要低的。這是因為奈米濾網小組的產品原本就是在完全折舊的既有生產線上製造的，卻還是需要分攤間接費用，像是來自其他新生產線的設備折舊（會形成交互補貼），改為使用 ABCM 時，其他生產線就吸收了較多原本應該自己負擔的間接成本。雖然這種改變會讓這個（奈米濾網）產品的行銷人員很高興，但是其他那些產品需要付出比較高（雖然比較正確）間接成本的人員可能就不太高興了。

在表 8.8 中，我們可以看到當使用新生產線時，奈米濾網產品的成本會增加，這是因為使用 ABCM 時，必須吸收自己新生產線的間接費用，像是設備折舊和較高的管理及控制成本，但是這樣的結果顯然是比較符合實際的。

3. 做出更好的決策

所以，在 ABCM 系統下，用新設備製造出來的產品成本應該如何計算？如表 8.8 所示，在「新生產線的單位成本」欄中，由於自動化設備的改善，直接勞工成本降低了，但是折舊費用增加了，這是為了反映新設備的折舊。此外，生產線監督和物料搬運費用也會增加，這是因為自動化程度較高，生產線工人減少，因而轉移到實際作業的部門成本。最後的結果是總平均成本從每單位 $4.40 增加到每單位 $4.60，**這表示購買新的設備卻反而導致單位成本增加，這就不是一個明智的投資了。但是這種決策常常發生，因為決策者無法獲得「真實」的或是以作業為基礎的成本；**反而以引人誤解的會計數據來做為主要決策依據。

就像前一個例子中，傳統會計系統低估了使用新生產線製造產品所需的成本，因而做了不智的投資決策，其實相反的事也可能發生。例如，某個工廠可能利用已經完全折舊的設備建立了某個新產品的生產線，然後將它放到工廠中，這個工廠的間接費用率卻非常高，因爲其他生產線使用了新穎昂貴的高自動化生產設備。假如間接費用的分攤是以直接勞工成本爲基礎，則這個新產品也必須吸收間接成本中不合理的高額折舊費用。結果導致這間企業錯過了一個獲利機會，因爲傳統會計系統採計了不存在的折舊成本而高估了投資風險。**ABCM 將成本和導致成本的活動之間有更適當的連結，因而建立了比較正確的成本資料，讓管理者做出比較好的決策，而整個系統也能更公平正確地反映實際情況。**假如企業組織想要降低某些沒有價值的成本動因，它也能提供一個正確的指引，以著手進行。然而，事情並非只有這麼簡單。

4. 實施ABCM的困難

實施 ABCM 系統意味著組織的會計、薪酬、評量系統都需要做改變。它需要如此多的改變，以至於有些部門不願意接受。例如，原本人資部門（HR）的內部和外部使用者可能不需要以明顯的方式支付採購部門的服務，而是被隱藏在間接費用的分攤中。一旦使用了 ABCM，內部和外部使用者就必須以他們實際使用這些服務的多寡，來支付 HR 部門的服務。雖然這樣會比較公平，但是它帶來了很大的改變，某些部門會支付較多的 HR 管理成本，某些則較少。那些付出較多的人員，可能會浪費很多時間來抗議新的分攤方式。

在上述的產品成本計算範例中，既然有一些產品支付的費用變多了，就有另一些產品支付的費用變少了。因此，有一些人會經由 ABCM 受惠，而某些人則否。原本被認爲具有獲利性的某些產品，實際利潤可能會顯著減少。**組織可能必須重新思考它的定價、行銷和生產策略，甚至於誰才是最好的顧客。**因此，實施 ABCM 並不是一個輕鬆的決定，整合總體擁有成本分析與 ABCM 能夠獲得更完整的資訊，因爲兩者都試圖將成本與實際產生成本的原因做更好的相互連結。

六、總體擁有成本

總體擁有成本（**Total Cost of Ownership，TCO**）在這裡被定義爲一種基本原則，用來**了解與特定供應商採購特定物品 / 服務時全部的相關供應鏈成本**，或是某

個流程的成本，或是某個供應鏈設計的成本。從最廣義來看，整體擁有成本著眼一個「大」的架構，除了價格以外，還會考慮到許多的成本。實際上，**TCO 並不真的需要精確計算所有成本，而是主要成本議題，以及與眼前決策有關的成本**就好。在許多產業中，組織已經盡其所能地降低買入的採購價格了，但是為了更有效地改善成本管理和供應鏈成本結構，必須回頭考慮內部經營事業的成本，也就是自己的流程和供應鏈。這是企業在未來提升競爭力的機會來源，也是 TCO 得到更多組織注目與關切的原因之一。

1. 實施TCO方法所需的五個步驟

圖 8.3 說明了在組織中實施 TCO 方法所需的五個步驟。如果只是從策略性成本管理的方向來切入 TCO，可能會誤解總體擁有成本的意義，因為 TCO 不只考慮成本也必須考慮收入的影響。當組織所做的改變並非「與收入無關」時，就不能只評估改變的成本，對於收入的影響也應該一併評估。所以，TCO 分析的第一步驟就是是找出組織為什麼要執行 TCO 分析的原因與目的。

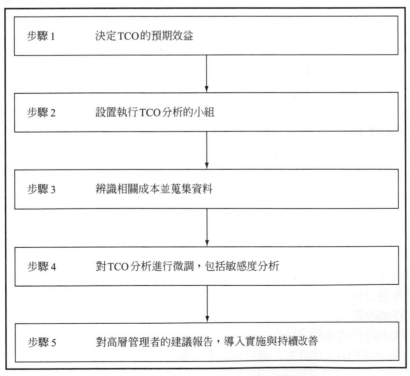

步驟 1	決定TCO的預期效益
步驟 2	設置執行TCO分析的小組
步驟 3	辨識相關成本並蒐集資料
步驟 4	對TCO分析進行微調，包括敏感度分析
步驟 5	對高層管理者的建議報告，導入實施與持續改善

⬤　**圖8.3　實施TCO分析的五步驟方法**

步驟1：決定TCO的預期效益

TCO 分析的第一步是決定藉由執行這個分析，必須得到哪些效益。可能你的心裡已經有某一個特定的專案目標，當然 TCO 分析也可能是基於多重動機，表 8.9 列出了一些可能的理由。**你所認為應用 TCO 分析可以達成的效益應該要非常強而有力，因為 TCO 分析需要你和組織內的其他人花費非常多的時間和努力。**在 TCO 專案的每一步驟中，都需要考慮「成本／效益」問題，**執行這個分析所得到的效益大於成本嗎？**假如回答是「否」，就不建議執行 TCO 分析；假如回答「是」，則必須判斷眼前這個專案是否具有能夠成為成功 TCO 專案的特質，下列各點就是對於採購、外包分析或流程分析等專案，能否**適合 TCO 分析所應具備的一些特質：**

• 相對而言，公司花了比較大量的金額在這個物料品項上。

• 公司過去到現在，一直有定期採購這個品項，因此可以提供一些歷史資料，更重要的是，能夠有機會蒐集目前市場上的成本資訊。

• 採購部門認為這個物料品項具有顯著的交易成本（transaction costs），但是目前尚未確認。

▼ **表8.9　執行TCO分析的可能動機**

• 績效評估
• 成本分析架構
• 標竿評量
• 更充分資訊下的決策
• 對內部的以及對廠商的成本議題溝通
• 鼓勵跨部門的互動
• 與供應商協同支援外部的團隊
• 更深入的了解成本動因
• 作為企業案例
• 支援外包分析
• 輔助持續改善
• 協助找出降低成本的可能性
• 將你的時間集中（或優先）運用在高潛力機會上

- 採購部門認為在目前還沒有確認的交易成本之中，至少有一個以上是具有獨特的顯著性。
- 透過談判、更換供應商、或改善本身內部作業等方式，採購部門有機會影響交易成本。
- 採購及使用此一物料品項的人，願意合作搜集資料，以更加了解這個品項的成本結構。

具有這些特質的採購專案很適合應用在導入 TCO 分析的初始時期。為了要讓組織內其他人樂於接受 TCO 原則和分析所帶來的潛在效益，第一個專案的成功是很重要的，這可以幫助我們「推銷」TCO 的觀念到整個組織中；另一方面，如果有節省大量的專案成本，通常也會比較容易讓大家理解和看到 TCO 的效益。一般來說，你會想要確定這個專案是否有替代方案可以選擇─例如在採購或外包分析的時候，有好幾個供應商可選擇。這樣能夠鼓勵與供應商之間的合作，例如，在你工作的大型組織中，現在必須決定要安裝逆滲透飲水器，還是每週配送的桶裝水加上冰水冷卻器。這兩個選項的 TCO 分析非常不同，逆滲透飲水機具有相對較高的安裝成本和定期的維護成本，但是不需要每週持續的支出；冰水式冷卻器的初期成本較低，假如你簽訂了桶裝水的配送合約，安裝甚至是「免費」的，但是卻有每週支出的變動成本，取決於水的消費量而定。**這是一個理想的 TCO 分析，因為你有兩個具有明顯不同成本議題的選項。**

另一方面，假設你採購的是一個具有專利的特殊原料，只少量使用在某個重要產品上，這個原料對你很重要，但是 TCO 非常高，因為供應商的前置時間很長而且不穩定。若進行 TCO 分析可能會顯示：TCO 非常高的原因是因為有時候存貨量很高，有時候則會產生短缺，需要昂貴的空運費用將它快速運達。而你只是這個供應商的小客戶，因此沒有優先權，也沒有辦法替換這個具有專利權的原料，你需要花費很多金錢和時間才有可能（甚至不可能）更換產品配方，好拿掉這個原料。**因此，這個專案並不適合 TCO 分析，因為你除了證明這個供應商在公司內堅如磐石的地位之外，根本無計可施。同樣地，具有高度政治性的情況也不適合首次的 TCO 專案。**

資產設備採購幾乎都適合做 TCO 分析，因爲除了一開始需要相當大的費用支出，後面還有每年每日持續的使用成本。有一些領先的企業，像是嬌生公司（Johnson & Johnson）會在重要採購案上使用 TCO 分析，例如採購組成配送車隊所使用的車輛。Intel 使用 TCO 分析來採購所有的資產設備，尤其是生產設備。其他企業，像是飛利浦（Phillips）、海尼根（Heineken）、德州儀器（Texas Instruments）、阿爾卡特朗訊（Alcatel-Lucent）、美國銀行（Bank of America）和北電網路公司（Nortel），都已使用 TCO 分析來選擇零組件和服務的供應廠商，尤其當供應商在品質、服務、前置時間和存貨水準上的表現差異很大時。

在接下來整個 TCO 的討論中，我們會採用一個替全公司人員採購新印表機的專案作爲範例。我們要決定應該使用雷射印表機（laser printers）或噴墨印表機（deskjet printers），如果要購買雷射印表機，則每六個人應該要有一台，加上行政助理自己用一台，這樣一共需要 400 台雷射印表機；假如我們購買噴墨印表機，每一個人都會自己有一台，而行政助理仍然自己一台雷射印表機，這樣總共是 2,100 台噴墨印表機和 50 台雷射印表機。

步驟2：設置執行TCO分析的小組

專案小組的組成方式取決於所要分析的專案。有時候，甚至在第一步驟專案需求分析時，小組就已經形成了。從步驟 1 專案剛成形，小組的成員可能變來變去，但是至少**團隊中應該包含採購人員、使用者，和部門／技術專家，財務／會計人員也應該參加**，以增加計算過程的可信度，**TCO 分析在這樣的團隊合作環境下會是效果最好的**。但是因爲 TCO 分析很複雜且費時，能夠事先取得彼此的承諾和合作意願是很重要的，所以在繼續進行之前，還應該要考慮：

- 這對其他人有什麼好處？
- 他們爲什麼願意合作？
- 這會如何改善他們的工作環境或公司績效？
- 我們需要最高管理階層的支持嗎？需要哪些人？爲什麼？

▼　**表8.10　分析新印表機設備的TCO團隊成員表**

名稱	代表性/專業	對團隊的幫助	對工作的幫助
莎拉—會計部門	做為一位會計人員，她擅長於折舊、成本分攤及現值計算。	支援財務分析、協助收集資料	增加對採購的了解，以正確地記帳
傑克—採購部門	購買資產設備的專家，了解供應商	與供應商洽談；取得成本資訊；熟知過去的效能問題	增加採購流程經驗，幫助選擇以及持續的供應商管理
瑞娜—IT	資訊技術專家	熟悉設備維護以及可靠性的問題；故障停機期間的處理窗口	負責簡單的修理和維護；與原廠維修人員合作
康拉德—使用者	行政助理代表	代表使用者提出意見（內部客戶）	對決策提出建議
妮可—使用者（應付帳款主管）	她的部門必須經常使用印表機	代表使用者提出意見（內部客戶）	對決策提出建議

想要讓其他人參與 TCO 分析，可能需要具有說服力的好口才，而且應該要填寫「TCO 小組成員」表，決定誰應該要參與這個採購專案的 TCO 分析團隊，表 8.10 是根據印表機設備小組來填寫的完整範例。在某些情況下，組織可能會想要加入一些供應鏈成員，像是重要的顧客、供應商、或是第三方物流業者，前提是他們對 TCO 有重大的影響力，或是分析的結果會對他們有很顯著的影響。

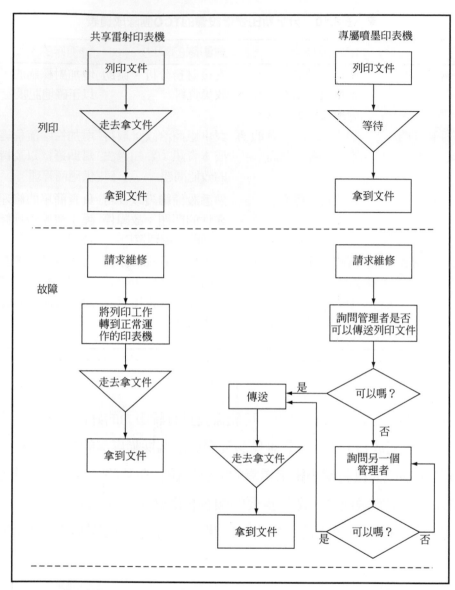

● **圖8.4 不同印表機採購方案的運作流程圖（接下頁）**

步驟3：辨識相關成本並蒐集資料

在這個步驟，才算真正的開始工作了。在這個階段，很重要的是要維持 TCO 分析的合理範圍—以確保效益大於成本。**為了要確實了解每個印表機方案的相關成本，必須先替每個方案畫出流程圖**，如圖 8.4 所示。

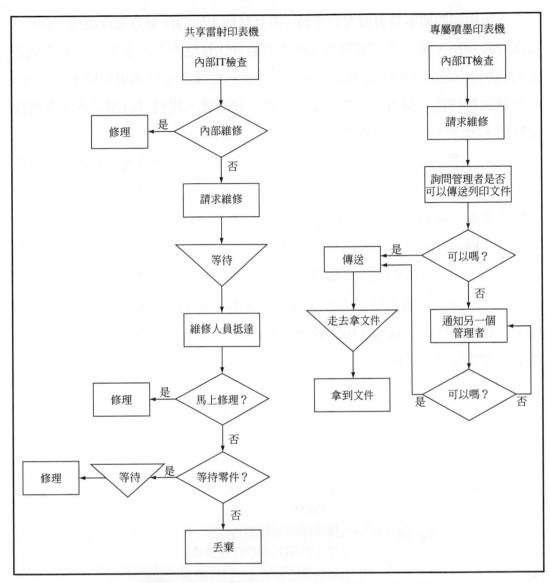

● **圖8.4　印表機採購決策所需的流程圖　（續上頁）**

　　小組使用流程圖幫助他們腦力激盪，思考有哪些成本動因。腦力激盪是一個很好的方法，可以列出一大張可能的成本因素清單，稍後再依重要性加以精簡。在腦力激盪法中，小組只是簡單地依順序輪流，一次說出一個關鍵成本動因，不需要評估、解釋或是推銷這些想法，讓一個記錄員將所有想法寫下來，當想法全部提出來以後，才開始刪除重複的想法，然後判斷哪些成本是真正與決策有關的。

決策相關的成本具有較大的金額，而且會隨不同的決策方案而改變。例如，當購買設備時，某一個方案的報廢成本可能會比其他方案高很多。在印表機方案的範例中，在印表機最終無法使用時，企業可能需要支付報廢的成本。然而，假如無論選擇哪一個方案，總廢棄成本都不會改變，我們可以說這些成本與決策無關，因為他們不會影響決策的結果。

表 8.11 列出了印表機採購的成本動因，小組將這個決策所要調查的重要成本動因予以分類。注意，非成本物料品項不會列入成本分析中，這些會被當成「軟性成本（soft cost）」或其他議題來討論。等待時間並不是真實成本或「硬性成本（hard cost）」，因為無論等待的原因是哪一種活動，都已經包含在薪水之中，除非等待時間太久，以致於工作人員受到印表機問題的直接影響而需要加班，並支付加班費時，才會成為硬性成本。在 TCO 中，只有那些增加的成本，以及對年度收益有直接影響的成本會被考慮進來。現在，TCO 小組已經準備好要搜集成本資料了。

▼ 表8.11　主要成本動因

是否主要成本動因	
非成本因素*	・等待列印的時間
非成本因素	・走去拿文件的損失時間
是	・設備價格
是	・墨水匣/碳粉匣價格
是	・墨水匣/碳粉匣的使用壽命
是	・設備殘值報廢處理成本或剩餘價值
非成本因素	・當主要印表機故障時，尋找可用印表機所浪費的時間
是	・每次維修成本
是	・維修頻率
非成本因素	・報修到維修完成之間的時間
* 這些非成本因素是軟性成本，因此不會列入TCO成本計算中，只會列在最後的TCO報告中做為定性議題討論。	

搜集成本資料需要很多人力投入，因為我們需要的大部份資料沒有辦法從會計系統中直接取得，表 8.12 中列出了資料來源和成本計算方法。多數的 TCO

分析會使用試算表軟體來進行，因為當假設條件改變時，試算表可以具備改變彈性，以便處理各種複雜的 TCO 分析。為了要讓不同方案間的數據容易比較，已將成本轉換為「印出一頁所需的成本」。使用率則是由 IT 和各部門依據先前印表機紙張和墨水匣的使用率來估算的。小組必須搜集每個方案和使用情況的成本資料，在這個範例中，必須知道「雷射印表機」方案和「雷射及噴墨印表機搭配」方案兩者的成本和使用率情形。分析結果顯示，「雷射印表機」方案未來四年的現值（成本）為 1,131,000 元，而「雷射及噴墨印表機搭配」方案在同樣的時間內則需要 1,704,000 元的成本（詳細計算請參考本書光碟中的附錄 F 的附表 A）。

▼　**表8.12　蒐集成本資料**

成本	資料來源
設備價格	供應商
墨水匣價格	供應商
墨水匣壽命	供應商、IT資料、外部評等
報廢成本或殘值	供應商、IT資料
維修成本	供應商、過去資料
維修頻率	供應商、過去資料
	範例計算 — TCO
	現值*
TCO＝（設備價格）＋（墨水匣價格*墨水匣替換次數）＋（維修費用*使用期間的維修次數）±最後報廢成本或殘值	
$TCO/頁＝\dfrac{總TCO}{總列印頁數}$	
*有關現值的討論請見第四章。	

步驟4：對TCO分析進行微調，包括敏感度分析

TCO 模型中有許多成本是估計值，小組應該對於不同成本因素的估計值有合理的可接受「範圍」，在這個範圍中，小組應該執行**「敏感度分析」，使用不同的估計成本重新分析整個模型，評估對此一成本數值改變的敏感度有多大。**

你認為印表機決策相關成本中哪一個最容易變動？如果眞的有變動時，哪些成本會影響到決策順序？如附表 A 所示，碳粉匣和墨水匣成本的比較，是對於雷射印表機方案最有影響性的因素，但是有哪些因素會影響碳粉匣和墨水匣的成本？

　　例如，依據每個碳粉匣的規格說明，應該可以列印 5000 頁，假如實際只印了 4000 頁呢？假如可以列印的頁數變少，兩個方案的每頁成本都會提高。雷射印表機方案四年的成本會變成 1,290,000 元，雷射及噴墨印表機搭配方案的同期成本則會變成 1,784,000 元。顯然，**實際輸出頁數必須有很大的變化才會改變這個決策，因此，碳粉匣的可列印頁數並不是敏感選項。**假如，墨水匣的價格從 35 元降到 10 元，此時雷射印表機方案的成本仍是 1,131 千元不會改變，而混合搭配方案的成本則會下降為 1,038 千元，每頁成本也大量降低了，因此這個方案會變得較有吸引力。但是你覺得這是有可能發生的嗎？價格降低的墨水匣仍能印出相同的頁數嗎？這些都是需要仔細考慮的問題。

　　假如建議的決策會隨著成本估計值改變，則小組應該要更仔細研究這些成本因素，並試著改善估計值的可信度。這同樣也是一個成本／效益的課題，我們應該花多少時間精準調查那些不會影響分析結果的成本因素？當決策不會因為估計值更改而受到影響時，可能就不值得我們花時間去微調那些變數的估計值。**當分析方法不會因為假設改變而大幅變動時，我們稱之為「穩固的（robust）」，意思是它在很大的假設範圍內都可以產生有效的結果（valid result）。**當小組準備好以後，就可以使用這些資料來進行決策，並且將結果呈現給高層管理者，也必須準備好回答高層管理者可能詢問的所有「若 - 則分析」（what-if）問題。

步驟5：對高層管理者的建議報告，導入實施與持續改善

當小組成員對資料做好了充足準備，並經由敏感度分析和額外的資料搜集評估過各種不確定因素的影響範圍之後，他們就可以準備向管理階層報告了。**這個報告應該包含了 TCO 分析的量化分析結果，以及其他無法量化的「軟性」因素，**舉例來說，如我們在表 8.11 中看到的，有幾個非成本因素必須列入考慮，像是走到印表機所花費的時間和等待列印時間。除此以外，使用者代表反映的意見

表示，大家比較希望自己使用一台印表機，然而，雷射印表機的品質比較好很多。這些議題應該彙總呈報給決策者，作爲判斷考慮的依據。向高層管理者報告時，好的報告格式應該要包括：

- 執行摘要（executive summary）：包括背景簡介、方案總覽、關鍵議題、TCO 結果、關鍵敏感性因素、以及建議方案
- TCO 分析結果的彙總摘要
- 敏感度分析
- 非成本議題
- 建議
- 附錄，包括詳細的計算過程和假設前提

　　一旦 TCO 專案被批准通過了，接下來的重要工作就是監控實施過程和實際結果，並從中學習如何改善未來的流程。除此以外，專案文件應該要妥善保留，最好是放在企業的內部共享網路上，以便下一個 TCO 小組可以方便汲取相關專案的經驗。

2. 其它TCO分析的案例

如同之前提到的，TCO 可以運用在原料、零件和服務的採購上，也可以運用在資產設備的採購上。位於比利時的大型跨國鋼鐵公司科克里爾桑布（Cockerill Sambre），使用 TCO 來決定原料和零組件的最低總體成本，而不是像推動 TCO 以前只會注重價格。[13] 科克里爾桑布將兩個供應商換成四個供應商，降低了 11.5% 滾珠軸承的總體擁有成本，同時考慮下列要素：

- 價格
- 服務水準等級
- 訂貨成本、發票成本、支付成本（不同的供應商可能使用手動方式或電子化方式）
- 採購成本、存貨成本、付款條件

　　同樣地，TCO 也可以運用在服務上。有一個大型發電廠使用契約勞工來執行保全服務，以每小時工資率做爲聘用人員的主要標準。然而，他們發現人員

流動率比預期要高，而聘用新進人員更是耗費成本，因為公司必須仔細篩選及檢查應徵者的背景。當他們做了 TCO 分析之後，發現徵選新員工的成本實在高得嚇人，包括背景檢查、藥物篩檢和教育訓練等。電廠發現只要支付稍微高一點的時薪，就可以增加這些約聘人員留下來的意願，因而降低 TCO。這也讓現有員工更有效率和效益（efficient and effective），因此當電廠缺少人手或是在訓練新人時，可以減少原本支付資深員工的加班費。

　　TCO 分析可以廣泛運用到許多流程分析、外包決策以及採購專案中，只是事先需要仔細考慮執行 TCO 分析所需的額外時間和精力，是否符合預期的效益。此外，TCO 分析可以與重要供應商和顧客一同實施，藉以降低彼此交易的成本。若能進一步將 TCO 分析擴展到整個供應鏈上，可以產生非常大的成本節省與價值提升的效益。[14]

七、結論

成本管理**不只是為了要降低價格或成本**。為了組織的長遠利益，每個成本管理計畫都應該了解為什麼組織想要**改善內部某個區域的成本管理**，並了解該區域的價值主張，才不會不經意地犧牲了這個價值。**策略成本管理使用整體性的方法來了解供應鏈、成本動因，以及價值主張，橫跨了組織的界線，涵括了整個供應鏈的成本以及機會**。為了提升效果，也必須橫跨組織內的功能界線，利用財務、供應管理、工程、行銷，以及其他部門和相關使用者的專業知識，為了要達到預期效果，組織內的每個人都必須對成本管理負擔某些責任。

　　有很多工具可以協助成本分析和管理，組織必須替目前要做的決策選擇適當的分析方法，成本管理矩陣可以幫助組織找出適合不同情況的成本管理方法。在本章中，我們深入探討了總體擁有成本（TCO）分析，這是一個時間和資源密集的方法，能夠整體性地了解並管理有關採購、流程、或外包決策的成本。因為執行 TCO 分析所需的成本和資源很多，它通常是用來做重要的決策。在今日，由於組織更依賴外部的供應鏈成員來增加價值、提供服務，使得 TCO 成為更廣為採用的方法。

重點摘要

1. 策略成本管理不只是簡單地管理或降低成本。它還需要了解組織價值的驅動力，以及供應鏈如何影響價值和成本。

2. 成本和成本動因在本質上並沒有好壞的區別；在分析它們時，必須考慮到它們替組織增加的價值。

3. 為了要在組織和供應鏈的範圍內得到效果，組織內的每個人都應該負擔成本管理的責任。

4. 流程繪製是了解成本議題和機會的重要起點。

5. 有很多工具可以幫助了解和管理成本。我們必須選擇適合採購情況的分析工具，其基礎是採購的本質以及想要與供應商維持的關係類型。

6. 使用傳統會計系統的企業可能會以不正確的方式搜集並分攤成本資料，因此成本管理者應該考慮以作業基礎的方法，找出真正的成本，做出更好的決策。

7. 作業基礎成本管理可以將費用與導致費用的活動相連結，藉此幫助組織改善管理會計資料的完整性

8. 總體擁有成本（TCO）是一個團隊工作的分析方法，可以深入了解某個採購決策、外包決策或流程的真正成本。

9. TCO 可以進一步了解決策所產生的真正成本，幫助組織做出更好的決策。

10. 執行 TCO 分析時加入敏感度分析，可以讓 TCO 小組以不同的假設和成本估計值重新分析整個模型，評估這個模型對某些成本改變的敏感度有多高。

11. TCO 分析可以運用到各種情況中，像是原料、零組件、服務和資產設備的採購，或是供應鏈設計的流程分析。它可以幫助企業評估應該由誰來做什麼，才能讓供應鏈最有成本競爭力。

國 內 案 例

採購類型與策略成本管理分析工具

台灣積體電路製造股份有限公司（台灣證券交易所代碼：2330，美國 NYSE 代碼：TSM）成立於民國七十六年，在半導體產業中首創專業積體電路製造服務模式。台積公司為約 450 個客戶提供服務，生產超過 8,800 種不同產品，被廣泛地運用在電腦產品、通訊產品與消費性電子產品等多樣應用領域；民國一百零二年，台積公司所擁有及管理的產能達到約 1,640 萬片八吋晶圓約當量。在台灣設有三座先進的十二吋超大型晶圓廠（Fab 12、14、15）、四座八吋晶圓廠（Fab 3、5、6、8）、一座六吋晶圓廠（Fab 2），和兩座後段封測廠（advanced backend fab 1and2），並擁有二家海外子公司 WaferTech 美國子公司、台積電中國有限公司及其他轉投資公司之八吋晶圓廠產能支援。

客戶信任一直是台積公司的核心價值之一，優先考慮客戶需求，也視客戶的競爭力為台積公司的競爭力，而客戶的成功也是台積公司的成功。台積公司努力與客戶建立深遠的合作關係，與客戶之間的信任，更是眾多客戶將晶圓製造交託給台積公司的主要原因之一。因此，對於客戶的機密資訊，台積公司堅持給予最高規格的保護。為了促進與客戶的互動及資訊的即時交流，台積公司以網際網路為基礎，提供更積極主動的設計、工程及後勤整合的「TSMC-Online」服務系統，讓客戶可以一天 24 小時、一星期七天隨時掌握重要訊息。其中 TSMC-Online 的設計整合架構可提供客戶在每一設計階段準確及最新的資訊；工程整合可提供客戶線上工程晶片、良率、電性測試分析及可靠度相關的資訊；後勤整合可提供客戶晶片在工廠訂單、生產、封裝測試及運送相關的資訊。

台積公司一直將供應商視為夥伴，致力引導供應商長期合作，以共同建立穩定發展的半導體永續供應鏈。台積公司除兼顧供應商產品的品質、交期與價格之外，也敦促他們保護環境、改善安全與衛生、重視人權，攜手善盡企業的社會責任，並做好風險管理與營運持續計劃。台積公司於民國 103 年再度獲得「道瓊永續指數（The Dow Jones Sustainability Indexes，DJSI）」產業領導者（industry group leader）的肯定，並於供應鏈管理項目取得組別中最高分。

在技術不斷創新領先的過程中，沒有供應商夥伴們的合作，台積公司難以一次又一次的成功挑戰摩爾定律的極限，除了技術之外，供應商夥伴們必須充分了解並配合台積公司在品質改善、環境保護、企業社會責任及永續管理各方面的要求。民國一百零三年台積公司在供應鏈管理的重點之一即為：建立透明供應鏈、強化供應商績效管理。

- **建立透明供應鏈**：民國一百零三年，供應商網路平台改版，升級為全功能的供應商網絡平台，涵蓋新供應商註冊到資格審查評估、交易供應商所需要的需求預測、供應鏈庫存透明度、電子報價單、採購訂單處理、品質管理系統、發貨確認與付款狀態查詢。台積公司與原物料及零配件供應商密切合作，藉著交換庫存訊息來提高供應鏈庫存的透明度，需求的變化也能有效掌握並及早做好應變的準備。台積公司鼓勵供應商夥伴使用新平台上的電子訂單、電子發票、預先發貨通知、庫存信息。該平台能加速訊息交換、提高效率，減少人為誤差，同時也降低整體供應鏈成本。目前全球超過 3,000 家、相當於台積公司 90% 採購總值的供應商，使用此平台進行資料交換，致力於有效降低供應鏈中斷的風險及避免生產過剩的問題。

- **強化供應商績效管理**：台積公司重視供應鏈的永續管理，持續針對供應商品質、成本、交期、服務、以及永續發展各項指標設定目標與評比，鼓勵供應商配合台積公司的採購策略，並定期稽核供應商，以確保各項指標符合台積公司要求。民國 103 年，台積公司對矽晶圓、再生晶圓、氣體、化學品、石英零件、光罩等原材料供應商完成永續績效調查並做出考評，涵蓋比例已超過 90% 的原料採購總額。除了針對現有供應商的持續管理，台積公司亦鼓勵供應商分散風險，共同提升供應鏈彈性，期許所有合格供應商皆能與台積公司攜手增強供應鏈的整體實力。

課程應用問題：

1. 針對個案公司，是否可以區分出公司的價值主張為何？在這樣的價值主張之下，應該如何在成本管理上面注意，才不會不經意地犧牲了這個價值？

2. 本章選定策略成本管理的分析工具時，可以分成兩個階段，首先是採購類型的區分，接著利用象限分析，選出適合的工具。因此，請分別依據個案公司的內容，應用圖 8.1 及圖 8.2 的分類方式，選出適合的策略成本管理的分析工具，並比較該公司實際的採購及成本管理方式。

參考資料：

台積電企業網站，公司概況，http://tsmc.com/chinese/investorRelations/fundamentals.htm，2015.07.21 查詢。

台積電企業網站，客戶服務與滿意，http://tsmc.com/chinese/csr/customer_satisfaction.htm，2015.07.21 查詢。

台積電企業網站，台積公司與供應商攜手創造永續新價值，2015.07.21 查詢，http://tsmc.com/chinese/csr/collaborates_with_suppliers.htm。

Chapter 9

核心能力與外包

誰應該做哪些事?我能夠幫助公司與供應鏈夥伴發揮各自擅長的能力嗎?

本章指引重點:

1. 我們有哪些有價值的能力?
2. 那些活動應該外包?

在閱讀本章之後,你應該可以:

1. 描述核心能力的觀念。找出組織的能力,並評估是否能夠通過核心能力的三項測試。
2. 定義外包,討論組織外包的原因。
3. 描述外包策略建立與執行的三個階段。
4. 辨識並評估外包的潛在風險。
5. 執行「自製或外購」分析以支援外包決策。

章首案例

奧林巴斯公司的外包恐懼症

當道格看著執行董事會針對供應鏈專案小組最近會議所提出的關注事項時，這張列表的最上方全部都是有關外包的議題。

在最近一次與奧林巴斯（Olympus）的執行長喬·安德魯斯（Joe Andrus）會面時，道格得知財務長提姆·羅克（Tim Rock）參加了一個 CFO 會議，其中有些報告指出採用外包策略可以讓組織減少 30~50% 的成本。奧林巴斯對供應鏈管理計畫有興趣的主要原因之一當然是它降低成本的潛力。因此，董事會要求道格和專案小組研究下列問題：

1. 要怎樣將外包運用在你們的計畫中，以改善公司的供應鏈？
2. 你們有發現奧林巴斯在哪些領域的外包可能性？
3. 哪些商業流程是外包的最佳人選？
4. 外包上的投資，在哪些地方可以得到最大的效益？

當道格在供應鏈專案小組的會議上提出這些問題時，他得到負面的回應。公司的資訊系統專家塔梅卡·威廉絲（Tameka Williams）指出：「企業最想要做的第一件事，通常是把資訊系統外包出去。他們輕率地做這個決定，沒有考慮到對使用者的實際影響。結果公司通常付出更多的成本，而且效果比升級內部的系統更差。」

生產作業主管維杰·吉爾（Vijay Gilles）也認同：「在我的部門，外包計畫是要將生產移到海外去。大家似乎都沒有考慮到總體成本、存貨影響、品質議題，以及內部專業能力的流失。說實話，我知道趨勢是這樣，但是我還是很擔心這些問題。」

資深運輸經理大衛·亞瑪多（David Amado）接著點頭：「不要忘了，我們部門還是必須安排貨品的運輸，除非我們也被外包出去了。我還記得 2002 年的聖誕節之前，美國西岸發生了一場碼頭工人罷工，喔，那真是一場災難！這種狀況可能會讓我們利用低成本全球供應商所節省下來的成本都付之一炬，還製造了非常多的麻煩！」

對話持續了一會兒，每個小組成員都提出他們對外包的關切、不安，以及直接的恐懼。道格認為現在應該要站出來提出一些觀點了，他堅決認為「去除不必要的干擾」是很重要的，他們應該維持客觀的討論，而負面的想法是會傳染的。他說：「嗯，我想我們一開始應該先遠離這些想法。我們需要的是找出外包各種

活動可能造成的風險。我們已經建立了一些工具，可以幫助我們實際權衡這類型決策所帶來的優缺點。所以我有信心，我們可以替奧林巴斯做出正確的選擇。此外，請大家記住，並沒有人曾說過公司將要採取外包方式。執行董事會希望在我們研究如何改善供應鏈設計和管理的同時，也能將外包的可能性列入考慮。對我們來說，這是一個很好的機會，可以建立奧林巴斯的外包分析模式，請大家務必記住這點。接下來的一個小時，我想進行一些名目群體腦力激盪（nominal group brainstorming）活動，讓我們分成三組討論執行董事會提出的四個問題，然後再報告我們的構想。在開始之前，先休息 10 分鐘，沉澱我們的想法。我們必須以嚴謹而客觀的角度來思考，外包是否以及如何能讓我們在目前和未來更具有競爭力，各位，10 分鐘後見了！」

在你閱讀時，請思考以下幾點：

1. 你認為專案小組成員所擔心的事情有沒有道理？請說明你的理由。
2. 你建議道格怎麼讓小組成員集中注意力思考外包的議題，將外包視為合理的供應鏈決策，而不是擔憂外包對他們自己部門的影響？
3. 這是一個策略性的議題？或是戰術性的議題（tactical issue）？或者兩者皆是？請解釋你的答案，以及專案小組應該如何面對它？
4. 專案小組應該採取什麼樣的行動和分析方法來回答執行董事會的問題？

> 外包決策者必須以驚人的速度向供應商學習、向業界的人學習，才能維持在這個領域的領先地位。

-詹姆斯・布萊恩・奎因（*James Brian Quinn*）[1]

　　你知道什麼是你擅長的？而什麼不是嗎？當你成為一個小組的成員時，你會不會立刻自願接下某些工作，像是搜集研究文章、撰寫第一版草稿，或是做最後一版的修改？如果你非常擅長某項特殊活動，它將成為你的核心能力（core competency）：**那些讓你顯得和其他人不同的活動、技術或優點，並會讓你成為小組中具有重要價值的成員。**

　　多年來，許多企業都在一個重要的組織規劃決策中反覆掙扎：**他們究竟應該建立一個或兩個專業領域，朝專業化的方向發展，還是應該試著自己垂直整合控制一切？**我們已經從歷史發展的整體性角度討論過這個問題，在第六章中，

已討論過福特汽車公司的例子，經過一段時間的激烈市場競爭之後，已經證明了一件事：福特公司垂直整合成為內部進行的所有活動，並無法達到業界最佳的標準。卻有更多供應商進入了市場，向汽車製造商提供了更多的汽車零件：輪胎、引擎、雨刷配件、及傳動系統等。這些專業的供應商經常能比那些大型汽車公司提供更好、價錢更合理的技術，因為做到了專業化，他們找到了專業領域的技術，並且專注在發展這些專業上。結果是，福特公司和全世界的其它汽車製造商逐漸轉變，已不再強調垂直整合的模式。

事實上，大環境的趨勢正是朝專業化發展。在今日，對專業化的重視是以「核心能力」來代表的，這是由普哈拉和哈默爾（Prahalad and Hamel，1990）在《哈佛商業評論》的經典論文「企業的核心能力（The Core Competence of the Corporation）」中提出的。普哈拉和哈默爾認為，想要在全球市場中贏得勝利，企業必須擅長某樣獨特的事物，而其它人無法與之相比。無法建立核心能力的企業必須努力奮戰才能維持市場佔有率和利潤。有趣的是，核心能力的模範是汽車製造商 Honda（本田），Honda 利用引擎設計和製造上的長處，讓自己不只是一個優秀的汽車製造商，還是供應鏈中的重要成員。Honda 的秘訣是找出少數特殊的活動，並努力將它們發展成難以複製的核心能力。其它的活動（佔 Honda 汽車價值的 85%）就外包給其他各擅長所長的供應鏈成員，它們有各自的專業領域。Honda 將這些互補的能力結合在一起，創造了成功的供應鏈策略。

本章一開始先討論核心能力，接著會討論外包相較於垂直整合的優點和適合性、外包的利益和風險，及外包的決策和實施的程序。

一、什麼是核心能力？

一旦組織了解顧客的需求和成功的要素，就應該發展核心能力，並調整與這些需求互相契合。具體地說，企業必須**決定自己在供應鏈裡所扮演的角色及其發展，並判斷如何建構和運用本身的資源，增加獨一無二的價值**。因為資源珍貴，所以決定如何最有效益及效率地使用是非常重要的，至於非關鍵的活動，就可以外包給能做得更好的公司。**正確地組合內部活動和外包活動，就是供應鏈設計的基礎。**

　　普哈拉和哈默爾（Prahalad and Hamel，1990）將核心能力描述爲：「**組織內的集體知識，特別是如何協調各式生產技能並整合各種主流技術。**」[2] 核心能力的基礎是組織內各種特質或技術的結合，讓組織具有超越競爭者的獨特優勢。[3] 這常會藉著讓各個事業單位與供應鏈夥伴的合作創造綜效，以提升顧客獲得的價值。

　　Honda 是如何成爲核心能力的模範？它開發出優異的引擎技術，結合了品質、可靠性、及效率等優點，贏得美譽。你可以想像得到，Honda 爲了要達到這個目標，建立了密集的引擎研發作業。但這只是我們先前提到「各式生產技能和各種主流技術」的一部分。Honda 也參與印地賽車（Indy Car）賽事，爲什麼要賽車？你可以想像有比這裡更好的環境可以飆車，讓 Honda 開發出新的引擎構想，或是測試它的引擎嗎？

　　在 2005 年，Honda 贏得了印地賽車的「汽車製造商冠軍」—Honda 的汽車和車手比任何人都贏得更多的比賽。當然，Honda 也參與其它的賽事（尤其是摩托車賽車）以營造創新的環境。Honda 核心能力拼圖中的下一片圖形是什麼？Honda 擁有傑出的製造能力，讓它能將賽車跑道上的新構想轉換成有效率的高品質引擎，替雅歌（Accords）和喜美（Civics）提供動力來源。但是 Honda 的能力並不僅止於引擎的設計和製造能力，更在於組織內部的各個組成分子和不同的活動能夠互相配合，並彼此支援。這種互補的配合並非偶然，而是需要精心規劃編排的。這種協同合作從 Honda 平等的企業文化開始，強調品質、創新以及團隊工作，這些都是「本田文化」的實踐。開放的內部溝通、長期合作的供應商以及員工與團隊導向，這些特質聚集在一起創造了一種氛圍，讓內部員工能夠了解企業的目標，並協調工作以支持這個目標。利用跨越事業單位和生產線（汽車、船、摩托車、庭院維護機具）的技術組合，Honda 讓它的引擎開發和製造技術成爲真正的核心能力。從持續成長且獲利的全球市場佔有率可以看出來，Honda 的顧客也認同這些核心能力。

　　產業中大多數領先的企業只使用少數的關鍵技術來建立核心能力。他們不只找出「核心能力拼圖」中的重要圖片，還花費大量的時間思考如何組織這些拼圖，成爲集體的知識（collective learning）與獨特的能力。**爲了要判斷某些技**

術組合是不是真正的核心能力，企業必須提問自己表 9.1 中的四個問題。假如這些問題的答案皆為「是」，則很可能已成功找到核心能力。[4] 然而遺憾的是，雖然有很多企業宣稱它們具有所謂的核心能力，但是事實上，真正可以通過這些測試的並不多。

▼ 表9.1　辨識核心能力的關鍵問題

1. 特定的技術組合是否對顧客認可的組織價值有很大的貢獻？
2. 這些技術組合是他人難以模仿的嗎？
3. 我們非常擅長這些技術組合，或是願意投資成為最優秀的專家嗎？
4. 這個技術組合是否夠寬廣，讓我們得以進入各種不同的市場或事業？

核心能力的觀念也可以運用在服務業中。例如，服務品質也可以創造核心能力，提供足以支撐企業的競爭優勢。服務業者憑藉某些特質，像是一致性、反應性和同理心來服務顧客，建立起它們的口碑。美國西南航空就是一個傑出的例子，有些人認為西南航空的服務很差，因為它不提供飛機餐、不預先分配座位，也沒有其他額外的服務。然而就像第八章所提到的，**西南航空做了一個策略性的選擇，將價值主張建立在其它的服務標準，像是顧客回應性、準點性、低票價、以及一致性的服務體驗等方面**。這些技術和執行力的組合產生了服務業的核心能力，藉著回答以下這些辨識核心能力的問題，可以獲得驗證。

1. *找出的技術組合是否對顧客認可的組織價值有很大的貢獻？* 是的。西南航空的服務特性已經建立了一批忠誠度非常高的顧客族群。

2. *這些技術組合是他人難以模仿的嗎？* 是的。其它的航空公司，像是大陸航空（Continental）、達美航空（Delta）和聯合（United）航空公司都嘗試要複製西南航空的模式卻失敗了。

3. *我們非常擅長這些技術組合，或是願意投資成為最優秀的專家嗎？* 是的。西南航空在它的核心能力上有卓越的表現，使它在航空服務業和一般企業中一直都是領先者。

4. ***這個技術組合是否夠寬廣，讓我們得以進入各種不同的市場或事業？***是的。
西南航空成功地使用這個模式擴展到美國的許多市場。它的事業一開始集中在短程路線上，到了 2000 年初，則開始擴展到長程旅行。時間將會證明它橫跨大陸或國際的路線是否會和短程路線一樣成功。

西南航空一直被認為是最受推崇的企業之一，在過去八年都名列美國十大「最受推崇企業」[5]，原因在哪裡？這無法歸納出一個簡單的因素，相反地，是來自西南航空的企業文化和營運方式中的許多因素，包括了**員工訓練、交叉輪調訓練、使用單一機型的決策、集中在短程航線、及盡量使用非主要機場**等。

總結而言，**核心能力不只是一個簡單的因素所影響**，它是由許多決策和企業內部能力結合在一起，以提供顧客所重視的產品和服務。無論 Honda 或是西南航空的核心能力都不只仰賴任何個別因素，到目前為止他們也已經證明了其他人是無法複製其模式的。核心能力的概念也參酌了「策略性契合（strategic fit）」，強調組織必須讓內部的各種活動具有一致性。[6]

一旦企業找出它的核心能力，就可以設計一個供應鏈來支援它的競爭策略、價值主張，以及其他能力的發展，這時候多半就會牽涉到是否外包的考慮了，也就是說，企業將力量集中在它所擅長的事情（核心能力）上，並依賴供應鏈夥伴創造其他的價值。因為核心能力是由許多緊密相連的活動所組成，所以企業可能很難找出真正產生核心價值的全部活動。假如它無法辨識出所有的成功要素，就有可能會將應該留在內部由自己負責的活動外包出去，這會很嚴重地威脅組織的競爭力。**為了降低這種風險，組織應該詢問自己一組類似前述表 9.1 問題的修訂版本，如圖 9.1 所示。**企業在外包某個活動之前，應該要自問，這個活動與核心能力的關係是直接的還是非直接的？規則是：**有價值的核心能力不應該外包，與它們互補的那些重要能力也不應該外包。**

有了對於核心能力觀點的瞭解之後，後續章節可以更深入檢視外包流程：**將供應鏈內的一組致勝能力集結在一起的流程。**接下來我們會討論促使今日外包服務增加的一些因素。

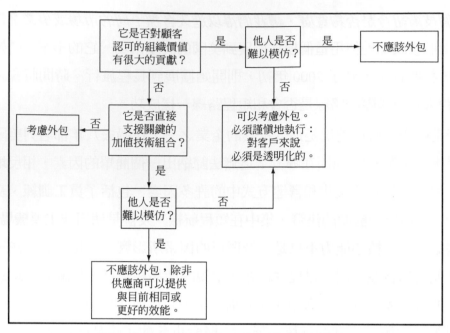

● 圖9.1 企業外包之前必須考慮的問題

二、外包的挑戰

外包的重要性和影響力是與日俱增的。**外包（outsourcing）是將某一部分的生產、服務或企業功能從組織內部移到外部供應商的過程**。一般私人企業可能會將這些活動外包出去：不是核心能力的、不是擅長的、或是不想自己做的。若是政府或公務機構選擇外包時，則稱之為「**民營化**」（**privatization**）。

據估計，外包約有一兆美元的全球商機。在過去，企業將物流、零部件、及原物料等活動外包是很常見的，可以說自從商業開始發展，外包就存在了。假如有供應商可以用很優惠的價格和同樣的水準製造物品或是提供服務（甚至更好的水準），為什麼要選擇垂直整合（內部自製）？

外包的類型，隨著趨勢發展包括了**合約製造（Contract Manufacturing，CM）、第三方物流（3PL）、境外外包（offshoring）以及企業流程的外包。合約製造（contract manufacturing）**是由第三方公司代工其他企業品牌下的成品或主要零組件。**第三方物流（third-party logistics）**則是利用外部供應商來提供某些物流活動的組合，像是運輸、倉儲、採購、加工、存貨管理、和顧客服務等。[7]據估計已經大約有 80% 的美國企業採用 3PL 的外包服務，過去 20

年間，花在 3PL 上的金額以及利用 3PL 的企業比例都在穩定增加。[8]**境外外包**（**offshoring**）指的則是外包到另一個國家，有時候企業會設立海外辦公室，並雇用當地的員工，嚴格來說這不是真正的外包，因為仍然是企業的員工在執行工作，只是不同國家的不同員工而已。境外外包在資訊技術（IT）領域特別盛行。[9]**企業流程外包**（**Business process outsourcing，BPO**）則包括了從物流、人資管理、薪資處理、採購、行銷、業務、會計、行政支援到資訊技術等所有可能業務，實際上，BPO 也越來越常在境外執行。[10]

　　外包是一個很關鍵的決策，為了要達到提升競爭力的效果，**組織一方面要努力從外包中得到利益，一方面要維持它的核心能力，同時不能失去對產品或事業的管控**。外包實際上是程度的問題：企業應該自己做多少？應該讓供應商做多少？企業可能會決定讓供應商執行某個工作（外包，outsource），而稍後又決定要將這個工作收回組織中（內包，insource），理由可能是覺得自己可以做的比較好、或是更節省、或是因為這個活動的本質變得更具策略性，而想要更完整地建立自己的核心能力等。這類型內包或外包的決策通常又稱為「**自製或外購**」（**make-or-buy**）的決策。

1. 外包的優點

外包可以是強化企業價值的活動。藉著將本質上非策略性的製造、服務和流程外包出去，組織可以將注意力集中在對顧客最重要的議題，以及組織必須執行得最好的活動上。拿起今日任何一本商業雜誌，就會看到跟外包有關的文章和廣告，似乎每個人都將所有事情外包了。這些廣告強調節省成本、改善績效、讓你集中全力在發展重要事業，非核心的問題有第三方會幫你處理。最新的研究報告指出了企業外包的主要理由，如圖 9.2 所示。毫無意外地，外包的最主要原因還是回到了**成本及獲利考量**。根據這份調查，超過 3/4 的訪問對象表示，**外包的主要動機與節省成本有關：降低作業成本、建立變動成本為主的成本結構、及節省資本支出等**。剩下的主要動機就是企業想要**集中經營核心事業**（17%），也就是自己所認同的核心能力。雖然這些外包動機中並沒有列出「全球化」，但是全球企業之間的競爭越來越激烈，迫使企業必須重新檢視它們的流程。許多在德國、法國、日本、美國等富裕國家進行的活動，轉換到中國、

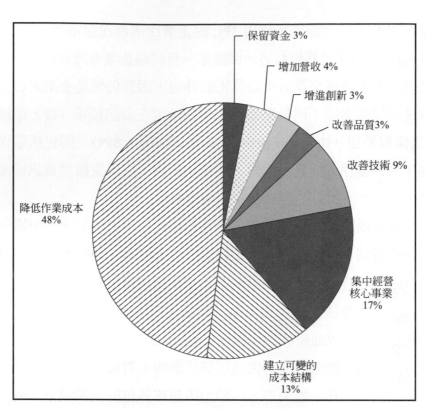

保留資金 3%

增加營收 4%

增進創新 3%

改善品質 3%

改善技術 9%

降低作業成本
48%

集中經營
核心事業
17%

建立可變的
成本結構
13%

⬥ 圖9.2　企業外包的主要理由

資料來源：**The 2005 Outsourcing World Summit® produced by the International Associationof Outsourcing Professionals（IAOP）**.[11]

印度、及墨西哥等開發中國家時，就能夠節省很多成本，[12] 事實上，這樣的節省效果也就是企業採用境外外包的主要動機。[13]

　　當競爭者利用世界其他地區的低勞工成本時，產業中其他公司通常會起而仿效以維持成本競爭力。例如，福特汽車在美國雇用一個汽車工人的總人事成本大約是每小時 65 美元，而在中國則大約是 2 美元。[14] 這種必須在全球資源中找出較低成本的壓力已經蔓延到整個供應鏈，例如，航太設備與服務的全球供應及製造商 Honeywell（漢威聯合），就要求位在亞利桑那州的供應商改去墨西哥設廠，以利用當地的低勞工成本，藉以因應在航太產業的競爭壓力。[15]

　　某些企業是為了減少資本支出，所以採用外包：讓供應商投資廠房、設施，以及新產品的開發和生產。例如在 1980 年代，克萊斯勒汽車（Chrysle）在李·艾科卡（Lee Iacocca）的領導下開始將大量的零組件設計和生產外包，那是攸關企業生存的決定。當時克萊斯勒汽車已經瀕臨破產，因此保留資金和節省成本是很重要的關鍵。

　　還有其它的企業採用外包，是為了**借助外部的專業技術**，並集中心力在自己的核心能力。例如，當微軟（Microsoft）在 1990 年代決定將 XBox 家用電視遊戲主機的製造外包時，XBox 還是一個全新的產品。Microsoft 本身缺乏製造的經驗，外包的主要動機之一，是想要利用代工的合約製造商的專業技術。Microsoft 已經足夠深入了解自己的核心能力，因此知道有經驗的公司可以製造出更好的產品，所以想將力量集中在自己所熟悉且擅長的部分：軟體。

2. 外包的限制和風險

假如你將具有公司策略意義的活動外包，可能會因此**失去在市場上的地位**；另一方面，假如外包給錯誤的公司，你的成本和服務水準也可能會受到影響。**組織必須了解外包時可能發生哪些策略和戰術上的風險，如表 9.2 所示**。當企業失去了曾經所擁有的核心活動知識時，就可能會發生長期、甚至是無法復原的策略性風險；當組織依賴的是供應商的產能，而不是必要知識時，就只會發生短期的戰術性風險。長遠來說，戰術性風險的代價相對比較小。

▼　**表9.2　外包的潛在風險**

策略性風險	戰術性風險
*企業失去在內部執行這些活動所需要的知識和/或技術	企業經歷下列情況：
*供應商發展出獨特而難以模仿的專業技術	*短期供應短缺
*供應商的活動成為顧客喜愛的獨特價值的來源	*隱藏的交易或管理成本
*顧客對供應商的認同超過原企業	*喪失時程控制
*企業失去了對市場趨勢的認識	*短期價格變動
*供應商將專業知識提供給企業的競爭對手	

　　我們再以汽車製造業為例，在 1980 到 1990 年代之間，已有許多汽車業者將各式各樣的流程外包。今日，汽車製造業者更將整個子裝配件和子系統（subassemblies and subsystems）外包給供應商。例如，許多汽車製造商不會購買像是雨刷這類個別零件，而會將整個雨刷組合套件（包括雨刷馬達）外包出去。這種策略並非沒有風險，當供應商開發出了製造零件、組件、及子裝配件的技術之後，採購者就失去了在內部製造和設計的機會，變得越來越依賴供應

商。這種漸增的依賴性會減弱買方的相對議價能力（bargaining power），假如買方不謹慎處理，還會導致權力和附加價值逐漸移向供應商的情況。這種外包方式也更強化了供應鏈成員之間的相互依賴，因為關注於這種發展情況，福特汽車公司的營運長（COO）曾經發了一份備忘錄給全體 350,000 名員工，他說：「假如我們不是供應商的首選客戶，他們就會把最好的人力、最好的資源、最新的技術和創意投入在我們的競爭者身上，將讓福特處於不利的形勢。」[16] 在福特公司的企業永續性報告書中，特別指出：「供應商是我們事業體的一部分，我們的成功與他們的成功是相互依賴的。」[17]

　　某些管理者認為，外包決策錯誤的策略性風險非常高，甚至於可能影響公司的成敗。例如，「Clockspeed」（脈動速度下的決策者）的作者查爾斯‧范恩[18] 認為，**供應鏈設計是企業的最終核心能力，特別是懂得什麼要外包，而什麼不要外包**。他認為產業和組織會週期性的在採用或放棄垂直整合之間搖擺，當供應商在重要活動上的表現勝過企業本身時，企業就會放棄垂直整合，然而，即使企業逐漸依賴供應商，他們仍應該策略性地，將顧客真正重視的活動保留在企業內部。**企業必須明智地做這些決策，假如組織將顧客重視的活動外包出去，就會發現自己正在失去主導權**，而且可能永遠無法拿回這些權力。IBM 的PC 事業就是一個明顯的例子，IBM 將 PC 軟體外包給當時還默默無名的微軟，微處理器則外包給叫做英特爾的小公司，接下來的故事大家就都知道了。儘管 IBM 努力想挽回，仍失去了 PC 硬體產業的主導權力，但令人激賞的是，IBM 近年已經成功地將自己轉變為大型的專業服務供應者。

　　另一個可能的負面後果，是創造出公司未來的競爭者。Intel 就碰到了這個問題。

　　Intel 在早期因為產量供不應求，而將製造活動外包給超微半導體（Advanced Micro Devices，AMD）。超微接著就開始生產自己的晶片組（chips），變成Intel 的競爭者。雖然 Intel 目前維持了市場上的優勢地位，但是假如沒有早年與超微的密切合作，就不會有現在的潛在威脅。因此，企業在做任何外包決策之前，都應該先做好產業的策略評估。

3. 建立外包專案團隊與目標

每當你考慮製造、服務或企業流程的外包時，都應該包含圖 9.3 的三個主要階段。

◎　圖9.3　外包流程階段

(1)建立外包任務，激發並篩選構想

首先，組織必須**列出希望藉由外包達到哪些利益，接著提出可以外包的流程，加以篩選及分析，並找出最好的構想。**上述這些活動的參與成員必須包括會被決策影響的利益相關者代表，以及企業層級夠高的決策者，特別是必須維持企業的競爭議題和未來策略計畫的方向相互一致，因此較高階層的管理者應該參與篩選構想的過程。假如沒有高層管理者的參與，事業單位可能會將公司眞正需要建立的策略性新技術外包出去，或是將核心能力的一部分外包出去。表 9.3 列出了外包決策制定流程中的重要步驟以及應該參與的人。

　　在外包的篩選階段中，第一個步驟是判斷公司爲什麼想要外包，想要尋求什麼利益？如前述圖 9.2 所示，外包的理由及利益有很多種。高層管理者可以先建立一個領導小組，以外包目標爲基礎來徵求外包構想，並且讓公司內外各種來源的構想都可以提出。某個影像產品的領導製造商（以「圖像（Image）」公司稱之）於 1990 到 2000 年之間，熱衷於外包計畫。圖像公司追求的具體目標是 (i) 降低成本 (ii) 減少非核心活動。在組織中，某個階層以上的管理者全部被要求找出外包的可能性，並提出理由。來自各個領域的高階管理者組成團隊，以圖像公司的目標、核心能力、策略性成功因素、潛在風險、及策略性影響爲基礎（稍後將詳細討論），篩選掉其中不具吸引力的方案。在這種早期的階段，小組也必須思考外包所可能衍生的內部政治影響與不良後果，避免做出不受歡迎的決定，除非已經有一些成功的故事可以分享佐證了。

▼ **表9.3　主要外包階段與關鍵參與者**

階段	關鍵參與者
建立外包任務，激發並篩選構想	最高管理階層、事業單位、部門主管
執行外包可行性分析	由來自各個領域，與目前流程有關的人員所組成的團隊
建立並管理與供應商的外包關係	採購或是供應商關係主管

　　第一個階段接著要將這些外包構想與組織的關鍵成功因素或是核心能力進行比較。假如外包出去的活動是組織成功的關鍵，或是對關鍵活動有直接貢獻，則企業的績效可能會變差，或導致競爭地位滑落時，就不應該外包出去。因此，組織應該對任何有可能外包的活動或商品提出表 9.1 的四個問題，藉由回答這些問題來判斷這些是否為核心能力，或是對組織的核心能力很重要。

　　假如表 9.1 的問題 1 和 2 的答案皆為「是」，則這個外包構想就是個不明智的餿主意（應該予以排除）。問題 3 和 4 的答案，重要性沒有問題 1 和 2 那麼明顯，除非組織認為這些外包活動是潛在的核心能力（難以模仿的加值活動）時，才會具有關鍵性。表 9.4 列出了圖像公司的幾個外包建議構想、決策結果、以及是否為核心活動的原因說明。假如沒有正確地執行篩選，可能會將應該外包的活動留下來，或者更糟的，將應該保留的活動外包出去了。例如，餐飲服務作業一開始並沒有通過圖像公司的篩選流程成為可能執行的外包計畫，直到許多其他非核心活動都被外包了。這是因為組織內的某些人說服高階管理者，核心能力應該是組織所擅長的每一件事，而公司的自助餐廳曾經得獎！此外，管理階層的早期目標之一，是外包那些比較不具爭議性的部分，若將自助餐廳外包容易引起某些員工情感上的反彈。然而，自助餐廳無法通過第一個問題的測試：這個活動或技術組合是否對顧客認可的組織價值有很大的貢獻？一旦構想通過了篩選流程，成為可行的外包候選方案，就可以使用下一個階段的流程來分析。

▼　**表9.4　圖像公司可能外包的專案**

專案	決策結果/原因說明
洗衣房	外包 — 內部支援功能
表單管理	外包 — 內部支援功能
IT	外包 — 重要領域，但是圖像公司並不擅長這個領域，且無法以投資獲得技術專業
採購供應管理	不外包—具關鍵性，尤其是內部分析、維持重要供應商關係、及成本競爭力等方面
餐飲服務作業	外包—雖然圖像公司擁有優秀的自助餐廳，但是這無法提供加值效果給顧客，也並不是難以模仿的價值

(2)執行外包可行性分析

在第二階段，**組成一個外包分析小組，從那些經過篩選階段的可行構想方案中，選出外包活動**。這個小組中必須有來自各個領域的觀點，包括那些每日例行活動以及關鍵部門的作業層級人員，像是物流、採購供應、財務以及其他可能受到影響的人，都可以協助提供資料，以利進行具體而詳細的分析。外包分析小組應該要向更高層的領導小組報告分析結果，並從那裡得到行政支持。打從高層管理小組在第一階段獲得特許開始外包流程時，應該持續與外包分析作業小組分享**為什麼這是一個可行外包計畫的理由，以及預期的潛在利益與成果**。例如，他們將現行企業活動（像是餐飲服務）外包出去的意願有多強烈？是否預計至少節省 10% 的成本才值得進行這項改變？或者期望服務會改善、維持，或是逐漸縮小（改為外包）？此外，假如高層管理團隊發現任何潛在的風險，也應該將資訊傳達給分析小組。直到完成前面第一個階段之後，企業才能繼續進行後續外包分析的階段，必須確認了解外包的動機，並已**篩選掉不可行的構想**。

　　若是進入第二階段時，外包分析小組應該：

- 深入了解組織的需求
- 搜集市場上有關成本、績效、與風險的詳細資料
- 執行總體擁有成本分析

i. 找出可能的供應商

此時，組織應該進行更徹底的**市場供應能力評估**，考慮：

- 是否能夠取得**外包的供應來源**？
- 可能的供應來源是**否能滿足組織在產量、品質以及其他方面的需求**？
- 供應商**是否有意願**？

假如這些關鍵問題中有任何一個的答案是「否」，組織就必須考慮是要繼續進行供應商開發，來滿足外包的需求，還是保留這個活動在內部執行就好。供應商開發是指與供應商共同改善績效表現（以符合外包的要求），這可能是昂貴而且耗費時間的流程。反向行銷（reverse marketing）也是供應商開發的一種方法。

ii. 考慮反向行銷 [19]

當企業想要外包，卻找不到合格的供應廠商時，可以考慮反向行銷，也就是**招募供應商提供物品或服務給企業的流程**。這跟平常的詢價（Request For Quotation，RFQ）或是招標需求建議書（Request For Proposal，RFP）不同。整體來說，**買方會要求供應商去做一些目前沒有能力去做的事情，可能是因為供應商本身的產量、技術、資金或其他原因**。因此，候選的供應商所經營的事業應該要與買方的需求有直接的關係，才能增加成功的機率。

舉例來說，前述圖像公司決定要將價格較低的維護、修理和作業（MRO）品項（像是清潔工具用品、螺帽和螺栓、潤滑劑以及其他低價的工廠備用耗材）的存貨管理和訂購活動外包出去。公司大約有 600 個供應商提供 10,000 個零件，然而由於購入零件的多樣性，最後還是需要至少 50~100 個供應商，但是這還是太多了，難以有效地管理或是達到槓桿採購的效果，這樣還是無法被接受。所以，圖像公司決定向目前負責較多零件的供應商提出建議，希望說服他們增加提供圖像公司所需要的其他商品項目。圖像公司認為這樣會比尋找不相關領域的供應商來提案更有效果。

接著圖像公司就準備了一份商業個案計畫書，說明自己的優勢以及供應商的潛在利益。由於這是反向行銷的一部分，因此圖像公司必須構思如何在銷售量、技術和財務方面支援供應商。接著與供應商的協商過程中，圖像公司了解到沒有個別供應商／經銷商有意願承擔所需要的 10,000 種各式各樣的品項。因此，先將這些物品項目依種類區分為六個系列，包括瓦楞紙箱、軸承與螺帽螺

栓、工安與衛生用品、電子用品、連接器、與電纜線等，以及另外兩個雜項類別。一旦與供應商取得共識，就會簽訂合約。一開始，反向行銷計畫比較像是一種「承諾」的關係，必須付出大量資源來實現，當供應商接受採購方的幫助以建立所需的能力時，雙方會有很多互動和溝通。企業應該定期檢討這種關係，判斷應該繼續這種承諾關係，或是轉為資源強度較小的關係型態。後續在外包流程的第三階段「建立並維護關係」中，會更深入探討外包的關係型態。

iii. 重新陳述需求與預期利益

這部份是要**評估外購需求的數量和時間點，並評估是否有必要採用完全外包 / 內包的方案**，再度強化了第一階段所執行的篩選外包方案步驟。這裡的「自製或外購」的分析要更深入評估細節：外購的哪一部分是具有策略性的？企業的專業技術中是否仍有能夠超越外包供應市場的？

　　例如，某個大型電信業者想要外包營造工程管理，考慮要簡單地聘用一般的承包商來管理整個流程，或是將外購分成三部分：營造管理、專業服務、與分區承包商。分析比較之後，這家公司發現藉著區隔這些關鍵活動，每個服務提供者可以集中在自己擅長的部分，而電信公司也是：專注於管理這些外包合約。這家電信業者最後並未將整個流程外包出去，而是將工程管理分成三個活動分別外包，因而獲得更好的績效以及較低的總體擁有成本，公司也因此保留了比原先預期更多的管理業務與主導權力。

iv. 辨識並降低潛在風險

大多數組織都善於找出外包的潛在戰術性風險（tactical risks），像是供應中斷的情況（見表9.2）：假如我們開始依賴某個供應商，結果卻發生了短缺、災害、或是關係破裂呢？雖然這些都是非常重要的立即性問題，但也只是屬於作業層級問題，通常花點時間處理總是能夠解決。**比較大的問題來自策略性的角度：**假如我們失去了在內部執行這些活動的能力，而供應商以此脅持我們，要求更高的價格呢？在主導力量增加之後，供應商在整體供應鏈利潤中，將能夠獲取更大的比例。雖然這個問題在篩選階段的整體分析中已經考慮過了，但在這裡還是需要重新評估，因為外包計畫的範圍和性質可能已經與初始構想有很大的不同。企業必須要完全了解所外包出去的是什麼，真的只是將產能外包嗎？那

麼，假如與這個供應商的外包關係結束，可以轉移產能需求到其他廠商去嗎？讓我們回到圖像公司的例子。當圖像公司將洗衣房、表單管理和餐廳外包時，只是將產能外包嗎？

或者其實外包的是知識和技術，使得自己會更依賴供應商呢？這些就是圖像公司考慮將IT外包時，以及選擇不外包採購供應管理時，已經詢問過的問題。

因此，組織也適合在這個階段建立應變計畫，處理所辨識出來的風險。以圖像公司低價MRO零件的外包為例，已找到的風險有：產能短缺、喪失具有競爭力的價格（因為只有一個供應商）、以及隱藏而未知的交易和管理成本。為了降低這些風險，圖像公司將表9.5的評估項目加入它的計畫和外包合約中。

在下一個步驟中，要使用外包小組搜集到的資料來建立完善的成本分析，並估算這些風險對成本可能造成的影響。

▼　表9.5　外包MRO的風險以及降低風險的計畫

風險議題	防護措施
產能短缺	找出重要零件的替代來源，但別忘了所有的經銷商都有同樣的製造商，因此若是產業全面性的短缺，就會很難加以避免。
失去競爭性	在合約中加入對製造商的帳務稽核權限
價格資訊	具有測試市場行情，並對外利用競標得到類似服務的權限 在合約中訂定最惠顧客條款，確保圖像公司的價格在同樣服務的顧客之間為最低的
隱藏的交易	在合約中設定費用上限
或管理費用	將查核經銷商成本配置明細的權限列入合約中，並須列出經銷商管理費用的主要成本明細，而不是只有一個總數。

v. 執行總體擁有成本分析

總體擁有成本（TCO）分析是一個很重要的步驟，可以深入了解外包決策對組織的成本有哪些影響。一旦有足夠優秀的供應商願意合作，也已經確認外包的需求，TCO分析就可以幫助了解外包真正的成本意義。

基本方法是分別計算出企業自製和外購所需的總體成本，然後將兩者相比較。多出來的成本、或是改變決策所產生的成本變化，都應該被分析比較。這種評估方式必須分析所有的主要成本因素，也必須包括敏感度分析，以說明潛在的風險。這些TCO流程在第八章中已經詳細討論過。

　　全部的成本因素分析包括了：原物料、勞工、能源、營運管理費用、運輸、存貨、品管、報廢與資金等相關成本。人們常會漏掉某些重要成本，因此應該由對目前和未來流程有真正了解的跨功能小組來執行這個分析。在外包計畫中，企業常會忽略一個事實，那就是企業必須留存人力來管理外包關係。舉例來說，一家大型的化學品製造商將所有的物流作業外包，但卻很沮喪地發現仍然需要維持一個大型管理團隊來管理第三方物流業者，以及協調整合資訊流及營運報表。

　　另一個常見錯誤是誤判節省的薪資成本，最後外包可能只有少部分的工作會被刪除，實際上並沒有真正節省多少薪資成本。因此，TCO 分析會考慮所有直接相關的成本和隱藏成本，前提是這些成本是與決策相關的，那些不會因為決策不同而改變的成本，當然會被視為與決策無關的。

　　敏感度分析應該與 TCO 分析一起執行。這種「若 - 則分析（what-if）」是考慮到外包決策分析中用到的許多成本是估計值，畢竟，推測尚未發生的事就是具有不確定性的。例如，之前提到的化學公司可能會假設，每 30 個員工中需要留下 3 個來管理外包流程。假如這個估計值是錯誤的呢？假如需要的是 6 個內部員工呢？**我們應該對所有具有不確定性的假設，執行敏感度分析**，包含外包在內，所有策略性決策的成本都應該要計算最好、最差、及平均的情境，並加以比較。假如成本估計值的一點小改變就能夠讓決策從自製改為外購（反之亦然），則這個假設是非常敏感的，在這種情況下，我們應該要很小心，並儘量使用可取得的最佳資訊，而多花時間和力氣以獲得較確定的結果，也是值得的。

　　根據 TCO 分析和敏感度分析的結果，小組現在準備好向管理高層做報告了。從成本、採購供應基礎、及組織需求的角度來看，外包是最好的決定嗎？假如答案是肯定的，組織就可以開始考慮要與哪一個供應商合作、應該建立什麼樣的關係以及服務的廣度。

vi. 外包的 TCO 分析範例

像圖像公司這樣的組織通常會考慮是否要自己管理零件庫存貨，以及金額較小、變化性較大的零組件採購。我們在反向行銷那一節提到，圖像公司有 600 個供

應商以及 10,000 個小額採購品項，包括了 MRO 用具、螺帽螺栓小零件、與瓦楞板包裝箱等。這些品項的存貨量和報廢量都很高，需要繁瑣的文書作業，而且常常出現存貨短缺的狀況。

企業經過 TCO 分析之後發現了這些沒有效率的情況，有必要改變這個流程，於是考慮採取**整合供應（integrated supply）的方式，也就是企業只需要一個或少數幾個經銷商來處理所有的品項，而不是向一大群製造商或小經銷商訂購產品**。這些「多產品線（multiline）經銷商」支援很多種類的產品，能夠負責所有的存貨管理、訂購及盤點工作，並提供月結帳單。在整合供應系統之下，企業中的某些工作真的可以被消除。

因為圖像公司採購的這一大堆品項範圍實在太廣，目前經銷商多半都有各自的銷售領域，因此多產品線經銷商必須再從其他經銷商那裡購買物品，結果就又增加了價差，因此某些品項的價格反而會昇高。圖像公司並未只是簡單的比較商品價格，而是採取總體擁有成本分析，改以包含運費在內的到岸價格（landed price）做為新的價格計算標準。此外，圖像公司認為存貨成本和報廢成本會降低，因為整合供應商管理存貨的能力會比較好。TCO 的比較如圖 9.4 所示，在運輸、報廢、支援、及利息等方面節省的成本已經可以補償採購品項時在第一年增加的金額（實際支付價格為 104%，高於原商品價格，但是低於基礎總成本的 108.9%）。

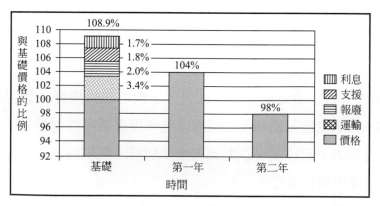

○ 圖9.4 TCO節省效果分析

圖像公司的這個外包計畫有一個意外的效益，那就是選擇的整合供應經銷商，他們本身就是所販售商品領域中的專家，當這些專家在工廠中花費時間了

解存貨的運用情況以後，提出了很多像是標準化或替代品的建議，這些建議都有助於降低成本。圖 9.4 的第三條長條顯示，到了第二年，成本又降低了 6%。因此現在這個外包方案的總價格（98%）與內部執行時的原價差不多了，但是卻省下大量的經常性費用。

vii. 企業流程外包（BPO）的案例

在今日，企業流程和功能逐漸成為外包的項目。這些活動包括了採購與供應管理、物流、資訊技術、財務、顧客服務、薪資計算和應付帳款管理等。一般來說，外包這些企業流程的理由跟外包生產作業的理由是一樣的：**降低成本、增加效能**。有時候企業的採購量不是很大，但是可以利用第三方的專業廠商，集結多個組織的採購量，因而獲得採購影響力，因此決定將採購外包。

　　企業流程外包應該與生產製造外包一樣，執行嚴謹的分析方法。有些企業流程是策略性的，對組織成功與否有重要的影響力，是真正有價值的能力。例如亞馬遜（Amazon.com）的資訊技術和網站管理能力，某些公司像是塔吉特超市（Target）和玩具反斗城（Toys"R"Us），就因為專業技術考量，把網站設計外包給 Amazon.com。因此，如同所有外包計畫應該要考慮的，企業流程也應該站在策略性觀點來審視。

　　圖像公司選擇外包整個 IT 部門，並且全部比照商品外包的步驟辦理。在外包流程的第一階段「激發構想」時，圖像公司的資訊長（CIO）提出了外包的建議。她認為資訊技術的變化很快，而且這並不是圖像公司的核心能力，圖像公司無法獨自跟上最新最好的資訊潮流。

　　在圖像公司的 IT 外包案例中，公司是因為策略性的考量，才想要將 IT 外包以維持競爭力，而非必須要有節省成本的效益。外包流程的第一階段「建立任務；激發並篩選構想」主要是由最高管理階層所執行，並且是 CIO 提出了外包的建議。儘管如此，第二階段的主題「執行外包可行性分析」是一個徹底的 TCO 分析，是為了找出潛在的隱藏成本，並且進一步了解流程，以便在新系統中改善流程。這個 TCO 分析／外包小組包含了 CIO、其他的 IT 技術代表、最終使用者、供應管理部門、以及財務部門。此外，IT 服務供應廠商有特別指派一位專門的小組成員提供資訊及回答問題，以支援小組的分析工作。

　　小組也會評估主要風險以及圖像公司應該如何減輕這些風險，如表 9.6 所示，其中特別擔心這個計畫是否能替內部使用者提供良好的服務。為了降低這個風險，圖像公司建立了「以績效計酬」的評量標準，也就是說，IT 外包供應商的部分酬勞是根據內部使用者的滿意度來計算的。

▼ 表9.6　圖像公司外包IT的風險以及降低風險的計畫

風險議題	防護措施
對內部客戶的服務不良	建立對內部使用者的調查，對服務提供者「以績效計酬」
服務提供廠商的溝通或管理不良	圖像公司設置專責的關係管理主管 利用顧問團隊，讓關係管理主管、服務提供廠商、關鍵使用者提供回饋意見，討論技術需求和趨勢
難以控制成本	雇用第三方查核服務提供廠商；並比較其他類似公司的費率
失去內部的專業技術	無法避免失去專業支援能力；然而，關係管理主管、CIO和其他人員仍然維持足夠的策略性知識，必要的時候，能夠有效地將服務提供者撤換掉
短期合約或高轉換率對供應商而言很耗費成本，內部使用者也會疲於應付	建立每年都要檢討的五年期合約，並訂有延展條款
原有的IT人員要做轉換，再讓外包廠商訓練新一批員工	幾乎目前所有的圖像公司IT人員都留下來處理與外包廠商相關的工作

　　接著，圖像公司的小組成員利用腦力激盪，比較外包計畫及目前內部配置的關鍵成本動因，這包括了 (a) 持續的或是週期性的硬體成本、(b) 軟體、(c) 內部管理、(d) 專業技術勞工、(e) 教育訓練、以及 (f) 一次性遣散費用等項目。小組認為無論內包或是外包，硬體和軟體成本都大同小異，所以這些成本與決策無關，就不加以考慮。此外，因為大多數圖像公司目前的員工都會留下來，因此教育訓練和遣散費用很少。然而，圖像公司認為必須保留目前大部分的 IT 管理人員，處理與外包商之間的合約以及關係，因此，能夠節省的管理成本也很少。分析的最後結果是，比較明顯的節省成本是來自於簽訂的五年合約，歸因於外包的 IT 提供廠商比較有效率。更重要的是，圖像公司預估外包商的 IT 服

務和能力所展現出來的效果，應該會比圖像公司本身所提供的有大幅度的改善，因此管理階層決定要繼續進行這個外包計畫。結果 IT 外包計畫非常地成功，以致於起初的 5 年合約已經延長為 10 年。

(3)建立並管理外包關係

在外包流程的第三階段，我們會討論與供應商之間的關係類型，以及如何管理這些關係。**外包關係類型可用一個連續區域表示，這個連續區域從最有限的服務開始，到完全服務或稱為統包（turnkey）作業為止**，如圖 9.5 所示。當企業外包的是關鍵或複雜的流程時，必須與供應商建立較密切的關係，而不只是傳統的合約管理。本節將介紹每種外包關係的定義、適合的情況、以及決定各種情況使用的關係型態的關鍵議題等，這些都以企業在主觀上希望、或者客觀上必須維持的供應商關係所決定。

連續區域的**左端代表比較容易被取代或是附加價值比較不具特殊性的供應商**。當越往右方移動時，供應商就會增加更多或更特殊的價值，並且更密切地與組織的作業整合。連續區域左端中有兩種供應範圍比較有限的類型：**保持距離的關係**（arms-length），以及**利基供應者**（niche provider），這兩個情況下，買方企業不會想對供應商的活動有太多影響，期望供應商執行標準的工作，並達到清楚定義的需求和規格。當然，關係型態是會隨著時間而產生變化，**混合型**（hybrid）供應商可能因為表現、能力、及能力獲得信任，而轉變成**方案整合者**（solutions integrator）。**表 9.7 提供了一套量尺標準，可用來定義與供應商關係的範圍，可用來找出在特定的外包情況下應該使用哪一種供應商關係。**

⬤　圖9.5　外包關係的連續區域

▼ 表9.7 你需要哪一種供應商？

要外包的流程是經由高專業技術，還是低技術與例行事務所創造的價值？	1......................3...................5 低..............................中..................高		
流程的活動之間，具有多麼緊密的相互關連性	1......................3...................5 低..............................中..................高		
你會想要對整個流程做多大程度的改變？	1......................3...................5 低..............................中..................高		
公司有多少管理能力可以來管理多個供應商？	1......................3...................5 低..............................中..................高		
你有多麼需要供應商的市場力量以協助取得你所冀求的效益？	1......................3...................5 低..............................中..................高		
總計	1-8	9-17	18-25
外包關係型態	保持距離 利基提供者	混合	方案整合者
改編自Linder 與Cantrell[20]			

- **保持距離的關係。最適合「例行性」的外購品項或服務。**這種關係沒有長期的承諾，供應商也不提供特殊的加值服務，很適合比較不重要的非循環性採購品項，或是市場競爭激烈、轉換成本很低、並且供應商差別不大的情況。具體的例子像是：替一般組裝作業提供非技術性工人的派遣業者，或是影印店。一般性的例子包括了規格明確的零件和組件、以及較小額的、持續的作業性流程。

- **利基提供者。通常是專業化的，提供非常特殊、有限來源的產品和服務。**雖然不是提供策略性活動，但是專業化的特質比保持距離的供應商更難以取代。具體的例子有：提供技術工程師監控並認證水質的供應商，或者非例行需要的專業沖壓或是電鍍流程的供應廠商。一般來說，是屬於專業化的、非重複性的外購作業。

- **混和型：中等級服務提供者。**混和型供應商**提供中等水準的服務，這類型的供應商提供中等重要的品項，有時候還會整合到組織的內部作業中，**或是可能會負責整個子系統或流程，不像前兩類有限服務範圍的外包廠商只負責單一明確的零件，也可以提供標準型的「統包」方案，甚至可能會指派自己的員工執行企業的某些內部流程。在這種方式下，供應商與企業之間的界線開始模糊，因為供應商的責任範圍並不會那麼明確界定。

　　所以，持續的溝通是很重要的，任何一方所做的改變都會對另一方有很大的影響。企業對這種類型的提供者勢必會有較高程度的持續性依賴，與企業的整合較多，因此比有限範圍的供應者更困難，或要更高的代價才能用其他廠商來取代，但是也並非完全無法取代，因為這些供應品項的本質並不是唯一的或策略性的。這個類型的供應商會持續提供產品或服務，整合到企業流程中或是增加產品附加價值，例如，子裝配件代工、會議或旅程規劃、或物流服務。

- **方案整合者：完整服務方案的提供者**。**提供的是策略性的品項和流程，深植在企業本身的流程中，提供客制化方案，而非立即可用的統包式方案**，通常是重要部門的企業流程外包（BPO）。這些供應商的權責都很重大，常對流程提出建議或是改善方案，在組織內部具有顯著的影響力，並與組織內部員工密切合作。

　　由於這種外包關係的責任在本質上是開放式的，因此更難加以評估和管理。這類型的範例包括了合約製造商、整個 IT 流程及設備與軟體的 BPO、直接面對顧客的重要流程外包，如業務銷售和訂單交貨。混和型和方案整合者之間確實有很多相似點，**最主要的區別是：方案整合者所提供的品項在本質上更為關鍵或是具有策略性，而且提出的解決方案較為客製化**。

　　主動的外包服務購買者會清楚定義出自己的預期目標，因此才能夠選擇正確的外包形式。同等重要地，也必須清楚地傳達這些預期目標給外包的夥伴，並且持續而密切的追蹤成效。

i. 外包關係的管理

是否能想像你的工作沒有任何的職務說明、沒有清楚定義的目標，在年度考核之前，主管也不會對你的工作表現有任何的回應？大多數的人不會接受這種工作，因為其中的不確定性太高了，但是有些組織就是這樣對待供應商。

　　以建議的外包型態為基礎，在面對第三方供應商時，企業必須建立清楚的預期目標、持續一致的評估標準以及意見回饋。監督外包廠商的性質和頻率是依外包流程的價值和複雜性而有所不同，就像是外包關係型態的分類方式，外包監督也具有與類似的連續區域範圍，從例行性監督開始，直到承諾的關係。

- **例行性（routine）方式，指的是傳統的契約管理**。在這種情況下，契約條件很明確，而交付項目很單純且容易評估，買方通常會以標準的方式，監督例行性的關係。例行性關係最適合保持距離或利基供應商的型態，在這些情況下，供應商比較容易取代，合約或採購訂單中就已經包括了所有必要的條件。

- **協同合作（cooperative）的方式，適合混和型的外包關係**。雖然這種關係被定義在合約之中，但是供應商基於長期的合作，也會根據企業需求的改變，重新定義預期目標，是一種比較有彈性和發展性的關係。

- **承諾（committed）的方式，買方和方案整合者之間最常見的監督類型**。在這種關係中，雙方都承諾會投入大量的資源和努力，並將反映在雙方的管理風格上。

　　企業應該根據外包活動的策略重要程度，來決定應該採用協同合作或承諾的管理方式，下個小節會更完整地介紹每一種管理和監督型態。表 9.8 列出了外包關係型態和所適合的監督方式類型的對應情況。

▼　表9.8　外包關係型態和所適合的監督方式類型

	例行性關係	協同合作	承諾
保持距離	X		
利基提供者	X		
混合		X	
方案整合者		X	X

ii. 決定適當的管理監督等級

表 9.9 列出了企業決定某一個外包關係的管理和監督類型時，必須考慮的重要因素與量尺。找出前面外包分析第二階段的圖像公司 TCO 範例，使用整合供應/MRO 關係回答表 9.9 的問題，並將分數相加。你獲得的分數是幾分？是不是位在 9~17 分之間？原著作者算出來的分數是 17 分，這是協同合作關係的最高分。的確，這牽涉到一些主觀判斷，所以應該由小組成員一起來評估，才能加入更多不同的經驗和觀點。表 9.10 是表 9.9 的修改版本，總結了供應商監督和管理類型的主要特質。

▼ 表9.9 如何管理監督供應商？

這個流程需要多少管理監督？	1.....................3.....................5
	低.....................中.....................高
這個流程/品項現在及未來的策略重要性爲何？	1.....................3.....................5
	低.....................中.....................高
這是一個複雜的流程/品項嗎？我們需要注意複雜程度有多高？	1.....................3.....................5
	低.....................中.....................高
你認爲在合約期間，這個流程/品項會有多少改變？	1.....................3.....................5
	低.....................中.....................高
這個流程和企業中其他流程的相關性有多大？	1.....................3.....................5
	低.....................中.....................高
你有多需要這個供應商的積極參與(不只是單純地提供買賣的關係)？	1.....................3.....................5
	低.....................中.....................高
總計	1-8　　　　　　9-17　　　　　　18-25
監督類型	例行性　　　　協同合作　　　　承諾
改編自Linder 與Cantrell[21]	

　　一般而言，承諾的管理關係是比較罕見的，相對比較耗費時間而且比較難管理，因此務必確認選擇了適當的類別。並請記住：錯誤地高估關係不僅會浪費企業和供應商的重要資源及時間，也無法如預期增加企業的利益；而錯誤地低估關係則意味可能會錯失一些提升企業效益的機會。

▼ 表9.10 供應商監督和管理類型的主要特質

議題	例行性	協同合作	承諾
在關係建立之後的監督程度	低	低到中等	高
外包品項/流程的策略重要性	低	中等	高
需要與供應商密切接觸以了解流程	低	中等到高	高
關係存續期間的預期改變/改善程度	低	中等到高	高
企業流程與外包廠商之間的互相依賴性	低	中等	中等到高
我們成爲外包供應商「首選顧客」的必要性	低	低到中等	高
不確定性及預期會發生改變的機會	低	低到中等	中等到高

iii. 持續評估與事後審查

這三種管理與監督的方式都應該要持續進行供應商的績效評估和回饋修正。這對供應商要達到預期目標並持續進步而言是很重要的。

- 在**例行性管理**中，回饋意見通常是在供應商表現不好的時候，簡單地提出抱怨。大部分的組織沒有足夠的時間和資源對採購量或附加價值不大的供應商提供持續的回饋。假如供應商提供的貨品數量相當多，買方可以利用「關鍵績效指標」（**Key Performance Indicators，KPI**）的標準評分表。買方會每一季或每個月寄一張績效評分表給合約供應商，如果績效有問題，可能會更頻繁地寄送。這份評分報告會列出主要 KPI 在實際值與理想目標值上的差距，像是活動或訂單的準點率、品質、及完成率等績效指標。

- 在**協同合作管理**中，供應商可能也會定期收到評分表，然而，報告中可能會包含一個以上的特殊指標，例如經銷商的「產品線廣度」，這個表可以是半客製化的，以擷取出供應商所附加的價值。表 9.11 是利用之前圖像公司的 IT 外包關係，所虛構的評分表範例。

- 在**承諾型的管理**中，會使用更為客製化的評分表對於雙方協力完成的重要的議題以及計畫進行績效評估。此外，多數的績效回饋會是口頭上的，因為每天都有密切的互動，可以更直接的回應。

　　事後審查（post-audit）更甚於持續性回饋，通常是在合約更新或重新協商之前執行。會包含正式評分表中的所有因素，但是也會考慮更策略性的議題，像是「這個供應商是否符合我們對未來的規劃？」以及「我們應該將這個外包關係擴充到其他領域嗎？」也會檢驗是否有之前在外包分析的三個階段中，並未辨識出來的議題，藉以改善未來的外包決策流程。事後審查是一種團隊活動，用以提供最深入的了解，要從各種角度了解供應商的執行情況，以及應該如何發展未來的合作關係。企業應該與供應商溝通最後的結果，給予回應和改善的機會。

▼　表9.11　外包IT服務提供廠商的評分表　（20XX年第一季）

績效指標	實際評分	目標值	備註
準時地完成重要任務	90%	98%	在新存貨系統的轉換上線延遲
是否符合內部客戶的服務水準要求	95%當日回應率	95%當日回應率	非常好；請保持
在一週內補強未達到的服務水準	99%	95%	感謝優良服務
客戶感受調查—品質	88%達到或超出品質期待	90%達到或超出品質期待	需要執行根本原因分析，找出問題點加以改善
客戶感受調查—技術領先	95%達到或超出技術領先期待	90%達到或超出技術領先期待	優良！
維持在營運預算成本之內(除非事先批准)	100%	100%	優良！

　　既然這是外包流程三階段中的第三個步驟，因此這個最後階段提供了必要的結尾動作，也就是外包關係的監督和持續管理，這些動作可以對公司內部和供應商提供重要的回饋，讓整個外包流程「結束之後再次循環（close the loop）」。這些藉由監督供應商以及提供回饋所獲得的資訊，對建立清楚的目標和持續的進步是很重要的。獲得的資訊也可以運用在未來合約的重新協商上。

4. 買方必須具備的技能

「傳統的」買方習慣於管理契約關係，這種關係通常具有明確的定義、清楚的期望與績效評估方法，這很適合例行性或契約關係的情況。然而，這種方法不一定適合協同合作和承諾關係的外包供應廠商，因為對應不同組織的需求，期待利益和管理方式可能會一直改變。因此，**今日的供應鏈專家可能會需要以不同的技能組合來管理外包供應廠商**，這與傳統的關係管理是不同的。需要的新技能組合包括：

◆ 改善與供應商的雙向溝通
◆ 尋找持續改進的機會

◆ 建立軟性議題的績效評估指標，例如回應性和創新性，而不只是準時交貨或其他的硬性評估標準

◆ 激勵供應商支援組織的意願

◆ 傾聽供應商的想法，成爲其「首選顧客（preferred customer）」

5. 將活動或流程帶回企業內部

將外包活動帶回企業內部（in-house）並非不尋常的流程。企業可能認爲外包過多、認爲可以在內部做的更好、或是想要獲得某個領域的能力。這個時候，企業就會執行一個與外包相似的流程，通常稱爲**內包（insourcing）**或是重新垂直整合（vertical reintegration）。雖然今日大部分的企業都將焦點集中在外包（向供應商採購物品或服務），而不是垂直整合（自己製造物品或提供服務），然而在歷史上，企業和產業卻傾向於在垂直整合與分解之間來回轉移。[22] 這些情況在英國的工業建築產業以及其他的全球性產業都曾經發生。工業建築一開始是非常垂直整合的活動，隨著時間演進漸漸分解成許多專業化的公司，提供專業技術的外包服務。然而當工程複雜度漸增，建築公司無法有效地協調外包商之間的各種活動，特別是設計與施工之間時，這樣的情況又再度有利於完整服務導向（full-service-oriented）的企業，利用全新的核心能力組合，提供一站式的採購（one-stop shopping）和整體解決方案。[23]

如同前述圖 9.5 的說明，外包廠商也可以從專業利基供應者移向整體方案整合者，因此，外包決策並非永久或不可逆的，雖然改變可能需要付出昂貴的代價。但是當市場、競爭環境，甚至是企業認爲有價值的核心能力改變時，企業的結構也勢必須要跟著調整適應才行。

三、結論

核心能力是多變而難懂的概念，通常定義**爲一組技能或特質，能區別出組織與其他競爭者提供給顧客的價值有什麼不同**。核心能力包含組織文化，並由組織文化所形塑，就像 Honda 和西南航空的案例中說明的。當企業選擇更聚焦在核心能力或個別的加值領域時，勢必會傾向外包更多的製造、服務和企業流程。

　　分析應該外包或是將活動保留在內部，通常稱為「**自製或外購**」決策。在今日，想要降低成本是外包的主要動機之一，而其他像是想要集中核心能力，也是常見的因素。當企業分析有可能的外包活動時，應該要小心不要將與核心能力有關的領域外包出去。企業也必須選擇適當的供應商、建立適當的供應商關係、及監督並修正供應商的績效表現。這些活動可能相當耗時而且昂貴，因而降低了外包的潛在利益。因此，外包決策應該要小心地制定，可能難以反轉或是要付出很大的代價。買方想要正確地分析和管理外包，可能需要額外的技能，因為供應商在今日的供應鏈中扮演了更重要的角色，因此買方需要更專注於長期規劃、建立更為協同合作的供應商關係以及持續性的供應商管理工作。

重點摘要

1. 核心能力的概念需要組織深入了解，各項活動如何共同合作以增加供應鏈的價值。當某個活動對組織的核心能力而言是不可或缺的，就不應該被外包。
2. 外包已是供應鏈設計中的重要組成部分。讓供應鏈中的其他人執行企業自己不擅長的活動，則企業可以節省成本、改善作業效能，並致力於供應鏈中的加值活動。
3. 可能的外包決策應該以策略性的角度去分析，而不是只以組織能否降低成本的觀點來看。外包可能是長期的，難以反轉的決策。
4. 應該使用跨功能的小組管理外包流程。高層的管理監督小組負責策略性議題，作業層級的小組負責成本和執行面的議題。
5. 無論你外包的是製造、服務或企業流程，都有三個外包流程階段：
- 建立外包任務；激發並篩選構想。
- 建立小組並執行外包可行性分析
- 建立並管理外包關係
6. 在外包的可行性分析階段以及「自製或外購」分析階段，都有很多的潛在風險需要被找出來並加以研究。為了找出這些風險，組織應該對外包計畫執行總體擁有成本分析，包括完整的敏感度分析。

7. 決定正確的外包型態和監督類型，對外包關係的成功是很重要的。持續的評估和回饋可以維護適當的關係，讓供應商隨著組織的需求改變做出調整。

8. 外包流程的買方管理人員必須擁有與契約關係不同的技術能力，必須能夠管理供應商、維繫與供應商的關係。在某些情況下，我們可能會需要向供應商進行反向行銷，推銷與我們合作的好處。

9. 因為市場的變動或是出於競爭策略，企業可能會決定將之前外包的活動內包回到組織中執行。內包或外包的決策是動態性的，很多企業都會不斷地反覆改變什麼應該留在內部執行，或什麼應該外包的決策。

國內案例

物流業者的核心能力與外包關係

在日本，宅配事業幾可列入公共事業的一種，就像每天乘坐的地下鐵一樣，日本人已經很習慣利用宅配服務，包括公司文件往來、歲末年終送禮、返鄉行李運送等，都少不了它。台灣的宅配服務也在 1998 年開始逐步成立，統一集團率先與日本大和運輸簽約成立統一速達公司後，東元集團也結合「日本通運」（Nippon Express）轉投資成立台灣宅配通公司；而傳統運輸貨運業新竹貨運與佐川急便、大榮貨運與西濃運輸合作。2008 年時台灣宅配服務業的經營市佔率前五大公司為統一速達（黑貓宅急便，Takkyubin）、台灣宅配通（Taiwan Pelican Express）、新竹貨運（HCT Transportation）、大榮貨運（T-JOIN Transportation）及中華郵政（Chunghwa Post）（中華郵政，2008）。（註：新竹貨運現已更名為「新竹物流」，大榮貨運現已更名為「嘉里大榮」。）

其中已經坐擁台灣宅配競爭力前三的台灣宅配通，為了讓客戶享有更具效率與安全的宅配服務，2014 年起委託東捷資訊與光倫電子，打造從 M2M（Machine to Machine）出發的宅配營運行控中心，以期有效提昇宅配服務能力，更進一步朝智慧物流服務的願景邁進。準時、快速與安全向來是宅配物流業經營的三大守則，因此台灣宅配通持續發展人、車、物、路線的資訊整合與即時監控，以提昇營運效率與服務品質，除原有的貨件與人員管理系統，更投資車隊管理系統。東捷資訊展開提昇宅配「效率」及「安全」的計劃，幫助台灣宅配通從客戶端、配送端及營運端三個面向來達到目標：

• 在客戶端，除將手寫宅配單電子化，客戶也可就近以手邊的智慧裝置，即時查詢追蹤配送狀況；

- 在配送端，讓貨品從源頭就開始建立資料，除加速取件配送電子化，也結合 GIS 地理資訊及 GPS 定位的 M2M 移動通訊技術，讓宅配車的車機及宅配司機的智慧裝置，隨時揭露與回報一手的宅配與路況資訊；
- 在營運端，則是建立宅配營運行控中心，即時蒐集、監控、分析與管理來自客戶端、配送端與營運端的即時資訊。

　　東捷總經理高尚偉表示，未來對於台灣宅配通的宅配營運行控中心，將進一步協助台灣宅配通朝智慧物流服務的願景邁進，除了將整個資訊基礎架構提昇到雲端架構外，更將進一步發展自動感知的冷鏈管理服務，也將結合擁有 29 年電子通路經驗，致力於車載相關模組代理、開發及應用的光倫電子所提供的 360 度 3D 環景影像系統，透過其改善傳統 2D 環景影像系統的視野侷限性，讓宅配司機在配送端可更直接察覺車輛周遭的環境與風險，消弭駕駛視覺盲點，避免碰撞意外的發生，讓智慧服務更安全。

個案公司背景資料：

1. 關於台灣宅配通公司

　　東元集團轉投資，於 2000 年 7 月 28 日以 57 輛宅配車正式營運的台灣宅配通，是台灣第一家戶對戶的宅配服務公司（C2C、B2C、C2B），為台灣宅配產業開啟序幕。台灣宅配通目前在全台灣有 50 個營業所、3 座轉運中心及 12 座物流中心。宅配通官網：http://www.e-can.com.tw/

　　企業願景：「台灣宅配通」致力建構縝密的宅配服務網絡，並透過全台全家便利商店、萊爾富便利商店、家樂福、美廉社等超過 8,500 家代收店提供最便利、最安全的宅配服務；藉由資訊系統的建置與運用，讓消費者能即時諮詢、追蹤貨件，以協助並滿足顧客的需求。更充分整合資訊流（Super MIS）、金流、物流系統以及物販服務，以提供多元且創新的物流整合服務（total solution）。

相關重要發展記錄：

　　2000 年 9 月台灣第一家推出「代收貨款」宅配業者。
　　2004 年 1 月與「工研院」合作開發全溫層保鮮物流系統。

2007 年 1 月推出「網路簽單影像掃描系統」，提升貨件查詢效率。

2007 年 12 月台灣第一家首推「貨到刷卡」安全便利金流服務

2010 年 8 月通過「ISO27001 資訊安全管理驗證服務」。

2010 年 7 月推出「保證準時遲送免費」服務，提升客戶滿意度。

2012 年 12 月台灣首家興櫃掛牌宅配業者

2013 年 3 月通過「貨到刷卡金流服務」專利認證。

2014 年 3 月導入車隊管理系統，成立「營運行控中心」。

2015 年 4 月推出「大嘴鳥易購 APP 平台」。

2. 關於東捷資訊服務股份有限公司

由東元投資創立於 1999 年的東捷資訊，深耕企業資訊服務委外、業務流程委外及創新發展應用服務。近年發展物聯網應用服務，陸續推出智慧健康、智慧工廠與智慧物流等多元雲服務。東捷官網：http://www.itts.com.tw/

3. 關於光倫電子股份有限公司

創立於 1987 年的光倫電子股份有限公司，是電子零件專業代理商，主要代理產品包含：ROHM、TOSHIBA、KINGWELL、ESMT、PANJIT、M3tek、Pixcir…等。光倫電子以高度整合能力將消費性電子應用元件、材料及模組設計，整合到數位 3D 環景影像系統，並應用在各式車載鏡頭及行車紀錄器等。光倫官網：http://www.krom.com.tw/

課程應用問題：

1. 請參考本案例資料，並利用課本表 9.1，辨識出三家個案公司的主要核心能力。

2. 請選擇一家國內或國外的個案廠商，(1) 嘗試利用課本表 9.1 的四個辨識核心能力的問題，寫出個案公司的答案及解釋原因，並找出其核心能力。(2) 請利用課本的圖 9.3，進行外包分析的三個階段，並以個案公司的外包特性加以分析，提出外包的建議。

3. 本案例中，台灣宅配通公司外包營運行控中心建置計畫，其理由應該是？（提示：可參考圖 9.2）所以，台灣宅配通、東捷資訊與光倫電子三者互相之間的外包關係比較可能屬於哪種類型？（提示：可參考圖 9.5 及表 9.7），外包管理與監督的方式呢？（提示：可參考表 9.8 及表 9.9）

參考資料：

東捷資訊，從 M2M 邁向智慧物流，東捷與光倫聯手協助宅配通更貼近客戶，http://www.itts.com.tw/，發布日期：2015/06/16

台灣宅配通企業網站，品牌故事，http://www.e-can.com.tw/，2015 年 7 月查詢。

中華郵政，中華郵政股份有限公司郵務業務經營策略研究分析報告，中華郵政股份有限公司，2008。

Chapter 10

績效衡量

我們真的了解績效衡量嗎？我可以利用績效衡量來改善供應鏈關係和表現嗎？

本章指引重點：

1. 供應鏈上下游一致化績效評估。
2. 建立彼此了解與相互激勵的組織行為模式。

在閱讀本章之後，你應該可以：

1. 描述績效衡量對於塑造企業文化以及實現目標上所扮演的角色。
2. 討論傳統績效衡量作法的優缺點。
3. 解釋世界級的供應鏈績效衡量如何可以增進一致性、強化顧客導向、促進流程整合、及促進協同合作。
4. 辨識並導入適當的衡量指標，以管理和控制重要的流程及關係。建立獨一無二、量身定製的衡量指標。
5. 與先進的供應鏈最佳實務進行標竿衡量比較。

章　首　案　例

奧林巴斯公司的績效衡量

　　道格坐在會議室後面，聽專案小組的成員爭辯奧林巴斯公司績效衡量系統的功效。他沒有參加上週的會議，那時他和夏琳在里約，但是他對公司的進展很有信心。上個月，他們替所有的供應商和顧客的關係做了「ABC」分類。專案小組利用這段時間對於如何管理每一種型態的關係，發展出對應的策略，並建立了所需的基礎架構。今天會議的主題則是替不同等級的關係強度制定績效標準。然而，北美的行銷經理黛安卻開始抱怨：「無論你們覺得製造部門或是物流部門的表現有多好，我們還是不停地接到服務失誤的顧客抱怨電話。顧客才不管『為什麼』或是『假使…呢？』，他們只要產品價格最便宜，而且要準時送到。」

　　結果每個人都加入對話，引起了一場爭辯。此時道格仍然平靜地坐著，專心地聽他們說話。畢竟夏琳早就警告他會有這種情況發生了，讓大家都「攤牌」也不錯。雖然如此，道格似乎必須介入這場爭論，將大家的精力轉移方向，一起找出解決的方法。

　　「今天早上的議題應該是找出廣泛而且具有彈性的績效衡量系統，以推動優秀的營運、促進供應鏈上下游的協同合作，沒錯吧各位？」道格問大家。

　　「沒錯。」維杰（生產作業部門的主管）表示同意：「但是我們覺得受到限制。我們似乎總在改善效率、降低成本、滿足上級主管對成本降低的目標。但是這讓創新變得很困難，因為我們想嘗試的新事物大部分需要事前投資，卻無法保證立即的報酬。」

　　全球採購部門的舒珊表示同意，她補充：「我們做的每件事都必須對公司的損益表（Profit & Loss statement）有直接幫助，才能得到支持，但是有很多我們覺得有用的措施，卻很難以衡量產生的績效。」

　　「而且」大衛（資深運輸主管）打斷她，「在很多時候，對在座每位的績效表現最有利的事，卻讓我們感到困擾。當你們降低成本時，卻會造成我們的混亂和更高的成本。」

　　「我很高興你們了解這種感受」維杰回答：「因為這正是當物流部門或是採購部門做出某些決策時，我們所感覺到的。似乎當我們各自追求功能性部門的卓越時，卻為彼此帶來了困擾。這不就是我們大家一直以來爭論不休的事嗎？」

　　「這確實是一個值得注意的問題。」舒珊同意。「然而，我們最大的挫折來自對利潤結果的持續強調。我們已經試著改變供應商關係，以得到更好的創造力

和協同合作，但是績效衡量的指標常常又把我們的焦點帶回眼前的成本。我們的供應商也感覺到了，覺得我們一直試著壓榨它們。我們可以確定的是，長期來說，緊密的供應商關係會產生真正的效益，但是如果你選擇這種方式，公司不會提供任何獎勵。我沒有惡意，喬爾，但是你們這些財務部人員正在逼死我們。」

「沒關係的，舒珊。只是你應該要了解，在今日的商業世界中，財務就是商業的語言。」喬爾（資深財務分析師）也指出：「那指的是資本報酬率和季度利潤報告。假如我們沒有績效，我們的股價就會受到重挫。市場是不會體諒你的。」

黛安再一次加入談話，她提醒大家：「我們談到的每件事都代表某個人的現實狀況，但是我們似乎一直忘了我們是在做生意，必須創造顧客並滿足它們，但是我們一直沒有提到顧客的觀點。」

「也許這是因為我們真的不知道顧客想要什麼。我從未看過任何報告，指出我們的重要顧客如何衡量我們的表現。我只知道它們用的是計分卡，但是它們是怎麼把一切串連起來的？它們設立了哪些業界最佳實務的標竿？」大衛嘆了一口氣，接著說：「塔梅卡，我們有這些資訊嗎？」

「現在沒有耶。但是只要一點承諾和努力，也許我們可以說服與我們最好的顧客協助我們取得資料，並解決問題。這真的是你和黛安應該推動的議題。資訊系統小組將樂於提供這方面的協助。」

維杰加入：「我們應該都需要你們資訊小組的幫忙，塔梅卡。我知道在生產作業上，目前得到的資訊是不足的，而不只是顧客資訊不足而已。我們真的應該要檢討目前的績效衡量制度，先刪掉一部分，然後再加入一些，幫助我們制定更好、更詳實、而且全面性的決策。」

「在我們的盤子滿出來之前，讓我們先花點時間看看剛才的討論裡面有什麼重要的想法。」道格插話說：「何不先總結出重點呢？首先，必須承認，大部分我們所做的事都很難衡量，至少目前的績效衡量系統並不足以呈現我們的努力，或是發掘所有相關的成果。大衛，麻煩你先幫我在白板上寫：『一個世界級的供應鏈績效衡量系統需要什麼？』根據我剛剛聽到的，我會這樣開始寫這個清單：

1. 把我們的努力和顧客真正重視的部分連結在一起，有助於了解他們如何衡量我們的表現。

2. 不僅使用財務和成本方面的績效衡量指標，並且對於關鍵性、支援長期計畫、或難以測量的策略性指標也善加利用，使兩種類型得以平衡運用。

3. 除了鼓勵功能性部門的卓越表現，更能積極促進跨部門的溝通和協同合作。

4. 幫助我們跨越功能部門界線，更加了解我們本身的流程。

5. 傳達我們對供應商的期待，讓它們知道自己目前的狀態，並引導它們做出改善。

「還有什麼應該在清單上？我們應該如何建立這套績效衡量系統？讓我們開始工作，找出答案吧！」

在你閱讀時，請思考以下幾點：

1. 哪些課題導致奧林巴斯的績效衡量系統出問題？這些問題是奧林巴斯所獨有的嗎？

2. 還有什麼應該在清單上？績效衡量系統的重要功能是什麼？

3. 你會如何建議專案小組，以創造出世界級的績效衡量系統？

> 不是每件重要的事物都能被計算，也不是每件能被計算的東西都重要。
>
> -愛因斯坦（*Albert Einstein*）

一、績效衡量的功能

優秀的供應鏈企業，像是戴爾（Dell）、地之涯（Lands' End）和聯合利華（Unilever）都是績效衡量制度的信奉者。這些企業的主管會告訴你，供應鏈管理最重要的目標—**供應鏈一致性、傑出的協同合作、最終的競爭優勢**—全都取決於優秀的**績效考核系統**。即使如使，很少有企業能駕馭績效衡量系統的力量。[1]一位美國的宗教家湯瑪斯・孟森（Thomas S. Monson）這樣描述這個力量：「**當績效可以被衡量時，績效就會進步。當績效可以被衡量並且列入記錄時，進步速率就會更快。**」管理者可以設計績效衡量系統，達到下列的功能。

- **績效衡量系統可以促進了解！**
- **績效衡量系統可以激勵行為！**
- **績效衡量系統可以通往成果！**

有一句歷史悠久的名言，在今日仍然經常聽到，因為它簡潔地陳述了一個無法取代的事實：「你若不能衡量它，便無法管理它。」管理者無法有效管理

他們不了解的流程，而他們如果沒有妥善且正確的衡量系統，則無法完全了解流程。這句格言點出了**績效衡量系統最基本的功能：對加值流程的本質和運作方式提供深入的了解**。這種深入的了解對於供應鏈策略的開發和執行都是很重要的，因為設計良好的績效衡量系統提供的回饋有 (1) 顧客的需要，(2) 企業和供應商的能力，以及 (3) 協同合作計畫成功的可能性。簡而言之，績效衡量可以幫助企業了解供應鏈流程，引導它走向真正的協同合作。

　　績效衡量的第二個重要功能，如同當代管理學大師湯姆・彼得斯（Tom Peters）所說的：**「只要是列入衡量的事項，人們就會做好（What gets measured, gets done.）」**。績效衡量塑造了人們的行為，用來管理員工行為時，比溝通、訓練，或是任何的方法都更具有關鍵性，這個道理同時適用於負責建立供應鏈競爭策略的管理者，以及必須執行這些策略的員工。績效衡量對行為的影響是無所不在的，因為人們非常注意那些衡量他們的制度，想想看。大多數的學生第一次看到課程大綱時，會先注意什麼？答案是：先確認評分標準，他們想要知道自己會被如何評分，然後調整他們的目標和行為以符合評分的標準。

　　供應鏈當中相關的人員也會有同樣的現象。績效衡量對於實務的影響力更勝於言詞所能表達，因此，選擇正確的衡量項目是很重要的。許多只是趕時髦而強調品質的企業，品質不良的問題依舊持續，因為他們說一套做一套：談論品質的同時，實施的卻是削減成本。如果你衡量的是「B」的項目，但是卻期待看到「A」的結果，這是很荒唐的。供應鏈管理者要衡量的應該是能真正促進協同合作行為的衡量方法。

　　最後，嚴謹而設想周到的績效衡量永遠會先於高水準的執行，以及實現世界一流的成果。某一件 T 恤上的格言「事前多一分準備，事後少一分損失（Measure twice. Cut once.）」正好強調了**衡量的第三個功能：衡量可以通往成果（results follow measurements）**。如同衡量正確的事項很重要，正確地衡量它們也很重要。當企業使用正確的衡量方法，衡量正確的事項之後，就會產生良好的結果。平衡計分卡策略執行工具的共同發明者，哈佛大學的講座教授羅伯・柯普朗（Robert S. Kaplan）強調，良好的決策需要正確的績效衡量。他找出了三個定義「正確」績效衡量的特質，指出**設計良好的績效衡量必須在需要**

318 供應鏈管理：從願景到實現

的時候，**提供即時、精確而有用的相關資訊**。² 當管理者能掌握每個加值流程和重要的供應鏈關係的資訊時，他們就可以制定出成功的決策。當這種資訊能夠適當地在整個供應鏈中分享時，供應鏈就能建立各種協同合作的能力。相反地，不正確的績效衡量會導致不一致的策略、不良的了解、矛盾或是相反的行為。

可是，經驗顯示大部分企業的績效衡量系統無法達到這三個基本衡量功能其中的一個或是更多，³ 因此也根本無法通過下列 3 個項目查核表的簡單測試。

是　否
□　□　我們的績效衡量系統可以幫助管理者了解關鍵的加值流程。
□　□　我們的績效衡量系統可以傳達期許、鼓勵正確的行為。
□　□　我們的績效衡量系統能夠支持高水準的既定目標。

每個項目的正確回答，應該為「是！」。

二、傳統的績效衡量

在供應鏈的採購、生產、物流部門中，有五個績效領域對企業實現顧客服務與獲利的目標非常重要，分別是：**資產管理、成本、顧客服務、生產力、與品質**。⁴ 大多數公司會在每個領域都建立幾個衡量指標，以便監督和管理各種加值活動。表 10.1 列出了常用的指標，當然無法全部列出，事實上，可能的衡量指標是難以計數的。

1. 資產管理

成功的企業會為了未來而投資於發展自己的能力，更會精確地評估這些投資的回報。**主要的資本投資包含有設施、設備、技術和存貨**等方面：例如，設施和設備上的投資通常是以產能利用率來衡量的。某個每年可以生產 200,000 台摩托車的工廠，卻只生產 150,000 台摩托車，則只具有 75% 的產能利用率—這個可能太低了，無法達到效能並利用規模經濟效益。對於大多數製造工廠而言，設計達到最大的效率，大約是在產能的 90%；服務業則多半可以用較低的利用率運作，卻依然能夠獲利。例如，在航空業，大約 74% 以上的乘載係數（load factor，載客數與座位數的百分率指標）就足以獲利。

▼ 表10.1 常用的傳統績效衡量指標

	資產管理	成本	顧客服務	生產力	品質
採購	• 原物料存貨量 • 原物料存貨週轉率 • 存貨報廢率 • 資產報酬率 • 經濟附加價值	• 單位價格 • 採購成本 • 總體擁有成本 • 成本佔銷貨百分比 • 行政成本	• 準時交貨率 • 訂單到交貨週期 • 加快交貨率 • 詢問的回應時間	• 每個員工處理的採購訂單數量 • 每個員工花費的金額 • 每個員工參與的商品小組 • 自動化交易百分比	• 出貨退回 • 不良率 — ppm • 認證供應商比率 • 下給認證供應商的訂單比率 • 詢問的回應時間
生產	• 在製品存貨 • 存貨報廢率 • 資產報酬率 • 投資報酬率 • 經濟附加價值	• 直接勞工成本 • 生產的間接費用 • 單位成本 • 存貨持有成本 • 保固成本	• 期限內交貨 • 生產作業週期時間 • 待補訂單 • 新產品前置時間 • 顧客抱怨	• 勞工生產力 • 設備停工時間 • 換線時間 • 工程變更訂單數 • 總要素生產力	• 不良率 — ppm • 重工或是報廢比率 • 統計製程管制 • 每年的品質訓練總時數 • 六標準差訓練的員工百分比
物流	• 存貨週轉率 • 存貨報廢率 • 資產報酬率 • 存貨供應天數 • 經濟附加價值	• 存貨持有成本 • 到貨總成本 • 出貨運費 • 倉儲勞工成本 • 行政成本	• 達成率 (Fill rate) • 準時交貨率 • 訂單週期時間 • 完成訂單數 • 顧客抱怨	• 每個員工的出貨單位量 • 設備停工時間 • 訂單處理生產力 • 倉儲勞工生產力 • 運輸勞工生產力	• 損毀頻率 • 訂單輸入正確率 • 揀貨/出貨正確率 • 出貨文件/發票正確率 • 顧客退貨數量

在過去，企業的目標是在不影響日常維護、員工訓練、及其他重要維修的情況下，以儘可能接近理論產能的方式來運作工廠。然而，高德拉特（Eliyahu M. Goldratt[5]）在他的著作「目標：簡單有效的常識管理（The Goal:A Process of Ongoing Improvement）」中指出，過分強調產能利用率會導致過多的存貨，造成混亂和困惑，嚴重影響管理者制定優秀、具有競爭力之決策的能力。他也強調辨識和謹慎的管理瓶頸資源或限制性資源的重要性，根據他提出的「**限制理論**」（**Theory Of Constraints**，**TOC**），最佳化總生產量的關鍵是紓解產能瓶頸，並讓它持續以最大產能運作，至於其他作業則應該依據上述產能瓶頸來規劃排

程，對管理者來說，非限制性資源的作業活動，即使偶爾停工也不必擔心其影響。

由於投資在存貨上的營運資金通常相當大，因此管理者會花很多時間來管理存貨。理想上**精實（lean）管理是要擁有剛好足夠維持作業順利運轉且滿足顧客需求的存貨**。若是存貨過多會佔用資金，製造浪費；存貨不足則會造成損失重大的生產中斷和缺貨。**存貨水準是以「供應天數」做為計量標準，存貨週轉率也是如此**。供應天數指的是預期的產量或銷售量與目前存貨的比例，例如，若預期的銷售量為每天 410 台摩托車，而存貨為 2,000 台，則這個製造商手邊只剩下不到五天的存貨量。所謂「適當」的供應天數因產業而異，若是在汽車產業，經銷商會在手邊維持大約 60 天的存貨量。存貨週轉率（inventory turnover rate）的計算公式如下：

$$存貨週轉率 = 在某個期間內的 \frac{銷貨成本（cost\ of\ goods\ sold）}{平均存貨金額（average\ inventory\ valued\ cost）}$$

有一點很重要，在決定平均存貨時必須儘可能使用多個時間點的資料計算，特別是在存貨量變化很大的時候，假如某個管理者只計算某銷售期間一開始的存貨和最終的存貨，萬一開始的存貨是零，而最終存貨也是零，但是企業在整個銷售期間持有大量的存貨，則平均存貨還是會被算成零，存貨週轉率也會變成無限大，帶來極嚴重的誤解。目前大部分企業的目標是達到二位數的存貨週轉率，有少數企業可以達到每年 20 ～ 40 的週轉次數。

最後，高階管理者最喜歡的資產績效衡量或許是資產報酬率（Return On Assets，ROA），其計算方式是淨利除以總資產。個別專案常會使用投資報酬率（Return On Investment，ROI）做為指標：得到的淨利除以專案總投資。這類指標的一個問題是：假如報酬率的衡量方式是偶爾才使用，可能會太過強調短期的結果，沒有立即報酬的重要投資可能會因而被放棄，轉換成策略重要性較低卻有立即成效的計畫。此外，管理者傾向致力於最能直接控制的領域，以 ROA/ROI 績效衡量的例子來看，管理者對分母擁有最大而且最直接的控制權，可以藉著刪除或延緩需要的投資來膨脹報酬率數字，然而這種決策，已被證明會逐漸削弱企業的力量。所以，儘管供應鏈管理者必須謹慎地管理企業的資產，也必須避免過度強調短期的 ROA 數字。

2. 成本

成本績效通常被認為是非常重要的，比其他任何競爭績效指標更詳細而全面的追蹤，尤其是在供應鏈的採購、生產和物流功能中更是如此，因為這些功能已被視為成本中心來管理。**當競爭或經濟的挑戰出現時，大多數管理者的直覺反應是先降低成本**，例如，由於日圓對美元匯率急速攀升，威脅到日本製造商的獲利力，於是 Toyota（豐田）宣布將以前所未有的方式削減成本。因此產生的成本優勢讓 Toyota 在 2002 年的獲利高於 Daimler Chrysler（戴姆勒 - 克萊斯勒）、Ford 和通用汽車加起來的獲利。

然而，假如削減成本卻破壞了企業的重要關鍵能力，這種直覺反應可能會導致危險的結果。**企業最好要試著建立新的能力，不要只是一直削減成本，很少公司是藉由削減成本而獲得傑出的成就**，很多管理者都忘了這點。那麼，為什麼 Toyota 的削減成本措施可以獲得成功？那是因為削減成本的需求來自外部的環境改變，而不是 Toyota 內部的管理不良或是沒有效率，Toyota 是一個管理良好的企業，為製造出全世界最優良的汽車，將削減成本視為整體策略的一部分，而非把削減成本本身視為策略。反其道而行的企業常會發現自己陷入降低成本的惡性循環中，而無法抽身。

企業通常要監督並報告每個部門以及特定活動如倉儲、訂單處理、組裝、揀貨和運輸的加總（aggregate levels）成本資料，另外也常會以銷售或銷貨成本的百分比來計算。**一般慣例會使用過去的歷史資料或產業標準來做比較，藉著追蹤成本的改變，企業可以採取修正措施或是找出改善的機會**。如第八章所述，在原料採購、產品製造，以及運送服務上節省的成本，會直接轉變成企業的最終年度利潤，西南航空利用低營運成本，保持連續三十年的獲利，這在多變的航空業界是一項不可思議的成績。像西南航空這樣優秀的企業會找出對總成本影響最大的活動（例如：返航整備佔用登機門的週轉時間，以及員工輪調訓練），採用這些適當的績效衡量指標，並持續管理這些指標。

3. 顧客服務

供應鏈的顧客服務定義是，**製造適合顧客的產品，讓他們在需要的時間和地點能夠使用或購買**。服務的衡量指標通常著重在**可用度（availability）**、時

間、和滿意度。主要的可用度指標包含了**達成率**（fill rate）、**完成訂單出貨數**（complete orders shipped）、**缺貨率**（stockouts）、**以及待補訂單**（back orders）。最基本的達成率計算方式為實際交付給顧客的品項數量除以顧客訂購的品項數量。然而，**完成訂單百分率**（complete order percentage，**完成交付的訂單數量／顧客訂單數量**）**可能是比較好的服務衡量指標**，畢竟沒有顧客喜歡追蹤訂單中的缺貨項目。缺貨率是用來計算顧客想要的商品中，有多少是無法取得的，當缺貨發生時，顧客可能會到其他地方去購買、或是購買替代商品、或是等待這個商品補貨（發出待補訂單）。缺貨率與待補訂單的品項數量加總起來，可做為企業無法滿足顧客對商品可用度要求的指標。Wal-Mart 藉著讓顧客一直都能在貨架上找到期望的貨品，建立了市場的主導地位。

時間的衡量指標著重在準時交付（**on-time delivery**）**和週期時間**（**cycle time**）。在採購、生產作業和物流部門，產品準時交貨比率都是重要的衡量指標。在加值流程中，有任何一個步驟無法準時交貨，都會影響到整體的顧客服務，而且可能會增加成本。例如，某個位於加勒比海的公司常無法依據預定的製造時程，為了要準時出貨給顧客，超過 70% 的產品必須經由空運出貨，因此對公司造成巨大的成本。目前已有許多公司在採購合約中納入了一些準時交貨的標準與違反罰則。**週期時間是評估反應能力的指標**，計算方式是從接到訂單到訂單交付所經過的時間。因為較短的週期時間可以增加彈性和表示公司滿足各種高要求顧客的能力，所以縮短週期時間也成為新產品開發流程、製造流程、顧客訂單履行等各種流程的主要目標。Steelcase 承諾可以在 12 天內交付顧客訂購的辦公室傢俱，依靠的就是縮短加值流程的週期時間。Sony 墨西哥分公司之所以能夠生存，是因為創造了較短週期時間的優勢，這是低勞工成本的亞洲製造工廠無法匹敵的優勢。

顧客服務的最後一個衡量指標中，較常用的是顧客投訴抱怨。雖然等待顧客提出他們對產品或服務的不滿，並不是代替真正顧客滿意度衡量的好方法，但是仍有許多公司在使用。顧客問卷調查是一種比較主動，但仍然有所不足的顧客服務和滿意度衡量方法，有更多公司採用焦點團體、季度業務檢討、顧客諮詢委員會、最高管理階層拜訪顧客等方法，以深入了解顧客對企業服務的觀感。

4. 生產力

　　生產力指的是**某個活動得到的產出與所消耗之資源的比值**，例如每個工時所生產的產品單位數。雖然定義很簡單，但是生產力的評估並不總是易於理解的，例如，試著回答以下問題：「某份報告中設定生產力等級為：每個工時製造 15 個『小器具（gizmos）』，這代表什麼意義？」這個問題可以有很多種回答，但最正確的是：「無法代表什麼。」假如沒有一個「**比較**」的基礎，只有每小時製造 15 個小器具的報表，並無法提供任何真正的了解或是做為決策的依據。**生產力的衡量需要與過去的表現、對手的表現、或是產業標準做比較，才能成為有用的資訊**。另外，再看看這個敘述句：「生產力成長是好的。」大多數的管理者相信這樣的論述，因此設定了生產力成長的目標。然而，在提高揀貨流程生產力的同時，正確率可能會降低，或是不良率可能會提高。真正的管理議題，是要深入了解揀貨（order-picking）生產力增加的原因，假如增加的原因是更好的員工訓練、更清楚的貨架標示、或是使用無線射頻（RFID）技術，則這樣的生產力成長才有可能是好的。這樣的步驟應該也可以在其他地方複製出同樣的結果。以正確的了解為基礎，生產力衡量才能有助於推動組織的學習。

　　生產力衡量在二次大戰時變得十分風行，那是一個短缺和緊急的時代，那個時後，勞工成本佔銷貨成本大約 50%，因此勞工生產力很能夠代表整體生產力。大部分的公司仍然使用勞工生產力做為主要的生產力衡量指標，即使目前的勞工成本通常只佔產品成本的 5 ～ 10%。哈佛大學教授韋克漢 · 史金納（Wickham Skinner）曾經提出警告：管理者對生產力改善的定義以及實施的工具，正讓他們離目標更遠了。他認為，以生產為基礎的競爭優勢，大約有 40%來自生產結構的長期性改變，另外的 40% 來自設備和流程技術的重要改變，最後的 20%（不會更多了）才是來自傳統的生產力改善方法，[6] 採購和物流領域中也存在類似的情況。雖然比較難追蹤，但是「總要素生產力（total factor productivity）」衡量（其分母包括勞工、原料、資本、與能源）能夠產生比較好的流程了解、更有競爭力的決策，以及比較不疏離的員工關係。

5. 品質

在購買產品或服務時，顧客最先考慮的是品質。**基本的品質衡量指標著重於產品的功能性或是服務的可靠性。**在採購和生產作業部門，最常用的品質衡量指標是**不良率（defect rate）**。目前大多數的公司是以百萬分之一（parts-per-million，ppm）的不良率做為目標。事實上，六標準差的品質標準建議每一百萬個物品當中，只能有 3 個不良品。為了達到這個程度的品質表現，產品在設計階段必須更加考慮到品質，服務流程在設計階段時也必須更注重品質和穩定性。由於對流程品質的注重，使**統計製程管制（Statistical Process Control，SPC）**方法更為普遍使用，以確保每一個產品和主要服務的品質。採購部門對品質的重視，則導致更常使用認證供應商，採購管理專家也越來越常使用**認證供應商百分比**，以及**交給認證供應商的採購訂單百分比**（或是金額百分比）做為衡量指標。同樣地，有更多公司使用**員工品管教育訓練總時數**做為衡量標準（有時候更涵蓋供應商的員工），受過**六標準差訓練的員工數量**也是衡量指標之一。

在物流部門，品質的衡量指標是在服務可靠度上。訂單輸入是否正確？揀貨是否正確？文件是否有仔細填寫？貨品是否在沒有遺失和損壞的情況下抵達？在大多數的情況下，**品質的衡量是以活動正確執行的次數和活動執行總次數的比率來計算。**例如，假如 100 張發票中有 99 張填寫正確無誤，則發票正確率是 99%；損壞頻率的計算則是損毀的物品數量除以運送物品總數。除了追蹤損壞頻率之外，大多數的公司還會追蹤遺失和損毀物品的金額，以及顧客退貨的數量和金額。最後一個品質議題是資訊的可用度和正確性，需要的資訊是否容易取得？假如答案為是，這些資訊是否正確？供應鏈管理者應該找出有哪些需要的資訊是現有資訊系統無法取得的，然後制定計畫來修改系統，讓內部管理者和外部顧客能夠取得正確的資訊。

6. 傳統績效衡量方法的限制

傳統的績效衡量方法在本質上雖然沒有「錯」，但是卻遭到許多批評，這是因為**不適合現代管理者在決策制定上的需求。**[7] 羅伯·柯普朗（Robert S. Kaplan）認為，**傳統的衡量方法過度注重短期的財務結果以及降低成本。**[8] 此外，無

法以整體的視野來檢視企業；也無法促進一致性或是協同合作。傳統績效衡量的問題之一，在於其設計主要是**擷取和傳達功能性部門本身的資訊**，持續強調部門別的衡量指標，最後會導致次佳（suboptimal）的決策和適得其反（counterproductive）的行為。這種傳統的績效衡量推廣的越好，經常反而會阻礙良好的供應鏈思考。

此外，最新的競爭和環境發展需要更積極與創新的績效衡量方法，以支援更好、更迅速的決策。一些重要的發展如下：

- 強而有力的全球競爭者迫使企業必須重視競爭層面的問題勝過成本問題。然而經驗告訴我們，傳統的績效衡量系統最適合提供成本資訊，但是比較不擅於追蹤其他構面的績效表現。[9]
- 及時性（JIT）或精實管理替代了整條供應鏈中的存貨資訊，需要的是即時性的正確資訊。[10]
- 流程管理需要更好的績效衡量系統，能同時促進跨部門的敏捷性與功能部門本身的優點。[11]
- 全球網路架構需要較廣泛的評估方法，以協助網路架構配置與協調的決策，以及每日例行的作業層面管制。[12]
- 高要求的顧客迫使企業必須取得直接來自顧客的、更準確的滿意度資訊。[13]

為了管理供應鏈以取得競爭優勢，現代績效衡量系統必須提供大量且廣泛的即時性資訊，並且這些資訊要更能在內部焦點的衡量方式以及外部導向的衡量方式之間取得平衡。

三、供應鏈績效衡量

傳統的績效管理方法，在供應鏈管理上顯然不適合使用。[14] 不分產業與通路所在，管理者們發現要在提供價值給顧客的同時還能夠獲利，企業需要的不只是更好的效率，還需要協同合作與創新能力所提供的洞見與團隊一致性。績效衡量系統可以促進這些特質，事實上，改善績效衡量制度，對建立和執行成功的供應鏈策略而言是很重要的。本節說明**優秀的供應鏈管理衡量系統應該強調的特性：目標一致、顧客滿意、流程整合、整體成本、以及組織間的協同合作。**

1. 一致性（alignment）

藉由探討以下的問題，我們得以深入了解供應鏈管理者面對的一個挑戰：「**策略意圖是否能夠轉變成爲營運績效？**」假如答案爲「是」，則採用某個策略性決策會導致成功；假如答案是「否」，則管理者應該要找出原因。已經有學術研究回答了這個問題，顯示在大部分的組織中，策略意圖和營運績效之間沒有任何連結。[15] 圖 10.1 說明了這個現象，指出策略意圖、衡量指標和績效之間的關係。在這個圖中，策略意圖和績效之間，或是策略意圖和衡量指標之間沒有任何的關聯；但是衡量指標和績效之間卻有很強大的關聯性。**只要是列入衡量的事項，人們就會做好！**爲什麼意圖和衡量指標之間沒有連結？這個問題尚未找出確切答案，但是對供應鏈管理者來說確實是一個警訊。**他們應該要確認整個組織內的績效衡量指標與策略目標是一致的，否則策略目標就會難以達成。**

　　供應鏈管理者還面對其他兩個與一致性有關的困境。首先，在他們自己的公司中，來自各個功能部門的管理者必須面對所謂「前後矛盾」、「適得其反」、「不一致」、「不鼓勵」、或「互相衝突」的績效衡量指標。其次，上述這些形容詞也可以用來描述衡量指標在供應鏈成員之間的歧異性。在這兩個層級上，**不一致或互相衝突的績效衡量指標都會導致對立的、有時甚至是互相爭鬥的行爲**。例如，行銷經理爲了達到季度銷售目標，並沒有考量到生產部門的狀況；生產部門的經理注重的是機器利用率以及生產排程最佳化，他並不關心行銷經理的「緊急」訂單。同樣地，許多日用品製造商的行銷團隊會針對他們想要在市場推廣的產品提供特殊的促銷折扣。由於不願意錯過這麼好的價格，零售商的採購人員會「提早採購」大量的商品，然後囤積在他們的零售倉庫中。從績效衡量指標的角度來看，兩邊的管理者做的決策好像都很合理，但是這麼做只會增加供應鏈的整體成本，卻對於改善顧客的服務沒有幫助。

　　不一致的績效衡量指標會鼓勵地盤保護（turf protection）的現象，阻礙創新的推動。供應鏈管理者勢必要將組織內部，與供應鏈上下游的主要績效衡量指標都調整一致化。

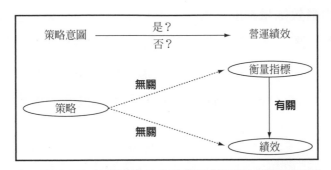

● **圖10.1　策略意圖、衡量指標和績效之間的關係**

2. 顧客滿意

為了滿足顧客真正的需求，管理者必須**了解顧客有哪些需求**，並且**從顧客的觀點來看公司的表現是否良好**。傳統的顧客服務績效衡量是採用內部的統計數據（像是達成率、準時交貨率、詢問的回應時間等），這些方式沒辦法讓企業清楚地了解顧客的期待或滿意度。大多數的企業是採用非正式而且不太頻繁的方法來衡量顧客滿意度，只有不到 50% 的管理者會使用系統性的計畫來衡量顧客滿意度。[16] 企業應該付出更一致的努力，詢問顧客他們真正重視的服務有哪些，並了解顧客如何來衡量這些服務。假如企業提供的高品質服務不是顧客所重視的，不但無法提升競爭優勢，還會浪費資源，最後通常會使績效下降。表 10.2 對照傳統以及同類最佳（best-in-class）的顧客服務衡量實務的重要特質。

　　顧客意見調查是最常用來取得直接顧客回饋的方法。意見調查中的問題通常包括整體滿意度、產品或服務的適合性和品質、與特定互動中的顧客體驗（例如是否準時送達、快速正確的回覆問題、以及員工專業性）。這些問題也可以探討 (1) 改善目前服務的可能性；(2) 對新服務的建議；以及 (3) 顧客對競爭者表現的看法。不幸的是，問卷調查的回覆率通常很低，因為大部分的顧客並不重視這些調查，因此想要透過意見調查蒐集有關聯而且深入的資訊非常困難。

　　因此某些公司會轉而與重要顧客進行個別訪談，找出他們真正的想法。亞斯本（Aspen Distribution）是一個地區性的第三方物流公司，公司的資深主管

定期的進行「公路之旅」到處拜訪顧客，了解要如何進一步滿足他們的需求，這種面對面方式可以促進交情，確保更能得到實際的資訊。其他方法像是焦點團體、專家座談、顧客諮詢委員會等，都可以用來衡量顧客滿意度並幫助建立以顧客爲中心的績效衡量制度。最後，某些消費性商品廠商已經開始「追蹤」顧客，跟著他們一整天或一整星期，看他們如何使用公司的產品。寶僑（P&G）公司將攝影機放在顧客的家中，了解他們怎麼使用產品。讓員工在顧客那裡駐點的供應商管理模式（vendor-managed），可以有很好的機會深入了解顧客的想法。

▼　表10.2　顧客滿意度衡量指標的演進比較

傳統實務強調...	同類最佳實務強調...
• 內部服務衡量指標，並非以顧客滿意度衡量	• 外部評估，顯示出顧客眞正認爲重要的事物！
• 使用平均值來表達的衡量指標	• 絕對數字的衡量指標，以顧客爲中心！
• 對顧客一視同仁的衡量指標	• 找出個別顧客的獨特需求的衡量指標！

　　從顧客那裡得到的深入分析資訊可以用來將公司的加值流程和相對應的重要顧客績效評量調整爲一致的。例如，寶僑一直使用傳統的達成率做爲衡量指標，然而，由於希望更了解顧客的需求，寶僑建立了一個新的衡量指標，代表產品在架上有現貨的時間比例。架上現貨率（on-shelf-in-stock）是用來強調顧客無法購買不在零售商店架上的商品—無論倉儲的達成率有多少。寶僑公司將這種顧客在店內的採購決定稱爲「第一個關鍵時刻（The First Moment of Truth）」。架上現貨率高，代表顧客不會在「第一個關鍵時刻」感到失望。架上現貨率讓企業能夠衡量從源頭到顧客的供應鏈績效。當然了，想要使用這種衡量指標，需要供應鏈成員之間有密切的溝通。

　　一個大型物流服務公司的顧客回饋指出，公司應該改採絕對服務績效衡量（absolute service performance）。傳統績效衡量方法以平均績效水準來表示（例如：無損壞交貨率，percent of shipments delivered damage free），應該改變成絕對績效衡量，轉換爲對特定顧客的績效數值（例如，對某個顧客的交貨損壞數

量）。某位資深主管發表他對這種改變的看法：「宣稱我們的無損壞交貨率達到 99.5% 會讓我們有表現良好的錯覺。假如我們說，某一天有 5,000 個顧客收到了由我們寄出的損壞包裹，對我們績效表現的看法就大為不同了。」

直接的顧客回饋可以用來辨識觀感和實務之間的差異，幫助管理者開發量身定製的服務和顧客衡量指標，像這樣對重要的顧客建立緊密的關係以及提供更好的服務可以避免競爭者取得市場佔有率。

3. 流程導向成本計算（process costing）

要有好的流程決策，需要先**衡量和比較橫跨活動、部門甚至是企業之間的成本**。關鍵是較好的流程導向式成本計算方式，有兩種成本計算方法特別重要：總體成本計算（total costing）和作業基礎成本計算（Activity-Based Costing，ABC）。

首先，總體成本計算是良好流程設計和管理的先決條件，是某一個決策所有相關成本的總和。例如，總體擁有成本是最適合比較替代原料或替代供應商的成本（TCO ＝購入成本＋ NPVS（持有成本＋報廢成本））。沒有良好總體成本資訊的決策經常會導致局部的最佳化，造成組織更大的整體成本。供應鏈管理者通常都很清楚總體衡量的重要性，但是很少人真正使用總體成本做為綜合權衡分析（trade-off）的一部分。這個現實反映了許多公司目前的總體成本衡量制度並不完善及不可靠的事實。圖 10.2 列出物流成本資訊的可用度，來說明了這個問題。94% 的物流主管表示他們已經取得了總體成本資訊；然而，同樣的主管也承認他們尚未取得一個以上應該包含在綜合總成本計算中的成本。當重要的成本資料像是待補訂單成本和服務失誤成本被遺漏時，企業怎麼能夠正確衡量存貨或顧客服務決策的影響？這個例子只侷限在物流成本的資訊上，當產生影響的決策是橫跨功能性部門界線時，遺漏或未檢驗資料的問題會更明顯。

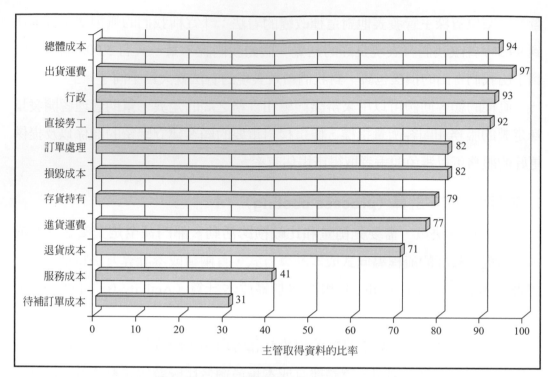

● **圖10.2　總體物流成本資訊的可用度**

計算的是整體供應鏈成本時，挑戰會更大。假如缺乏了企業層級的正確總體成本資料，評估橫跨供應鏈的成本時會發生哪些問題呢（見圖 10.3）？良好的供應鏈設計決策像是「去中間化」（dis-intermediation）和角色轉換（role shifting）都依賴正確的總體成本。例如，當降低總供應鏈成本時會招致某個供應鏈個體必須負擔更高的自我成本時，受益最多的供應鏈其他成員也必須願意提供適當的補償。假如缺乏正確的總成本資訊，就無法估計誰的成本增加或誰的成本降低，結果是，管理者只會做出有利於他們自己公司財務績效的決策，即使這些決策會降低供應鏈的整體競爭力。

其次，作業基礎的成本計算（ABC）將成本直接與產生它們的作業活動相連結，幫助管理者了解重要流程的本質。ABC 成本計算讓管理者能夠衡量特定產品、通路或顧客的獲利性。圖 10.4 說明作業基礎成本計算的基本概念，採用的步驟如下：

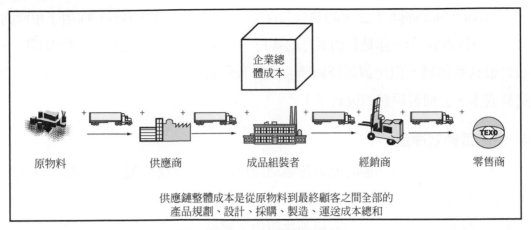

供應鏈整體成本是從原物料到最終顧客之間全部的
產品規劃、設計、採購、製造、運送成本總和

🔺　**圖10.3　供應鏈整體成本**

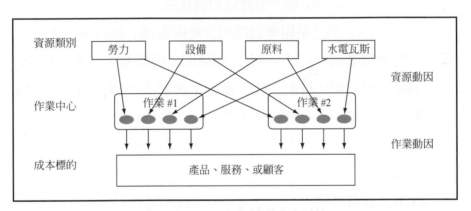

🔺　**圖10.4　作業基礎成本計算**

- 找出相關的產品或服務。
- 找出與製造產品或提供服務有關的流程。
- 找出在每個流程中執行的作業。
- 找出每個作業所消耗的特定資源。
- 計算製造產品或服務顧客所消耗的資源的成本。
- 計算作業基礎成本。

　　ABC 成本計算需要流程透明化和產品、顧客、作業以及資源等成本的詳細資訊，是一個冗長乏味的工作。不過，ABC 成本計算可以大幅改善決策的制定，辨識出改善流程的機會，或提供協商雙贏關係的基礎。當美國內陸鋼鐵廠（Inland Steel）公司發現某些「最佳」顧客其實沒有獲利性時，管理者使用 ABC 成本資訊來說服他們雙方關係的改變是有必要的。美國衛浴配件廠商托靈

頓（Torrington Supply）公司的執行長喬爾‧貝克（Joel Becker）採用了相同的方法，他告訴客戶：「你是我們最好的客戶，我們的商業往來已經有一段時間了，我們很喜歡你們。但是假如要繼續合作，我們需要你們的幫忙，以降低我們的交易成本。」而客戶真的做到了！

4. 供應鏈績效衡量

優秀的績效衡量指標的能力超越功能性部門的自我卓越，更能促進整個供應鏈的協同合作。但是事實上，供應鏈整體性的衡量指標很少運用在實際的日常例行實務上。一位管理者對這項挑戰做了總結：「衡量指標是非常重要的！我們不知道應該有哪些新的指標，但是我們確實需要。」

表 10.3 列出一些我們建議用來監控和管理供應鏈活動的衡量指標。大多數的指標像是「現金循環週期」和「庫存停留時間」仍然著重在單一企業的流程，其它像是「採購／製造週期時間」和「顧客諮詢解決時間」則強調採購者／供應商雙方的關係。「供應鏈存貨供應天數」、「供應鏈回應時間」、「整體供應鏈成本」—這三個衡量指標是理論上的近似估計值，有時候會有專業的協會，為特定的產業做估算，例如，食品產業的**有效消費者回應**（Efficient Consumer Response，**ECR**）**計畫**中發現：製造商、經銷商和零售商持有超過 120 天供應量的成品庫存。這個發現顯示，**當某些企業成功地降低自己的存貨量時，整體供應鏈的存貨卻並未降低，只是轉移給其他的通路成員罷了。**由於這樣的認知才開始致力於提升整體供應鏈層級的協同合作，以增加整體供應鏈的效率和回應性。

另一項吸引供應鏈管理者注意的衡量指標是「完美訂單（perfect order）」。**完美訂單是在進貨、處理、揀貨、包裝、出貨、文件憑證、以及交貨過程中都準時無任何損壞的訂單，其中只要有任何一個錯誤就不會是完美訂單。**一些追蹤記錄完美訂單的成功企業發現，它們的完美訂單率只有 80～90%。請記得，假如一筆訂單處理包含了 10 個作業，而每個作業有 97% 的正確率，則完美訂單機率將只有 73%（0.97 的 10 次方約為 0.737）。埃森哲管理顧問公司（Accenture's Business Consulting Practice）前事業群執行長威廉‧柯帕西諾（William C. Copacino）宣稱，10 個非完美訂單中有九個是來自表 10.4

的失敗原因。[17] 完美訂單指標具有雙重價值：首先，突顯了進步的必要性，讓企業在追尋完美的道路上免於自滿；其次，藉著追蹤完美訂單的失敗原因，管理者可以投入資源來改善訂單履行流程。

▼　表10.3　供應鏈績效衡量指標

績效指標	指標意義與計算方式說明
供應鏈存貨供應天數	用來支援整個供應鏈—從原物料到最終顧客的採購—的總存貨天數。表達方式是以最近的每日實際銷售成本所計算出的供應天數（日曆日）。
現金循環週期	將用來取得原物料的錢，轉換成售出成品獲得的錢所需的時間（總存貨供應天數＋應收帳款回收天數—應付帳款付款天數）。
庫存停留時間	存貨閒置的天數／存貨被有效利用的天數之比率。
顧客諮詢回應時間	從接到顧客來電，到有合適的公司代表聯繫上顧客的平均經過時間。
顧客諮詢解決時間	完全解決顧客諮詢事項的平均經過時間。
訂單履行週期時間	從顧客訂購，到交貨給顧客的實際平均前置天數（日曆日），包括訂單核准到輸入、輸入到發單備貨、發單備貨到可出貨、可出貨到顧客收貨、收貨到顧客驗收。
架上現貨率	產品位在貨架上讓顧客可以找到的時間比率。用來評量供應鏈滿足最終顧客的終極能力。
完美訂單履行	完美訂單是能夠完整、準時交付、保持貨品完美的狀況、且文件正確完整的訂單。履行成果以完美訂單所占的比率表示（完美訂單／總訂單）。
採購／製造週期時間	從頭開始到製造出可出貨的產品所需的累積時間—從未持有存貨的情況開始。包含了總採購前置時間、發單備貨到開始製造、總製造週期時間，以及製造到出貨時間。
供應鏈回應時間	從查覺到市場需求的重大變化，到增加20%的生產量所需的理論天數。
整體供應鏈成本	將規劃、設計、採購、製造和交付產品所需的總成本分攤給供應鏈上的每個成員。
附加價值生產力	公司總收入減掉對外採購原料的金額／公司員工總人數。

▼ 表10.4　完美訂單的失敗原因

・訂單輸入錯誤	・資訊遺失
・訂購項目缺貨	・出貨延遲
・不完整的文件表單	・無法趕上出貨日期
・揀貨錯誤	・提早送達
・顧客扣款（交貨有爭議）	・不正確的揀貨文件
・貨物運送損毀	・發票錯誤
・超收費用的錯誤	・顧客信用凍結（訂單無法出貨）
・付款流程的錯誤	

　　我們討論的衡量指標中，到目前為止對供應鏈實務影響最大的，可能是現金循環週期時間（cash-to-cash cycletime），這個衡量指標之所以廣為使用，是由於它對公司的財務績效有直接影響，因此，被視為能將供應鏈績效改善傳達給高層主管的重要方法。還記得，財務是商業的語言，現金循環週期展示了供應鏈計畫的直接財務效益，也就是說，供應鏈管理的落實可以改善資金流動、縮短現金循環週期、釋放營運資金並將它們投資在新的產品、更好的流程或是更協同合作的關係。某位財務長（CFO）替這個目標做了以下的總結：

　　我們一直將降低營運資金視為首要目標…。現在，我們能夠以負的營運資金來經營某些事業。我們不再將資金放在存貨或是應收帳款中，而是藉著增加短期負債，讓供應商融資給我們，因此釋放出來的資金，可以用來進行其他的投資。

　　現在很多公司的**目標變成要達到負的現金循環**（Cash-To-Cash，**C2C**）**週期**，也就是說，它們要設法達到負的營運資金（negative working capital）。Dell（戴爾）被視為 C2C 週期管理的模範，Dell 的 C2C 週期就是負的。讓我們使用下列的運算式來觀察 Dell 和 HP（惠普）最近的現金循環週期。要計算企業的現金循環週期，必須先取得財務報表，這可以在企業的線上年度報告或是 finance.yahoo.com 或 moneycentral.msn.com 這兩個網站取得（台灣上市櫃公司財務報表可以在台灣證券交易所公開資訊觀測站網站取得，mops.twse.com.tw）。

　　現金循環週期時間＝供應鏈存貨供應天數＋應收帳款天數－應付帳款天數

	銷售額	存貨	應收 帳款	應付 帳款	存貨 天數	應收帳 款天數	應付帳 款天數	C2C 週期
Dell	$39,667	$ 358	$ 3,142	$10,201	3.29	28.91	93.87	−61 天
H-P	$73,061	$6,065	$19,030	$21,893	30.30	95.07	109.37	16 天

　　從這些數字可以幫助我們了解 Dell 為什麼是領先全球的電腦公司（2003-2005 年度之個人電腦全球市佔率第一）。Dell 比 HP 多了七十幾天的優勢，讓它有很大的營運彈性和財務自由。假如進一步研究，我們會發現企業可以有兩種方式改善現金循環週期：首先，必須建立高效率的流程；其次，要結合其他供應鏈上下游成員的協助，在下游客戶端鼓勵快速付款或是延遲對上游供應商的付款。在 Dell 身上，我們看到了：

- Dell 顧客直銷（direct-to-customer）的企業模式非常有效率。Dell 不會在供應鏈的不同位置製造或庫存電腦，然後希望某個顧客會來購買，而是採取接單生產（Make To Order，MTO）的方式，另一方面，大多數的顧客在經由網際網絡訂購電腦時就馬上付款了。這意味著什麼？**Dell 可以將存貨和應收帳款減到最少。**

- Dell 的通路力量更增進了流程的效率。也就是說，Dell 的供應商持有 Dell 電腦所需的存貨直到最後一刻—無論是庫存代管（co-locating）或是寄銷存貨（consignment inventory）模式，因此可讓存貨量保持在最低。表中數據也顯示，Dell 對供應商的付款並不是很快（93.87 天），但是卻已經比 HP 快了 15 天，因此，即使 Dell 對供應商很嚴厲，但是從相對而言，做 Dell 的供應商還算不錯。

　　當然，從協同供應鏈的角度來看，用更有效率的流程來降低現金循環週期是比較好的，所以在供應鏈的心態之下，可以將現金循環管理轉換成一種建立團隊信任的活動。一位管理者解釋他的公司如何利用 C2C 週期管理，建立有穩固關係並且更有競爭力的供應鏈。他說：「多數的大型企業努力地降低現金循環週期，但其實並不是每一個公司都有同樣的資金成本。假如資金成本最低的那些公司接受較長的現金循環週期，就可以降低整體的供應鏈成本。因此當我們管理供應鏈關係時，就是嘗試以這種整體的方式來看待的。」

　　讓我們做個總結，供應鏈的衡量指標替營運績效提供了新的觀點，提供更多深入的見解與促進合作的可能，讓我們對於績效衡量的態度有所轉變。然而，想要取得整體的供應鏈相關資訊，仍然是一個很大的挑戰。在各方面來說，雖然我們知道應該要有更好的整體供應鏈（SC-wide）績效衡量指標，但是卻不知道最理想的組合應該是什麼樣子。

5. 計分卡

平衡計分卡（balanced scorecards）是在 1990 年代早期，為了因應傳統財務衡量指標的不足而推出的。[18] 計分卡**在正式的績效衡量系統中加入一組定性的指標，藉此產生了平衡**。逐漸發展之後，由於目的、衡量標準、目標、行動計畫都被加入計分卡發展程序中，使得平衡計分卡變成一種策略管理與執行的工具。[19] 在今日，計分卡的概念廣泛用於領先的供應鏈企業中，用來促進更好的效能和更策略導向的合作關係。計分卡通常運用在供應商評估上，但是也有少數公司開始使用顧客計分卡引導顧客努力讓自己成為「首選顧客」。**典型的計分卡強調整體的訂單表現，包括五個關鍵構面的衡量指標—成本、品質、交付、彈性、及創新。**

　　計分卡的流行來自它的直觀訴求，在大多數人的生活中，都曾經收到過「評分報告卡」，讓我們知道自己在已知標準的哪一個相對位置，也已經具備了用報告卡幫助自己分配時間和精力的技巧。**供應商的計分卡不但提供了衡量供應商表現的機制，也可以用來與供應商溝通，讓它們了解自己在關鍵績效構面的表現如何。**

　　計分卡的積極性應用在於集中資源以推動績效的持續進步。圖 10.5 是一張真實的計分卡摘要，來自某個電子業的世界級領導廠商，這張計分卡告訴供應商，品質和交付是最重要的兩個評估準則，也讓供應商了解自己的評分以及要如何獲得可接受的績效表現。顯然，這份評估結果告訴了這個供應商，應該要致力於改善顧客滿意度分數，並會在輔助說明文件中有更詳細的解釋。建立這張計分卡摘要的公司，會與供應商舉行每季的業務檢討會議，討論目前的績效水準並分享對於彼此的期望，這些檢討會議可以持續一整天，並允許雙向的真實意見回饋，例如有關調整現有的衡量指標，以及協調持續改善的工作，有些是「坦白，甚至是殘忍的」，因為這樣才有可能真正的改善。

企業逐漸將計分卡放到網站上，這樣可以提供一種低成本的方式，允許供應商隨時查看最新的出貨狀態，並了解自己目前的績效。美國 Wal-Mart 的「零售鏈（Retail Link）」B2B 網站更進一步替供應商的表現設立標竿衡量，可以與競爭的其他供應商或者各類商品領域中的最佳供應商互相比較的機會，供應商也能夠在網站上取得訓練影片，幫助他們改善這種相對的績效差距。這樣的主動積極方式，讓供應商比較不畏懼績效衡量，因為這種方法比較像是為了促進學習和改善的機會，而不是對績效不彰的懲罰。

總而言之，計分卡可以：(1) 幫助公司評選和管控世界級的供應商，(2) 支援供應商認可程序，(3) 替最佳實務設立標竿，(4) 在供應商之間宣傳及擴散這個最佳實務案例，以及 (5) 找出可以藉由持續改善的努力來克服的缺點。

6. 客製化的績效衡量指標

目前許多公司都開發了客製的（customized）績效衡量指標來支援供應鏈改善計畫。這是因為**一體適用（one-size-fits-all）的衡量指標，無法有效地管控現代供應鏈中各式各樣的關係類型**，所以，具有特定目標、或是特殊專案的合作關係，應該採用特別量身訂做的衡量指標加以評估。

可調整的績效衡量系統可以快速地設計和實施專屬的衡量指標，有助於培養今日動態的全球市場中需要的優秀協同合作關係。

供應商計分卡	權數	分數	加權分數
摘要			
品質	50%	5	2.5
交付	30%	5	1.5
顧客滿意度	10%	4	0.4
影響分數	10%	5	0.5
加權分數 =			4.9

目標	
品質：	< 650 PPM
交付：	> 95%
顧客滿意度	5
品質/交付影響	5
(最高五分)	

圖10.5　供應商計分卡摘要

▼　**表10.5　有效衡量指標的特質**

是	否	這個客製化衡量指標是...
☐	☐	與組織目標一致
☐	☐	與專案目標一致
☐	☐	以顧客為中心
☐	☐	對員工、管理者與顧客來說具有意義
☐	☐	具有橫跨適當功能或部門的一致性
☐	☐	促進垂直和水平的協同合作行為
☐	☐	傳達給所有相關的個人
☐	☐	簡單、直接、易懂
☐	☐	容易收集所需要的資料
☐	☐	容易計算
☐	☐	具有時效性—最好是即時的
☐	☐	策略性和戰術性（Strategic and tactical）
☐	☐	可計量的
☐	☐	設計來推動適當的行為
☐	☐	設計來推動學習和持續改善
☐	☐	設計來提供制定決策的資訊

　　量身定製的衡量指標能夠有助於傳達特定期待、提供獨特見解、及促進差異化關係維繫的行為。但是績效衡量的力量也有可能會變成策略目標的阻礙，這取決於客製的衡量指標是否有被認真地設想和實施，表 10.5 就列出了有效的績效衡量指標所應該具備特質的檢核表。管理者應該用適當的檢核表來衡量每一個新的績效指標，並且認真地討論每一個答案為「否」的特質，假如有太多的「否」，表示這個新的衡量指標可能會導致誤解、反效果的行為、甚至意料之外的結果。除了達到期望結果所需要的指標以外，管理者不應該再實施任何多餘的績效衡量指標。

四、標竿衡量

標竿衡量（benchmarking），是**將一個組織的某些屬性與其他類似組織的對應屬性互相比較的正式流程**，這是企業績效評估工具中很關鍵的部分。標竿衡量可以幫助管理者與產業最先進的經營理念和實務做法並肩而行，進而有助於企業評估和改善自我的競爭能力。一般的標竿衡量流程包含三個步驟：

1. 定義想要衡量的「屬性（attribute）」，並找出業界最佳的對照企業來做比較。
2. 分別以策略和作業的層面，記錄被比較企業的流程。接著將自己公司的方法與業界最佳實務（best-in-class practices）做比較，標示出所有的相異點。
3. 建立策略與實施的具體方法，以採用最佳實務，及改善自己組織的流程和績效表現。

　　許多企業主動地使用標竿衡量法來比較績效指標本身，目的在於建立和維護業界最頂尖的績效衡量系統。許多資深的供應鏈管理者公開承認，尋找和使用最好的衡量指標是必要的，即使這些衡量指標是由別人建立的，像是之前討論過的「完美訂單」就是一個很好的例子，這個衡量指標提出之後，就迅速地被全世界的供應鏈領導者採用。除了搜尋供應鏈領導者使用的指標之外，想要尋找優良的衡量指標，還可以使用次級資料研究方法，搜尋商業書籍、貿易雜誌、及專業協會等來源。

　　就如同尋找、評估、及採用好的績效指標是很重要的標竿應用，認同標竿衡量法的管理者，應該要**主動尋找業界先進的供應鏈流程，並儘可能地從中學習**，目標是要找到**更好的方式來執行關鍵的活動**。優秀的標竿衡量者秉持這句格言的精神：「**優良的企業實務就是優良的企業實務，無論是在哪裡發現的。**」當高附加價值的流程被以文字記錄下來時，企業就有找出改善他們本身供應鏈作業的機會。成功的標竿衡量應用不僅會引導具體的流程改善工作，同時也能夠激勵持續學習的態度，然而，不幸的是只有極少數的企業懂得應用標竿法來改善流程，多半只會應用在績效指標的比較上面而已。

　　標竿衡量最大的挑戰之一，是要**找出適當的企業做為標竿**。多年來，企業採用很多類型的標竿衡量方法來推動觀摩學習。「**競爭性標竿（competitive benchmarking）」：評估領先競爭對手的最佳實務**，通常被視為是最適合的標

竿衡量法。然而，很少有表現卓越的企業願意讓對手進入公司，仔細觀察他們的營運方式。即使如此，在全球經濟中，我們還是可以找到一些競爭者願意開啓大門，接受某種形式的標竿練習。通用汽車和福特汽車從他們在日本的強力競爭對手身上，包括 Toyota，學到了許多精實作業的技巧。

非競爭性（non-competitive benchmarking 或無限制性，non-restricted）標竿衡量是在其他產業的企業中尋找最佳實務的範本。非競爭性標竿衡量的經典範例是生產影印機的大廠 Xerox（全錄）公司改善配銷系統的過程，Xerox 選擇的標竿企業是郵購服飾零售業的 L.L.Bean，後來還有某些食品業和個人照護用品的企業，也以 L.L.Bean 的訂單履行流程做爲標竿。**內部標竿（internal benchmarking）是最後一種標竿衡量方法**，通常是大型的全球性企業較爲適用，例如，嬌生（Johnson & Johnson）公司擁有超過 150 個不同的事業單位，因此具有無數個內部機會可以尋找和傳播最佳實務。[20]

對標竿衡量法有興趣的管理者應該知道至少有三個需要注意的地方。首先，**企業實施標竿衡量的效果，取決於管理團隊對於競爭的態度**。有兩個在相同產業競爭的日本企業說明了這個觀點，第一家是在業界最大而且最悠久的企業，管理者不認爲將它們自己與他人比較能夠得到任何的好處，畢竟他們已經是最好的了。第二個企業進入這個產業不久，管理者強調持續向其他企業學習的必要性—產業內和產業外—尋找更好的方式來管理關鍵的流程。產業龍頭的企業遭遇了銷售停滯及營業費用比率（expenses-to-sales ratio）增加的問題，而「勤學好問的」企業贏得了兩位數的銷售成長，並提升了邊際利潤。企業對標竿衡量的態度並不是績效差異如此顯著的唯一原因，然而，身處於「飢渴」企業中的管理者相信，他們從標竿衡量中學習到的東西幫助他們改善了顧客服務和供應鏈生產力。

其次，**對於標竿衡量法應用的積極程度，會影響管理者對他們自己的企業績效的看法**。在一個物流企業能力的研究中，管理者被要求評估他們自己和業界領導者在 32 個不同的能力上的相對表現，[21] 接著將這些自我評估結果與企業在標竿衡量應用上的積極程度做比較，發現那些被歸類爲完全沒有、或是只有部分標竿衡量應用的企業，都認爲自己在 32 個能力的其中 15 個，具有傑出的表現；而積極應用標竿衡量的廠商則宣稱只在其中 2 個能力上具有傑出的表現。

這並不表示標竿衡量會導致績效的降低，而是似乎那些積極從事標竿衡量計畫的管理者，對他們自己的公司能力有比較實際的看法。相對於完全沒有應用標竿衡量的企業來說，「無知是種幸福」，然而這也可能會導致過於自滿。

最後，研究資料顯示，**高績效的供應鏈公司通常也是積極的標竿衡量應用者**。[22] 然而，標竿衡量本身並沒有辦法幫助企業在任何一種活動上變成世界第一，因為標竿評量的本質還是複製最佳實務，而非創造最佳實務。因此，雖然標竿衡量在提升企業競爭力方面是值得使用的方法，供應鏈管理者仍然不可以過度依賴它。

五、結論

在這個績效水準持續不斷提高的世界中，企業必須以同樣的步調改善績效衡量實務。高績效的組織像是 Kraft（卡夫）食品公司、Schneider National（美國施奈德）物流公司，以及 Wal-Mart 已經學到了這個關鍵的一課，了解績效衡量實務其實是一種態度。組織對績效衡量的態度決定了這個衡量系統的焦點和範圍，也決定了使用衡量指標以取得競爭優勢的效果。

某個資深主管這樣描述他的公司對績效衡量的態度：

> 假如它有變動，我們會衡量它。我們會衡量變動所花的成本，使用了哪些資源，我們是否把它移到正確的位置而沒有損毀它，以及這個變動花了多少時間；假如它沒有變動，我們會衡量它停在那裡多久了，當它停留的時候耗用了多少資源。這個架構可以應用到產品、員工和設備的績效衡量上。最後，我們會試著衡量我們的表現是否一樣好或是比任何人都更好。[23]

這番話清楚地突顯出企業渴望想要利用績效衡量，來深入了解每個組織流程和資源的特性，事實就是，優秀的企業對績效衡量指標非常有興趣，而且將它視為競爭優勢地位、特殊能力、及供應鏈協同合作等藉以建立的平台。因此領先的企業將優化的績效衡量方案，視為達成優秀表現的先決條件，願意投入資源來建立完善的績效衡量方案，這些方案會：

- 讓主管能夠取得正確、詳細、相關、與即時的資訊，藉以制定策略計畫和每日例行決策。

- 追蹤來自五個供應鏈領域的各種衡量指標─資產管理、成本、生產力、服務、和品質。

- 使用讓每個人都能夠容易理解的衡量指標。

- 讓權衡取捨以及流程處理的影響，具有可見性及資訊通透性。

- 結合顧客中心以及流程導向的衡量指標。

- 建立公司策略和顧客期待兩者的一致性。

- 記錄已完成的進度，藉以強化組織學習的動機。

- 促進標竿衡量比較和採用最佳實務─不論是哪裡找到的最佳實務。

- 產生企業競爭力，因為績效衡量會導致更好的決策和更合適的行為。

　　績效衡量實務正處於關鍵的十字路口─許多管理者都知道，想要達到業界最佳狀態，就必須改善公司的績效衡量系統，但是它們並不確定要如何進行必要的改變。一開始企業應該清楚的定義策略意圖，評估目前衡量指標的合適性；接著定義想要的結果，然後採用相關的衡量指標來促進和推動這些領域的績效改善。企業必須加強溝通並注意策略和衡量指標之間的潛在偏差，如此就能夠大步展開改善流程。在建立新的衡量指標，或是尋求經過驗證、可靠的衡量指標的時候，**管理者也可以向各種企業聯盟、產業推動計畫、或是專業協會，像是物流協會或是供應鏈管理專業協會提出需求**。此外，企業還需要努力創新設計新的衡量指標，以支援特殊的能力、滿足顧客的需求、及促進協同合作。有時候這些工作應該在個別企業內部進行，將管理者和員工聚集起來，討論關鍵活動和績效衡量的機會。同樣地，假如想要增加不同的觀點，並對其他供應鏈成員建立更深入的了解，企業可以邀請顧客和供應商的主管一起參與，一同來建立強而有力的績效衡量系統。名目團體技術（nominal group technique）可以提供一個有用的討論環境，藉以利用腦力激盪的方式找出獨特的、客製的衡量指標。

　　最後，所有的管理者應該還記得，拜現代資訊技術（IT）發展之賜，不過是這幾年的時間，已經使得收集、操作、及擴散訊息變得可能。科技讓管理者

可以取得之前難以取得的許多供應鏈績效資料，這些資料現在都能以正確且即時的方式來衡量。例如，過去企業以準時交貨率（on-time shipment）做為交付績效的衡量指標─因為沒辦法知道貨物實際到達的確切時間，現在，利用衛星及無線網路通訊，還有車上追蹤與衛星定位系統，使得企業可以用真正到貨的時間做為交貨的績效標準。當這個資料收集的能力結合更好的資料庫技術時，管理者可以利用這些資訊，在各種重要卻又有所差異的領域都能夠制定更好的決策，像是供應商選擇和評估、設施設計與區位選擇、以及降低訂單週期時間等方面。這些利用當代技術來收集、儲存、與傳播的資訊所具有的可及性（accessibility）和可靠性（reliability），已經形成了強烈的誘因，吸引創新的科技系統將這些績效衡量的議題納入設計方案之中。

重點摘要

1. 企業管控內部以及供應鏈夥伴之間的加值流程的能力，取決於它的績效衡量能力。

2. 績效衡量制度具有三個重要的功能：促進了解、塑造行為、及通往營運績效和成果。

3. 傳統的績效衡量實務著重在五個關鍵領域：資產管理、成本、顧客服務、生產力與品質。許多企業會在這些領域中使用多個衡量指標，以便監督和改善他們的加值能力。

4. 績效衡量指標可以用來建立一致性。應該要考量三個領域：策略和績效衡量的一致性、橫跨內部各功能部門的衡量指標一致性、以及全供應鏈上下游之間使用的衡量指標一致性。

5. 企業需要制定以顧客為中心的衡量指標。必須特別努力去找出顧客重視什麼，以及他們如何評價我們的績效表現。以顧客為中心的衡量指標，應該要依據重要顧客的需求而量身定製。

6. 流程導向的成本計算是管理世界級流程的關鍵步驟。正確的總體成本計算（total costing）和作業基礎成本計算（activity-based costing）可以讓流程資訊具有通透性，並讓權衡取捨的影響具有可見性。

7. 龐大的努力已經被奉獻用來建立供應鏈的衡量指標。有三個很流行的衡量指標，分別是「供應鏈存貨供應天數」、「現金循環週期時間」，以及「完美訂單履行」。大部分的供應鏈衡量指標無法得知整條供應鏈的狀況。

8. 計分卡結合了財務衡量指標和重要的定性衡量指標，用來傳達期待、評估效能、並引起改善的動機。

9. 大多數的企業應該採用量身定製的衡量指標，以幫助它們管理特別重要的流程和關係。管理者必須知道有效的衡量指標具有哪些特質。

10. 標竿衡量可以幫助企業找出最佳實務並加以模仿。良好的標竿衡量實務能夠運用業界最佳指標以及最佳實務，並且無論它們是在哪裡被提出的。

國內案例

人治轉機制提升顧客滿意度

激烈競爭的批發零售產業，倚靠經銷通路業者提供最後一哩服務，提升顧客對品牌的忠誠度。然隨著經銷通路業經營日益艱困以及因應 21 世紀高競爭、高速度、高知識的趨勢來臨，如何透過系統的流程管理，建立包括工作、管理及成本的最適化便成為當務之急。

四面向改善，人治轉機制

為了建立良好之經營體質與管理品質，經銷通路業者 LY 參與經濟部中小企業處中小企業品質管理提升計畫。因 LY 正值推動新市場與強化體質的階段，計畫輔導顧問為輔導其改善作業流程及標準統一，透過訪談與診斷直指 LY 的經營盲點包括：部門運作流程缺少標準化、**管理制度與績效考核無法連結**、員工缺乏自主管理意識導致工作士氣不高、員工認為工作耗時過多等問題。這些雖然不影響企業各部門日常運作，卻如同冰山一角下潛藏的巨大危機，將隨著外部環境的競爭帶來衝擊，對組織產生致命的影響力。

針對 LY 的困境，計畫輔導顧問以四個面向提出解決方案，來提升企業營運績效。

第一，在經營管理面，進行中高階主管教育訓練課程，提升其問題分析與解決能力、落實日常管理，增進指導部屬技巧，以解決主管親上火線、仰賴個人魅力管理可能造成的極端人治與人才斷層問題；同時，建立提案改善制度，並且**配**

合提案納入績效考核與提案技巧之教育訓練課程執行，激勵全員改進工作方法，提高工作效率，使管理制度化、合理化。

第二，在業務執行面，為創造開放式對話，讓員工能力得以發揮，並提振士氣、凝聚共識，進一步**導入績效管理制度，盤點現有績效考核內容，並依據實際狀況調整至合理化**，配合教育訓練課程執行。以避免各營運及日常資訊缺乏、透明度低且不即時，造成主管在難以聚焦式的指導與問題立即處理，基層人員容易處於散漫、低效率的惡性循環。

第三，協助尋找合適的資訊系統業者建立核心流程對應的重點流程圖，以達到各項作業明確設置有效控管點，以管控流程順暢及效率，讓公司營運不再暴露於發生疏失、弊端或失控的風險之中。

第四，建立提案改善制度，鼓勵全員針對品質、交期、成本、安全、士氣等面向提出改善建議，**並將個人提案改善案件成果納入績效考核成績**。配合教育訓練課程實施，教導員工提出改善建議所需之工具及方法。

計畫綜效強化經營體質

在計畫輔導顧問協助下，LY 不僅有效導入相關表單建置、提案改善制度、績效管理制度，增加營收 1 億元，降低庫存金 300 萬元的實質量化效益。對於未來，LY 持續強健經營管理品質、提升代理知名品牌產品談判籌碼與品牌商對 LY 行銷資源之投入，皆有正向影響，也是堅實的後盾與基礎。

導入 KPI 需和公司組織策略規劃與公司願景連結，才能提高達成效果。因為目標明確、建立起政策規劃制度，有效提升 KPI 達成效益，內部晉升制度也明確，穩定人事異動，才能發揮績效管理的效果。

資料來源：經濟部中小企業處，102 年度中小企業品質管理提升計畫成果專刊，http://smeq.moeasmea.gov.tw/moeasmea/wSite/public/Attachment/f1389767997966.pdf

課程應用問題：

1. 請選擇一家個案公司，並參考上述個案資料，利用表 10.1 的常用傳統績效衡量指標，分別列舉三個該個案公司可能使用的指標，並說明預期的效果與可能的缺點。

2. 表 10.3 列出一些我們建議用來監控和管理供應鏈活動的衡量指標，請針對個案公司的管理議題，選定適合的績效指標，以期發揮對於整體供應鏈發揮一致性的效果。

供應鏈管理專業認證考試辦法

一、說明：

(一) 證照名稱：供應鏈管理專業認證

(二) 發證單位：中華民國物流協會

(三) 代辦單位：宇柏資訊股份有限公司

二、考試辦法：

(一) 考試對象：大專院校以上工商管學群相關系所學生，或對供應鏈管理有興趣之人士。

(二) 報名日期：每年6月、12月開放報名，報名期間為期一個月。

(三) 考試時間：每年8月、2月舉行，考試日期於「中華民國物流協會證照推廣服務網」公告。

（網址：http://www.talm.org.tw/certificate）

(四) 考試地點：於指定認證時間，全台－北/中/南三區本會所授證之合格考場統一舉辦認證考試。

(五) 命題方式：本教材第1~5章為必考範圍；第6、8、9、10章由考生選考兩章節。

(六) 命題類型：選擇題、問答題。

(七) 考試方式：採筆試，共計2小時。

（含開放考生進場20分鐘、宣達考試規則10分鐘及筆試90分鐘）

(八) 通過標準：考試成績滿分為100分，成績達(含)70分者將頒予證書。

(九) 報考費用：

1. 每人NT$1,800元（推廣期間，一般生報名費用折扣300元）。

2. 具備原住民身份及特殊身份者（含低收入戶與領有殘障手冊者），需於申請報名的同時上傳證明表件，每位NT$1,200元。

3. 重考生每人NT$1,200元。

4. 以上報考費用，依教材封面內頁下方優惠密碼報名考試，可立即享有NT$300元折扣優惠一次，已使用過的優惠密碼不得再使用。

(十) 報名方式：一律採線上報名，詳細報名方式及考試辦法說明請至「中華民國物流協會證照推廣服務網」查詢，准考證於考前一週至報名網站下載列印。

(十一) 繳費方式：請將報名費匯款至發證單位指定帳戶

銀行：華南商業銀行懷生分行（銀行代號008）

帳號：131-10-035103-3

戶名：社團法人中華民國物流協會

(十二) 攜帶文件：應試當天請攜帶准考證及國民身份證、健保IC卡、駕照等附有照片之 雙重證件進場。

(十三) 監考人員：由發證單位安排監考人員到場監考。

(十四) 榜單發佈：考試後一個月，由發證單位公告於「中華民國物流協會證照推廣服務網」。

三、考試其他相關說明：

(一) 考試推薦用書：供應鏈管理：從願景到實現，（全華圖書代理發行），本教材為中華民國物流協會『供應鏈管理專業認證』適用教材。

(二) 成績複查：榜單公告後一週內可申請成績複查，複查工本費用NT$200元。

(三) 最新考試辦法說明及相關訊息，請以發證單位及「中華民國物流協會證照推廣服務網」公告為主，或電洽證照代辦單位：宇柏資訊股份有限公司02-2523-1213#115~#119。

 中華民國物流協會
TAIWAN ASSOCIATION OF LOGISTICS
MANAGEMENT
http://www.talm.org.tw

 宇柏資訊股份有限公司
UPLAS INFORMATION CORP.LTD
http://www.uplas.com.tw

供應鏈管理專業認證—證照特色

優質專業：中華民國物流協會為國內最早成立的專業物流組織，在物流人才培育方面，擁有相當豐富的經驗及精良的師資群，所推出的證照課程，不論是高階或初階，國內或國際證照，一貫強調品質嚴格把關，彰顯專業精神，是您值得信賴的伙伴。

國際接軌：物流協會的人才資格培訓，由淺入深，系統健全，取得本張資格證照後，還可以再接再厲與國際接軌，參加CILT新加坡的供應鏈管理主管或CILT英國的物流營運經理資格認證。

就業奠基：本會一向重視產學合作，致力協助大專院校開發專業認證課程及培育物流管理專業人才。在適當條件下，本會所屬會員廠商也樂意提供給取得證照之學員優先面試或任用之機會。此外，本會也與就業網站合作，為取得證照之學員推薦或媒合適當的工作機會。

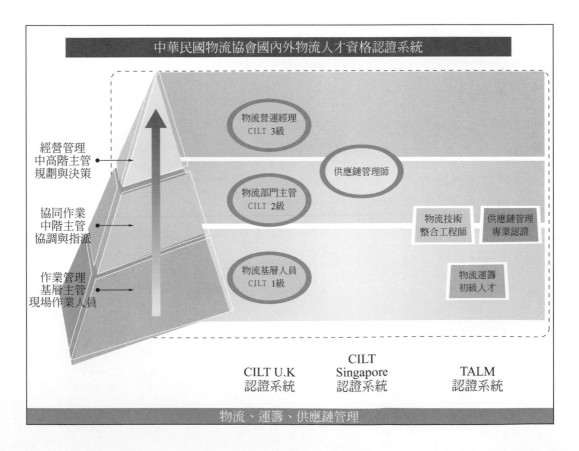

供應鏈管理專業認證 考試時程表		
項　次	內　容	時　程
1	公告考試日期	每年3月及9月
2	線上報名期間	每年4月及10月，報名期間為期一個月
3	准考證公告與下載	考前一週由考生至證照服務網下載列印
4	考試日期	每年6月及12月，北/中/南三區統一時間舉行認證考試
5	榜單公告與查詢	考試後一個月，由發證單位公告於證照服務網
6	考試結果複查申請	榜單公告後一週內
7	寄發合格證書	榜單公告後2個月內

得 分

本章認證考題

CH1

供應鏈管理與競爭策略

班級：＿＿＿＿＿＿＿＿＿

學號：＿＿＿＿＿＿＿＿＿

一、選擇題

（　　） 1. 下列哪一項是屬於供應鏈思維的決策想法？　(A)管理企業內部資源　(B)盡可能買最好的原物料　(C)保持良好的供應商關係　(D)開發獨一無二的跨界的能力

（　　） 2. 以下哪一個因素對供應鏈管理推動的成功與否影響最大？　(A)部門間的合作(B)良好的資訊系統　(C)有效的作業外包　(D)最上層的管理承諾

（　　） 3. 供應鏈管理者發現只有誰才是真正將金錢投入供應鏈的人？　(A)供應商　(B)企業本身　(C)供應商的供應商　(D)最終顧客

（　　） 4. 回饋是策略的決策領域之一，以下哪一項描述是屬於回饋這個決策領域的供應鏈強化的觀點？　(A)將環境變化視為挑戰和機會　(B)開發並管理供應商的能力　(C)建立世界級的供應鏈團隊　(D)共享績效資料，帶動學習

（　　） 5. 經由供應鏈對供應鏈的競爭，競爭優勢最後是由誰贏得？　(A)供應商　(B)供應鏈中的核心企業　(C)顧客　(D)供應鏈整體

（　　） 6. 管理者會持續問四個問題，以定義邁向供應鏈成功的4步驟流程圖，這四個問題包括：我們是誰？我們目前如何適應？我們未來如何適應？以及？　(A)我們如何控制流程？　(B)我們如何評估績效？　(C)我們如何達到目標？　(D)我們如何持續學習？

（　　） 7. 下列哪一項敘述是屬於「資源」這個決策領域的供應鏈強化觀點：　(A)評估供應鏈績效　(B)取得持續的獲利能力　(C)協助第一層顧客提升競爭力　(D)建立世界級的供應鏈團隊

（　　） 8. Wal-mart之所以可以達成大量各式商品的「每日最低價」，其主要秘訣在於其？　(A)庫存補貨系統　(B)商品促銷　(C)新產品引進　(D)廣告策略

（　　） 9. 企業推廣供應鏈管理在於追求什麼樣的成功境界：　(A)企業自身的成功　(B)促進供應鏈整體成員的成功　(C)供應商的成功　(D)直接顧客的成功

（　　）10. 策略制訂的資源基礎理論強調的是內部資源的管理以建立難以模仿的優勢，該理論著重於建立組織的？　(A)行銷能力　(B)原料取得能力　(C)技術與流程　(D)新產品開發及上市

（　）11. 供應鏈策略強調滿足誰的需要？　(A)企業自身　(B)供應商　(C)直接顧客　(D)最終顧客

（　）12. 以下哪一種企業內的功能是負責運輸及儲存原物料，以配合不同時間及地點的需要：　(A)供應管理　(B)製造營運　(C)物流　(D)研究開發

（　）13. 理論上最完美的供應鏈整合程度為：　(A)內部流程整合　(B)與第一層主要供應商的向後流程整合　(C)與第一層主要顧客的向前流程整合　(D)完整的向前和向後整合

（　）14. 促使Dell和Wal-Mart得以成功的力量為商業模式，而要實踐有效的商業模式企業應致力於？　(A)改善作業效率　(B)降低採購成本　(C)推廣供應鏈管理　(D)技術升級

（　）15. 為有效推動供應鏈管理，企業應採取什麼樣的經營態度？　(A)凡事盡量自己來做　(B)盡可能把作業外包　(C)只執行少數企業自己專長的事情，其餘作業則外包出去　(D)以不變應萬變

（　）16. 管理者判斷環境的改變所代表的意涵，並使用企業的資源有效地予以回應，此為何種策略理論所採取的應變方式？　(A)權變理論　(B)產業組織理論　(C)資源基礎理論　(D)雁行理論

（　）17. 在現今這個時代，企業想要獲得成功應創造不可複製的能力，應多將心力投入在？　(A)作業改善　(B)知識與流程建立　(C)保有更多技術　(D)投資更多設施

（　）18. 策略的整體觀強調四個決策領域，以下哪一項不屬於該決策領域之一？　(A)環境　(B)資源　(C)目標　(D)銷售預測

（　）19. Honda重視其供應商對最終顧客的承諾，因此花了許多時間和金錢來幫助供應商改善其？　(A)研究發展　(B)生產流程　(C)資源調度　(D)人事管理

（　）20. 領先的供應鏈企業利用4步驟流程，並著重於評估、規劃、執行、以及_____的循環？　(A)預測　(B)學習　(C)管理　(D)控制

（　）21. 為提高整個供應鏈的競爭力，供應鏈中的每個公司都應有效地管理它自己的？　(A)價值鏈　(B)研發方向　(C)功能改善　(D)顧客關係

（　）22. 有四個協同合作的議題可以促進達成供應鏈的目標，它們包括了關係管理、資訊分享、績效評估及？　(A)員工授權　(B)終身學習　(C)目標管理　(D)持續改善

（　）23. IBM的Robert Moffat曾說，Dell和Wal-mart得以成功的力量是商業模式，而促成的工具則是？　(A)價值鏈　(B)供應鏈　(C)目標管理　(D)績效評估

（請沿線撕下）

( ) 24. 當一個企業經由開發獨特的技術和流程而取得競爭優勢時，我們稱此企業擁有了？ (A)專利權 (B)核心能力 (C)市場優勢 (D)技術優勢

( ) 25. 長鞭效應說明了需求的變動在沿著供應鏈向上決策的過程中會被？ (A)減少 (B)不變 (C)放大 (D)有時減少,有時放大

( ) 26. 企業難以複製的能力是建立在？ (A)昂貴的設施 (B)龐大的資金 (C)整合資源的流程 (D)低廉的原物料

( ) 27. 寶僑（Procter & Gambler）的執行長A. G. Laffley認為一個組織最重要的目標是建立？ (A)營收 (B)股份 (C)獲利 (D)顧客價值

( ) 28. 彼得·杜拉克（Peter Druker）強調，商業目的只有一個正確答案： (A)創造利潤 (B)創造就業 (C)創造顧客 (D)創造產品

( ) 29. 為建立難以模仿的優勢，資源基礎理論強調管理內部的？ (A)技術 (B)流程 (C)功能 (D)資源

( ) 30. 以下哪一項功能負責將來自供應商的進貨轉換成另有更高價值的產品？ (A)行銷 (B)供應管理 (C)生產製造 (D)財務

( ) 31. 為了協助擬定成功的競爭策略，企業應該要正確地評估其競爭因素，而決定應該評估哪些競爭因素，則要考慮到？ (A)內部環境 (B)外部環境 (C)內部環境及外部環境 (D)對手所在市場之環境

二、問答題

1. 何謂長鞭效應？供應鏈管理如何有利於降低或阻止長鞭效應？

2. Michael Porter提出了價值鏈（Value Chain）這個名詞，用來描述企業內部功能之間互相連結的本質，試簡述企業內部包含有哪些不同的功能（請至少寫出四項）？各功能的職責為何？

3. 價值鏈與供應鏈有何不同？彼此又存在什麼樣的關係？

4. 企業在制定策略與建立商業模式時，會思考兩個以權變理論為基礎的重要理論：產業組織理論及資源基礎理論，請分別簡述這兩個理論的核心意義。

5. 供應鏈管理的定義為何？請簡單解釋其定義？

6. 供應鏈管理的目標是建立一個企業「團隊」，請問這些團隊包含哪些成員？其個別的成員具有的功能為何？

7. 簡單說明不同程度的供應鏈整合。

8. 要設計一個世界級的供應鏈，管理者必須了解其公司所在的供應鏈是如何實際運作的。為確實有效了解這個供應鏈的各種變化，他們必須評估那些重要的議題？

9. 有效的商業模式必須回答兩個問題：「我們的業務為何？」以及「我們要如何將這個業務做得比任何人更好？」，當企業的管理者透過供應鏈的角度來思考時，他們看待以上二個問題的方式會變得不同，請問他們會改為提出什麼樣的問題來分別取代以上兩個問題？

10. 企業策略的四個決策領域為環境、資源、目標、及回饋，若以供應鏈強化的觀點來思考，管理者對這四個決策領域會採取什麼樣的做法？

一、選擇題

(　　) 1. 哈佛教授迦文（Garvin）認為在最終使用者心中，品質是由八個維度組成，其中性能（performance）是指？　(A)產品的主要操作特性　(B)當品質發生問題時，維修的速度　(C)產品獨具的功能特色　(D)產品的可信賴程度

(　　) 2. 業界領導廠商如Canon，Honda，and 3M，採用＿＿＿＿＿＿＿＿＿(ESI)是做為創新策略的關鍵方式。

(A)Enterprise source information（企業搜源資訊）

(B)Export sourcing interface（專家搜源介面）

(C)Environmental strategy implementation（環境策略實施）

(D)Early supplier involvement（早期供應商參與）

(　　) 3. 在顧客滿意策略中之顧客意見回饋,可協助管理者達成之事項，請問不包含以下何者？　(A)將績效標準與顧客期待調整為一致　(B)對於競爭力的績效進行標竿分析(C)配置資源與重新調整優先次序　(D)採取新的政策與實行方法

(　　) 4. 以下何者為阻礙企業達到更好的顧客滿意度的前四項因素？　(A)員工訓練、預算限制、政策、顧客預期　(B)員工訓練、績效衡量、授權、政策　(C)員工訓練、績效衡量、政策、顧客預期　(D)員工訓練、預算限制、政策、顧客預期

(　　) 5. 請判斷以下二個描述之正確性：

①最終顧客是唯一真正將金錢投入供應鏈的人，因此供應鏈成員都須正視如何滿足最終顧客的需求

②實施顧客為中心的需求履行策略時應特別重視把所有顧客均視為平等的,且提供相同等級的服務

(A)①②均正確　(B)①正確②不正確　(C)①不正確②正確　(D)①②均不正確

(　　) 6. 資訊的容易取得和權力的移轉讓某些顧客利用他們的市場影響力，持續要求以更低的成本得到更高的服務水準，這些顧客被稱為？　(A)高吸力海綿　(B)顧客賦能　(C)反向拍賣　(D)垂直整合

(　　) 7. 六標準差（6σ）是指不良率為多少？　(A)百萬分之2.4　(B)百萬分之3.4　(C)百萬分之6　(D)百萬分之60

【尚有試題，請翻面繼續作答】

（　　）8. 以下關於「顧客滿意度」的敘述，何者錯誤？　(A)以顧客爲中心的企業文化必須由適當的組織結構和系統來支持　(B)滿足顧客的關鍵是瞭解他們的需求，開發獨一無二的產品和服務來滿足這些需求　(C)當顧客從事購買行爲時，他就是在購買一組滿意度　(D)顧客滿意度可以引向可獲利的重複性商業行爲

（　　）9. 以下關於「顧客服務」的敘述何者錯誤？　(A)應瞭解顧客的需求是什麼？　(B)讓績效標準和顧客期待調整爲一致的　(C)所有的顧客都是平等的　(D)應將供應鏈的焦點集中在最終顧客上

（　　）10. 辨識具有相同需求的特定顧客族群，以幫助管理者開發產品，建立可滿足不同顧客族群的系統，此稱之爲？　(A)顧客成功因素（customer success factors）　(B)顧客區隔（customer segmentation）　(C)帕雷托法則（Pareto principle）　(D)顧客關係管理（customer relationship management）

（　　）11. 利用銷售量將顧客分類，可以幫助我們定義顧客關係強度，此方法稱之爲？　(A)顧客成功因素（customer success factors）　(B)顧客區隔（customer segmentation）　(C)帕雷托法則（Pareto principle）　(D)顧客關係管理（customer relationship management）

（　　）12. 某公司每週的成本是$230,000元，依據作業基礎成本制分析如下：(1)收料作業：$86,600、(2)物料搬運：$84,600、(3)加速催料$58,800。某客戶佔了該公司25%的銷售量，它的採購金額達$63,000元。進一步分析該客戶的業務佔了收料作業的25%，搬運作業的30%，催料作業的40%，請求滿足此顧客所需的作業成本爲何？

(A)57,500　(B)63,000　(C)70,550　(D)23,0000

（　　）13. 在企業能力－顧客成功因素一致性矩陣中，如果公司競爭力爲「高」，顧客成功因素爲「高」，則花在此顧客的資源爲：　(A)投入不具優勢的活動，結果是分散焦點，浪費能力　(B)良好的一致性，企業和顧客雙方都能獲利　(C)建議避免浪費資源在這些活動上　(D)將努力和資源投入無價值的活動，無法幫助顧客成功

（　　）14. 顧客關係管理（CRM）的原文是？　(A)Customer relationship management　(B)Customer resource management　(C)Customer relation management　(D)Customer reffect management

（　　）15. 利用ＡＢＣ分類將顧客依據銷售額區分，對於A級顧客的敘述以下何者正確？　(A)顧客數量佔了絕大部分的比例　(B)被公平而有效率的對待，

但是較少獲得管理者的關注　(C)他們會成為未來的首選顧客，可以利用長期合約來支持正式的關係　(D)與其保持密切的一致性，能夠產生絕佳的機會，建立強大具有獲利性的關係

(　) 16. 以下哪一個不是創造顧客價值的五個基本領域？　(A)品質　(B)彈性　(C)交付　(D)地點

(　) 17. 以下何者不是哈佛教授大衛迦文（David Garvin）認為在最終使用者心中的品質要素之一？　(A)績效（性能）　(B)價格　(C)可靠度　(D)美感

(　) 18. 哈佛教授大衛迦文（David Garvin）認為在最終使用者心中，品質是由八個要素組成，其中耐久性是指？　(A)與其他競爭者的產品相比，獨具的功能特色　(B)當品質問題發生時，維修的速度　(C)產品可被信賴，不會發生錯誤　(D)介於故障損壞到正常使用年限之間，此產品之平均時間

(　) 19. 對於降低成本的常用的策略的敘述下列何者錯誤？　(A)提高生產力　(B)採用先進的製程技術　(C)進行裁員以減低人力成本　(D)在具有低投入要素成本的國家設廠

(　) 20. 以下對於建構具彈性的企業文化的方法，何者敘述錯誤？　(A)繪製流程圖，使流程清晰可見　(B)讓週期時間在組織之中具有優先權　(C)在組織的每一個流程中建立學習循環　(D)對員工做部門特訓，分配單一重複性工作

(　) 21. 公司能夠做得非常好的某件事物，它能為公司提供競爭優勢，這些事物稱之為？　(A)核心能力　(B)80-20法則　(C)顧客區隔　(D)顧客滿意度

(　) 22. 15%～40%的企業產能被耗用來找出和修正品質不良的問題，此為形容下列何者？　(A)隱形工廠　(B)高吸力海綿　(C)顧客賦能　(D)六標準差

(　) 23. 以下對於企業使用CRM系統的敘述何者錯誤？　(A)可以利用貴賓卡蒐集顧客購物明細，儲存在顧客資料庫中　(B)對於C類顧客或價值較低的顧客給予等級較差的服務　(C)從顧客檔案可了解顧客的購買習慣，決定此顧客的獲利性　(D)把每個顧客都視為一個機會，可能讓無獲利性的顧客變的有獲利性，讓有獲利性的顧客變的更有獲利性

(　) 24. 請判斷以下二個描述之正確性：
①企業應在開發早期限制供應商參與，以免機密外洩
②快速、可靠的交付需要減低訂單週期時間，並排除變動性
(A)①②均正確　(B)①正確②不正確　(C)①不正確②正確　(D)①②均不正確

( ) 25. 以下何者作法會產生顧客忠誠度？ (A)當顧客使用經驗符合了先前的期待時 (B)當滿足內部設定的期望時 (C)當滿足顧客所驅動的期望時 (D)當企業能夠做到幫助顧客改善競爭力時，就有機會獲取顧客的忠誠度

( ) 26. 讓顧客成功可以建立顧客忠誠度，以下何者不是顧客成功策略？ (A)對顧客進行績效評估 (B)清楚地了解下游的需求 (C)提供訓練給顧客 (D)與顧客分享資源

( ) 27. 辨識特定顧客的需求，讓公司的承諾和能力符合這些需求，這是成功實施顧客為中心的需求履行策略的關鍵。因此企業需要三種類型的分析，不包括下列何者？(A)顧客分析 (B)績效分析 (C)供應鏈分析 (D)企業能力分析

二、問答題

1. 請寫出顧客價值五大主張中，除品質外還有哪四項並簡述之？
2. 直接取得重要顧客對服務的期望是很重要的，請寫出至少兩種常用的方法？
3. 何謂早期供應商參與（Early supplier involvement），請簡述之。
4. 請說明「顧客滿意度」與「顧客忠誠度」之間的差異性？
6. 運用帕雷托法則（Pareto principle）定義顧客關係強度的主要目的為何？
7. 顧客分析的作用是確認顧客需求，幫助管理者區分顧客，試說明此處顧客區隔的意義？
8. 可以將特定成本直接與顧客相關的一些作業相連結的會計成本制度稱之為？企業要如何應用這個方法提高與顧客的議價能力？
9. 「Toyota可以五日客製化汽車，使用混合車型組裝，創造顧客價值。」以上敘述是顧客價值五大領域的哪一個領域的運用，其意義為何？
10. 請描述顧客服務、顧客滿意與顧客成功此三種顧客需求履行策略的焦點與其限制？（限制部分請至少各寫一種）
11. 請你以一個實際的例子說明該公司於顧客價值的五個領域中的哪一個領域創造出自己的特色，並且獲得顧客青睞？
12. 請寫出在最終使用者的心中，品質是由哪些要素所組成的？（至少寫三種）
13. 供應鏈為了降低成本取得顧客價值，請至少寫出兩種常用的策略？

（請沿線撕下）

得　分

本章認證考題

CH3
流程思維：SCM的基礎

班級：＿＿＿＿＿＿＿＿＿＿

學號：＿＿＿＿＿＿＿＿＿＿

一、選擇題

（　　）1. 對於流程思維的描述何者爲非？　(A)整合性的流程思考將會取代區隔式的個別思考　(B)功能性組織會促成流程思考　(C)商業環境的競爭重心將由「我們做了什麼？」轉到「我們如何做？」　(D)商業環境的競爭重心將由「我們做了什麼？」轉到「我們如何做？」

（　　）2. 在某一領域中做的決策會影響其他領域的表現。因此在系統分析的程序步驟中會進行哪項工作,以利進行較佳的決策？　(A)策略分析（strategic plan）　(B)權衡取捨分析（trade-off analysis）　(C)缺口分析（gap analysis）　(D)強弱分析（SWOT analysis）

（　　）3. 以下敘述何者正確？
①大多數公司都已經進行大量的跨功能整合性，亦即流程整合已經很常見。
② Forrester早預見整合性的流程決策將會取代區隔式的個別思考。
(A)①②均正確　(B)①正確②不正確　(C)①不正確②正確　(D)①②均不正確

（　　）4. 以下敘述的對應關係何者正確？
①功能性管理＝＝>我們如何做
②流程性管理＝＝>我們做什麼
(A)①②均正確　(B)①正確②不正確　(C)①不正確②正確　(D)①②均不正確

（　　）5. 以下何者不是功能性管理的特徵？　(A)其結構會限制合作　(B)會阻礙創造性思考　(C)強調在於做甚麼　(D)強調在於如何做

（　　）6. 以下何者不是流程性管理的特徵？　(A)促進協同合作　B) 以較低的成本滿足顧客　(C)會阻礙創造性思考　(D)強調在於如何做

（　　）7. 以下何者不是功能性管理的特徵？　(A)決策偏向局部最佳化　(B)較有本位主義　(C)強調跨部門合作　(D)通常較關注自己的績效

（　　）8. 對於各部門之功能決策的傾向,以下敘述何者錯誤？　(A)採購—最低採購價格　(B)生產—SKU儘可能的多　(C)物流—集中存貨　(D)行銷—快速回應

（　　）9. 對於各部門之功能決策的傾向,以下敘述何者錯誤？　(A)採購—最低採購價格　(B)生產—SKU最小化　(C)物流—分散存貨　(D)行銷—快速回應

【尚有試題，請翻面繼續作答】

( )10. 對於各部門之功能決策的傾向，以下敘述何者錯誤？ (A)採購—高變動的需求 (B)生產—ＳＫＵ最小化 (C)物流—集中存貨 (D)行銷—高存貨量

( )11. 分析新產品開發此加值流程中所考慮的幾個流動，①資訊流(顧客需求)、②金流(收入計畫)、③物流(原料供應)比較可能的順序為？ (A)①→②→③ (B)①→③→② (C)②→①→③ (D)③→①→②

( )12. 以下敘述何者正確？
①多數的企業流程是由資訊流、金流、與物流這三個流動所組合。
②大多數的企業流程是由金流活動先開始。
(A)①②均正確 (B)①正確②不正確 (C)①不正確②正確 (D)①②均不正確

( )13. 以下敘述何者正確？
①多數的企業流程是由資訊流、金流、與物流這三個流動所組合。
②這三個流動的順序和活動型態取決於企業流程本身的特質。
(A)①②均正確 (B)①正確②不正確 (C)①不正確②正確 (D)①②均不正確

( )14. 以下敘述何者正確？
①多數的企業流程是由資訊流、金流、與物流這三個流動所組合。
②流程分析均是依資訊流→金流→物流此固定順序進行。
(A)①②均正確 (B)①正確②不正確 (C)①不正確②正確 (D)①②均不正確

( )15. 分析原料取得此加值流程中所考慮的幾個流動,①資訊流(需求辨識)、②金流(帳單)、③物流(運輸貨品)比較可能的順序為？
(A)①→②→③ (B)①→③→② (C)②→①→③ (D)③→①→②

( )16. 招標書是指？ (A)RFP (B)RFQ (C)SOW (D)POD

( )17. 以下敘述之對應關係何者正確？
①功能性思考-→尋求局部最佳化。
②系統性思考-→同時思考短期局部性與長期系統性決策。
(A)①②均正確 (B)①正確②不正確 (C)①不正確②正確 (D)①②均不正確

( )18. 系統思維的必要條件，何者為非？ (A)整體觀點 (B)資訊的可利用性與正確性 (C)跨功能以及跨組織的團隊合作 (D)使用高科技

( )19. 以下的對應何者錯誤？ (A)RFID-無線射頻辨識 (B)data warehouse-資料倉儲 (C)data mining-資料挖掘 (D)TCO-限制理論

【尚有試題，請翻面繼續作答】

（　）20. 有關系統思維中資訊可利用性與正確性的敘述何者正確？

　　①運用現代化技術可協助蒐集並分析大量資料，降低了系統思維時的資訊匱乏。

　　②大多數管理者仍認為資料的短缺與不正確阻礙了決策的制定。

　　(A)①②均正確　(B)①正確②不正確　(C)①不正確②正確　(D)①②均不正確

（　）21. Wal-Mart調查每個採購員的重要供應商以評量採購員的行為，其主要的用意何者為非？　(A)維持良好的供應商關係　(B)了解採購員的專業性　(C)作為採購員整體評量的重要參考元素　(D)了解採購員是否盡最大能力壓低採購價格

（　）22. 系統分析步驟中何者為辨識系統界線的先決條件？　(A)決定相互關係　(B)目標定義　(C)決定資訊需求　(D)進行權衡分析

（　）23. 作為系統性決策的資訊所需具備的條件何者為非？　(A)取得價格高　(B)正確性　(C)相關性　(D)時效性

（　）24. 哪二種技術可幫助管理者辨識與評估系統的權衡？　(A)流程繪製與總成本分析　(B)合理化與專案管理　(C)流程繪製與風險管理　(D)情境分析與動態模擬

（　）25. 以下的對應何者錯誤？　(A)core competency-核心能力　(B)cost leardership-成本領導　(C)value proposition-價值鏈　(D)differentiation-差異化

（　）26. 若將企業視為一個加值系統，請問①目標、②決策領域、③策略性連結，比較正確的順序為？　(A)①→②→③　(B)①→③→②　(C)②→①→③　(D)③→①→②

（　）27. 若將企業視為一個加值系統，其中策略性連結主要是考慮哪二個項目的連結？　(A)價值主張與核心企業能力　(B)加值功能與資源　(C)資訊系統與績效評估系統　(D)價值主張與資源

（　）28. 若將企業視為一個加值系統，其中決策領域主要是考慮哪二個項目的連結？　(A)價值主張與核心企業能力　(B)加值功能與資源　(C)資訊系統與績效評估系統　(D)價值主張與資源

（　）29 若將企業視為一個加值系統，其中以下哪個項目主要屬於跨界機制所要考量的？　(A)價值主張　(B)核心能力　(C)績效評量系統　(D)資源

（　）30. 以下的對應何者錯誤？　(A)JIT-及時生產　(B)lean manufacturing-精實生產　(C)infrastructure-基礎設施　(D)process reengineering-流程績效

(　　) 31. 許多流程執行不順利的原因是我們不夠了解整個過程，在流程再造的哪個步驟主要在克服此問題？　(A)辨識想要的結果　(B)具體可見的流程　(C)重組流程　(D)指定工作職責

(　　) 32. 流程必須被設計來滿足特定的顧客需求！因此流程再造應該從詢問"為什麼要執行這個流程"開始。請問這過程是流程再造哪個步驟的主要工作？　(A)辨識期望成果　(B)具體可見的流程　(C)重組流程　(D)指定工作職責

(　　) 33. 知識系統讓公司任何地方的管理者都可以找到相關的專業技術與經驗，請問此描述比較屬於流程再造哪個步驟所關注？　(A)辨識期望成果　(B)具體可見的流程(C) 組流程　(D)善用技術

二、問答題

1. 管理正面臨一個重要的突破點，即是了解到產業中公司的成功係取決於五種流的相互作用，請寫出四種流？

2. 以功能組織來看，請試寫出採購功能的目標為何？決策項目為何（至少寫出一項）以及評估標準（至少寫出一項）？

3. 以功能組織來看，請試寫出生產功能的目標為何？決策項目為何（至少寫出一項）以及評估標準（至少寫出一項）？

4. 以功能組織來看，請試寫出物流功能的目標為何？決策項目為何（至少寫出一項）以及評估標準（至少寫出一項）？

5. 以功能組織來看，請試寫行銷功能的目標為何？決策項目為何（至少寫出一項）以及評估標準（至少寫出一項）？

6. 全球作業所需負擔的成本，請列舉至少四種。

7. 每個流程都包含了一組可識別的"流"以及增加價值的活動，一般這組"流"包含哪三個流？

8. 培養系統性思考時必須有五項必要條件，請問除了系統性的分析之外還有哪四項？

9. 請繪出系統分析流程步驟的示意圖。

10. 若將企業視為一個加值系統，請將企業目標、策略連結（價值主張與核心能力）、決策領域（加值功能與資源）以及跨界機制（資訊系統與績效評量）等四個單元，以圖示方式表達這些單元的關聯。

11. 請試寫出企業需管理的五種資源並概述其重要性。

12. 一個設計良好的績效評量系統能夠那些效果？（請至少寫出4種）

得　分

班級：＿＿＿＿＿＿＿＿＿＿＿

學號：＿＿＿＿＿＿＿＿＿＿＿

一、選擇題

(　　) 1. 以下敘述何者正確？

①新產品開發的流程每一步都伴隨著風險。

②很多企業已經可以良好控制新產品開發的流程。

(A)①②均正確　(B)①正確②不正確　(C)①不正確②正確

(D)①②均不正確解

(　　) 2. 新產品開發流程的中心是？　(A)顧客需求　(B)如何讓客戶滿意　(C)滿足顧客並創造利潤　(D)顧客滿意循環

(　　) 3. 新產品開發流程的顧客滿意循環第一步驟是？　(A)了解顧客想法　(B)將新產品概念化並開發出來　(C)驗證新產品的財務可行性　(D)投資顧客喜愛的新創產品

(　　) 4. 新產品開發流程的顧客滿意循環第四步驟是？　(A)了解顧客想法　(B)將新產品概念化並開發出來　(C)驗證新產品的財務可行性　(D)投資顧客喜愛的新創產品

(　　) 5. 對供應鏈領導者言，他們通常會讓新產品開發團隊負責哪個部分？　(A)顧客需求　(B)如何讓客戶滿意　(C)滿足顧客並創造利潤　(D)顧客滿意循環

(　　) 6. 新產品開發的主要二個挑戰為？　(A)時間的壓縮，技術　(B)時間的壓縮，人員　(C)時間的壓縮，成本　(D)成本，技術

(　　) 7. 管理與控制風險的首要步驟為？　(A)分析風險　(B)辨識風險　(C)評估風險　(D)處置風險

(　　) 8. 為增加風險評估的客觀性，Intel採用的方法是？　(A)以跨功能小組來取代個人評分　(B)指派明確的負責人　(C)建立風險矩陣　(D)建立具體時間表

(　　) 9. 在新產品開發初期就將重要供應商納入新產品開發團隊，此情況稱為？　(A)ESI　(B)NPD　(C)SCM　(D)CRM

(　　)10. 以下敘述何者正確？

①Apple電腦屬於整合性產品設計。

②一般PC屬於模組化設計。

(A)①②均正確　(B)①正確②不正確　(C)①不正確②正確　(D)①②均不正確

【尚有試題，請翻面繼續作答】

( ) 11. 以下敘述何者不正確？　(A)模組化的好處在於標準化，提供零件替換和委外的可能性　(B)模組化產品可降低對供應商依賴的風險　(C)一般ＰＣ屬於模組化設計　(D)Apple電腦屬模組化設計

( ) 12. 新產品開發流程的第一步驟是了解顧客想法，這主要是哪個部門的專長？　(A)行銷　(B)物流　(C)生產　(D)財務

( ) 13. 新產品開發流程的第一步驟是了解顧客想法，因此行銷需要創造以＿＿＿＿為導向的解決方案以滿足期待和需求？　(A)產品　(B)技術　(C)流程　(D)顧客

( ) 14. 在顧客導向的行銷中，以下哪個不是產品的延伸所包含的事項？　(A)效率化的製造　(B)產品是否容易使用　(C)售後支援　(D)購買經驗

( ) 15. 顧客願意為產品所付出多少錢？這變成企業對於產品或服務的所設定的"＿＿＿＿"。
(A)目標成本　(B)目標價格　(C)預期利潤　(D)總體擁有成本

( ) 16. 以嚴格功能部門界線為基礎的產品開發方法稱為？　(A)同步ＮＰＤ　(B)循序NPD　(C)垂直NPD　(D)水平NPD

( ) 17. 大多數供應鏈領導者提倡的產品開發方法為？　(A)同步ＮＰＤ　(B)循序NPD　(C)垂直NPD　(D)水平NPD

( ) 18. 新產品開發（ＮＰＤ）團隊通常依賴稱為"＿＿＿＿＿"的整合性方法？
(A)目標成本　(B)目標價格　(C)預期利潤　(D)總體擁有成本

( ) 19. 以下對於NPD的目標成本整合方法敘述何者正確？
①先設定目標售價再估算預期利潤後則得到目標成本。
②先設定目標成本再加上預期利潤後則得到目標價格。
(A)①②均正確　(B)①正確②不正確　(C)①不正確②正確　(D)①②均不正確

( ) 20. 同步的新產品開發（ＮＰＤ）流程的第一個挑戰是？　(A)決定目標成本　(B)決定目標價格　(C)決定預期利潤　(D)決定總體擁有成本

( ) 21. 以下對於決定目標價格的敘述何者正確？
①銷部門通常希望較低的定價，以刺激銷售。
②財務部門通常希望較高的定價，以彌補成本產生利潤。
(A)①②均正確　(B)①正確②不正確　(C)①不正確②正確　(D)①②均不正確

( ) 22. 產品設計對於產品生命週期各階段的成本均造成影響，請問設計部門不積極參與修改設計以達成目標成本的最可能原因是？　(A)技術問題　(B)時間問題　(C)與工作績效關聯性低　(D)組織問題

( ) 23. 為維持財務人員的客觀性，以下敘述何者正確？
①地區性事業單位的財務人員直屬於事業單位總經理，屬實線的直接報
告關係。
②地區性事業單位的財務人員直屬於公司財務部門，屬實線的直接報告
關係。
(A)①②均正確　(B)①正確②不正確　(C)①不正確②正確　(D)①②均不
正確

( ) 24. 為維持財務人員的客觀性，在組織上安排以下何者正確？　(A)直屬地區
事業單位總經理　(B)與地區單位總經理為直接報告關係　(C)與總公司
財務部門為間接報告關係　(D)與總公司財務部門為直接報告關係

( ) 25. 對於營業利潤的描述何者正確？　(A)即為稅前利潤　(B)包含業外損益
(C)不包含業外損益　(D)等於銷售額減去直接費用

( ) 26. 以下的描述何者不正確？　(A)銷售額－銷貨成本＝毛利　(B)毛利－管
銷費用＝營業利潤　(C)營業利潤＋業外收益＝稅前利潤　(D)銷售額－
管銷費用＝毛利

( ) 27. 以下敘述何者正確？
①現金流（cash flow）的重要性愈來愈受企業關注。
②現金流（cash flow）是有關於現金支付與收入的數量控制而非時間控
制。
(A)①②均正確　(B)①正確②不正確　(C)①不正確②正確　(D)①②均不
正確

( ) 28. 依據某公司的損益表得知其稅前利潤為20萬元，但卻發現近期的原料貨
款繳不出來，請問你認為該公司應該更重視哪個管理報表？　(A)資產負
債表　(B)現金流量表　(C)股東權益變動表　(D)保留盈餘表

( ) 29. 經濟附加價值（EVA）的簡化公式為？假設使用資金成本為（使用資金
總額＊資金成本利率）(A)收入－稅金－資金成本　(B)營業利潤－稅金－
資金成本　(C)收入－稅金－資金總額　(D)營業利潤－資金成本

( ) 30. 對於經濟附加價值（EVA）價值的描述何者為非？　(A)簡單來說是指公
司有多少稅後利潤　(B)主要用來評估投入資金所產生的剩餘價值　(C)
用以評估回饋給股東的真正價值　(D)須考量所付出的資金成本

二、問答題

1. 請依序寫出顧客滿意循環。

2. Intel建立了一個優秀的風險管理正規程序，該程序分析了8項風險因素，請至少列舉四項。

3. 請寫出影響目標價格的主要原因，請至少列舉四項。

4. 請簡述何謂循序式新產品開發（NPD）程序。

5. 請簡述何謂同步式新產品開發（NPD）程序。

6. 降低新產品開發的風險，可採取的方式有哪些？請至少舉出二項。

7. 顧客滿意循環的第一步驟是了解顧客的想法，請舉出可以運用哪些方式來進行這個步驟？請至少舉出二項。

8. 你認為將來產品開發的趨勢將往循序式新產品開發（NPD）或是同步式NPD發展？請說明理由。

9. 請繪出導出目標成本的邏輯順序並加以說明。

10. 請舉例說明模組化設計與整合性產品設計的差異。

一、選擇題

(　　) 1. 供應鏈作業參考模型在level1所定義的五種流程，不包含哪個？　(A)採購（source）　(B)退貨（return）　(C)行銷（marketing）　(D)製造（make）

(　　) 2. 採購流程中交易管理包含以下哪一項？　(A)監控供應商的改善方案　(B)決定價格　(C)評估供應商　(D)供應商認可

(　　) 3. 協議在某個期間（通常是一年以上）內的整體條件及整體採購量的訂單稱為？　(A)選擇核可訂單（selection approval）　(B)加速訂單（expedite order）　(C)限制性採購訂單（limited purchase order）　(D)總括式訂單（blanket order）

(　　) 4. 許多公司在採購合約中加入罰則（penalty clauses）的目的是？　(A)確保供應商的財務穩定性　(B)在供應商處維持庫存　(C)要求供應商遵守降低成本的承諾　(D)避免交付時的問題

(　　) 5. 世界級生產管理的設計決策組合中，_____設計牽涉到技術選擇與職務設計。技術選擇取決於產量、財務來源、勞力成本等；職務設計則是以促進效率和品質方法將特定職務設計和分組。
(A)流程　(B)產品　(C)設施　(D)物料

(　　) 6. 麗莎的糖果工廠，變得很受歡迎，訂單的年成長率超過20%，但是公司的存貨正在增加，且以令人擔憂的速度開始賠錢，請問她最可能碰到了什麼困難？　(A)產品設計不符合市場需求　(B)競爭者太多，公司無法維持可持續的競爭力　(C)訂單履行流程的透明度不足，各部門無法協同合作有效完成交貨　(D)公司產品的創新程度不夠，無法取得市佔率，增加獲利。

(　　) 7. 訂單履行流程有哪三個主要功能組成？　(A)採購、生產、物流　(B)銷售、生產、回收　(C)客服、外包、行銷　(D)設計、採購、生產

(　　) 8. 有關訂單履行的實體流程敘述，下列敘述何者正確？①家樂福與大潤發這樣的零售商的訂單履行重點在於採購與物流，②Siemens與Toyota這樣的製造商滿足顧客的能力主要是在所具備的生產力與技術上。
(A)①②均正確　(B)①正確②不正確　(C)①不正確②正確　(D)①②均不正確

（　） 9. SCOR模型的五個主要流程，不包含？　(A)計畫　(B)採購　(C)銷售　(D)退貨

（　）10. 1980到1990年代之間，採購之所以變成供應鏈的策略性功能，有四個重要的發展，下列何者為非？　(A)採購進項變成主要的營運成本　(B)及時化(JIT)的生產革命更加強調採購者與供應商關係　(C)顧客關係管理軟體讓企業有能力對於最好的顧客提供絕佳的服務　(D)更多優秀的管理者開始投入採購管理的舞台

（　）11. 所謂MRO是哪三類採購項目的縮寫？　(A)Meat, Rice, Onion　(B)Maintenance, Repair, Operating　(C)Music, Rap, Orchestra　(D)Manufacturing, Retailing, Order

（　）12. 採購流程包含哪四個步驟？下列何者為非？　(A)需求溝通　(B)選擇供應商　(C)交易管理　(D)知識管理

（　）13. 下列敘述何者正確？

①採購流程開始於組織內的某一個人提出的物料需求；②採購申請書的功用是要爭取經費預算，因此應該強調訂單的急迫性，以優先取得物料。

(A)①②均正確　(B)①正確②不正確　(C)①不正確②正確　(D)①②均不正確

（　）14. 「交易管理」屬於採購管理流程之一，並包含下列哪一個工作項目？　(A)監控供應商　(B)決定價格　(C)績效評估　(D)售後服務

（　）15. 供應商選擇的流程的四個階段，不包含？　(A)辨識　(B)評估　(C)認可　(D)獎懲

（　）16. 下列敘述何者正確？

①PO（Purchase Order）通常協議了某個期間內的整體條件，一次含括全部的採購量；②總括訂單（blanket order）是一份註明了購買契約項目與條件的文件，讓供應商可以開始出貨。

(A)①②均正確　(B)①正確②不正確　(C)①不正確②正確　(D)①②均不正確

（　）17. Dock-to-stock 的意思是？　(A)一旦供應商獲得認證，就可以省略驗收步驟，貨品可以直接進入倉庫或是生產區域　(B)又稱為「越庫」　(C)屬於「績效監控」的流程　(D)以上皆是

（　）18. 當採購流程中，對於供應商定期追蹤時，發現有品質或配送的問題，則供應鏈管理者可能須要採取那些作為？　(A)增加追蹤工作頻率　(B)指

【尚有試題，請翻面繼續作答】

派公司人員與供應商一起工作　(C)使用高成本的緊急運輸方式　(D)以上皆是

(　) 19. 下列敘述何者正確？

①催貨（expediting）指的是致力於加速訂單完成交貨，正常情況下，發生的機會應該不多。②當供應商完成交貨，應該準時付款，甚至爭取提早付款的折扣。

(A)①②均正確　(B)①正確②不正確　(C)①不正確②正確　(D)①②均不正確

(　) 20. 採購流程中「績效監控」可以讓企業更了解供應商，有四種資訊應該被追蹤，何者為非？　(A)所有產品存貨的目前狀態　(B)所有供應商在評估標準上的表現　(C)每一種零件類型或是商品的資訊　(D)所有合約以及關係的相關資訊

(　) 21. 採購專業人士應該具備的四種管理技能何者是對供應商生產力和能力的了解？　(A)知識管理　(B)關係管理　(C)流程管理　(D)技術管理

(　) 22. 下列敘述何者正確？

①生產管理又稱為作業研究或作業管理；②生產管理，將資金、技術、勞工、原料轉換成更有價值的產品或服務，藉此創造價值。

(A)①②均正確　(B)①正確②不正確　(C)①不正確②正確
(D)①②均不正確

(　) 23. 有關生產管理的「設計決策」重點的意義，下列何者為非？　(A)設施選址：取決於可取得的生產要素和鄰近的顧客市場　(B)設施配置：決定設備的擺設位置、原料的動線和不同品相加工處理的次數　(C)產品價格：影響企業有獲利性地獲得未來市場佔有率的能力　(D)流程設計：牽涉到技術選擇與工作職務設計

(　) 24. 有關生產管理的「控制決策」重點的意義，下列何者為非？　(A)預測：估計需要生產什麼產品，以及何時生產它們　(B)存貨控制：決定生產多少產品以及何時生產它們。　(C)排程：包含整體生產計劃與個體規劃兩個層級　(D)品質控制：產品以及流程的設計、建立與檢驗

(　) 25. 有關精實生產的描述何者為非？　(A)與Toyota的JIT生產方法有關　(B)英文稱為lean production　(C)精實生產的目標是辨識並消除任何發現的浪費　(D)Toyota的方法以自動化為主，不需要員工參與生產系統的設計與管理

（　　）26. Toyota的5S基本原則，不包含？　(A)整理　(B)整頓　(C)整齊　(D)素養

（　　）27. 下列精實生產的敘述何者正確？
①物料同步移動是由「拉式」（pull）系統或「看板」（kanban）系統所完成的；②Kaizen - 表示逐步增加的生產力和持續的改革。
(A)①②均正確　(B)①正確②不正確　(C)①不正確②正確　(D)①②均不正確

（　　）28. 供應鏈管理者需了解服務作業的哪些特殊性質？　(A)供應鏈流程實際上就是服務　(B)服務主導了目前的經濟活動，服務性質的企業，則仰賴優異的供應鏈實務　(C)顧客要購買的是解決方法，而不只是產品　(D)以上皆是

（　　）29. 生產製造與服務作業解決方案的關鍵差異特性，不包含　(A)有形實體性　(B)有無規模經濟　(C)資訊化的程度　(D)管控的客觀性

（　　）30. CSCMP是什麼的縮寫？　(A)供應鏈管理　(B)物流管理　(C)供應鏈管理專業協會　(D)物流協會

（　　）31. 物流流程中，何者是有關原料、採購元件與零組件的進向運輸與儲存？　(A)產品管理　(B)物料管理　(C)實體配送　(D)零件與服務支援

（　　）32. 物流流程中，何者是指成品從製造商到顧客指定的交貨點的出向運輸與儲存？　(A)產品管理　(B)物料管理　(C)實體配送　(D)零件與服務支援

（　　）33. 下列有關訂單履行的說明，何者有誤？　(A)原文為Order Fullfillment　(B)物流藉著將訂單在正確的時間交付到正確的地點，來創造價值。　(C)訂單履行的週期開始於賣方的訂單出貨　(D)改善訂單週期時間的活動之一，為適當的存貨管理，可以加速供應訂單。

（　　）34. 下列何者是買賣方在訂單履行週期中對應的重要活動之一　(A)辨識需求（買方）　(B)訂單處理（買方）　(C)準備訂單（賣方）　(D)訂單傳送（賣方）

（　　）35. 下列何者並非改善訂單週期時間必須管理的五個主要活動之一　(A)設施選址與設計　(B)運輸管理　(C)訂單處理　(D)顧客關係管理

（　　）36. 下列有關運輸管理的敘述何者正確？
①運輸系統的設計，首要因素是選擇適合的運輸公司；②運輸成本、供應的能力、和可靠性會影響企業服務全球顧客所需的工廠數量與位置。
(A)①②均正確　(B)①正確②不正確　(C)①不正確②正確　(D)①②均不正確

（請沿線撕下）

（　）37. 供應鏈中運輸模式的選擇考慮因素，並無　(A)運送產品的形態　(B)運送起訖點　(C)顧客要求　(D)運送過程舒適程度

（　）38. 一般而言，下列運輸方式的成本高低排序為何：(1)包裹服務(2)整車(3)零擔(4)空運(5)牛奶式取貨。
(A)1＞2＞3＞4＞5　(B)2＞3＞1＞4＞5　(C)3＞1＞4＞5＞2
(D)4＞1＞3＞5＞2

（　）39. 下列何種運輸方式可以較容易從發貨地點運送到收貨地點，不需要接駁？　(A)鐵路　(B)公路　(C)管線　(D)航空

（　）40. 有關「越庫作業（Cross-docking）」的描述何者為非？　(A)主要由Wal-Mart公司開始採用並發揮顯著效果　(B)整車運輸的進貨商品，在區域物流中心卸下、拆開並重新分配　(C)大多數商品利用物流中心的儲存貨架存放，以配合零售賣場的電子訂單，揀貨及出貨　(D)又稱為「接駁轉運」。

二、問答題

1. 請寫出採購流程的四個階段並簡述之。
2. 1980到1990年代之間的四個重要發展促使採購演變成策略性的功能，試說明之。
3. 採購交易管理中，「最好」的價格可利用哪三種方法取得，試列舉說明。
4. 請解釋下列名詞(1)採購訂單(2)總括訂單
5. 績效監控可以讓企業更了解供應商，找出更能協作並建立長期關係的供應商人選。有四種績效相關資訊應該被追蹤，請說明之。
6. 世界級的生產作業管理活動中，有關設計決策的重點有哪四項？試列舉說明。
7. 世界級的生產作業管理活動中，有關控制決策的重點有哪四項？試列舉說明。
8. 物流流程主要可分為「物料管理」與「實體配送」兩部分，請說明兩者的意義。
9. 訂單履行由企業的哪三項功能負責完成？試列舉並說明之。
10. 供應鏈作業參考模型（SCOR）包含哪五個流程的串鏈，請分別解釋之。
11. 試繪圖及說明「越庫作業」在區域物流中心碼頭作業的三種動線類型。

得 分

班級：_____

學號：_____

一、選擇題

(　　) 1. 以下對供應鏈發展趨勢的描述何者為非？　(A)通路力量由製造商轉移到零售商　(B)大型專業店（category killers）如Wal-Mart, Home Depot等已在各自產業中建立起絕對優勢　(C)所有權整合持續發展　(D)關係整合逐漸興起

(　　) 2. 為了將分析結果編排成有吸引力且容易閱讀的格式，_____分析經常用在進行公司組織審視？　(A) SWOT　(B) Pareto　(C)策略性　(D)組織分析

(　　) 3. 全球化經濟發展的推動力量，相較之下何者非直接的影響力量？　(A)資訊與通訊的進步　(B)可靠運輸的普及　(C)環保議題的興起　(D)貿易保護政策的減少

(　　) 4. 於全球化競爭規則提及的「在對手的國內市場競爭」主要用意為何？(A)促進構想的互相交流，減低重複性　(B)防止利潤的補助　(C)做為進入新興市場的橋樑　(D)在任何地方都能以同樣優秀的服務提供同樣高品質的產品

(　　) 5. 供應鏈管理促進了成功的商業模式，必須具備哪些特性？　(A)滿足全世界顧客的嚴格要求　(B)建立獨一無二的競爭力　(C)取得全球化的最佳資源　(D)以上皆是

(　　) 6. 比較美日在關係整合上的情況，發現Toyota與Honda公司其汽車有近多少比例的價值是依賴其供應商所提供？　(A)80　(B)30　(C)45　(D)60

(　　) 7. 福特汽車創辦人Henry Ford認為垂直整合是最理想的經營模式，但是此種所有權整合的方式卻日漸衰退，因為：　(A)缺乏管控力，對於產品品質影響力不足　(B)無法聚焦管理重點，實際上降低了競爭力　(C)供應鏈分散，無法降低額外開銷，設計與溝通不佳　(D)以上皆是

(　　) 8. 下列有關供應鏈關係整合的敘述，何者有誤？　(A)這是一種協同合作式的購買者/供應商聯盟　(B)通路權力的平衡從製造商轉移到零售商，促進了關係整合。　(C)整合了上中下游的所有權，具備強大的控制力(D)企業只有成為「創造利潤的夥伴」才能在今日的競爭環境中壯大。

(　　) 9. 下列關於供應鏈組織審視的敘述，而者不正確？　(A)是取得並利用組織內部及外部環境中的各種訊息　(B)主動的企業利用觀察所獲得的資訊來

避免措手不及的情況、找出機會和威脅、增強戰略和策略性的決策　(C)
辨識出企業的優缺點，知道企業相對於競爭者能力和顧客期待的定位在
哪裡　(D)供應鏈世界可以發展出持續性的競爭優勢，使企業節省額外的
資訊分析成本

(　)10. 下列何者並非供應鏈外部組織審視所需蒐集的資訊？　(A)競爭者　(B)
技術　(C)交貨速度　(D)法律

(　)11. 何謂SWOT分析？　(A)優勢、劣勢、機會、威脅　(B)計畫、執行、檢
討、行動　(C)採購、製造、倉儲、運輸　(D)維護、修理、作業、運送

(　)12. 下列何者並非管理者進行組織審視工作時，應該避免掉入的陷阱？　(A)
沒有加入相關的人員　(B)沒有委託第三方公正單位協助分析　(C)膚淺
或狹隘的研究　(D)沒有併入多樣性的資訊來源

(　)13. 全球化經濟的發展是來自於：A.資訊和通訊技術的進步；B.可靠運輸的
建立；C.貿易保護政策的減少；D.金融海嘯的衝擊；E.企業的社會責任
(A) ABCDE　(B) ABCD　(C) ABC　(D) AB

(　)14. 全球化的影響，對於供應鏈管理者而言，應該將哪三個趨勢列入策略規
劃之中：A.競爭越來越激烈；B.全球市場的重要性正在增加；C.減少外
包，善用自有資源；D.天然資源與能源日漸短缺；E.本國事業和全球事
業是不同的
(A) ABC　(B) BCD　(C) ABE　(D) CDE

(　)15. 管理者必須思考本國和全球作業的四個相異處，何者為非？　(A)政治
(B)合法性　(C)人口統計　(D)文化

(　)16. 對於經營全球化企業的供應鏈管理者而言，以下哪個規則較無法塑造
有利於全球化競爭的環境？　(A)佈局全球三大市場　(B)善用跨國據點
(C)在對手的國內市場競爭　(D)對於不同競爭程度的市場提供不同品質
的產品，以降低成本，提高毛利

(　)17. 全球化企業必須在全球哪三個主要市場中經營　(A)美國、歐盟與亞洲
(B)中國、印度與俄羅斯　(C)東南亞、日本與美國　(D)美洲、歐洲與非
洲

(　)18. 全球化企業在選擇跨國據點時，應該注意要有哪些特性？　(A)取得市場
知識　(B)增加文化了解　(C)更好的管控　(D)當地市場與目標市場規模

(　)19. 全球化企業進入對手的國內市場與之競爭，其理由是？　(A)防止利潤的
交叉補貼　(B)更好的管控　(C)尋求財務支援　(D)購併對方公司

(　) 20. 為了設計良好的全球供應鏈網路架構，應該思考四個決策領域，以下何者為非？　(A)協調　(B)配置　(C)相容性　(D)獲利性

(　) 21. 下列有關全球化供應鏈網路設計決策之敘述何者正確？
①相容性：讓全球網路架構的設計決策具有與企業整體策略相同的目標；②配置：指揮和整合分散各地的活動
(A)①②均正確　(B)①正確②不正確　(C)①不正確②正確　(D)①②均不正確

(　) 22. 賓士與ＢＭＷ決定要降低成本，到德國以外製造汽車，但是在美國與墨西哥兩候選地點，認為「墨西哥生產」並不適合貼在高價位的「德國」頂級車上，其決策的因素屬於何者？　(A)相容性　(B)配置　(C)協調　(D)管控

(　) 23. 垂直整合被視為理想的經營模式，因為能夠滿足哪兩個目標？　(A)降低成本，增加管控　(B)減少供應商，密切合作關係　(C)增加外包，專注本業　(D)以上皆非

(　) 24. 關係整合經過實際驗證的結果，是更適合的供應鏈經營模式，因為可以達到哪些效果？　(A)協同合作式的購買者-供應商關係　(B)利於適應快速的市場變化　(C)促使製造商投入更多資源來建立更親密的顧客關係　(D)以上皆是

(　) 25. 應用ＳＷＯＴ分析法於供應鏈分析時，下列哪些問題適合用於了解內部優勢？　(A)我們有能力開發新的市場通路嗎？　(B)我們獨有的資源是什麼？　(C)我們的技術管理是否良好？　(D)我們的供應來源是否穩定？

(　) 26. 應用ＳＷＯＴ分析法於供應鏈分析時，下列哪些問題適合用於了解內部劣勢？　(A)我們有能力開發新的市場通路嗎？　(B)我們獨有的資源是什麼？　(C)我們的技術管理是否良好？　(D)我們的供應來源是否穩定？

(　) 27. 應用ＳＷＯＴ分析法於供應鏈分析時，下列哪些問題適合用於了解外部機會？　(A)我們有能力開發新的市場通路嗎？　(B)我們獨有的資源是什麼？　(C)我們的技術管理是否良好？　(D)我們的供應來源是否穩定？

(　) 28. 應用ＳＷＯＴ分析法於供應鏈分析時，下列哪些問題適合用於了解外部威脅？　(A)我們有能力開發新的市場通路嗎？　(B)我們獨有的資源是什麼？　(C)我們的技術管理是否良好？　(D)我們的供應來源是否穩定？

(　) 29. 企業社會責任正逐漸成為一個重要的議題，企業必須認知到所謂的「三重盈餘」是：　(A)經濟、環境、社會　(B)上游、中游、下游　(C)供應商、製造商、顧客　(D)成本、利潤、道德

( ) 30. 在全球供應鏈的設計中，促使企業加入公平勞動協會等組織，以幫助確保他們的供應鏈夥伴遵守國際勞動標準的原因是？ (A)角色轉換 (B)財務壓力 (C)時間的壓縮 (D)企業社會責任

( ) 31. 在影響今日供應鏈管理者決策的10個力量中，何者提示管理者必須在產品過量而顧客過少的情況下想辦法賺錢？ (A)競爭壓力 (B)財務壓力 (C)全球產能 (D)全球化

( ) 32. 在影響今日供應鏈管理者決策的10個力量中，何者提示管理者必須建立知識、技術和關係來消除浪費、降低履行時間及新產品週期時間 (A)角色轉換 (B)財務壓力 (C)時間的壓縮 (D)企業社會責任

( ) 33. 今日推動全球化經濟發展有三個主要力量，其中物流能力改善的方法中，下列何者為非？ (A)使用第三方物流的服務 (B)預先出貨通知 (C)全球貨況追蹤系統 (D)虛擬通路

( ) 34. 下列何者為供應鏈管理者需注意的本國與全球事業的相異點？ (A)政治穩定性和趨向 (B)匯率與稅賦 (C)本地自製率與勞動法規 (D)人口總數與年齡組成比例

( ) 35. 對於經營全球化企業的供應鏈管理者而言，可塑造有利於全球化競爭環境的六項規則中，所謂「無縫接軌」的意義為何？ (A)資訊充分即時溝通，沒有時間差 (B)所有的人都了解企業的經營理念，沒有疏漏 (C)在企業營運的任何地方都有同樣優秀的服務與高品質產品 (D)以上皆是

( ) 36. 在變化的供應鏈世界中，組織審視分析的結果，可以編寫成哪一種吸引人閱讀的格式來呈現？ (A) Gantt Chart (B)五力分析 (C)雷達圖 (D) SWOT

二、簡答題

1. 組織審視能夠幫助管理者找出可能影響企業與供應鏈發展的十個常見的力量，請列舉其中四個，並加以簡述。

2. 全球化經濟的發展是來自於哪三個主要的力量？

3. 為了要制定良好的日常經營決策，了解全球化在競爭上的意義，管理者必須思考本國和全球事業的四個相異處，請列舉並簡述之。

4. 當全球化持續發展，管理者需清楚了解全球競爭的遊戲規則，有哪六項守則可塑造有利於全球化競爭的環境與推動供應鏈策略？請列舉其中四項，並加以簡述說明。

5. 為了設計良好的全球供應鏈網路架構以幫助企業更有競爭力，有四個重要的決策領域-所謂的4C架構，請列舉說明之。

6. 企業應該同時蒐集內部與外部環境的資訊，請繪圖表示此供應鏈組織審視的流程架構。

7. 在變化的供應鏈世界中，組織審視系統的目標有哪些？請列舉其中四個。

8. 何謂SWOT分析，代表哪四種矩陣區域的分析？

9. 影響供應鏈環境的力量中「企業社會責任」漸受重視，請問企業須認知的三重盈餘所指為何？

10. 為了制定良好的日常決策，供應鏈管理者必須了解全球化在競爭的意義，因此，該將哪三個趨勢列入策略規劃的考量？

得 分

本章認證考題

CH8
策略性供應鏈成本管理

班級：＿＿＿＿＿＿＿＿＿＿

學號：＿＿＿＿＿＿＿＿＿＿

一、選擇題

( ) 1. 何者對利潤槓桿效應的描述不正確？ (A)在不傷害到銷售額的前提下，適當的降低成本可以產生很大的收益增加 (B)成本降低對利潤產生的影響遠大於銷售額增加的影響 (C)平均邊際利潤越高，效應越大 (D)此效應乃在強調省一塊錢與賺一塊錢的差異

( ) 2. 對成本動因分析的描述，請判斷以下陳述的正確性？
①成本動因分析是分析供應鏈中有哪些流程、活動和決策會真的產生成本。
②成本動因並不會隨著時間而改變
(A)①②均正確 (B)①正確②不正確 (C)①不正確②正確 (D)①②均不正確

( ) 3. 策略成本管理的三個重要分析，不包含哪一項？ (A) Pareto分析 (B)供應鏈分析 (C)價值主張分析 (D)成本動因分析

( ) 4. 針對策略性採購品項，通常採取的成本工具不包含哪項？ (A)開簿式(open book) (B)拆解分析(teardown) (C)價值分析 (D)總體擁有成本分析(TCO)

( ) 5. 對總體擁有成本的描述，請判斷以下陳述的正確性？
①任何品項只要對目前成本有疑慮，均適合採用TCO分析。
②整體擁有成本的著眼點是一個「大」的架構，它考慮到許多價格以外的成本。
(A)①②均正確 (B)①正確②不正確 (C)①不正確②正確 (D)①②均不正確

( ) 6. 下列有關供應鏈環境中，利潤槓桿效應的特性，何者有誤？ (A)成本降低對利潤產生的影響遠大於銷售額增加的影響 (B)平均邊際利潤越低，效應越大 (C)成本降低可能來自人力精簡 (D)銷售量增加，也會增加額外的成本

( ) 7. 供應鏈環境中，在不傷害到銷售額的前提下，適當的降低成本可以產生很大的收益增加，稱為 (A)利潤槓桿效應 (B)規模經濟 (C)範疇經濟 (D)蝴蝶效應

( )8. 何謂「策略成本管理」？　(A)為戰略和策略性計畫提供的正確見解　(B)使用成本管理技巧，以降低組織成本、增加利潤，並支持價值主張。　(C)管理匯率風險和避險及徵稅議題　(D)以上皆是

( )9. 策略成本管理的三個要素，何者為非？　(A)供應鏈分析　(B)價值主張分析　(C)成本動因分析　(D)投資報酬率分析

( )10. 什麼是從最上游的供應商到最終消費者的資訊流、存貨物流、程序流以及現金流管理，包括最後的廢棄處理流程的考核評估？　(A)供應鏈分析　(B)價值主張分析　(C)成本動因分析　(D)投資報酬率分析

( )11. 何者決定組織如何與外在環境競爭，是企業本身發展策略的重要元素？　(A)供應鏈分析　(B)價值主張分析　(C)成本動因分析　(D)投資報酬率分析

( )12. 何者是分析企業的供應鏈中有哪些流程、活動和決策會真的產生成本？　(A)供應鏈分析　(B)價值主張分析　(C)成本動因分析　(D)投資報酬率分析

( )13. 下列何者並非適當的價值主張方法？　(A)成本領導　(B)市場先行者　(C)利基服務提供者　(D)市場跟隨者

( )14. 下列有關供應鏈環境中，成本動因分析的特性，何者有誤？　(A)成本動因隨著時間而改變，也依不同產品和服務而有所不同。　(B)成本動因在本質上並沒有好與壞。　(C)成本降低策略必須分析成本動因對價值主張的影響。　(D)成本動因與組織的內部及外部流程無關

( )15. 下列何者並非常見的供應鏈成本動因？　(A)企業將作業外包的程度　(B)使用標準化的原料、組配件和零件　(C)生產規模　(D)大量的成品組合

( )16. 美國西南航空被視為策略成本管理的優秀實務案例，因為：　(A)以低成本、可靠及友善的服務為其價值主張　(B)優秀的供應鏈設計，選擇非主要機場為hub　(C)降低沒有價值的成本動因，將設備與員工的效率最佳化　(D)以上皆是

( )17. 誰該負責組織內的策略成本管理？　(A)會計和財務人員　(B)業務與行銷人員　(C)董事長與總經理　(D)組織內的每個人

( )18. 下列何者並非策略成本管理的分析工具？　(A)收入分析　(B)價格分析　(C)總體擁有成本　(D)目標成本

( )19. 在供應鏈決策的分類矩陣中，其縱軸與橫軸各代表？　(A)採購的本質與供應商的關係　(B)產量與售價　(C)獲利與成本　(D)工廠數目與物流成本

（　）20. 在供應鏈決策的分類矩陣中，有四個象限的採購類型，何者為非？　(A)影響較小的採購　(B)槓桿採購　(C)現貨採購　(D)專案式關鍵採購

（　）21. 下列有關「策略性採購」的決策描述，何者為非？　(A)向重要的供應商購買大量的貨品　(B)重點是要持續的改善成本　(C)所採購的品項常是用來製造企業所銷售的商品　(D)通常使用較省時的成本管理方法，如價格分析法。

（　）22. 下列有關「影響較小」的採購決策描述，何者為非？　(A)宜採用價格分析法　(B)容易在開放市場中，取得合理的價格　(C)比價是不容易的　(D)例如辦公用品或是文具類

（　）23. 下列有關「槓桿採購」決策描述，何者為非？　(A)採購來源多，且數量大　(B)共同採購這樣物品，可以取得更多的槓桿力量　(C)合理的價格在於是否接近生產者的成本　(D)重點在於價格分析

（　）24. 下列有關「專案式關鍵採購」品項的採購決策描述，何者為非？　(A)金額很大，但採購頻率很低　(B)重點是生命週期成本　(C)是一個「一次性」的決策　(D)適合採用作業基礎成本制，以成本分析法進行採購決策。

（　）25. 下列敘述何者正確？

　　A.商品指的是組織所採購的一組類似物品

　　B.桌上型電腦因為採購量大、差異性較低、市場競爭性大，適合採取槓桿採購。

　　(A) A，B均正確　(B) A正確B不正確　(C) A不正確B正確　(D) A，B均不正確

（　）26. 下列敘述何者正確？

　　A.生產設備屬一次性採購，且具長期影響，適合關鍵專案方式進行採購

　　B.辦公室用品因為採購量大、且差異性較低，適合採取策略性採購。

　　(A) A，B均正確　(B) A正確B不正確　(C) A不正確B正確　(D) A，B均不正確

（　）27. 下列敘述何者正確？

　　A.組織購買大量的紙類商品，最好以成本分析

　　B.假如組織購買大量特殊紙，則可能較適合總體擁有成本分析。

　　(A) A，B均正確　(B) A正確B不正確　(C) A不正確B正確　(D) A，B均不正確

（　）28. 下列有關供應鏈採購決策的分類與對應的策略性成本管理工具之敘述，何者正確？　(A)「影響較小的一般性採購」適合「價值分析」工具　(B)「槓桿採購」適合「成本分析」　(C)「策略性採購」適合「零基定價」　(D)「專案式關鍵採購」適合「到岸價格」比較方式

（　）29. 何謂總體擁有成本（total cost of ownership）？　(A)分析物品、服務、資產設備或流程，在採購使用、維修、報廢上的真正成本　(B)了解競爭市場中的價格狀況　(C)即「合理成本」分析，或是零基定價（zero-based pricing）　(D)計算可以用多少預算來生產商品或服務，而仍舊能夠賺取利潤

（　）30. 何謂目標成本（target costing）？　(A)分析物品、服務、資產設備或流程，在採購使用、維修、報廢上的真正成本　(B)了解競爭市場中的價格狀況　(C)即「合理成本」分析，或是零基定價（zero-based pricing）　(D)計算可以用多少預算來生產商品或服務，而仍舊能夠賺取利潤

（　）31. 若應用TCO於一段期間的專案或產品發展成本分析，又可稱為？　(A)時間序列分析　(B)目標成本分析　(C)生命週期成本分析　(D)作業基礎成本制

（　）32. 下列有關作業基礎成本管理之敘述，何者正確？　(A)提供了一個更正確的方法來替代傳統的成本會計　(B)試著將間接成本與實際產生這些成本的產品或服務相連結　(C)分攤間接成本的方式，是以真正產生這些成本的動因為基礎的　(D)以上皆是

（　）33. 實施ＡＢＣ會計制度帶來了很大的改變，並不是一件輕鬆的事，組織必須重新思考哪些層面？
1.定價策略　2.行銷策略　3.競爭策略　4.生產策略
(A) 123　(B) 124　(C) 234　(D) 134

（　）34. 下列敘述何者為非？　(A)傳統的成本會計是用在內部報告成本　(B)理想上，成本分配的基礎應該是「間接成本」（indirect costing）。　(C)傳統的成本會計將所有的間接費用都聚集到一個類別中　(D)間接費用（聯合帳戶）的分攤會使直接成本複雜化

（　）35. 企業實施TCO的步驟順序應該為？
1.設置TCO小組　2.決定TCO的預期效益　3.微調與敏感度分析
4.辨識相關成本　5.高層簡報與導入實施
(A)12345　(B)21435　(C)12435　(D)51234

( ) 36. 下列有關總體擁有成本（Total cost of ownership）之敘述，何者有誤？
(A)可用來了解與特定供應商採購特定物品/服務時全部的相關供應鏈成本 (B)可能是某個供應鏈設計的成本 (C)執行TCO分析的成本不多，故於普通與重要的決策皆很適合 (D)著眼點是一個「大」的架構，它考慮到許多價格以外的成本

( ) 37. 下列哪一採購情況較不適合應用TCO進行分析？ (A)公司花了相當大的金額在這個品項上 (B)公司第一次採購這個品項，因此無法提供一些歷史資料佐證 (C)採購部門認為這個品項擁有很多目前尚未找出來的交易成本 (D)採購部門有機會影響交易成本，改變供應商，或是改善內部作業

( ) 38. ＴＣＯ執行小組比較不適合包含哪些人？ (A)採購部門人員 (B)使用者 (C)二階供應商 (D)財務/會計人員

( ) 39. ＴＣＯ分析步驟中，如何開始進行相關成本辨識？ (A)畫出每一個方案的流程圖 (B)收集歷史資料 (C)建置問卷 (D)委託專家顧問小組進行訪談

( ) 40. TCO分析結果，在什麼情況下，我們稱它為「穩固的」(robust)？ (A)一次分析結果，可以長時間持續的應用 (B)維持所有假設不變之下的結果 (C)獲得唯一的最佳成本 (D)進行敏感度分析可以在很大的範圍內，維持一致的有效結果。

二、簡答題

1. 何謂「利潤槓桿效應」？在何種情況下，效果最好？
2. 何謂供應鏈「策略成本管理」？
3. 簡述策略成本管理的三個核心要素。
4. 常見的供應鏈成本動因有那四種？
5. 在供應鏈決策的分類矩陣中，有哪四個象限的採購類型？並請說明其分析的重點。
6. 何謂價值主張分析？並請列舉說明兩類常見的價值主張。
7. 策略成本管理分析的支援工具有哪些？請列出四種並加以簡單說明。
8. 供應鏈策略成本管理之決策矩陣依據哪兩項特質將決策分類？
9. TCO分析所得到的結果，向高層簡報的內容應該包含哪些重點項目？
10. 請繪圖表示實施TCO分析的五步驟方法。
11. 何謂作業基礎成本管理？實施ＡＢＣ會計制度，組織可能必須重新思考哪三項策略？

（請沿線撕下）

得　分

本章認證考題

CH9
核心能力與外包

班級：＿＿＿＿＿＿＿＿＿＿＿＿＿

學號：＿＿＿＿＿＿＿＿＿＿＿＿＿

一、選擇題

（　　）1. 當一個組織正在思考以下問題時，請問最有可能是在做哪項工作？
　　　　　• 技術組合是否對顧客認可的組織價值有很大的貢獻？
　　　　　• 這些技術組合是他人難以模仿的嗎？
　　　　　(A)活動基礎成本管理(ABCM)　(B)辨識風險　(C)辨識核心能力　(D)辨識價值主張

（　　）2. 當政府或公務機構選擇外包時，我們稱之為？
　　　　　(A)常態化（normalization）　　(B)民營化（privatization）
　　　　　(C)合理化（rationalization）　　(D)境外外包(Offshoring)

（　　）3. 當企業主動招募供應商，提供物品或服務給企業的流程，而這些物品或服務是供應商目前沒有能力提供的。請問這種方式稱為？　(A)反向行銷（reverse marketing）　(B)體驗行銷（experiential marketing）　(C)關係行銷（relationship marketing）　(D)直效行銷（direct marketing）

（　　）4. 外包類型位在一個連續區域，這個連續區域從最有限的服務開始，一直到完全服務，請問最完全服務的關係類型稱為？　(A)保持距離關係　(B)利基關係　(C)混合關係　(D)統包服務（turnkey）關係

（　　）5. 適合與供應商保持距離關係的情況，以下何者為非？　(A)供應商差別不大　(B)轉換成本很高　(C)供應市場競爭激烈　(D)比較不重要的臨時性採購項目

（　　）6. 普哈拉和哈默爾描述：「組織內的集體知識，特別是如何協調各式生產技能並整合各種主流技術。」可以讓組織具有超越競爭者的獨特優勢，指的是下列何者的定義？　(A)核心能力　(B)技術整合　(C)商業智慧　(D)知識管理

（　　）7. 「將某一部份的生產、服務或事業從組織內部移到外部供應商的過程」叫做是？　(A)辨識核心能力　(B)選擇供應商　(C)外包　(D)內包

（　　）8. 利用供應商來提供某些物流活動的組合，像是運輸、倉儲、採購、加工、存貨管理和顧客服務，稱之為？　(A)為了物流而設計　(B)第三方物流　(C)第四方物流　(D)物流整合

（　　）9. 包括從物流、人資管理、薪資處理、採購、行銷、業務、會計、行政支援到資訊技術的外包叫做？　(A)第三方物流（third-party logistics）　(B)

合約製造（contract manufacturing） (C)境外外包（offshoring） (D)企業流程外包（Business process outsourcing，BPO）

( ) 10. 以下何者不是外包的風險？ (A)可以隨時改採內包 (B)組織失去在內部製造和設計的能力 (C)製造出公司未來的競爭者 (D)失去了企業擁有的核心活動知識

( ) 11. 外包的三個主要階段包括：

(1)執行外包可行性分析

(2)建立並管理外包關係

(3)建立外包任務，激發並篩選構想

此三個階段的先後次序為？

(A)(1)(2)(3) (B)(2)(1)(3) (C)(1)(3)(2) (D)(3)(1)(2)

( ) 12. 計算企業自製和外購所需的總體成本，然後將兩者相比較，此為？ (A)外包庫存成本分析 (B)總體擁有成本分析 (C)作業基礎成本分析 (D)總體外包成本分析

( ) 13. 進行成本分析時，對於具有不確定性的假設應執行下列何者分析？ (A)機率分析 (B)不確定性分析 (C)敏感度分析 (D)經濟訂購批量分析

( ) 14. 外包最大的原因和優點是？ (A)改善品質 (B)改善技術 (C)增進創新 (D)降低作業成本

( ) 15. 比較適合重要部門的企業流程外包的供應商為？ (A)利基提供者 (B)方案整合者 (C)混合型供應商 (D)保持距離的關係者

( ) 16. 下列對於「核心能力」的敘述何者錯誤？ (A)核心能力不只是一個簡單的因素，是由許多決策和企業內部能力結合在一起 (B)包含了策略性契合的一致性 (C)並不依賴供應鏈的伙伴創造其他的價值(D)不應該被外包，與它們互補的那些重要能力也不應該外包

( ) 17. 以下對於用來辨識核心能力的關鍵性問題，何者錯誤？ (A)特定的技術組合是否對顧客認可的組織價值有很大的貢獻 (B)這些技術組合是他人難以模仿的嗎 (C)這個技術組合是否夠寬廣，讓我們得以進入各種不同的市場或事業 (D)企業是否從這些產品或服務獲得很大部分的收益

( ) 18. 下列哪一項作業不屬於外包？ (A)垂直整合 (B)3P L (C)合約製造 (D)採購

( ) 19. 3PL是利用供應商來提供哪一類型的活動組合？ (A)製造 (B)物流 (C)企業流程 (D)採購

( ) 20. 下列何者是3PL的原文？ (A) Three-party logics (B) Three-party logistics (C) Third-party logistics (D) Third-party logics

( ) 21. 將產品或服務外包到另一個國家的方式稱之為？ (A) offloading (B) Contract manufacturing (C) Third-party logistics (D) offshoring

( ) 22. 決定某產品或服務內包或外包的決策通常又稱為？ (A)自製或外購決策 (B)境外外包決策 (C)內購或外購決策 (D)供應商選擇決策

( ) 23. 以下何者為外包的主要策略性風險？ (A)喪失時程控制 (B)失去對市場趨勢的認識 (C)外包的成本大於內包 (D)短期的供應短缺

( ) 24. 下列對於「反向行銷」的敘述何者錯誤？ (A)反向行銷是一種承諾的關係 (B)幫助供應商建立他所沒有的能力 (C)一旦開始這種關係，將會持續投入不變(D)雙方會有很多的互動和溝通

( ) 25. 以下何者不是考慮外包時的主要三個階段？ (A)建立外包任務，激發並篩選構想 (B)執行外包可行性分析 (C)建立並管理外包關係 (D)得到供應鏈組織的承諾

( ) 26. 進行外包的總體擁有成本（TCO）分析時，下列何者敘述錯誤？ (A)分別計算企業自製和外購所需的總體成本 (B)對於增加的成本、或決策改變所產生的成本變化可以先行略過 (C)將自製和外購所需的總體成本加以比較 (D)必須包括敏感度分析

( ) 27. 現代採購者必須具備的新技能不包括下列何者？ (A)改善與供應商的雙向溝通 (B)尋找持續改進的機會 (C)進行合約管理(D)傾聽供應商的想法

( ) 28. 當企業可能認為它們外包太多、認為可以在內部做得很好，或想要獲得某個領域的能力時，可以進行哪一項作業？ (A)合約製造 (B)民營化 (C)外包 (D)內包

( ) 29. 對於外包 MRO 出現產能短缺的風險時，以下何者為可能的防護措施？ (A)找出重要零件的替代來源 (B)在合約中加入對製造商的帳務稽核 (C)在合約中設定費用上限 (D)測試市場，利用競標得到類似的服務

( ) 30. 以下哪個企業流程可以成為被外包的項目？ (A)採購與供應管理 (B)物流 (C)資訊技術 (D)以上皆可

( ) 31. 請判斷以下二個對外包類型的描述之正確性：
①方案整合者：這些供應商提供的是中等重要的項目，有時候會整合到組織的作業中
②保持距離的關係：最適合「例行性」的採購項目或服務

【尚有試題，請翻面繼續作答】

(A)①②均正確　(B)①正確②不正確　(C)①不正確②正確　(D)①②均不正確

(　　)32. 某個提供技術工程師監控並認證水質的公司，對此供應商屬於專業化、偶發性的採購，對此類外包類型屬於：　(A)保持距離的關係　(B)利基提供者　(C)混合型　(D)方案整合者

(　　)33. 這些供應商提供策略性品項和流程，常為客製化方案，通常是重要部門的企業流程外包，此類外包關係類型屬於？　(A)保持距離的關係　(B)利基提供者　(C)混合型　(D)方案整合者

(　　)34. 泛指傳統的契約管理，契約條件很明確，而且交付項目很單純且容易評估，此種供應商關係的管理適用哪種方法？　(A)例行性　(B)協同合作　(C)承諾　(D)混合

(　　)35. 以下對於外包管理的敘述何者錯誤？　(A)事後審查超越了持續回饋的範圍，它通常在合約更新或重議之後執行　(B)事後審查是一種團隊活動，它的目的是要提供最深入的了解，從各種角度了解供應商的執行情況　(C)企業應該與供應商溝通事後審查的最後結果，給他回應和改善的機會　(D)對供應商應該要持續進行績效評估和回饋

(　　)36. 對於外包關係管理中「承諾」的方式，應如何管理供應商？　(A)在關係建立之後的監督程度為「高」　(B)在外包的策略重要性為「中等」　(C)在需要與供應商密切接觸以了解流程為「中等」　(D)在我們是否必須成為供應商的首選顧客為「低」

(　　)37. 在找出可能的供應商時，組織應該進行更徹底的供應市場能力評估，何者不是應考慮的問題？　(A)是否能夠取得供應來源？　(B)供應商是否有意願？　(C)外包有哪些風險？　(D)是否與公司的核心能力相關？

(　　)38. 以下的外包主要階段和該階段的關鍵參與者的對應何者錯誤？　(A)建立外包任務，激發並篩選構想：最高管理階層、事業單位、部門主管　(B)執行外包可行性分析：來自各領域，與目前流程有關的人員所組成的團隊　(C)建立並管理與供應商的外包關係：事業主管、部門主管　(D)建立並管理與供應商的外包關係：採購或關係主管

二、簡答題

1　外包有其優點但亦須考慮其風險，請問針對「隱藏交易/管理費用」此類風險議題，可能的防護措施為何？

2. 用來辨識核心能力的四大關鍵性問題為何？（至少列出兩個）

3. 執行外包可行性分析時，可以進行哪些項目的分析？（至少寫出兩項）

4. 對於不同的外包關係有哪三種主要的外包關係管理方式，請至少列出一種，並簡單說明？

5. 請在四種不同類型的外包關係中，至少描述兩種，並簡單說明。

6. 企業在考慮製造、服務或企業流程的外包時，應該包含哪三個主要階段？（至少寫出兩個）

7. 請至少列出兩個外包的潛在風險？

8. 請說明何謂反向行銷？

9. 為什麼組織在考慮外包時，應該要執行敏感度分析？

得 分

班級：＿＿＿＿＿＿＿＿＿

學號：＿＿＿＿＿＿＿＿＿

一、選擇題

（　　）1. 請判斷以下描述的正確性？

①績效衡量比溝通、訓練，或是任何用來管理員工行為的方法都更具決定性。

②設計良好的績效衡量系統主要為提供精確而相關的資訊，即時與否較不重要。

(A)①②均正確　(B)①正確②不正確　(C)①不正確②正確　(D)①②均不正確

（　　）2. 資產報酬率（ROA）的公式為？　(A)營業額/平均庫存　(B)淨利/總投資　(C)營業額/總資產　(D)淨利/總資產

（　　）3. 有關成本績效衡量指標以下對應何者不正確？　(A)採購→單位價格　(B)生產→製造間接費用　(C)物流→出貨運費　(D)生產→採購成本

（　　）4. 有關傳統績效衡量方法，請判斷以下描述的正確性？

①傳統的績效衡量為全面性的，其設計主要是擷取和傳達部門別的資訊。

②傳統的衡量方法過度注重短期的財務結果以及成本的降低。

(A)①②均正確　(B)①正確②不正確　(C)①不正確②正確　(D)①②均不正確

（　　）5.「從顧客訂購，到交貨給顧客的實際平均前置天數（日曆日），包括訂單核准到輸入、輸入到發單備貨、發單備貨到可出貨、可出貨到顧客收貨、收貨到顧客驗收。」這樣的指標稱為？　(A)採購週期時間　(B)訂單履行週期時間　(C)供應鏈回應時間　(D)庫存停留時間

（　　）6. 存貨週轉率的公式為？　(A)某個期間內的銷貨成本／平均存貨金額　(B)某個時間點的銷貨成本／這個時間點的存貨量　(C)某個期間內的製造成本／這段期間的平均存貨　(D)某個時間點的製造成本／這個時間點的平均存貨

（　　）7.「某個活動得到的產出與所消耗之資源的比值」稱之為？　(A)執行力　(B)生產力　(C)產出率　(D)資源消耗率

（　　）8. 以下何者不是品質的績效指標？　(A)不良率　(B)產品的功能性　(C)服務的可靠度　(D)準時交貨率

（　　）9. 對於供應鏈的績效衡量，請判斷以下描述的正確性？
①管理者必須將組織內部與供應鏈上下游的主要績效衡量指標都調整爲一致的。
②管理者必須將組織內部與供應鏈上下游的主要績效衡量指標分別設計，較能符合各自需求。
(A)①②均正確　(B)①正確②不正確　(C)①不正確②正確　(D)①②均不正確

（　　）10. 下列何者不是優秀的供應鏈管理衡量系統的特性？　(A)標竿管理　(B)顧客滿意　(C)流程整合　(D)組織間的協同合作

（　　）11. 在進貨、處理、揀貨、包裝、出貨、文書、以及交貨過程中都即時無誤的訂單稱之爲？　(A)達交訂單　(B)無誤訂單　(C)完美訂單　(D)整合訂單

（　　）12. 有關計分卡的敘述，請判斷以下描述的正確性？
①區分公司的策略或作業層級的流程
②進行核心能力的辨識
(A)①②均正確　(B)①正確②不正確　(C)①不正確②正確　(D)①②均不正確

（　　）13. 將某個組織與另一個組織的屬性相互的比較的正式流程是？　(A)計分卡　(B)標竿衡量　(C)企業流程再造　(D)分步流程成本制

（　　）14. 「將用來取得原物料的錢，轉換成販售製成品獲得的錢所需的時間。」這樣的指標稱爲？　(A)訂單履行週期時間　(B)完美訂單履行　(C)現金循環週期　(D)供應鏈回應時間

（　　）15. 典型的計分卡強調整體的訂單表現，包括五個關鍵領域的衡量指標，下列何者爲其中之一？　(A)交付　(B)目標　(C)生產力　(D)資產管理

（　　）16. 某公司的供應鏈存貨天數爲3天，應收帳款天數爲29天，應付帳款天數爲93天，則該公司的現金循環週期時間爲？　(A)-64天　(B)-61天　(C)3天　(D)67天

（　　）17. 一個優秀的供應鏈管理績效評估系統應強調的項目不包括下列何者？
(A)新產品研發專案的狀況　(B)顧客反應的資訊　(C)與企業目標的一致性　(D)整體的成本

（　　）18. 以下哪一種特質不是一個良好的績效衡量指標所應具備的？　(A)可以幫助管理者了解關鍵的加值流程　(B)傳達期許、鼓勵正確的行爲　(C)定量指標應定期被評估　(D)支持高水準的既定目標

【尚有試題，請翻面繼續作答】

( ) 19. 對於設施和設備上的投資通常是以下列哪一個指標來衡量的？ (A)生產力 (B)成本 (C)良率 (D)產能利用率

( ) 20. 下列哪一項是對於一個公司的採購功能的關鍵績效指標？ (A)勞工生產力 (B)單價 (C)存貨持有成本 (D)製造費用

( ) 21. 下列哪一項是對於一個公司的生產作業功能的關鍵績效指標？ (A)單價 (B)勞工生產力 (C)發票正確率 (D)採購成本

( ) 22. 下列哪一項是對於一個公司的物流功能的關鍵績效指標？ (A)單價 (B)勞工生產力 (C)保固成本 (D)存貨週轉率

( ) 23. 以下哪一個理論說明最佳總生產量的關鍵是抒解瓶頸，讓它永遠以最大產能運作？ (A)生產線平衡 (B)經濟訂購批量 (C)限制理論 (D)最大產能設計

( ) 24. 以下哪一個觀念是擁有足夠維持作業順利運轉且滿足顧客需求的存貨？ (A)精實 (B)限制理論 (C)六標準差 (D)存貨週轉率

( ) 25. 從接到訂單到訂單交付所經過的時間稱之為？ (A)採購週期時間 (B)週期時間 (C)現金循環週期 (D)供應鏈回應時間

( ) 26. 在採購和生產作業部門最常用的品質衡量指標是？ (A)可靠度 (B)資訊正確性 (C)生產力 (D)不良率

( ) 27. 有關優秀的供應鏈管理績效衡量，請判斷以下描述的正確性？
①管理者必須考量「策略意圖是否能夠轉變成為作業績效？」
②管理者必須將組織內部與供應鏈上下游的主要績效衡量指標都調整為一致的。
(A)①②均正確 (B)①正確②不正確 (C)①不正確②正確 (D)①②均不正確

( ) 28. 可以將成本直接與產生它們的作業相連結，幫助管理者了解重要流程的本質的成本制度為？ (A)ＴＣＯ成本 (B)邊際成本 (C)ＡＢＣ成本 (D)ＥＯＱ成本

( ) 29. 以下何者不是ＡＢＣ成本計算的概念？ (A)找出相關的產品或服務 (B)找出在每個流程中執行的作業 (C)找出與製造產品或提供服務有關的流程 (D)找出與產品或服務有關的顧客銷售額比例

( ) 30. 以下對於現金循環週期的敘述何者正確？ (A)很多公司的目標希望達到現金循環週期為正數 (B)很多公司的目標希望達到現金循環週期為負數 (C)現金循環週期以降低存貨資金為首要目標 (D)現金循環週期藉由增加現金，用來進行其它的投資

( ) 31. 計分卡所包括的五個關鍵領域衡量指標，有：成本、品質、交付、創新和下列哪一個？ (A)速度 (B)彈性 (C)財務 (D)顧客

( ) 32. 從接到顧客來電到合適的公司服務人員聯繫顧客所需的平均時間稱之
為？ (A)顧客諮詢回應時間 (B)顧客諮詢解答時間 (C)完美訂單履行
(D)供應鏈回應時間

( ) 33. 以下何者不是計分卡的優點？ (A)支援供應商辨識流程 (B)替先進的
實務設立標竿 (C)和最佳實務相比較，標示出所有的相異點 (D)找出
缺點，藉由持續改善來克服這些缺點

( ) 34. 以下那個敘述不是標竿衡量的步驟？ (A)定義想要衡量的屬性 (B)收
集標竿企業定量的資料 (C)建立改善的具體方法 (D)標示自己與標竿
企業的所有相異點

( ) 35. 以下哪一種方法可以取得顧客的意見？ (A)顧客意見調查 (B)焦點小
組 (C)專家委員會 (D)以上皆是

( ) 36. 以下對於標竿衡量的敘述何者正確？ (A)「流程性標竿」是衡量領先
競爭者的最佳實務 (B)標竿衡量者要是全面學習標竿企業的所有流程
(C)分別以策略和作業的層級，記錄被比較企業的流程 (D)標竿衡量為
從頭到尾全面性顛覆現有流程的方法

( ) 37. 非競爭性的標竿衡量可以從下列哪一個產業中找最佳實務的範例？ (A)
前100大的公司 (B)其他產業 (C)與其相關的產業 (D)他們自己的產業

( ) 38. 下列哪一項是對於一個公司的物流功能的關鍵績效指標？ (A)準時交貨
率 (B)勞工生產力 (C)單位成本 (D)資產報酬率

二、簡答題

1. 請至少寫出兩個顧客服務常用的傳統績效衡量指標？

2. 計分卡強調整體的訂單表現，包括五個關鍵領域的衡量指標，請至少寫出兩個
領域？

3. 評估供應鏈的成本可用總體成本計算和作業基礎成本計算。請簡述何謂總體成
本計算？

4. 評估供應鏈的成本可用總體成本計算和作業基礎成本計算。請簡述何謂作業基
礎成本計算？

5. 請至少寫出兩個品質常用的績效衡量指標？

6. 請至少寫出兩項優秀的供應鏈管理應該強調的績效衡量構面？

7. 請至少寫出兩項完美訂單的失敗原因？

8. 請至少寫出兩個計分卡的優點？

9. 請列出至少四項有效的績效衡量指標所需具備的特質？

10. 試列出標竿衡量的三個步驟。

11. 對標竿衡量法有興趣的管理者應該知道至少有哪三個需要注意的地方？

歡迎加入 **全華會員**

● 會員獨享

會員享購書折扣、紅利積點、生日禮金、不定期優惠活動……等。

● 如何加入會員

填妥讀者回函卡直接傳真 (02) 2262-0900 或寄回，將由專人協助登入會員資料，待收到 E-MAIL 通知後即可成為會員。

如何購買 全華書籍

1. 網路購書

全華網路書店「http://www.opentech.com.tw」，加入會員購書更便利，並享有紅利積點回饋等各式優惠。

2. 全華門市、全省書局

歡迎至全華門市（新北市土城區忠義路 21 號）或全省各大書局、連鎖書店選購。

3. 來電訂購

(1) 訂購專線：(02) 2262-5666 轉 321-324
(2) 傳真專線：(02) 6637-3696
(3) 郵局劃撥（帳號：0100836-1　戶名：全華圖書股份有限公司）

※ 購書未滿一千元者，酌收運費 70 元。

OpenTech.com.tw 全華網路書店

全華網路書店 www.opentech.com.tw
E-mail: service@chwa.com.tw

※ 本會員制如有變更則以最新修訂制度為準，造成不便請見諒。

（請由此線剪下）

書　號			
頁　數	行　數	書　名	作　者
		錯誤或不當之詞句	建議修改之詞句

我有話要說： （其它之批評與建議，如封面、編排、內容、印刷品質等⋯⋯）

國家圖書館出版品預行編目資料

供應鏈管理：從願景到實現: 策略與流程觀點 / Stanley E. Fawcett, Lisa M. Ellram, Jeffrey A.Ogden 原著 ; 梅明德編譯. – 三版. -- 新北市 : 臺灣培生教育, 2015.08
　　面 ； 公分
　　譯自：Supply chain management : from vision to implementation
　　ISBN 978-986-280-305-9(平裝附光碟片)
　　1.供應鏈管理
494.5 　　　　　　　　　　　　　　　　　　　　　104016566

供應鏈管理：從願景到實現－策略與流程觀點

Supply Chain Management: From Vision to Implementation

原著 / Stanley E. Fawcett, Lisa M. Ellram, Jeffrey A.Ogden
審訂 / 中華民國物流協會
編譯 / 梅明德
發行人 / 陳本源
執行編輯 / 張晏誠
封面設計 / 楊昭琅
出版者 / 台灣培生教育出版股份有限公司
　　　　　地址：231 新北市新店區北新路三段 219 號 11 樓 D 室
　　　　　電話：(02)2918-8368
　　　　　傳真：(02)2913-3258
　　　　　網址：www.pearson.com.tw
　　　　　E-mail：Hed.srv.TW@Pearson.com
發行所暨總代理 / 全華圖書股份有限公司
郵政帳號 / 0100836-1 號
印刷者 / 宏懋打字印刷股份有限公司
圖書編號 / 08097027
三版五刷 / 2024 年 03 月
定價 / 新台幣 600 元
ISBN / 978-986-280-305-9(平裝附光碟片)
全華圖書 / www.chwa.com.tw
全華網路書店 Open Tech / www.opentech.com.tw
若您對書籍內容、排版印刷有任何問題，歡迎來信指導 book@chwa.com.tw

臺北總公司(北區營業處)
地址：23671 新北市土城區忠義路 21 號
電話：(02) 2262-5666
傳真：(02) 6637-3695、6637-3696

南區營業處
地址：80769 高雄市三民區應安街 12 號
電話：(07) 381-1377
傳真：(07) 862-5562

中區營業處
地址：40256 臺中市南區樹義一巷 26 號
電話：(04) 2261-8485
傳真：(04) 3600-9806(高中職)
傳真：(04) 3601-8600(大專)

版權所有・翻印必究